Les enjeux du progrès

SCIENCE, TECHNOLOGIE ET SOCIÉTÉ

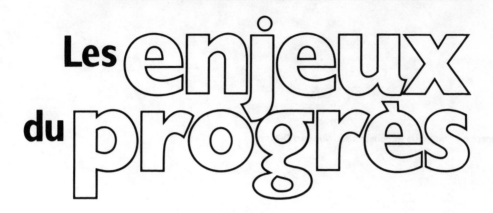

Les enjeux du progrès

Sous la direction de
Alberto CAMBROSIO et Raymond DUCHESNE

1984
Presses de l'Université du Québec
Télé-université

Conception graphique et couverture : Norman Dupuis

ISBN 2-7605-0374-7 • Presses de l'Université du Québec
ISBN 2-89147-834-7 • Télé-université

Presses de l'Université du Québec   **Télé-université**
2875, boul. Laurier   214, avenue Saint-Sacrement
Sainte-Foy, Québec   Québec, Québec
G1V 2M3   G1N 4M6

Table des matières

Avant-propos

Ce recueil de textes consacré aux dimensions sociales de la science et de la technologie modernes a été conçu dans le cadre d'un cours que la Télé-université (Université du Québec) a créé pour les étudiants du premier cycle universitaire. Comme les questions qu'il aborde sont de portée générale, il nous a paru souhaitable de le rendre accessible à un plus vaste public. À cette fin, la collaboration des Presses de l'Université du Québec a été précieuse.

Nous désirons offrir nos remerciements à tous nos collègues qui ont accepté de collaborer à cet ouvrage, soit en nous confiant leur texte, soit en nous adressant leurs critiques et leurs commentaires. À cet égard, la collaboration désintéressée de monsieur Yves Gingras, de l'Institut d'histoire et de sociopolitique des sciences de l'Université de Montréal, doit être soulignée.

Nous sommes heureux de pouvoir également témoigner de notre reconnaissance au personnel de la Télé-université, en particulier à mesdames Denise Abgral et Renée Dumas, dont le dévouement a permis à cet ouvrage de voir le jour.

Enfin, nous ne voudrions pas passer sous silence la dette que nous avons envers tous nos étudiants et étudiantes qui, patiemment, nous ont donné l'occasion, ces dernières années, d'éclaircir nos idées sur les enjeux sociaux de la science et de la technologie.

Raymond Duchesne
Alberto Cambrosio

Introduction

Bon nombre d'objets techniques et de découvertes scientifiques qui façonnent le monde actuel et notre vie quotidienne ont une histoire relativement récente. Il est désormais difficile de s'imaginer une médecine sans antibiotiques et s'il fallait que, d'un coup de baguette magique, tous les objets de plastique disparaissent, notre environnement quotidien se retrouverait singulièrement dégarni. Que serait le tourisme de masse sans les avions à réaction, les télécommunications sans les satellites ou la gestion de l'État et des entreprises sans les ordinateurs?

Comment passer sous silence la menace atomique qui a redéfini de façon décisive les règles du jeu de la politique internationale, tout en rendant concevable l'inconcevable : l'extermination de la race humaine? Et pourtant, la plupart des engins que nous venons d'évoquer remontent à la Seconde Guerre mondiale, voire à l'après-guerre. Il n'est dès lors pas exagéré d'affirmer que la vie des pays industrialisés, où se concentre, à quelques exceptions près, la production scientifique et technique, a été littéralement bouleversée par cette dernière. Par un effet de retour, les activités scientifiques et techniques, dont l'histoire est vieille de plusieurs siècles, ont également été profondément transformées, tant du point de vue quantitatif que du point de vue qualitatif.

Au début des années 60, un historien des sciences de l'Université Yale, Derek de Solla Price, en examinant plusieurs indicateurs (nombre de revues scientifiques, nombre de scientifiques, etc.) a montré que la croissance des activités scientifiques suivait une courbe exponentielle très rapide : selon l'indicateur choisi, Price observait un redoublement des chiffres considérés à l'intérieur d'une période variant entre 10 et 15 ans[1]. D'après Jean-Jacques Salomon[2], spécialiste réputé de la politique scientifique, le nombre de chercheurs (scientifiques, ingénieurs et

---

1. Derek de Solla Price, *Science et suprascience,* Paris, Fayard, 1973.
2. Jean-Jacques Salomon, «Science Policy Studies and the Development of Science Policy», dans I. Spiegel-Rösing et D. de Solla Price, *Science, Technology and Society. A Cross-Disciplinary Perspective,* Londres, Sage, 1977, pp.43-70.

techniciens) a été multiplié par 10 entre 1940 et 1960. Un tel taux de croissance est très élevé, plus élevé que celui de la population: il ne peut donc se poursuivre indéfiniment. Cette constatation en amène une autre : si les ressources disponibles (tant humaines que matérielles) sont limitées, si elles ne suffisent pas par conséquent à soutenir tous les projets de recherche concevables, il doit exister des critères régissant le processus d'attribution des ressources à tel projet plutôt qu'à tel autre. Avant même de s'interroger sur la nature de ces critères, on peut se demander à qui revient le pouvoir de les établir.

Faut-il laisser aux scientifiques, réunis, d'après une idéologie qu'ils chérissent, dans une mythique «république des savants», le soin de s'autogérer? Ne faudrait-il pas plutôt écouter les arguments de ceux qui, en soulignant la contribution décisive des payeurs de taxes à l'avancement d'une recherche de plus en plus coûteuse, voient dans l'intervention de l'État la seule garantie d'agencement entre le développement de la recherche et les besoins de l'ensemble de la population? Posée en termes aussi tranchés, la question peut paraître oiseuse. La présence de l'État n'est plus une hypothèse à débattre : depuis la Seconde Guerre mondiale, tournant décisif dans les rapports entre la science et le pouvoir[3], cette présence est un fait indiscutable. La véritable question concerne donc le degré d'autonomie relative dont les scientifiques peuvent se réclamer, non seulement par rapport à l'État mais également par rapport aux autres forces sociales (notamment les entreprises) qui contribuent à l'effort scientifique et en profitent de manière non négligeable.

Les problèmes auxquels nous venons de faire allusion ne se posent pas uniquement dans le cadre de chaque État-nation, mais possèdent également une dimension internationale. Cela vaut, bien sûr, pour les moyens de domination que la technologie militaire met à la disposition de certains pays, mais la question est plus générale. Une étude montre, en effet, que les ressources scientifiques sont distribuées de façon encore plus inégale que la richesse nationale telle que mesurée par le produit national brut (PNB). La production scientifique mondiale se concentre dans les pays industrialisés et la contribution du Tiers monde se limite à 4,6 % du total, alors que les pays dits en voie de développement renferment une nette majorité de la population du globe (70 %). Dix pays, dont un seul, l'Inde, n'appartient pas au cercle des pays dits avancés, se partagent ainsi 84 % de la production scientifique mondiale[4]. Si l'on considère que, d'après plusieurs économistes[5], la capacité d'innovation technologique joue un rôle central dans la croissance économique, ces quelques données, bien que grossières, ont de

3. I. Spiegel-Rösing, «The Study of Science, Technology and Society (SSTS) : Recent Trends and Future Challenges», dans I. Spiegel-Rösing et D. de Solla Price, *op. cit.*, pp. 7-42.
4. J.D. Frame *et al.*, «The Distribution of World Science», *Social Studies of Science*, 7, 1977, pp. 501-516.
5. Voir le chapitre premier du présent recueil.

quoi nous laisser songeurs quant aux chances des pays «en voie de développement» de briser le cercle de la dépendance économique et politique.

Élément essentiel de la dynamique politique, économique et militaire des pays industrialisés, la recherche scientifique et technologique peut donc compter, après 1945, sur un soutien décisif de la part de l'État. Mais la croissance quantitative ainsi déclenchée, tant sur le plan du nombre des chercheurs que sur celui des ressources financières mobilisées pour des équipements de plus en plus coûteux[6], engendre à son tour des problèmes d'ordre qualitatif. Pour ce qui est de l'entreprise scientifique elle-même, il suffit de penser que le nombre sans cesse croissant d'articles scientifiques menace de noyer le chercheur dans un océan d'informations qu'il est incapable d'assimiler, ou encore au fait que le coût de certaines expériences rend à toutes fins pratiques impossible leur reproduction et leur vérification (la «reproductibilité» d'une expérience, on s'en souviendra, est souvent citée comme l'un des éléments clés de l'objectivité scientifique). La figure même du chercheur a connu de profondes transformations d'ordre qualitatif : on peut émettre l'hypothèse, confirmée par des recherches récentes, que pour bon nombre de scientifiques la recherche ne constitue plus une «tâche de prestige», mais est désormais perçue comme un «travail salarié» tout à fait ordinaire, réglementé autant par des conventions collectives que par les canons de la profession. À ces problèmes qui concernent plus proprement l'activité scientifique en tant que telle, et dont nous n'avons donné que quelques exemples sommaires, s'ajoutent ceux qui touchent plus directement l'ensemble de la population. L'après-guerre a d'abord été marquée par une croissance économique très rapide. Ce cycle d'expansion a été accompagné d'une confiance presque aveugle dans les bienfaits de la science et de la technologie. Le ralentissement de la croissance se lie à l'apparition d'une attitude plus critique envers la recherche. Celle-ci est, entre autres choses, accusée d'être à la source des problèmes, notamment d'ordre écologique, que découvre une partie de la population de plus en plus touchée par la fin de l'expansion. Plus récemment, une sorte d'engouement pour les nouvelles technologies (micro-informatique, biotechnologies) s'est développé, dûment entretenu par la propagande gouvernementale et la publicité des fabricants.

Les conséquences sociales, réelles ou appréhendées, du développement scientifique et technique ont donc fait, et font toujours, l'objet de nombreuses discussions et prises de positions contradictoires. Aujourd'hui, au plein milieu du battage publicitaire vantant les mérites du «virage technologique», la presse quotidienne se fait l'écho de mises en garde formulées par divers groupements

---

6. D. de Solla Price parle, à ce propos, d'un passage de la «Little science» à la «Big science», c'est-à-dire à la science qui nécessite des investissements considérables en main-d'oeuvre et en équipement, et qui ne peut donc progresser qu'en se liant étroitement à l'État et à la grande entreprise.

contre telle ou telle autre percée scientifique ou tel projet technique. Le ton sur lequel les différents médias traitent du phénomène scientifique est en général triomphaliste; malgré cela, plusieurs enquêtes semblent confirmer l'existence d'une certaine méfiance populaire envers la science et la technologie. Comment s'en étonner quand l'écart entre l'utilisation de l'objet technique et l'intelligence des principes qui en constituent la base n'a jamais été aussi grand : ni le succès que connaissent les revues de vulgarisation et d'information sur les sciences et les techniques, ni la démocratisation de l'accès à l'éducation ne semblent pour l'instant avoir modifié cet état de choses.

En réalité, la question des attitudes de la population vis-à-vis les activités scientifiques et techniques a deux facettes, en apparence étrangères l'une à l'autre, mais dont il faut souligner le caractère complémentaire. D'une part, une attitude négative, ou du moins critique, envers, par exemple, un changement technique donné, doit attirer l'attention sur l'importance des conséquences sociales, souvent négligées, qui en accompagnent inévitablement l'introduction. Vouloir attribuer une telle attitude à un simple réflexe irrationnel ou «atavique» de résistance au progrès, c'est s'interdire d'examiner les différents intérêts en jeu et écarter ainsi, au nom d'un principe abstrait fort discutable, ce qui constitue peut-être une défense légitime contre des choix somme toute arbitraires. D'autre part, si l'on se place du point de vue des responsables du développement scientifique et technique, l'attitude de la population constitue un facteur non négligeable de la dynamique pouvant conduire au succès ou à l'échec d'une politique scientifique dans laquelle, en ces temps de crise économique, les gouvernements mettent tant d'espoirs.

Le défi consiste, bien sûr, à aborder ensemble ces deux facettes d'un même problème, à mettre au point, en d'autres termes, des projets de développement tenant compte de la dimension sociale et économique, et non pas uniquement de la dimension technique, des activités scientifiques et technologiques. Ajoutons d'emblée, pour éviter tout malentendu, que lorsque nous parlons de dimension sociale et économique, nous faisons référence non pas à des calculs de rentabilité à court terme ou à des considérations partisanes visant à apaiser tel ou tel autre groupe de pression doté d'une certaine force électorale, mais bel et bien à des stratégies à long terme qui, justement parce qu'elles doivent longuement résister à l'épreuve des faits, ne peuvent négliger aucun des principaux facteurs qui sont à la source même de la complexité du système scientifique et technique.

Loren Graham, dans un article consacré aux tentatives visant à réglementer l'activité de recherche, présente un aperçu des débats, des craintes et des inquiétudes de toutes sortes suscités dans diverses couches de la population par les développements rapides de la science et de la technologie au cours des dernières années[7]. Considérant

---

7. L.R. Graham, «Concerns about Science and Attempts to Regulate Inquiry», *Daedalus* 107(2), 1978, pp. 1-21.

en premier lieu les activités plus proprement techniques, Graham distingue trois grandes catégories de sujets litigieux qui renvoient, respectivement, aux conséquences physiques, éthiques et économiques de la technologie. La première catégorie concerne les effets destructeurs, notamment sur l'environnement, d'objets techniques aussi divers que les pesticides, les atomiseurs et les avions supersoniques. La deuxième fait référence principalement aux interrogations d'ordre moral provoquées par la mise au point de techniques biomédicales de plus en plus raffinées d'intervention sur les êtres humains. La troisième, enfin, touche surtout à la question des avantages économiques que la technologie actuelle procurerait à certaines couches de la population au détriment d'autres groupes sociaux, des minorités ethniques et des femmes : les nouvelles technologies sont ainsi souvent accusées d'être à l'origine du haut taux de chômage qui sévit dans les pays industrialisés alors que d'aucuns y voient le seul espoir de redressement des économies occidentales.

L'éventail des problèmes suscités par les activités plus proprement scientifiques est, toujours d'après Graham, plus varié. Sans entrer dans les détails, mentionnons le coût élevé de la recherche fondamentale qui pose avec urgence la question des critères de choix devant régir la distribution des ressources publiques ; les dangers pour la population supposément associés à certaines recherches, comme par exemple celles dites de génie génétique ; l'existence de recherches visant à étayer des hypothèses que plusieurs estiment guidées par des préjugés racistes, de classe ou sexistes ; les effets traumatisants pour l'image de la personne humaine des recherches portant, par exemple, sur les bases biologiques du comportement, sans parler des techniques de contrôle social auxquelles de telles recherches semblent devoir inévitablement conduire. On pourrait enfin citer la crainte souvent exprimée par les mouvements dits «contre-culturels» que le triomphe de la pensée scientifique en vienne à étouffer toute autre forme de connaissance ou à s'imposer comme seul critère de jugement.

Comme le lecteur pourra le constater, les sujets évoqués par Graham couvrent un très large éventail de questions et certaines paraîtront plus justifiées que d'autres. Il faut cependant se rappeler que la pertinence de chaque question semble parfois tenir davantage à la façon dont elle est formulée qu'à son importance réelle. Ainsi, toute appréciation des dimensions sociales de la science et de la technologie énoncée en termes extrêmes, qu'ils soient positifs («la science comme quête de la vérité et source d'innombrables bienfaits») ou négatifs («la science comme cause de l'assèchement de l'âme et source de toutes les calamités») ne constitue qu'une simplification excessive et contribue dès lors à occulter encore davantage le phénomène qu'elle prétend éclaircir. L'étonnement béat et les refus craintifs sont les deux faces d'une même médaille.

Loin de se prêter uniquement à des exploitations démagogiques et à des traitements apocalyptiques, les questions soulevées par Graham et par bien d'autres historiens et sociologues des sciences constituent le terrain de recherche d'un champ d'études interdisciplinaires désormais solidement établi et qu'on se plaît souvent à désigner sous le sigle STS (Science, Technologie et Société). Un exemple servira à préciser le statut des études STS. Comme nous l'avons signalé plus haut, les nouvelles technologies sont souvent perçues comme une des principales causes du chômage. Or, dans une perspective STS, il s'agit moins de vouloir contrer ou étayer une telle accusation que de constater, d'abord et avant tout, que nos connaissances, pour ce qui est des effets économiques du changement technologique, demeurent très fragmentaires et qu'il y a donc lieu de consolider les outils théoriques devant nous permettre de saisir ce phénomène complexe.

Les études STS ont connu, en particulier en Grande-Bretagne et aux États-Unis, un développement important et elles suscitent de plus en plus d'intérêt au Québec : en témoignent la décision de la Télé-université de développer un cours STS ainsi que la création par l'Université du Québec à Montréal d'un programme de baccalauréat en STS qui devrait accueillir ses premiers étudiants en 1985. C'est précisément pour répondre à cet intérêt croissant et pour offrir au lecteur québécois une introduction générale au domaine STS que nous avons réuni dans cette anthologie un certain nombre de textes consacrés à l'étude de la dimension sociale des activités scientifiques et techniques.

Le terrain couvert par les études STS est vaste et varié : il n'est dès lors pas inutile d'essayer de le découper en sous-ensembles plus ou moins homogènes afin d'en faciliter l'accès aux néophytes. Ainsi, I. Spiegel-Rösing[8] a cru pouvoir distinguer deux directions principales d'étude : d'un côté, les recherches centrées sur la dimension sociale des activités scientifiques (les «Social Studies of Science»), de l'autre, les analyses caractérisées par une approche plus directement politique ou, si l'on préfère, de gestion de la recherche (les «Science Policy Studies» et les «études d'impact de la technologie»). Une troisième catégorie, regroupant les études quantitatives dites de «scientométrie» (et dont Price, cité au début de ce texte, a été l'un des fondateurs) constituerait une sorte de pont entre les deux premières. Cette classification peut être d'une certaine utilité, mais il faut immédiatement ajouter que, dans la mesure où il serait facile de montrer que la plupart des textes mobilisent en même temps des éléments pouvant être attribués à l'un ou à l'autre ensemble, elle précise des tendances plutôt que des cadres rigides d'analyse. D'autres classifications pourraient être proposées, fondées par exemple sur une distinction entre, d'un côté, les textes qui s'intéressent à la dimension productive ou économique de la science et, de l'autre, les études consacrées surtout aux éléments idéologiques de l'activité scientifique. Au-delà de tous ces efforts de classification, les divisions qui semblent encadrer dans les faits la recherche dans le domaine STS tendent à être de nature disciplinaire, et ce, malgré les déclarations d'interdisciplinarité souvent prononcées par les chercheurs.

8. Spiegel-Rösing, *op. cit.*

Ceci nous rappelle que les sciences sociales n'ont pas attendu que le sigle STS vienne à la mode pour s'intéresser aux activités scientifiques et techniques; depuis longtemps on peut parler d'une sociologie des sciences, d'une économie de la recherche et du développement, et ainsi de suite. Malgré la tendance à intégrer dans leur propre discours des éléments empruntés à plusieurs disciplines, la plupart des spécialistes de STS demeurent ancrés sur le terrain disciplinaire qui leur est le plus familier. Nous voyons dans cela une mise en garde contre la tentation de concevoir les études STS (comme d'ailleurs tout champ interdisciplinaire) comme une sorte de raccourci permettant de faire l'économie d'une formation disciplinaire sérieuse; bien au contraire, cette dernière demeure une condition essentielle pour celle ou celui qui voudrait approfondir l'un des plans présentés dans cette anthologie.

En choisissant les textes de ce recueil, nous avons été guidés moins par le souci de couvrir à tout prix chaque direction de recherche représentée au sein du domaine STS (ainsi, par exemple, l'anthologie ne contient aucun article consacré spécifiquement aux débats qui font rage en sociologie des sciences) que par celui d'offrir un aperçu accessible (mais non pas simpliste ou simplifié) et assez représentatif des principaux plans de recherche et des problèmes de l'heure. Notre entreprise se justifie d'autant plus que la plus grande partie des articles pouvant intéresser le lecteur «non initié» sont éparpillés dans des revues spécialisées et que la seule anthologie qui, à notre connaissance, a été consacrée jusqu'ici au domaine STS est en langue anglaise. Remarquons également que, tout en nous efforçant de privilégier, dans le choix des textes, un point de vue général et, pour ainsi dire, international, nous avons également pris soin d'inclure des analyses qui font explicitement référence à la situation québécoise et canadienne : un tel souci est particulièrement évident dans les deux chapitres consacrés à la politique scientifique, un sujet où, par définition, dominent les considérations d'ordre national.

Les sciences ont pris une telle importance dans l'élaboration de nos visions de la nature ou de la société humaine et dans la modification constante des outils dont nous disposons qu'il faut désormais s'interroger sur leurs fondements, intellectuels et sociaux, comme si nous nous penchions sur les bases mêmes de l'expérience humaine et de l'Histoire contemporaine. En fait, les controverses entre scientifiques, les mythes divers et parfois contradictoires du *Savant* et de la *Science* entretenus par la vulgarisation, la presse, le cinéma, les littératures, etc., les révolutions perpétuelles du travail et le chômage technologique, les crises de surproduction, le développement du sous-développement à travers les «transferts de technologie», la dégradation de l'écosystème, la militarisation de la recherche et le spectre d'une guerre nucléaire, tout cela contribue à placer les sciences au centre de toutes les grandes questions de notre époque. Ne pas reconnaître à la science et à la technologie leur dimension sociale, proche et controversée, leur caractère d'enjeu social, c'est s'exposer à n'en présenter qu'une forme allégorique, celle de l'héritage historique de la «Vérité» ou celle de la «Méthode scientifique» guidant la curiosité du savant dans un vide historique total. Si le présent ouvrage pouvait contribuer à dissiper les représentations communes et les faux-semblants qui cachent les liens véritables unissant les sciences, les techniques et la société, nous aurions atteint notre but.

PREMIÈRE PARTIE

SCIENCE ET CROISSANCE

CHAPITRE 1

L'ÉCONOMIE DE LA RECHERCHE ET DU DÉVELOPPEMENT

Christopher Freeman*
University of Sussex

L'économie de la recherche et du développement, selon qu'on l'entend au sens large ou au sens étroit, renvoie soit aux effets de la recherche et du développement sur l'économie dans son ensemble et sur la productivité des entreprises et des industries particulières, soit à l'économie interne du système de recherche-développement comme tel, c'est-à-dire à l'utilisation efficace des ressources au sein des laboratoires de R-D.

Le présent chapitre portera presque exclusivement sur la R-D entendue dans son sens large. Il y a à cela plusieurs raisons : mentionnons, entre autres, le peu d'intérêt que les économistes ont jusqu'ici manifesté pour l'étude de l'économie interne de la R-D et, surtout, le fait que les problèmes les plus intéressants en matière de politique de la science ont trait au rôle que joue la R-D au sein de la société. En outre, les mesures directes des «résultats» de la R-D étant pour la plupart très peu satisfaisantes, l'efficacité des projets, des programmes et des laboratoires de R-D ne peut le plus souvent être évaluée qu'en fonction de leur impact social et économique. Dans l'industrie, tout particulièrement, les objectifs

---

* Christopher Freeman, «Economics of Research and Development», dans *Science, Technology and Society. A Cross-Disciplinary Perspective*, sous la direction de I. Spiegel-Rösing et D. de Solla Price, Londres, Sage Publications, 1977. Traduit par Anne Bienjonetti.

de la R-D sont essentiellement d'ordre «économique», dans la mesure où elle vise à réaliser des économies directes d'énergie, de matériaux, de main-d'oeuvre ou de capital, ou à développer divers autres moyens d'accroître la productivité.

Un grand nombre des problèmes liés à la politique de la science présentent un aspect économique puisqu'ils comportent généralement plusieurs solutions dont il s'agit d'évaluer les coûts relatifs. L'économie se distingue de la comptabilité en ce qu'elle ne se limite pas à l'étude des seuls aspects pécuniaires, mais s'intéresse à l'utilisation «concrète» des ressources et aux coûts d'opportunité, c'est-à-dire aux possibilités qui sont écartées au profit de celle qui est adoptée.

Comme nous le verrons, les écoles de pensée en économie diffèrent considérablement quant à l'intérêt qu'elles portent aux grandes questions des «coûts sociaux» et des «bénéfices sociaux». Il reste qu'en principe l'économie a certainement à voir avec ces questions et qu'en pratique elle s'y intéresse de plus en plus, tout comme elle manifeste un intérêt toujours grandissant pour les problèmes d'ordre structurel. Il est important de souligner ce point dès le début, dans la mesure où l'économiste fait souvent figure, aux yeux des scientifiques, d'Harpagon uniquement préoccupé d'épargner de l'argent à court terme. Cette image que les scientifiques et les ingénieurs se font des économistes vient de ce que ceux-ci se sont parfois montrés sceptiques à l'égard de certaines innovations techniques qu'ils jugeaient trop coûteuses. Mais en fait les économistes ont élaboré des justifications relativement complexes des dépenses substantielles consacrées à la recherche fondamentale, et ce, en dépit de l'impossibilité d'en démontrer la rentabilité à court terme au sens comptable (Nelson, 1959); toutes les écoles de pensée de l'économie ont en outre toujours manifesté le plus grand respect à l'égard de la science et de l'invention.

La contribution qu'une discipline isolée peut apporter à la compréhension et à la résolution des problèmes liés à la politique de la science est tributaire d'un ensemble complexe de facteurs; elle dépend notamment de la pertinence et de l'intelligibilité de son cadre analytique et du degré auquel les divers groupes d'intérêt et agents de décision jugent qu'il convient d'utiliser les idées qu'elle propose à leurs propres fins.

Certains problèmes de communication peuvent aussi s'opposer à l'adoption, par d'autres disciplines de recherche, des idées et des théories propres à l'économie, et ralentir ainsi la constitution d'une synthèse transdisciplinaire de certaines questions. La fragmentation des connaissances en disciplines et sous-disciplines ne correspond pas au fonctionnement des systèmes sociaux dans le monde réel, non plus qu'aux exigences propres à l'élaboration de politiques de la science et de la technologie. Il est donc essentiel que ceux qui s'intéressent au progrès des études en matière de politique de la science s'attachent à améliorer les échanges entre disciplines et à transcender chaque fois que c'est possible l'approche unidisciplinaire. Cela ne se fera pas en négligeant les découvertes des autres disciplines, mais en tentant au contraire de les intégrer. Même si les économistes ont récemment accordé quelque attention à la question de « l'économie de la R-D » comme telle, ils ont généralement considéré celle-ci comme un simple aspect de ces problèmes plus vastes que sont l'évolution technique et le progrès social.

Ce chapitre poursuit donc trois objectifs : premièrement, clarifier les définitions et le cadre conceptuel couramment utilisés en économie et les relier à ceux qui sont utilisés dans d'autres domaines; deuxièmement, après ce défrichage préliminaire, donner un aperçu historique de la façon dont les écoles de pensée représentées par différents économistes ont abordé les problèmes de la recherche, du développement et de l'innovation technique; et, troisièmement, examiner les plus récentes découvertes dans le domaine de la recherche empirique en vue de déterminer dans quelle mesure elles permettent de confirmer ou de réfuter les hypothèses et les prises de position de ces différentes écoles.

DÉFINITIONS ET CADRE CONCEPTUEL

La terminologie des sciences économiques est encore loin de la cohérence parfaite, mais elle s'en rapproche sans doute davantage que celle de plusieurs études de politique de la science. En raison des contradictions qui existent entre les disciplines et au sein de celles-ci, il est très difficile d'arriver à constituer un ensemble de définitions qui fassent l'unanimité dans le cadre des études pluridisciplinaires de politique de la science. L'explicitation du cadre conceptuel de chaque discipline ne peut que favoriser la formation d'un tel consensus. Le problème se complique encore du fait de l'existence de différences nationales et idéologiques qui font obstacle à la normalisation des définitions et des statistiques; mais un certain progrès a déjà été accompli et les commentaires terminologiques qui suivent emporteraient sans doute l'adhésion de la majorité des économistes.

Technologie

Voici un terme dont l'utilisation souffre d'une grande confusion. On s'en sert parfois exclusivement dans son sens original de corpus de connaissances sur les techniques. En d'autres occasions, on l'emploie pour désigner l'ensemble des outils matériels qui servent à la production. De plus en plus fréquemment aujourd'hui, on désigne par ce terme les toutes dernières techniques hautement perfectionnées de production, comme si les anciennes techniques artisanales ne comptaient plus.

Contrairement aux chercheurs des autres disciplines, les économistes établissent, entre la technique et la technologie, une distinction qui peut sembler de prime abord relever d'un excès de subtilité. Il s'agit toutefois d'une distinction réellement importante et qu'à mon avis les études de politique de la science auraient avantage à adopter. Mansfield (1968, 10-11) a fait un bon exposé de la question.

> La technologie est le réservoir de connaissances de la société en ce qui concerne les arts industriels. Elle consiste en connaissances utilisées par l'industrie et portant sur les principes des phénomènes physiques et sociaux (comme les propriétés des fluides et les lois du mouvement), en connaissances sur l'application de ces principes à la production (comme l'application de la génétique à la génération de nouvelles plantes) et en connaissances sur les opérations quotidiennes de production (comme le savoir-faire des hommes de métier). Tout changement technologique découle d'un progrès de la technologie, lequel se présente souvent sous la forme de nouvelles méthodes de production de produits déjà existants, de nouveaux modèles permettant de fabriquer des produits dotés de nouvelles caractéristiques importantes ou de nouvelles méthodes d'organisation, de commercialisation ou de gestion... Il est important de distinguer le changement technologique du changement technique. Une technique est une méthode de production en usage. Ainsi, tandis qu'un changement technologique correspond à un progrès des connaissances, le changement technique constitue une modification de la nature du matériel, des produits ou de l'organisation en usage. La mise en oeuvre d'un changement technologique exige beaucoup plus que la simple connaissance de sa possibilité : il faut encore que cette connaissance atteigne les «bonnes» personnes, c'est-à-dire celles qui font partie d'une organisation qui saura l'appliquer.

Voilà qui nous amène à la distinction extrêmement importante qu'il convient de faire entre, d'une part, la production et la diffusion d'une nouvelle technologie et, d'autre part, son exploitation dans un système de production, laquelle constitue ce qu'on appelle une *innovation technique*. L'activité de recherche-développement industrielle ayant pour principal objectif de contribuer au progrès technologique, il est possible, en principe, que d'énormes investissements en matière de R-D aient en définitive très peu d'incidence sur les techniques réellement utilisées dans l'industrie et n'influencent en rien le niveau de la productivité industrielle. Si la R-D avait pour objectif d'améliorer le rendement de l'industrie, il s'agirait là d'investissements improductifs, d'un pur et simple gaspillage. Une bonne partie des textes portant sur la gestion de la R-D dans l'industrie et le secteur public s'intéressent à la façon d'éviter un tel gaspillage, qui est incontestablement lié à la séparation qui prévaut, au sein des sociétés industrielles modernes, entre une fonction de R-D spécialisée et les fonctions de production et de commercialisation. Des sociologues comme Burns et Stalker (1961) et des spécialistes de la communication comme Tom Allen (1966) ont davantage contribué à la compréhension de ce problème que les économistes. Les économies socialistes en ont eu une expérience aiguë et une bonne part des discussions sur les politiques de la science en Union Soviétique au cours des années 60 portaient sur les mesures susceptibles d'améliorer le lien entre l'industrie et les organismes de recherche spécialisés (Aman, Perry et Davies, 1969). Des problèmes analogues ont surgi dans le cadre des grands programmes de recherche spatiale et d'autres projets de R-D menés dans les laboratoires gouvernementaux.

La situation est encore plus critique dans beaucoup de pays en voie de développement, où la dépendance technologique envers les pays étrangers et les sociétés multinationales entraîne des problèmes de politique de la science exceptionnellement graves. C'est le cas, par exemple, du fossé qui existe entre les résultats scientifiques du système de R-D (davantage axé, le plus souvent, sur la recherche que sur le développement) et les besoins réels des systèmes agricole, industriel et social.

Une autre raison extrêmement importante de souligner la distinction entre la « technique » et la « technologie » est que les recherches empiriques menées dans les pays industrialisés démontrent que les entreprises d'un même secteur industriel peuvent différer énormément quant à la place qu'elles accordent à la technologie de pointe. Ces différences rendent compte dans une large mesure de la très grande variation entre les niveaux de productivité de ces entreprises. La notion de « frontière technologique » apparaît donc d'une grande utilité. Pour les entreprises qui ont atteint la frontière ou qui en sont proches, le coût d'éventuelles améliorations risque d'être très élevé, dans la mesure où, pour bénéficier d'une nouvelle technologie, elles n'ont d'autre choix que d'investir elles-mêmes dans la R-D. Mais pour celles qui sont encore loin de la frontière technologique, le progrès technique peut être extrêmement rapide, soit par simple imitation, soit par l'achat de licences et de procédés de fabrication. Ce phénomène de « rattrapage » constitue évidemment l'une des raisons pour lesquelles des pays qui investissent peu dans la R-D, comme l'Italie, n'en ont pas moins pu augmenter considérablement leur taux de productivité pendant la période de l'après-guerre (Williams, 1967).

Changement technique

La distinction que font les sciences économiques entre le changement technologique et le changement technique a aussi son importance en ce qui concerne le rôle de l'investissement. Toute amélioration technique qui peut être réalisée à peu de frais présente évidemment de grands avantages sur le plan économique. On peut prendre comme exemple de ce type de changement technique la réorganisation d'un système de comptabilité de façon à éliminer une bonne part de la paperasse ou la mise en oeuvre d'un nouveau système de gestion. Lorsque de tels changements n'entraînent pas de nouveaux investissements en outillage de production, les économistes les qualifient de changements techniques *non incorporés*. Mais Kaldor (1961), Salter (1966) et d'autres économistes ont soutenu que les changements techniques les plus importants entraînaient toujours de nouveaux investissements en biens d'équipement — et qu'il s'agissait donc de changements techniques *incorporés*. S'ils ont raison, cela pourrait avoir d'importantes répercussions sur la théorie de la croissance économique et sur les politiques appliquées à l'économie et à la technologie, dans la mesure où cela signifierait qu'on ne peut atteindre un taux élevé de croissance économique qu'en augmentant le taux d'investissement en outillage de production et en remplaçant rapidement les anciennes générations de biens d'équipement par de nouvelles générations qui incarnent les progrès les plus récents de la technologie. C'est une telle conception qui a motivé une bonne partie des politiques fiscales et économiques de l'après-guerre, destinées à subventionner l'investissement privé et à accélérer la mise au rebut des vieilles machines.

La définition du concept de «changement technique» dans le cadre des théories économiques présente une difficulté supplémentaire dans la mesure où elle est liée à la notion de mouvement *parallèle* à une fonction de production, par opposition à celle de mouvement *à l'intérieur* de la fonction de production comme telle. À tout état donné de la technologie correspond en principe un certain nombre de moyens différents, mais également efficaces, susceptibles d'être employés à la production d'un bien ou d'un service. Pour la construction d'une route, par exemple, on peut faire appel à un grand nombre de travailleurs manuels et se servir de pics, de pelles et de brouettes; à l'autre extrême, on peut utiliser des bulldozers, des excavatrices et d'autres machines et réduire la main-d'oeuvre à presque rien. Pour l'économiste, la technique «avancée» requérant de forts capitaux *(capital-intensive)* n'est pas nécessairement la plus efficace; le choix d'une technique dépendra de la disponibilité et du prix de la main-d'œuvre et du capital dans la société en cause. Lorsque la main-d'oeuvre est abondante, sous-employée et bon marché, et que le capital est rare, une technique à forte «intensité de travail» *(labor-intensive)* peut être tout aussi efficace qu'une technique «capitaliste» avancée dans une société où la main-d'oeuvre est chère. Ainsi, en principe, sans aucun changement réel dans la technologie, une technique différente peut être adoptée dans un pays ou un secteur industriel particuliers uniquement en raison d'une modification des prix relatifs des facteurs. Une «fonction de production» est une représentation de l'éventail des techniques disponibles. Historiquement, au fur et à mesure que les salaires réels augmentent, les pays industrialisés tendent de plus en plus à mettre en oeuvre des technologies qui permettent de réaliser une épargne de travail. Ces technologies existaient peut-être déjà mais il n'était pas économique de les utiliser aussi longtemps que la main-d'oeuvre restait bon marché. Ainsi, certains «changements techniques» ne sont que des déplacements parallèles à une fonction de production, tandis que d'autres entraînent un déplacement au sein de la fonction de production comme telle. Les économistes ne sont pas toujours cohérents sur ce point. Il est souvent très difficile en pratique de distinguer entre un mouvement parallèle à une fonction et un mouvement au sein de cette fonction; mais la distinction n'en reste pas moins importante pour certains débats théoriques.

Une question a préoccupé un grand nombre d'économistes : il s'agit de l'évaluation de la portée relative d'un changement technique réalisant une épargne de travail par opposition à celle d'un changement technique réalisant une épargne de capital (Fellner, 1961, 1962). Le cas qu'illustre le tableau 1 (Enos, 1961) est un bon exemple de changement technique ayant permis d'épargner une quantité importante de travail, de matériaux, d'énergie et de capital par unité de produit. Il s'agissait d'un changement *incorporé*, qui a entraîné l'adoption d'une nouvelle technologie, soit l'investissement dans la création d'une nouvelle génération de raffineries de pétrole utilisant le procédé du craquage catalytique fluide au lieu des anciennes techniques. Mais même s'il exigeait des investissements considérables, il entraînait une augmentation de la productivité telle qu'elle permettait d'épargner plus de quatre-vingts pour cent du capital investi par *unité de produit*. L'amélioration de la productivité de la main-d'oeuvre fut toutefois encore plus spectaculaire : une réduction de quatre-vingt-dix-huit pour cent de l'input en heures-hommes par unité de produit. Ainsi, même si ce changement technique a permis de réaliser une épargne tant de capital que de travail, c'est dans ce dernier domaine qu'il a eu le plus d'impact. Si c'était là une caractéristique de tout changement technique, la tendance de l'économie serait à la croissance du rapport capital/travail (K/L);

TABLEAU 1

Comparaison de la productivité des procédés de craquage catalytique (procédé de Burton et procédé du type fluide)

Facteurs de production	Inputs par 100 gallons d'essence produits		
	Procédé de Burton	Craqueurs catalytiques fluides : installations originales	Craqueurs catalytiques fluides : nouvelles installations
Matières premières (en gallons)	396,0	238,0	170,0
Capital (en \$, prix de 1939)	3,6	0,82	0,52
Main-d'œuvre industrielle (heures-hommes)	1,61	0,09	0,02
Énergie (millions de BTU)	8,4	3,2	1,1

Source : Enos, 1962a, p. 224.

c'est-à-dire qu'il y aurait une hausse du capital employé par travailleur. Certains économistes ont soutenu qu'au moment où cette tendance est apparue dans l'histoire des pays industrialisés, une pression s'est exercée sur les technologies *capital-intensive* et a multiplié les inventions permettant de réaliser une épargne de capital et d'«induire» des innovations. Cela aurait eu pour effet de rendre le changement technique plus «neutre» et de conserver un coefficient de capital relativement constant, associé à un rapport travail-output (L/O) qui décroît régulièrement. Mais il s'agit là d'une question très complexe dans la mesure où elle est liée non seulement aux prix relatifs du capital et du travail ainsi qu'à l'élasticité de leur substitution mutuelle, mais aussi au degré auquel les nouvelles industries manufacturières et les nouveaux services *labor-intensive* peuvent croître alors que d'autres secteurs de l'économie évoluent en sens inverse (Blaug, 1963).

Une préférence marquée et persistante pour les changements techniques réalisant une épargne de travail peut encore avoir une autre conséquence, qui est de provoquer l'apparition de ce qu'il est convenu d'appeler le «chômage technologique». Ce fut l'une des craintes des pays industrialisés pendant les années 30, et des débats intenses à ce sujet ont repris récemment en rapport avec les problèmes de chômage que connaissent les pays en voie de développement (Cooper, 1972, 1973).

Nous avons soutenu que la distinction que font les économistes entre le changement technologique et le changement technique est d'un intérêt considérable. Elle fait ressortir le rôle crucial dévolu aux investissements dans un outillage de production matérialisant de nouvelles connaissances, de même qu'aux systèmes d'information, de communication et d'enseignement qui diffusent les nouvelles connaissances auprès de leurs utilisateurs potentiels. Il nous faut toutefois admettre que l'usage spécialisé de l'expression de «changement technique» est plus discutable lorsqu'on arrive à la notion de «facteur résiduel» dans les modèles de la fonction globale de production. Nous y reviendrons.

Invention, innovation et diffusion

Les économistes de toutes les écoles reconnaissent que le processus du changement technologique est alimenté par un flux continu d'inventions. Qu'ils considèrent ces dernières comme un élément exogène du système, à l'instar des économistes néo-classiques, ou qu'ils les placent au centre de celui-ci, comme Galbraith et les marxistes, tous s'entendent pour dire que la production et l'application d'inventions sont essentielles au progrès économique en général.

Le concept d'«invention» tel que l'utilisent les économistes correspond très étroitement à l'usage qu'en font les offices des brevets, même si, bien sûr, des millions d'inventions ne sont jamais brevetées et que ce qui est considéré comme brevetable varie jusqu'à un certain point en fonction des lois des différents pays. Une invention est une idée, un croquis ou un modèle nouveaux, utilisée pour la création d'un système, d'un procédé ou d'un produit nouveaux ou améliorés. Il se peut qu'elle ne soit jamais utilisée en dehors du laboratoire ou de l'atelier de l'inventeur. Elle n'implique pas nécessairement la réalisation d'un essai empirique de faisabilité, mais, comme Jewkes (1958, 32) le suggère, «l'essence de l'invention est dans la première assurance ressentie que quelque chose devrait «marcher» et dans le premier essai grossier prouvant que cela va effectivement «marcher».

Les essais plus rigoureux auxquels sont généralement soumises les inventions retenues pour une première mise au point expérimentale conduisent à en éliminer la majorité. Même parmi les inventions les plus prometteuses présentées aux offices des brevets, rares sont celles qui se rendront jusqu'à l'étape de l'application. Ainsi, une infime minorité seulement de toutes les inventions finissent par sortir de l'atelier de l'inventeur pour être exploitées dans le cadre d'un système opérationnel.

Le sens relativement spécialisé donné au terme d'*innovation* en économie est loin d'avoir été adopté par les autres disciplines et ne correspond pas davantage au sens qu'on lui donne couramment. Schumpeter (1939) soutenait qu'il n'existait pas nécessairement de lien entre l'invention et l'innovation et, à sa suite, la plupart des économistes se servent actuellement du terme d'«innovation» pour décrire tout changement technologique qui apparaît pour la première fois. Schumpeter pensait d'abord à l'application commerciale, qu'il s'agisse de produits, de systèmes ou d'organisations, mais le mot est utilisé pour renvoyer à toutes les catégories de nouveautés en matière de méthodes ou de produits, y compris, notamment, celles qui sont introduites dans le domaine médical ou militaire. Même si cet usage est largement répandu, il s'y attache encore un élément d'ambiguïté qui tient au fait que le terme est utilisé à la fois pour décrire l'ensemble du processus de mise au point et de lancement d'un nouveau produit ou procédé (comme dans l'expression «gestion d'une innovation») et pour désigner l'instant précis où ce produit ou procédé a fait son apparition. (Par la «date» d'une innovation, les économistes entendent généralement la date de son lancement sur le marché.)

L'innovation en matière de nouveaux systèmes ou procédés peut reposer sur un grand nombre d'inventions au niveau des composantes, des matériaux ou des sous-systèmes ou n'en comporter aucune, comme c'est le cas pour les changements organisationnels ou «de perfectionnement». En fait, certains économistes et sociologues se sont demandé s'il était réaliste de chercher à analyser les changements techniques et technologiques en unités spécifiques, distinctes et mesurables. Gilfillan (1935) a soutenu qu'en ce qui concerne la construction navale, ainsi que d'autres industries, le changement technique procédait davantage par accumulations successives d'une infinité de petites améliorations et adaptations, plutôt que par grands bonds en avant dus à d'héroïques «inventeurs» ou «innovateurs». Certains économistes, comme Schmookler (1966) ont étudié les statistiques des brevets et évalué une grande quantité d'inventions mineures; Schmookler, lui aussi, conclut qu'elles sont plus représentatives du changement technologique que ne le sont les «grandes» inventions. Il se peut que Gilfillan ait raison, au moins en ce qui concerne les premiers millénaires de l'histoire de la construction navale, mais il serait difficile de nier que des inventions comme la xérographie ou le spectromètre d'absorption atomique représentent des exploits de l'imagination. Les deux types de changement sont importants, mais le mérite des travaux Gilfillan (1935), Schmookler (1966) et Hollander (1965) est d'avoir montré que des améliorations techniques anonymes, non brevetées et marginales, de même que les inventions brevetées mineures, ont des conséquences cumulatives très importantes. Il en va de même d'ailleurs de la «courbe d'apprentissage», expression forgée pour décrire l'amélioration de l'habileté et de la productivité associée à la répétition de l'expérience dans des industries comme l'aéronautique (Arrow, 1962; Sturney, 1964).

C'est probablement à Usher (1955) qu'il revient d'avoir poussé le plus loin le projet de classer les inventions et de les distinguer des simples «actes d'habileté» :

> La psychologie de la Gestalt propose une distinction féconde entre les actes d'habileté et les inventions. Les actes d'habileté les plus complexes comportent une part de nouveauté, mais à un degré moindre que les inventions. L'acte d'habileté exige un niveau de perspicacité qui correspond aux capacités de toute personne entraînée, et peut être exécuté en tout temps à volonté. L'acte de perspicacité nécessité par l'invention ne peut toutefois être réalisé que par des personnes supérieures dans un ensemble de circonstances particulières. De tels actes de perspicacité surgissent souvent dans le cadre de l'exécution d'actes d'habileté, même s'il est caractéristique de l'acte de perspicacité d'être induit par la perception consciente de l'existence d'une lacune au niveau des connaissances ou des modes d'action.

Bien qu'ils puissent ne pas considérer comme très heureux le concept de «personnes supérieures» employé par Usher, la plupart des économistes seraient probablement d'accord avec une telle distinction entre les «actes d'habileté» et les «actes de perspicacité» et appuieraient certainement Usher lorsqu'il insiste sur le fait que le processus du changement technique ne consiste pas exclusivement en un petit nombre d'actes de génie. C'est en partie pour cette raison que l'économie s'est davantage intéressée à l'étude de l'accroissement global de la productivité qu'à des études de cas portant sur les innovations majeures ou leur diffusion.

Le concept de *diffusion* d'une innovation a sensiblement le même sens en économie que dans les autres disciplines des sciences sociales; on l'utilise habituellement pour décrire le processus de propagation, par vagues successives d'adopteurs, de changements techniques identifiables comme tels. Le terme d'«adoption» est utilisé pratiquement comme synonyme de «diffusion» pour décrire ce processus, et les économistes ont emprunté à la sociologie la classification des populations d'adopteurs en adopteurs « hâtifs », « moyens » et « tardifs » (Rogers, 1962). Les premières études à avoir été faites dans ce domaine sont dues pour la plupart aux sociologues qui se sont intéressés à l'adoption, dans les milieux ruraux, des innovations introduites dans les domaines de l'agriculture, de la médecine et de l'éducation. En 1962, il était encore possible de se plaindre, comme le fait Rogers, du trop petit nombre d'études sur les phénomènes de diffusion dans l'industrie manufacturière et du désintérêt quasi total manifesté par les économistes pour cette question. Depuis cette époque, toutefois, les travaux de Mansfield (1961, 1968) ont substantiellement contribué à la compréhension de l'économie du processus de diffusion, plus particulièrement en ce qui concerne les aspects liés à l'investissement, et un certain nombre d'autres études empiriques importantes ont été effectuées par des économistes comme Metcalfe (1970), Fisher (1973), Ray et Nabseth (1974) et Scott (1975).

Les économistes ont aussi apporté une contribution majeure à la compréhension du processus international d'expansion du progrès technique, même si les études réalisées dans ce domaine ont surtout porté sur la notion de « transfert de technologie » (Cooper et Sercovich, 1971). L'adoption de nouvelles techniques par les pays en voie de développement a donné naissance à un domaine de recherche particulièrement important et fécond (Cooper 1972, 1973, 1976). Il faut souligner ici la distinction qui doit être faite entre la notion de « transfert de technologie » (qui consiste, au sens strict, en un transfert de connaissances sur des techniques) et celle de « diffusion d'une innovation » (qui consiste en l'adoption de techniques nouvelles). Il ne s'agit autant d'une distinction théorique que pratique mais qui est rarement prise en compte dans les études sur le « transfert de technologie ». Dans le contexte d'un pays en voie de développement, il y a une différence fondamentale entre l'importation pure et simple d'une nouvelle machine ou d'une installation « clés en mains », dont on ne connaît pas vraiment la technologie et les techniques de mise au point, et l'importation d'une machine ou d'un procédé particuliers quand on connaît la nouvelle technologie qu'ils incorporent et qu'on a par conséquent la possibilité de les entretenir ou de les modifier sur place. La question du transfert de technologie est un problème beaucoup plus vaste que la simple « diffusion » de nouvelles machines incorporant une nouvelle technique, même si cette forme de diffusion constitue évidemment un mode de transfert technologique privilégié.

L'évolution rapide de ce domaine de recherches empiriques (transfert de technologie, diffusion, adoption) n'est pas sans comporter certains risques de schématisation à outrance. Rosenberg (1975) met en garde contre les dangers d'une adhésion trop rigide aux distinctions que fait Schumpeter entre l'invention, l'innovation et la diffusion. Le processus d'adoption d'une nouvelle technique exige normalement des inventions et des innovations supplémentaires, tant de la part des adopteurs, hâtifs ou tardifs, que des innovateurs originaux. L'adoption d'une approche trop schématique risque de masquer la réelle complexité d'un processus de changement technique et technologique incessant et multiforme. Katz (1971, 1972) a démontré la très grande importance potentielle des modifications apportées à de nouvelles techniques par les filiales des sociétés multinationales, tandis que Bell (Bell & Hill, 1974; Bell *et al.*, 1976) a montré les risques que comporte l'importation de techniques étrangères en l'absence des compétences nécessaires pour les sélectionner, les modifier et les adapter. Pour toutes ces raisons, l'article fécond de Cooper et Sercovitch (1971) est particulièrement important; il souligne la variété et l'interdépendance d'un grand nombre de mécanismes de transfert de technologie, comme l'importation de biens d'équipement, les accords de licence, l'achat de procédés de fabrication, la formation et l'enseignement, l'imitation, les systèmes de transmission de l'information, etc. La formation de compétences locales de production et d'assimilation des nouvelles technologies constitue un élément extrêmement important des politiques globales de développement. Ces politiques de la technologie embrassent dans leur visée les processus simples d'«adoption» et de diffusion, mais elles doivent être beaucoup plus ambitieuses si elles veulent atteindre les véritables objectifs du développement et éviter l'état de dépendance technologique totale.

Recherche et développement expérimental

Nous avons traité jusqu'à maintenant des notions de technologie, de technique, d'invention, d'innovation et de diffusion en ayant recours à un cadre conceptuel qui pourrait s'appliquer presque indifféremment à une économie du XIXe siècle aussi bien qu'à une économie du XXe siècle, et le lecteur se demande sans doute ce qu'il est advenu de l'économie de la recherche et du développement. Il était nécessaire de prendre un peu de recul avant d'aborder cette question, dans la mesure où les principaux courants des sciences économiques se sont très peu intéressés à la R-D avant les années 50, et ne l'ont pas encore réellement intégrée dans l'enseignement et la recherche, aujourd'hui, où son importance est pourtant pleinement reconnue. De plus, comme on l'a déjà mentionné, des incertitudes considérables subsistent quant aux rapports qui existent entre le système de la R-D d'une part et les concepts plus anciens et plus familiers d'invention, d'innovation et de changement technique d'autre part.

Les définitions de la R-D, qui ne sont pour la plupart apparues qu'au cours des années 50, présentent encore certains problèmes de compatibilité avec les concepts plus anciens. D'une manière générale, toutefois, les économistes ont adopté les définitions internationales normalisées qui figurent dans le *Manuel de*

*Frascati** (OCDE, 1970) et se servent de plus en plus des statistiques de la R-D basées sur ces définitions. Plusieurs économistes ont essayé de représenter schématiquement les rapports qui existent entre le système formel de la R-D et les activités de l'industrie. L'une des plus utiles parmi ces représentations est celle de Ames (1961), qui est reproduite au tableau 2.

TABLEAU 2

Inputs et outputs du système de R-D

Étape	Exemples d'inputs		Exemples d'outputs	
	Inputs de rétroaction	Inputs autres	Outputs de rétroaction	Outputs autres
Recherche fondamentale	Commandes des entrepreneurs	Scientifiques	Nouveaux problèmes scientifiques	Hypothèses et théories
	Recherche fondamentale	Laboratoire	Résultats du travail de laboratoire	Articles : formules
		Travaux non spécifiques		
	Travaux d'invention	Matériaux : énergie, mazout		
	Travaux de développement			
	« Erreurs » **			

** Les « erreurs », ou obstacles persistants, irritants, retardant la production des unités d'information recherchées, peuvent avoir des conséquences importantes bien qu'inattendues. L'observation que la pechblende abîmait les plaques photographiques a conduit un scientifique à les tenir séparées et en a mené un autre à la découverte de la radioactivité. La question est suffisamment importante pour qu'on la mentionne ici, mais trop vague pour qu'on s'y attarde.

* La « Méthode type proposée pour les enquêtes sur la recherche et le développement expérimental », plus connue sous le nom de *Manuel de Frascati* a été conçue dans le cadre d'une réunion des experts nationaux en statistiques de R-D organisée en juin 1963 par l'OCDE à Frascati, en Italie. Le manuel a connu plusieurs versions, dont la plus récente date de 1981. (N.D.T.)

Travaux d'invention et de recherche appliquée	Commandes des entrepreneurs Recherche fondamentale Travaux de développement « Erreurs »	Output de la recherche Scientifiques Ingénieurs Laboratoires Travaux non spécifiques Matériaux : énergie, mazout	Nouveaux problèmes scientifiques Résultats du travail de laboratoire Succès et échecs inexplicables	Brevets Inventions non brevetables : mémorandum, modèles de travail, croquis Articles
Travaux de développement	Commandes des entrepreneurs Travaux de développement « Erreurs »	Output des travaux d'invention Ingénieurs Dessinateurs industriels Autres travaux	Nouveaux problèmes scientifiques Besoins en matière d'innovations Succès et échecs inexplicables	Plans Cahiers des charges Échantillons Installations pilotes Prototypes Brevets Manuels
Construction d'un nouveau type d'installation	Commandes des entrepreneurs « Erreurs »	Output des travaux de développement Ressources d'une entreprise de construction ordinaire	« Erreurs »	Nouveau type d'installation

Ce qui est intéressant dans cette représentation, c'est l'accent que met l'auteur sur l'interdépendance de toutes les composantes du système de la R-D ainsi que sur le rôle des inputs qui agissent par rétroaction un peu partout dans le système. Comme bien d'autres chercheurs qui ont utilisé les statistiques de la R-D, les économistes sont parfaitement conscients des difficultés que soulève l'instauration d'une frontière étanche entre la recherche «fondamentale» et la recherche «appliquée». La distinction entre le «développement expérimental» d'une part, et la «construction d'un nouveau type d'installation» ou la «production expérimentale dans une installation existante» d'autre part, soulève des problèmes analogues. Le tableau de Ames se distingue du *Manuel de Frascati* en ce qu'il intègre la «construction d'un nouveau type d'installation» dans le système de la R-D alors que dans la classification proposée par l'OCDE, seules les usines pilotes expérimentales en font partie.

L'introduction de l'adjectif «expérimental» pour former l'expression «recherche et développement expérimental», adoptée à la Conférence de Frascati en 1970, précise utilement l'usage du mot «développement», qui possède bien d'autres sens, dont certains très différents dans le domaine économique. Elle fait de plus ressortir le trait le plus caractéristique de ce type d'activité scientifique et technologique et le distingue de ces autres types d'activité que sont la conception ordinaire à l'aide de techniques bien établies ou les études de faisabilité des projets d'«engineering».

On a décrit en détail les limitations inhérentes aux modèles d'innovation «linéaires» et plusieurs économistes, dont Williams (1967), ont critiqué la vision schématique et simpliste du système de l'innovation industrielle selon laquelle les projets se dérouleraient dans un ordre clairement défini allant de la recherche fondamentale à l'exploitation en passant par la recherche appliquée et le développement expérimental. Ce modèle n'a bien sûr jamais correspondu à la réalité et, pour être juste envers ceux qui l'ont élaboré, aucun d'entre eux ne l'a jamais prétendu. Très souvent même, c'est exactement le contraire qui se produit : un problème surgit au niveau de la production et exige que l'on procède à une modification expérimentale d'une machine ou d'un processus. Cela donne lieu à certains travaux de recherche appliquée, lesquels peuvent tracer une nouvelle voie à la recherche fondamentale. Le tableau de Ames fait particulièrement bien ressortir ces interdépendances grâce à l'accent qu'il met sur la rétroaction et les «erreurs».

La principale difficulté que présente, pour les économistes, l'utilisation des statistiques et des définitions normalisées de la R-D réside probablement dans la place à accorder à l'«activité d'invention». Comme les études des économistes ont surtout porté sur la production industrielle, leur premier cadre conceptuel a d'abord été fondé sur les rapports entre l'invention et l'innovation. Il est peu à peu apparu que les inventions exigeaient souvent d'être «développées» avant que l'on puisse lancer une innovation, de telle sorte qu'avant que la «R-D» apparaisse sur la scène, les économistes s'étaient habitués à penser «invention-développement-innovation». Pour certains d'entre eux, la «recherche scientifique» se trouvait quelque part à l'arrière-plan et entretenait de vagues rapports avec l'invention.

Dans le domaine des industries chimique et électronique, il devint de plus en plus évident qu'il existait un lien assez étroit entre la « recherche » et les « inventions », mais dans d'autres industries, comme le génie mécanique, par exemple, les « inventions » semblaient toujours n'avoir que peu ou pas de rapport avec la recherche scientifique, et n'être le résultat que de la simple ingéniosité. Les économistes se demandèrent donc de quelle façon intégrer la notion d'« invention » dans le cadre de la R-D. Ames et Machlup (1962) ont tous deux établi un rapport entre la « recherche appliquée » et l'« invention » : bien qu'on puisse en comprendre les raisons historiques, il ne semble pas qu'il soit nécessaire de vouloir intégrer à tout prix l'« invention » dans une partie ou une autre du système de la R-D. Les inventions, en fait, sont susceptibles d'intervenir à tous les niveaux de la R-D et même, dans une large mesure, tout à fait à l'extérieur du système. Schmookler (1966) a montré qu'un grand nombre de brevets aux États-Unis se rapportaient à des inventions nées en dehors de la R-D ou produites dans le cadre de travaux de recherche expérimentale.

Il paraît donc essentiel de conserver le schème conceptuel « invention-innovation » parallèlement aux mesures et aux concepts formels de la R-D. Les sources du progrès technologique dans l'industrie ou ailleurs demeurent multiples ; les statistiques de la R-D nous fournissent une mesure du degré de professionnalisation des activités techniques et scientifiques expérimentales. Mais l'économie a apporté une importante contribution aux études de politique de la science en soulignant le fait que la R-D industrielle, si importante qu'elle soit à l'heure actuelle, n'a pas le monopole des inventions, n'est pas l'unique source du « progrès technologique » et ne mène pas nécessairement à un flux d'innovations utiles.

On a souvent souligné que le nombre des brevets a augmenté beaucoup plus lentement que le montant des dépenses de la R-D depuis 1939. Il semble plus que probable que cela témoigne d'une modification de la structure et du degré de professionnalisation de la R-D davantage que d'un déclin du taux de productivité de la R-D ou d'un ralentissement du progrès technologique.

L'économie se trouve donc en position de recourir simultanément à trois ensembles de concepts dans le cadre de ses recherches sur les problèmes de politique de la science : 1) technologie, technique, changement technologique, changement technique ; 2) invention, innovation et diffusion ; 3) recherche et développement expérimental. Ainsi qu'on l'a vu, l'un des problèmes les plus importants dont discutent actuellement les économistes consiste à déterminer dans quelle mesure le système institutionnalisé de R-D constitue actuellement la source principale *a)* du progrès technologique, *b)* des inventions et *c)* des innovations. Il est clair qu'il s'agit d'un problème fondamental pour toute politique de la science et que l'on n'a rien à gagner en tentant de rejeter l'un ou l'autre de ces concepts.

Résumé des définitions

La *technologie* est un corpus de connaissances sur les techniques. Le changement technologique est la production de nouvelles connaissances sur ces techniques. Les *techniques* sont des méthodes employées pour produire et distribuer des biens et des services. Le *changement technique* n'implique pas nécessairement le recours à une nouvelle technologie; il peut consister en une simple imitation ou *diffusion* de techniques existantes ou en la substitution d'un facteur de production à un autre. Le *changement technique* consiste en l'adoption d'une technique différente. Les *inventions* sont des contributions ponctuelles, identifiables comme telles, au changement technologique, mais elles ne constituent pas le seul facteur d'évolution de la technologie, non plus que la seule source d'innovation dans l'économie. Les inventions qui sont introduites dans le système ordinaire de production des biens et des services sont des *innovations techniques*. Le processus d'*innovation* correspond à la première introduction de nouvelles techniques, laquelle est souvent suivie d'un processus progressif de diffusion. Le changement technique comprend aussi bien la première introduction d'une innovation que sa *diffusion* ou son adoption par d'autres. Par «*recherche appliquée et développement*», on entend une activité systématique orientée vers le progrès technologique. La *recherche fondamentale* est la poursuite de nouvelles connaissances qui, sans avoir nécessairement en vue un objectif technologique, peut très bien en définitive influencer la technologie. Lorsque les pouvoirs de décision reconnaissent à la recherche fondamentale cette vocation, sans trop savoir comment elle s'y prend pour la remplir, il arrive qu'ils lui donnent le nom de «recherche fondamentale orientée» ou «utilitaire». La *recherche et le développement* constituent une source importante, sans en être la seule, du changement *technologique*.

BRÈVE HISTOIRE DE LA PENSÉE DES ÉCONOMISTES SUR LE PROGRÈS TECHNIQUE

Adam Smith et les économistes classiques

Smith, Malthus, Ricardo, James Mill et John Stuart Mill ont tous tenté d'analyser et d'expliquer les tendances structurelles du système économique dans son ensemble. *La Richesse des nations* (1776) d'Adam Smith est souvent considérée comme le point de départ de l'économie politique, même si cela ne rend pas justice à Stuart, aux physiocrates français et aux autres précurseurs de l'école classique. Il n'en reste pas moins que le livre d'Adam Smith fut certainement le texte d'économie le plus lu du XVIIIe siècle et presque certainement celui qui eut le plus d'influence, à la fois sur les politiques gouvernementales et sur l'évolution de la théorie économique, y compris en ce qui concerne les attitudes à l'égard de la science et de l'invention.

Plusieurs des grandes idées contenues dans *La Richesse des nations* constituent aujourd'hui l'ABC de la théorie économique. Même l'école marxiste, qui a établi son propre cadre conceptuel, doit beaucoup, elle aussi, à la pensée classique. L'idée centrale d'Adam Smith, qui l'a rendu justement célèbre, s'exprime dans la métaphore de la « main invisible » et de son corollaire, l'État « veilleur de nuit », (selon l'expression de Lassalle). Cette thèse fondamentale, selon laquelle les besoins des consommateurs sont mieux satisfaits par une politique économique consistant à « laissez-faire » et permettant aux entreprises concurrentes de rechercher librement le profit, a été développée par les économistes néo-classiques qui en ont tiré une rationalisation complexe du comportement idéal d'une économie capitaliste.

Adam Smith, pour sa part, n'a jamais été tenté de prendre le modèle pour la réalité. Il était extrêmement conscient des dangers du monopole, et même l'opposant le plus farouche aux trusts ne pourrait exprimer mieux qu'il ne l'a fait les dangers que représente toute coalition d'hommes d'affaires travaillant dans le même domaine et décidés à se liguer pour conspirer contre l'intérêt public. Il reconnaissait que l'État « veilleur de nuit » aurait inévitablement à assumer des responsabilités sociales qui ne sauraient uniquement consister à monter la garde et à protéger la propriété privée. Il définissait ces responsabilités comme ne correspondant à l'intérêt de personne en particulier, tout en étant à l'avantage général de la collectivité. Ainsi Adam Smith a non seulement jeté les bases des attitudes et des politiques anti-monopolistes qui allaient devenir une caractéristique durable de l'économie classique et néo-classique; il a aussi tracé la voie qui devait permettre à Pigou et à toute l'école du « bien-être économique » de développer l'idée de « bénéfices sociaux » et de « coût social » et de miner ainsi l'orthodoxie de la tradition de la « libre entreprise ». Même si ces réserves sont importantes pour l'évolution ultérieure de la pensée économique, il ne fait aucun doute que la visée principale de la polémique engagée par Adam Smith était dirigée contre les multiples formes d'interventions intempestives dont les hommes d'affaires étaient victimes en son temps de la part de l'État central et des gouvernements locaux. Adam Smith était essentiellement en faveur d'une politique qui laisse libre cours à l'initiative individuelle des hommes d'affaires et des commerçants à la poursuite du profit.

Il était nécessaire de faire ce détour pour comprendre la façon dont Adam Smith concevait l'invention et le progrès technique. Dans ce domaine, comme dans la plupart de ceux qu'il il a traités, Smith a donné le ton à l'économie politique classique. Ses commentaires sur la science et l'invention sont d'une remarquable perspicacité, ainsi qu'en témoigne ce passage souvent cité (Smith, 1776, 45-46).

> Cependant il s'en faut de beaucoup que toutes les découvertes tendant à perfectionner les machines et les outils, aient été faites par les hommes destinés à s'en servir personnellement. Un grand nombre est dû à l'industrie des constructeurs de

machines, depuis que cette industrie est devenue l'objet d'une profession particulière, et quelques-unes à l'habileté de ceux qu'on nomme *savants* ou *théoriciens*, dont la profession est de ne rien faire, mais de tout observer, et qui, par cette raison, se trouvent souvent en état de combiner les forces des choses les plus éloignées et les plus dissemblables. Dans une société avancée, les fonctions philosophiques ou spéculatives deviennent, comme tout autre emploi, la principale ou la seule occupation d'une classe particulière de citoyens. Cette occupation, comme toute autre, est aussi subdivisée en un grand nombre de branches différentes, chacune desquelles occupe une classe particulière de savants, et cette *subdivision du travail*, dans les sciences comme en toute autre chose, tend à accroître l'habileté et à épargner du temps. Chaque individu acquiert beaucoup plus d'expérience et d'aptitude dans la branche particulière qu'il a adoptée : il y a au total plus de travail accompli, et la somme des connaissances en est considérablement augmentée.

Dans ce passage, Adam Smith reconnaît explicitement que le progrès technique dépend à la fois de la «science», extérieure au processus de production proprement dit, et de l'inventivité de ceux qui participent à la production et fabriquent les machines. Il applique en outre l'une de ses idées les plus caractéristiques — la division du travail — à la science comme telle et même aux subdivisions de la science. En cela, il anticipe largement la naissance de la R-D spécialisée et la fragmentation actuelle de la science et de la technologie en de nombreuses sous-disciplines, de même qu'il annonce déjà une bonne part des débats sur les sources de l'invention parmi les économistes contemporains.

Il est à noter qu'Adam Smith introduit les concepts de science et d'invention dès le tout début de son livre, au moment où il se lance dans une discussion sur les causes de l'accroissement de la productivité et, par le fait même, de la «richesse des nations». Même si le fondement de son argumentation concerne l'énorme accroissement de la productivité que permettent la division du travail et la spécialisation des différentes étapes du processus de production, il n'en reste pas moins parfaitement conscient des complémentarités à l'oeuvre dans le processus du changement socio-économique et des relations qui existent entre la division du travail, la science et l'invention d'une part et l'élargissement du marché et la levée des barrières commerciales d'autre part.

Bien que sa théorie de la division du travail ait récemment fait l'objet de critiques sévères (Robinson et Eatwell, 1973), c'est Adam Smith qui a apporté à l'économie presque tout ce qui l'a caractérisée depuis lors : l'importance accordée à la productivité et l'intérêt manifesté pour le progrès technique en tant que source d'accroissement de la productivité; le respect à l'égard de la science et de l'éducation; la reconnaissance du fait que l'intérêt public exige des gouvernements qu'ils favorisent l'accès à l'éducation et encouragent la diffusion des connaissances; la condamnation des monopoles, entre autres raisons parce qu'ils risquent d'entraver le dynamisme technique du capitalisme concurrentiel. Chacune de ces questions est demeurée un thème majeur des travaux et des théories des économistes et la dernière section de ce chapitre est consacrée à un survol des découvertes récentes de la recherche empirique qui s'y rapporte.

Ce n'est pas le lieu ici d'épiloguer sur les diverses contributions qu'ont apportées chacun des économistes classiques à l'économie politique au sujet du rôle de la science et du progrès technique. Il est loin d'être sûr d'ailleurs que l'un ou l'autre d'entre eux ait marqué un progrès par rapport aux formulations qu'en a données Adam Smith. On ne peut que commenter brièvement une thèse controversée qui continue de susciter des débats à travers le monde et dont la pertinence est toujours aussi grande en ce qui concerne les politiques scientifiques et économiques contemporaines : la théorie malthusienne de la population.

Malthus

Dans l'ensemble, les théories d'Adam Smith étaient plutôt optimistes; il lui paraissait très possible d'améliorer considérablement le niveau de vie et d'accroître la richesse des nations, pourvu que soient éliminés les obstacles au commerce et à l'industrie. L'économie n'avait pas encore acquis à cette époque sa réputation de «science sombre», laquelle lui vint en partie de la publication du fameux *Essai sur le principe de population* (1798) du Révérend Thomas Malthus. Ce livre a exercé, directement et indirectement, une influence considérable sur l'évolution de la pensée économique aussi bien que sur les politiques économiques et sociales des gouvernements. Il a dû une partie de son effet de choc à une technique de présentation qu'ont trop souvent adoptée, depuis, les plaidoyers économiques, et qui consiste à utiliser un modèle mathématique plutôt dramatique et simplifié à l'extrême pour représenter les tendances du monde réel. Rien ne s'oppose bien sûr à ce qu'une science se serve de modèles mathématiques, mais le danger reste grand d'oublier l'importance de la vérification empirique des hypothèses mathématiques et de fonder des politiques sur la croyance qu'un modèle non vérifié reflète exactement ce qui se passe dans la réalité.

Pour être juste envers Malthus, il faut dire qu'il était très conscient de ces dangers et qu'il a tenté, dans les éditions ultérieures de son *Essai*, de présenter certaines données empiriques à l'appui de ses thèses. Mais le message qu'a retenu le public peut encore aujourd'hui se résumer, pour l'essentiel, à cet énoncé catégorique de la première édition de l'*Essai* : tandis que la population tend à s'accroître en suivant une progression géométrique aussi longtemps qu'elle ne rencontre pas d'obstacles comme la famine, la guerre et la maladie, les moyens de subsistance ne peuvent jamais augmenter que selon une progression arithmétique. La conclusion s'impose d'elle-même : l'espoir d'améliorer le sort des masses laborieuses est mince sinon inexistant, toute politique en ce sens étant d'avance vouée à l'échec dans la mesure où elle ne ferait qu'encourager les familles à avoir des enfants aux besoins desquels nul n'aurait les moyens de subvenir. Cette idée simple mais féconde a eu de l'importance non seulement par l'influence qu'elle a exercée sur la pensée économique, mais aussi, et surtout, en raison de ses incidences sur le plan politique — en ce qui concerne, par exemple, la réforme de la loi sur l'assistance publique en Angleterre et l'attitude adoptée à l'égard de la famine irlandaise. Elle a en outre joué un rôle non négligeable dans la formulation de la théorie darwinienne de l'évolution biologique et dans une bonne partie des débats ultérieurs sur la question de la «survivance du plus fort» en eugénique.

Il faut prendre garde d'oublier que, comme c'est le cas aujourd'hui dans certains pays en voie de développement, la situation qui avait cours en Angleterre à l'époque des guerres napoléoniennes donnait au théorème de base de Malthus une relative plausibilité : la population croissait rapidement, il y avait pénurie de nourriture et certaines régions connaissaient un taux de chômage élevé. C'était avant que les vastes terres nouvelles de l'Amérique du Nord et du Sud ne soient ouvertes à la colonisation et avant que le commerce des céréales ne prenne une ampleur internationale. Aujourd'hui, l'argument central de Malthus a encore un certain crédit, même s'il est davantage cité par les écologistes que par les économistes.

Pour notre propos, l'intérêt de la controverse suscitée par les idées de Malthus tient d'abord à sa pertinence par rapport au concept de progrès technique dans le cadre de la théorie économique. Il suffirait, pour réfuter la thèse centrale de Malthus, que se produise l'une ou l'autre des éventualités suivantes : soit que les êtres humains apprennent à contrôler l'accroissement de la population par des moyens autres que le vice, la maladie, la famine et la guerre, soit que le perfectionnement des techniques agricoles et leur application à l'agriculture mondiale permettent une augmentation de la productivité aussi rapide que celle de la demande alimentaire. Malthus lui-même a fait état de ces deux possibilités, mais comme la seconde solution lui paraissait inconcevable, il a surtout insisté sur la première, et son puritanisme au sujet de la régulation des naissances l'a mené à se lancer dans une apologie moralisatrice et peu réaliste de la continence sexuelle. Il est par conséquent peu surprenant qu'il soit resté plutôt pessimiste quant aux chances de succès. Les techniques de contraception ont déjà en fait considérablement élargi les possibilités de contrôle des naissances, bien que les malthusiens puissent à juste titre soutenir que les méthodes les plus efficaces ne sont pas encore accessibles à la majorité de la population mondiale. Le cauchemar du Bangla Desh semble confirmer la validité encore actuelle du modèle malthusien, au moins à l'échelle locale.

Ce qui nous intéresse ici, toutefois, c'est l'autre solution au problème posé par Malthus, à savoir le progrès des techniques agricoles. Assez curieusement, ce ne sont pas les économistes du courant dominant qui se sont opposés à Malthus sur cette question cruciale, mais Karl Marx.

Marx

Sa critique cinglante et acharnée des idées de Malthus (Meck, 1953) est remarquable pour plusieurs raisons. Alors qu'il professait un grand respect à l'égard d'Adam Smith et de Ricardo (pour lequel il manifestait presque de la révérence), il éprouvait le plus profond mépris à l'égard de Malthus, qu'il considérait comme un apôtre de la réaction et qu'il accusait en outre de plagiat. La violence de ses sarcasmes à son égard n'est surpassée que par celle des attaques contemporaines des néo-marxistes contre les néo-malthusiens.

Le ton des débats importe toutefois moins que le contenu de la critique marxiste qui se fonde essentiellement sur les progrès de la science et de la technique. Le jeune Engels déjà en 1844 en énonçait les points fondamentaux, points sur lesquels Marx et lui allaient souvent revenir par la suite (Meck, 1953, 63) :

> Où et quand a-t-il été prouvé que la productivité des terres s'accroissait selon une progression arithmétique? L'étendue du sol est limitée, soit. La force de travail à utiliser augmente avec la population; admettons même que l'accroissement du rendement par l'accroissement du travail n'augmente pas toujours dans la proportion du travail; il reste encore un troisième élément qui assurément ne vaut jamais rien pour l'économiste, c'est la science, dont la croissance est aussi illimitée et pour le moins aussi rapide que celle de la population. Quel progrès l'agriculture de ce siècle ne doit-elle pas à la seule chimie, voire à deux hommes seulement : Sir Humphrey Davy et Justus Liebig? Mais la science se développe au moins autant que la population, celle-ci augmente en proportion du nombre de la dernière génération, la science progresse proportionnellement à la masse des connaissances que lui a léguée la génération précédente, dans les conditions les plus courantes, elle se développe donc elle aussi selon une progression géométrique — et qu'est-ce qui est impossible à la science?*

Ce passage est remarquable en ce qu'il témoigne d'une foi presque illimitée dans le progrès technique et scientifique, laquelle restera d'ailleurs un trait caractéristique du courant dominant de l'économie marxiste. Engels bien sûr n'avait pas davantage de données empiriques sur lesquelles fonder son hypothèse d'une croissance exponentielle de la science que Malthus n'en avait eues pour appuyer sa thèse plus pessimiste selon laquelle la productivité agricole ne pouvait croître que très lentement. La question, extrêmement importante pour la politique scientifique et la recherche en économie, de savoir si l'investissement dans la recherche scientifique donne déjà ou donnera vraisemblablement dans l'avenir des rendements décroissants, reste ouverte. Quoi qu'il en soit, la combinaison de différents facteurs, dont la découverte de nouvelles terres sur le continent américain, le colonialisme de l'époque victorienne et l'accroissement de la productivité agricole, a tempo-

---

* F. Engels, *Esquisse d'une critique de l'économie politique*, tr. H.A. Baatsch, Paris, Aubier-Montaigne, 1974, p. 95-97. (N.D.T.)

rairement éloigné le spectre malthusien, de telle sorte que pendant au moins un siècle les marxistes ont paru triompher de leur adversaire. La question de savoir si la victoire leur appartient toujours fait actuellement l'objet d'un débat à l'échelle internationale (Meadows, 1972, Cole *et al.*, 1973). Au moins en ce qui concerne les économistes, la position marxiste a été acceptée par presque toutes les écoles de pensée, y compris l'école néo-classique, même si ce fut, jusqu'à tout récemment, sans qu'on porte vraiment attention aux conditions nécessaires au progrès technique. Paradoxalement, c'est encore Marx qui a donné l'explication la plus complète du progrès technique dans une économie capitaliste et qui a fait le plus bel éloge des réalisations que ce progrès a permis d'accomplir (Marx et Engels, 1848, 26) :

> La bourgeoisie, au cours d'une domination de classe à peine séculaire, a créé des forces productrices plus nombreuses et plus colossales que ne l'avait fait tout l'ensemble des générations passées.

L'explication marxiste de l'immense dynamisme technique du capitalisme repose sur la pression qu'exerce la concurrence sur chaque entreprise capitaliste, qui se trouve ainsi forcée d'améliorer son processus de production pour résister à la tendance à la baisse des taux de profit (Marx et Engels, 1848, 23) :

> La bourgeoisie ne peut exister sans révolutionner constamment les instruments de production, donc les rapports de production, c'est-à-dire tout l'ensemble des rapports sociaux. [...] Ce bouleversement continuel de la production, cet ébranlement ininterrompu de tout le système social, cette agitation et cette perpétuelle insécurité distinguent l'époque bourgeoise de toutes les précédentes.

Dans le premier volume du *Capital* (1867), Marx a décrit de façon extrêmement détaillée la transformation historique des techniques de production dans le cadre de la formation de la société capitaliste. Bien qu'il ait surtout mis l'accent sur les innovations qui touchaient le processus de production et qui étaient dues à la pression exercée par la concurrence, il a aussi fait une place aux innovations en matière de produits ainsi qu'aux découvertes scientifiques donnant naissance à de nouveaux produits. Sa discussion à propos de l'élargissement du marché mondial a des résonnances extraordinairement modernes, même si elle reprend les idées d'Adam Smith et la théorie de Ricardo sur le commerce international (1817) :

> Par l'exploitation du marché mondial, la bourgeoisie donne un caractère cosmopolite à la production et à la consommation de tous les pays. Au grand désespoir des réactionnaires, elle a ôté à l'industrie sa base nationale. Les anciennes industries nationales ont été détruites, et le sont encore tous les jours. Elles sont supplantées par de nouvelles industries dont l'adoption devient, pour toutes les nations civilisées, une question de vie ou de mort; ces industries n'emploient plus des matières premières indigènes, mais des matières premières venues des régions les plus lointaines et dont les produits se consomment non seulement dans le pays même, mais dans toutes les parties du monde. À la place des anciens besoins satisfaits

par les produits nationaux naissent des besoins nouveaux qui réclament pour leur satisfaction les produits des pays et des climats les plus lointains. À la place de l'ancien isolement et de l'autarcie locale et nationale, se développe un commerce généralisé, une interdépendance généralisée des nations. Et ce qui est vrai de la production matérielle ne l'est pas moins des productions de l'esprit (Marx et Engels, 1948, 24).

À l'instar des grands économistes classiques, Marx s'intéressait aux tendances à long terme de l'évolution du système économique. Bien qu'il ait fait preuve d'un optimisme extraordinaire à l'égard des possibilités offertes par la science et la technologie, il croyait que les rapports sociaux propres au mode de production capitaliste finiraient par constituer un obstacle à la croissance des forces productives. Il considérait les crises cycliques de «surproduction» comme le symptôme d'une incompatibilité à long terme entre un processus de production de plus en plus centralisé et socialisé d'une part et le contrôle et la propriété privée du capital d'autre part. Alors que les économistes néo-classiques insistaient sur l'action positive de la «main invisible» à l'oeuvre au sein de la concurrence parfaite, Marx mettait l'accent sur l'augmentation du nombre de monopoles justement provoquée par cette même concurrence, sur l'instabilité des investissements et du progrès technique, sur la croissante gravité des crises et la montée de la lutte des classes. Il prévoyait que ces facteurs allaient mener au remplacement de l'économie capitaliste par un système socialiste ou conduire à la ruine l'une et l'autre des deux classes ennemies. Depuis l'époque de Marx, l'économie, comme bien d'autres sciences sociales, est devenue le champ de bataille idéologique des marxistes et de leurs opposants, et, de plus en plus maintenant, celui de nombreuses variétés de marxismes.

Même si tous les marxistes continuent probablement de considérer comme fondamental le rôle du progrès technique au sein d'une économie capitaliste concurrentielle, leurs idées concernant les effets des monopoles sur ce même progrès technique ont subi ça et là quelques modifications. Suivant en cela Lénine (1915), les économistes marxistes de la période de l'entre-deux guerres ont en général souligné les tendances d'une économie monopoliste à provoquer une stagnation et des retards dans l'évolution technique. Depuis la Seconde Guerre mondiale toutefois, il est devenu difficile de nier que même le capitalisme monopoliste a fait preuve d'un dynamisme technique considérable. La plupart des marxistes invoqueraient à ce propos l'influence des recherches militaires sur l'économie, mais la croissance du secteur civil a elle aussi été beaucoup plus rapide et soutenue que cela ne semblait devoir être le cas selon les prévisions marxistes des années 30 et 40 (Varga, 1935 et 1947). Mais tandis que cette question n'occupait qu'une place secondaire dans le cadre de l'économie marxiste, elle a joué un rôle fondamental dans l'évolution de la théorie économique non marxiste, à laquelle nous allons maintenant revenir.

L'économie néo-classique

C'est le nom que donnent généralement les historiens de la pensée économique à l'école qui a dominé en Europe occidentale et aux États-Unis de 1870 jusqu'à la «révolution» keynésienne des années 30 (Roll, 1934). Ses principaux représentants (Walras, Menger, Pareto et Jevons), en dépit du fait qu'ils ne mettent pas tous l'accent sur les mêmes questions, partagent un nombre considérable d'hypothèses et d'orientations.

Ce qui nous importe ici c'est l'hypothèse de la continuité du progrès technique, associée au fait qu'elle a été reléguée à l'arrière-plan. L'école néo-classique s'est surtout consacrée au perfectionnement mathématique du modèle classique du laissez-faire de la concurrence parfaite; elle s'est particulièrement illustrée par l'élaboration d'une théorie marginale du comportement des consommateurs et des entreprises en rapport avec la fluctuation des prix et de la demande. Tout cela reposait sur des hypothèses simplificatrices concernant la rationalité des choix économiques, la mobilité «parfaite» des facteurs de production, la «perfection» de l'information à la disposition des agents de décision et l'égalité d'accès à la technologie. Les économistes néo-classiques se rendaient bien sûr parfaitement compte que le monde était beaucoup moins bien ordonné que la représentation qu'en donnait le modèle de la concurrence parfaite; mais ils soutenaient, d'une part, que cette approximation était suffisamment proche de la réalité pour pouvoir constituer un bon modèle opérationnel d'un grand nombre de situations de marché courantes et conjoncturelles, et avaient tendance à prétendre, d'autre part, que le monde réel *aurait dû* être semblable au modèle. Les critiques marxistes et quelques autres hérétiques rejetaient l'un et l'autre de ces arguments, mais l'école du bien-être économique et l'école de Keynes s'inscrivent néanmoins dans le prolongement de tendances issues du cadre néo-classique, lequel pouvait prétendre à plus d'élégance mathématique qu'aucune autre discipline des sciences sociales de cette époque.

Comme les économistes classiques, les néo-classiques manifestaient un grand respect à l'égard de la science et de la technologie et reconnaissaient que le progrès technique constituait en principe la source principale du progrès économique; mais ils avaient tendance à tenir pour acquis qu'il s'agissait d'un processus relativement progressif se déroulant sans heurts et sans vraiment troubler la tendance fondamentale du système à retrouver son équilibre. De ce point de vue, ils étaient beaucoup plus optimistes que Malthus et Ricardo. Lorsque des questions de politique se sont posées, concernant par exemple les dispositions publiques en matière d'enseignement ou l'abolition du système des brevets, les économistes ont généralement accordé un appui inconditionnel aux mesures susceptibles de garantir l'accès le plus large et le plus rapide au savoir et, en particulier, à la technologie. Jusqu'à tout récemment, les économistes étaient en faveur de l'abolition du système des brevets, considéré comme une forme de monopole et comme une restriction de l'accès à la technologie. De façon caractéristique, Adam Smith représente une exception : il a exclu les brevets d'invention de son attaque générale contre les monopoles. Mais en pratique, les économistes se sont peu ou pas du tout intéressés aux façons dont le système fonctionnait réellement non plus qu'aux modes de production et d'exploitation des inventions.

L'importance accordée par l'école néo-classique aux mécanismes auto-régulateurs du marché et à sa tendance quasi automatique à l'«équilibre» a été sérieusement ébranlée par la grande dépression des années 1929 à 1933. Mis à part un renforcement des tendances marxistes et un renouveau d'intérêt pour d'autres écoles hérétiques, le principal effet de ce choc a été de frayer la voie à la révision keynésienne de la doctrine néo-classique. Bien que cela ait été de la plus grande importance pour plusieurs aspects de la théorie et de la politique économiques, en particulier en ce qui concerne la théorie de l'emploi et de l'investissement, cela présente en fait peu d'intérêt du point de vue plus restreint qui nous occupe ici. Car Keynes a conservé l'attitude caractéristique de l'école néo-classique en continuant de croire que la force de la «science et des intérêts composés» pouvait mener à une ère de prospérité, tout en négligeant de s'occuper de tous les problèmes concrets relatifs au progrès de la science et de l'invention ainsi qu'à leur influence sur le fonctionnement des entreprises et de la société.

Cette approche éminemment abstraite, qui caractérise l'école néo-classique et les révisionnistes keynésiens, a continué de prévaloir pendant les années 50 et s'est traduite par un certain nombre de tentatives visant à développer des modèles de croissance à long terme fondés sur ce qu'on appelle la «fonction globale de production». La révolution keynésienne a eu au moins pour effet de raviver les anciennes préoccupations de l'économie politique classique pour les tendances structurelles du système économique. Ainsi qu'on l'a déjà vu, parmi les problèmes intéressants qui se posent aux économistes et aux historiens de l'économie figurent la question de la croissance à long terme du stock de capital et de son influence sur le progrès économique, celle de la tendance à substituer le capital au travail au fur et à mesure des modifications que subissent les facteurs de production, et enfin celle des sources du progrès technique.

Des efforts considérables entrepris dans les années 50 et 60, surtout aux États-Unis, ont mené à l'élaboration de modèles économiques fondés sur des séries temporelles à long terme et destinés à évaluer la contribution respective du travail, du capital et des autres facteurs de production à la croissance économique. En pratique, les autres facteurs se sont fondus en un «troisième facteur» résiduel qu'on identifiait généralement au «progrès technique», alors qu'il s'agissait plutôt d'un fourre-tout où l'on rangeait pêle-mêle tous les changements d'ordre social, administratif, structurel, éducationnel, politique, psychologique et technologique, en un mot tout ce qui ne constituait pas une augmentation purement quantitative du volume du travail (habituellement mesurée heures-hommes) ou du volume du capital (mesurée de diverses façons controversées). Certains économistes, dont Denison (1962 et 1967) ont tenté d'aller plus loin en disséquant la fonction «progrès technique» résiduelle en ses diverses composantes et en évaluant statistiquement la «contribution» de chacune à la croissance mesurée.

Au début, la plupart des études (Solow, 1957, Abramovitz, 1956) montrèrent que le «progrès technique» était censé jouer un rôle très important dans la croissance. Mais des critiques firent remarquer que l'utilisation des séries temporelles à long terme étaient conceptuellement mal fondées et d'une exactitude douteuse, et alléguèrent qu'il était possible d'en arriver à des résultats diamétralement opposés en se servant des mêmes données et des mêmes hypothèses (Kennedy et Thirlwall, 1972, pour un résumé de toute la controverse; Griliches et Jorgensen, 1966; Jorgensen et Griliches, 1967). Des critiques plus radicaux encore soutinrent que l'ensemble de ces travaux étaient orientés dans une mauvaise direction et se fondaient le plus souvent sur des hypothèses néo-classiques peu réalistes concernant les revenus des facteurs, la concurrence parfaite et la productivité marginale.

Bien que la méthode fondée sur la fonction globale de production continue d'avoir ses défenseurs, la plupart des économistes manifestent actuellement un certain scepticisme à l'égard de ses possibilités d'application et mettent de plus en plus en doute les hypothèses théoriques sur lesquelles elle se fonde (Lave, 1966; Kennedy et Thirlwall, 1972). On peut reprocher aux études fondées sur cette méthode leur méconnaissance de l'importance des rapports de complémentarité qui lient le progrès technique aux changements sociaux, le peu de cas qu'elles font de toutes les autres disciplines des sciences humaines, leur manque de perspective historique et leur vision réductrice du progrès technique. L'utilisation du concept de progrès technique dans le cadre des travaux portant sur la fonction globale de production est tellement éloignée de l'usage qu'en font les autres disciplines, et en particulier les sciences naturelles et le génie, qu'il est peu probable qu'elle se répande jamais hors de son domaine d'origine. Même au sein de l'économie, elle constitue une source de confusion, et il vaudrait probablement mieux que les spécialistes des modèles de croissance qualifient leur troisième facteur de «résiduel», comme l'a suggéré Domar (1961).

Les modèles de croissance élaborés dans les années 50 et 60 ont au moins le mérite d'avoir tenté de sortir de la voie sans issue de l'analyse de l'équilibre statique, mais comme le reste des théories néo-classiques, ils ont le tort de n'avoir pas pris en compte le processus réel de la recherche, de l'invention, de l'innovation et de l'évolution technique.

Schumpeter

Si le courant dominant de l'économie néo-classique et l'économie keynésienne ont largement négligé les questions de l'innovation et du progrès technique, ce n'est pas du tout le cas de Schumpeter, qui leur a accordé une place centrale dans sa théorie de l'évolution économique. Il s'est en outre attaqué de front aux insuffisances de l'approche néo-classique fondée sur l'analyse de l'équilibre statique bien avant la crise économique mondiale de 1929-1933 (1928, 377) :

> Ce que nous appelons, de façon peu scientifique, «progrès économique», désigne essentiellement l'emploi des ressources productives à des usages qui n'avaient encore jamais été essayés en pratique, au détriment de ceux qui étaient les leurs jusque-là. C'est ce que nous appelons l'«innovation». Ce qui est important, en ce qui nous concerne, c'est simplement le caractère essentiellement discontinu de ce processus, qui ne se laisse pas décrire dans les termes d'une théorie de l'équilibre [...] L'innovation, sauf lorsqu'elle consiste à produire et à imposer au public un nouveau bien de consommation, consiste à produire à un coût moindre par unité, à rompre l'ancien «programme d'offre» pour en créer un nouveau. Il s'agit d'un processus relativement intangible, qu'il se fasse ou non au moyen d'une nouvelle invention; car, d'une part, il n'y a jamais eu d'époque où le grenier des connaissances scientifiques ait rendu tout ce dont il était rempli en matière d'améliorations industrielles, et, d'autre part, ce ne sont pas les connaissances qui comptent mais la solution ponctuelle de la tâche qui consiste à mettre en pratique une méthode encore jamais éprouvée — il peut n'y avoir, et c'est souvent le cas, aucune nouveauté scientifique d'impliquée et même s'il y en a, cela ne change rien à la nature du processus.

Schumpeter était prêt à admettre que la forme néo-classique de la concurrence parfaite constituait une description approximative de certains types de marché considérés à court terme, mais insistait toujours davantage sur le fait que l'autre forme de concurrence, basée sur l'innovation, était la seule qui importait vraiment.

> Dans la réalité du système capitaliste, distincte de la représentation qu'en donnent les manuels, ce n'est pas ce genre de concurrence qui importe [soit la concurrence au sein d'un modèle rigide de conditions de production invariantes] mais la concurrence pour un nouveau produit, une nouvelle technologie, une nouvelle source de demande, un nouveau type d'organisation [...], la concurrence qui menace non pas les marges de profit et les produits des entreprises existantes mais leur vie même. Ce genre de concurrence est beaucoup plus efficace que l'autre, comme l'est un bombardement par comparaison au fait d'enfoncer une porte, et tellement plus importante, que par comparaison il devient indifférent de savoir si la concurrence au sens ordinaire du terme fonctionne plus ou moins adéquatement.

Trente ans plus tard, la prépondérance de la concurrence pour les nouvelles technologies est davantage reconnue, mais les manuels continuent d'être très largement fondés sur l'ancien paradigme.

L'intérêt de Schumpeter pour l'innovation l'a mené non seulement à critiquer la théorie « reçue » de l'équilibre (il semble avoir été le premier à utiliser cette expression pour désigner l'économie néo-classique), mais aussi à contester la théorie du monopole et celle de *l'entrepreneurship*. Les économistes classiques et néo-classiques prenaient généralement pour acquis que la concurrence favorisait le progrès technique tandis que les monopoles le freinaient. Comme bien d'autres propositions du paradigme néo-classique, celle-ci avait rarement été soumise à l'épreuve de la réalité, mais elle semblait relativement plausible et pouvait être confirmée par quelques cas particuliers. De fait, les économistes marxistes aussi acceptaient cette idée et Lénine en citait pour preuve le cas du cartel de l'ampoule électrique, tandis que Rosa Luxembourg soutenait que les innovations techniques étaient généralement lancées par de petites entreprises nouvellement créées plutôt que par les grandes sociétés monopolistes.

Schumpeter n'a certainement jamais sous-estimé la possibilité qu'avaient les petites entreprises nouvelles de réaliser des innovations importantes et il a en fait insisté à plusieurs reprises sur les bonds créatifs accomplis par des entrepreneurs qui mirent sur pied de nouvelles branches industrielles en partant de presque rien (1928, 384) :

> Pour une entreprise de taille relativement petite, qui n'a pas de pouvoir sur le marché financier et qui ne peut se permettre de mettre sur pied des services de recherche scientifique ou de production expérimentale, l'innovation technique ou commerciale comporte énormément de risques et de difficultés, et s'y lancer exige une énergie et un courage au-dessus de la normale. Mais aussitôt que l'évidence du succès s'impose, tout devient automatiquement beaucoup plus facile. L'innovation peut maintenant, avec beaucoup moins de difficultés, être imitée, et même améliorée, et c'est à tous les coups une foule d'imitateurs qui se précipitent — ce qui explique les sauts et les bonds du progrès, de même que ses retards.

Schumpeter reprochait entre autres au paradigme néo-classique d'avoir transformé l'entrepreneur en une sorte de bureaucrate compétent, dans la mesure où les hypothèses de rationalité des choix, de perfection de l'information et d'égalité d'accès à la technologie privaient les activités du chef d'entreprise de tout élément de risque et d'individualité. Tout cela était très éloigné de la réalité pour Schumpeter, qui insistait sur l'importance exceptionnelle du rôle de l'entrepreneur dans l'évolution du capitalisme (1928, 379) :

> Une innovation réussie n'est pas un exploit de l'intellect mais de la volonté. C'est un cas particulier du phénomène social de leadership. Sa difficulté réside dans les résistances et les incertitudes associées à la réalisation d'une chose qui n'a encore jamais été faite; elle n'attire qu'un certain type de caractère, très rare, qui peut seul y réussir et qui s'y sent poussé. Tandis que les différences d'aptitude au travail courant de gestion « statique » ne se traduisent qu'en inégalités de réussite au niveau de ce que tout le monde peut faire, les différences touchant

cette aptitude particulière se manifestent par le fait que seules certaines personnes, à l'exclusion des autres, sont capables d'accomplir une telle chose. C'est la fonction caractéristique de l'entrepreneur que de surmonter les difficultés associées à l'adoption de nouveaux usages.

Galbraith et l'économie de l'oligopole

Cependant, bien que Schumpeter, plus que tout autre économiste de son époque, ait souligné le rôle créateur de l'entrepreneurship, il a aussi reconnu que la nature du processus d'innovation était en train de changer avec l'apparition des firmes géantes. Les économistes de toutes les écoles étaient bien sûr conscients du processus de concentration à l'oeuvre dans plusieurs branches de l'industrie et du commerce. Il y eut des débats intenses, tant à l'extérieur qu'à l'intérieur de la profession, concernant les problèmes de théorie et de politique posés par ce processus de concentration, de cartellisation et de monopolisation. L'école néo-classique s'en est tenue pour l'essentiel à sa position traditionnelle et a pris la défense des politiques anti-trust visant à rétablir la concurrence sur les marchés. Mais comme il devenait de plus en plus évident que ces firmes géantes étaient là pour rester, un nouvel intérêt s'est manifesté pour l'étude du comportement des entreprises dans les branches hautement concentrées de l'industrie : l'économie de la «concurrence imparfaite» et l'économie de l'«oligopole» étaient nées. Il fut admis que les modèles formels du comportement des entreprises en situation de concurrence parfaite (où aucune entreprise individuelle ne peut influencer les prix) ne pouvaient être utilisés pour rendre compte des structures oligopolistiques, pas plus d'ailleurs que les anciens modèles relatifs aux monopoles. La situation ressemblait davantage à un système de négociation entre des États nationaux, marqué par des alliances tacites et des ententes temporaires sur les prix, alternant avec des périodes d'instabilité et de guerre ouverte. Des économistes comme Joan Robinson (1934) ont tenté d'élaborer des modèles qui puissent rendre compte du comportement des entreprises dans de telles situations, mais on convenait généralement que les prix restaient impossibles à prévoir. On admettait toutefois que dans des conditions d'oligopole les entreprises préféreraient éviter toute concurrence en ce qui concerne les prix pour plutôt se servir d'armes comme la publicité et la différenciation des produits.

Une intense controverse a entouré (et entoure encore) la question du progrès technique dans de telles conditions d'oligopole. Tandis que les économistes néo-classiques traditionnels continuèrent de soutenir que l'oligopole aussi bien que le monopole freinaient l'évolution technique, un nombre croissant d'économistes commencèrent à prétendre exactement le contraire. Ils le firent pour plusieurs raisons, mais leur principal argument concernait le coût de l'innovation. Il était généralement admis que les économies techniques d'échelle étaient extrêmement importantes dans des industries comme celles de l'acier et du ciment, ce qui conférait un immense avantage aux grandes entreprises dans ces domaines. Certains économistes commencèrent à soutenir que les rendements d'échelle s'appliquaient aux innovations touchant les procédés de production et les produits ainsi qu'aux coûts associés au maintien de services de la R-D. Ils soulignèrent aussi que les grandes entreprises pouvaient se permettre de prendre de plus grands risques, puisqu'elles ne se trouvaient pas en danger d'être ruinées par un seul échec. Ce raisonnement atteignit sa pleine maturité chez Galbraith, qui lui donna une nouvelle formulation dans ce passage souvent cité et très contesté du *Capitalisme américain* (1952, 112-113) :

> Une Providence bienfaisante [...] a fait de l'industrie moderne de quelques grosses entreprises, un instrument presque parfait pour encourager le changement technique [...] Il n'est pas fiction plus agréable que celle qui voit dans le changement technique le produit de l'incomparable ingéniosité d'un faible individu, obligé par la concurrence de mettre son intelligence au service du prochain. Malheureusement il s'agit là d'une fiction. Le développement technique est, depuis longtemps, devenu la chasse gardée du savant et de l'ingénieur. La plupart des inventions peu coûteuses et simples ont déjà été faites.

Déjà en 1928 Schumpeter avait prévu certaines des conséquences qu'allait avoir sur le progrès technique l'émergence des trusts et des grandes sociétés (1928, 384) :

> Tout cela est différent dans le cadre d'un capitalisme où dominent les trusts. Dans un tel cas, l'innovation n'est plus, *de façon caractéristique,* incorporée en de nouvelles formes, mais se poursuit, au sein des grandes unités qui existent alors, de façon largement indépendante des personnes individuelles. Elle rencontre beaucoup moins d'opposition dans la mesure où un échec dans un cas particulier perd son caractère dangereux, et elle tend à être menée comme allant de soi, sur les conseils des spécialistes. Il devient possible d'adopter une politique délibérée à l'égard de la demande et d'envisager l'investissement sous l'angle du long terme... Le progrès s'automatise, se dépersonnalise et devient de moins en moins affaire de leadership et d'initiative personnelle. Tout cela équivaut à un changement fondamental sous plusieurs aspects, dont quelques-uns vont bien au-delà de la sphère économique.

Nous avons ici les éléments fondamentaux de la «technostructure» de Galbraith qui est décrite dans le *Capitalisme américain* et définie en détail dans son *Nouvel État industriel* (1968). Mais alors que les écrits de Schumpeter ne contiennent que quelques brèves allusions au rôle des services «captifs» de la R-D industrielle (Solo, 1951), Galbraith reconnaît pleinement dans son oeuvre que les «perspectives d'investissement à long terme» impliquent désormais l'adoption généralisée, par les entreprises, d'une stratégie de la R-D interne.

Dans *Le nouvel État industriel*, Galbraith développe aussi, avec beaucoup de finesse, un certain nombre d'idées que l'on trouve à l'état embryonnaire chez

Schumpeter : la «politique consciente à l'égard de la demande», par exemple, devient chez Galbraith la théorie de la souveraineté du producteur et de la manipulation du consommateur, tandis qu'à l'«automatisation du progrès» correspond la «technostructure» dirigeante qui s'occupe de planifier et de lancer de nouveaux produits et procédés et qui est de plus en plus liée aux gouvernements par l'intermédiaire du complexe militaro-industriel.

Sur certains points importants, il existe une convergence entre la théorie du capitalisme gestionnaire d'État de Galbraith et le concept marxiste-léniniste de capitalisme monopoliste d'État. L'une et l'autre insistent sur le rôle du complexe militaro-industriel, sur l'influence qu'exercent les grandes sociétés sur les gouvernements, sur le rôle de l'État dans la promotion et le financement de la R-D et sur la manipulation de la demande. Il y a aussi d'importantes différences. Galbraith souligne le «pouvoir compensateur» des consommateurs et la possibilité qu'ils ont de l'exercer à travers le processus politique démocratique, impliquant ainsi que le pouvoir de l'État n'est pas nécessairement soumis au complexe militaro-industriel. Quant aux marxistes, la plupart d'entre eux (mais pas tous) tendent à soutenir, conformément à la théorie léniniste orthodoxe de l'État, que ce concept est illusoire et que les dépenses militaires à large échelle sont maintenant devenues indispensables pour éviter les crises économiques sous le capitalisme (Barna, 1957). Ils prétendent aussi que Galbraith surestime le degré de stabilité et de planification censé caractériser le nouvel État industriel.

L'oeuvre de Galbraith et celle de Schumpeter représentent un retour à la tradition classique de l'économie politique par leur approche globale de l'innovation et de l'évolution à long terme du système capitaliste. Mais leurs idées demeurent extrêmement controversées, tout en exerçant une influence toujours plus grande parmi les économistes. Il y aurait bien sûr des raisons purement politiques et idéologiques de poursuivre ce débat, mais il est peut-être possible de résoudre certains des problèmes qu'il soulève en faisant appel à des données empiriques. La dernière section de ce chapitre passe en revue un certain nombre de résultats obtenus dans le cadre de la recherche empirique menée en économie et tente de montrer dans quelle mesure ils confirment ou réfutent les hypothèses et les opinions des diverses écoles. Le domaine est si vaste qu'il a fallu se résoudre à faire des choix. Les questions qui seront brièvement abordées concernent : les sources de l'invention, le rôle de la grande entreprise, la gestion de l'innovation et des incertitudes qui y sont associées, et les objectifs de la R-D. Ainsi qu'on l'a vu par un bref résumé de la pensée des principales écoles, toutes ces questions ont joué un rôle important dans l'évolution de la science économique; elles font toutes l'objet de controverses et elles sont toutes pertinentes pour la politique de la science.

QUELQUES RÉSULTATS RÉCENTS DE LA RECHERCHE EMPIRIQUE

Les statistiques de la R-D et le changement technologique

Dans l'une des études d'après-guerre les plus connues sur l'invention, Jewkes et ses collaborateurs (1958) commencent par se poser la question qui est probablement venue plusieurs fois à l'esprit du lecteur au cours du survol de la pensée économique qui précède, et en particulier pendant la lecture de la partie qui concerne l'école néo-classique : pourquoi les économistes se sont-ils contentés de produire de vastes généralisations sur le progrès technique et ont-ils tant négligé l'étude empirique du processus concret de l'innovation (Jewkes *et al.*, 1958, 21-22)?

> Les historiens futurs de l'économie trouveront sans doute très remarquable qu'on ait apporté si peu d'attention systématique au cours de la première moitié de ce siècle, aux causes et aux conséquences de l'innovation industrielle. On a longtemps tenu pour une chose établie que le progrès matériel était lié au développement technique, lequel, de son côté, l'était au changement, à la nouveauté, à la diversité, mais quant à savoir si cette nouveauté, si étroitement rattachée à l'élévation du niveau de vie, pourrait être stimulée ou réprimée, c'est là un domaine que les historiens comme les théoriciens de l'économie ont à peine effleuré. Cette relative indifférence vis-à-vis de l'un des moteurs — peut-être l'essentiel — du progrès économique n'est pas entièrement inexplicable. Le sujet n'est pas de ceux auxquels on peut facilement appliquer l'analyse économique. Il peut même se révéler impossible à traiter par ce moyen. Et la complexité du sujet arrête l'économiste descriptif : la spécialisation croissante dans les sciences et les techniques, pour un observateur «du dehors» est un frein à l'élémentaire compréhension de ce qui se passe. Une raison plus importante encore réside tout simplement dans le fait que les économistes ont fait porter leurs recherches dans des domaines où l'on pouvait espérer obtenir plus facilement des résultats ou dans ceux où leurs idées semblaient devoir être d'une portée plus immédiate et plus pratique.

Jewkes poursuit en faisant observer que la situation, en ces années 50, est en train de changer et que les économistes manifestent un intérêt grandissant pour les problèmes d'innovation et de croissance. Il ajoute toutefois que toute tentative visant à remédier à leur négligence passée et à pénétrer dans ce domaine ardu se heurte à certaines difficultés, dont l'absence de données statistiques comparables à celles dont ils diposent habituellement dans d'autres domaines. Mais au moment même où il écrivait ces lignes, cette situation elle aussi commençait à changer. C'est ainsi que Jewkes a pu se servir en partie de la toute première enquête britannique officielle sur les dépenses consacrées à la recherche et au développement au Royaume-Uni. Depuis cette époque, ces statistiques sortent avec une relative régularité (même si ce n'est pas à un rythme annuel) et les données sont devenues beaucoup plus accessibles. La plupart des pays européens, les États-Unis et le Japon publient maintenant régulièrement des statistiques sur le personnel et les dépenses de la R-D, de telle sorte qu'il devient de plus en plus possible de procéder à des comparaisons internationales grâce aux travaux de l'OCDE (1963, 1967, 1970, 1971, 1974). Un petit nombre d'entreprises publient aussi maintenant une certaine quantité, très limitée, de données sur la R-D.

Cependant, le fait que la plupart des statistiques dont on dispose actuellement concernent la R-D risque de biaiser l'orientation de la recherche empirique. Un certain nombre de chercheurs (Charpie, 1967) ont fait valoir en effet que la R-D ne constituait qu'une faible proportion des coûts du lancement d'un nouveau produit ou d'un nouveau procédé et ont souligné l'importance des autres frais supportés par l'entreprise innovatrice, en matière notamment d'outillage, de conception et de promotion des ventes. Une trop grande insistance sur la R-D pourrait aussi mener à négliger les autres formes de changements technologiques qui ne proviennent pas de la R-D de l'entreprise même, mais d'autres sources tant à l'intérieur qu'à l'extérieur de celle-ci. L'une des rares études quantitatives complètes qui aient été réalisées (Hollander, 1965) a démontré que dans les usines de rayonne de DuPont, la plupart des améliorations de la productivité n'étaient pas dues à des recherches menées dans les laboratoires de R-D principaux de l'entreprise. De même, l'étude de Muller (1962) sur les innovations lancées par DuPont en en matière de produits a montré que la plupart d'entre elles provenaient de l'extérieur de l'entreprise.

En revanche, le fait que, face aux pressions de la concurrence, presque toutes les grandes entreprises et une partie des petites s'offrent des laboratoires de R-D, montre bien qu'elles savent pouvoir en tirer profit sur les plans technique et économique — à moins de supposer que leur conduite est parfaitement irrationnelle. Plusieurs études empiriques ont démontré l'existence d'une relation entre « l'intensité de la recherche » menée au sein des entreprises et des industries (mesurée en tant que rapport entre les dépenses de la R-D et les ventes ou les extrants nets) et l'augmentation de la productivité ou des extrants (Mansfield, 1968; Minasian, 1962; Katz, 1972; Freeman, 1962). Il s'agit d'un lien complexe en raison, d'une part, des incertitudes associées à la prise de décision en matière de R-D, des rapports entre les entreprises et d'autres facteurs agissant sur l'accroissement de la productivité et, d'autre part, des contributions au progrès technique qui ne proviennent pas de la R-D. Néanmoins, ces résultats empiriques, de même que de nombreuses études de cas d'innovations, indiquent que les dépenses de la R-D représentent une proportion très significative de la totalité des efforts de production et d'introduction de technologies nouvelles. Il faut aussi tenir compte des réels changements historiques qu'a connus la société. La mise sur pied de laboratoires de R-D dotés de spécialistes à plein temps dans l'industrie et le secteur public constitue un phénomène presque entièrement propre au XXe siècle. Le slogan de la «révolution de la recherche» qui constitue, comme toutes les expressions du même genre, une grossière simplification de la réalité, n'en rend pas moins compte d'un aspect important de la société moderne. Même s'il est vrai que de nombreuses inventions et innovations ont vu le jour aux XVIIIe et XIXe siècles sans qu'existent les laboratoires spécialisés de R-D, d'où proviennent précisément un bon nombre des inventions contemporaines, il n'en reste pas moins que cela même demande une explication.

Les sources de l'invention et de l'innovation

La portée et la signification de ce changement du centre de rayonnement des inventions et des innovations dans l'industrie constituent l'un des principaux problèmes dont les économistes ont discuté depuis que Jewkes et ses collaborateurs ont publié leur étude désormais classique (1958). Sur la base de l'analyse d'une soixantaine d'inventions majeures du XXe siècle, ils soutenaient que l'importance des nouveaux laboratoires spécialisés de R-D avait été grandement exagérée. De leur point de vue, l'inventeur créatif indépendant, frustré mais tenace, demeure aujourd'hui comme autrefois, la source principale des inventions industrielles importantes. Le milieu de la R-D des grandes entreprises inhibe souvent davantage qu'il ne stimule les travaux de ce genre de personnes, auxquelles l'atmosphère plus détendue des universités ou des petites entreprises est généralement plus favorable.

Les conclusions de Jewkes et de ses collaborateurs ont été confirmées par les résultats des recherches empiriques de Hamberg (1966) et d'autres. Mais elles ont aussi fait l'objet de critiques mettant en doute la représentativité des exemples choisis et reprochant aux auteurs de surestimer le rôle de l'inventeur dans ce processus social complexe qu'est l'innovation. Freeman (1967) a souligné que les dépenses de R-D des entreprises étaient très peu élevées au début du siècle, mais qu'elles ont considérablement augmenté depuis la Seconde Guerre mondiale. On devrait donc s'attendre à ce que le modèle se soit considérablement modifié dans le courant du XXe siècle, et à mon avis, les exemples donnés par Jewkes lui-même corroborent cette interprétation, tout comme les statistiques sur les brevets.

De plus, les quelques études empiriques menées à ce sujet ne confirment pas les idées courantes sur la part qu'aurait la R-D dans l'ensemble des coûts liés à l'innovation. Alors qu'on a souvent déclaré que la R-D ne comptait généralement que pour environ dix à quinze pour cent des coûts du lancement d'un nouveau produit ou procédé (Charpie, 1967), les travaux de Mansfield (1971) et les données canadiennes (Stead, 1974) indiquent qu'elle représente plutôt entre vingt-cinq et soixante pour cent de la totalité des coûts d'innovation.

Le point de vue selon lequel la R-D d'entreprise joue maintenant un rôle clé dans l'invention et l'innovation industrielles n'est pas contredit par les études empiriques de plus en plus nombreuses. Celles-ci démontrent l'importance de la pluralité des sources pour la création d'une nouvelle technologie (Carter et Williams, 1957, 1958 et 1959; National Science Foundation 1969 et 1973; Science Policy Research Unit, 1972). Avant de pouvoir lancer un nouveau produit ou procédé, l'entreprise doit souvent obtenir des informations auprès de plusieurs sources différentes : clients, fournisseurs, universités, laboratoires publics, concurrents, bailleurs de licences, etc. Mais toutes ces informations doivent être utilisées, modifiées et synthétisées de façon à correspondre aux besoins particuliers de cette entreprise en matière d'innovation. Il peut arriver qu'il soit possible de le faire sans avoir de service spécialisé de R-D, surtout lorsqu'il s'agit de modifications mineures à apporter à des produits ou à des procédés existants, comme dans les cas décrits par Hollander (1965). Mais les innovations majeures exigent généralement une activité de R-D institutionnalisée, même dans les cas où les idées originales, ainsi que bien d'autres idées, proviennent de sources extérieures à l'entreprise. Les propres études de cas de Jewkes (1958), comme il le souligne lui-même, confirment la nécessité de procéder à des travaux de développement systématiques et souvent prolongés avant de pouvoir amener l'invention jusqu'au point où elle pourra être lancée sur le marché.

Ces études confirment aussi l'importance considérable des différences qui existent entre les industries. L'intensité de la recherche varie énormément et les industries dites «traditionnelles» (où l'intensité de la recherche est faible) se contentent souvent de la R-D effectuée par leurs fournisseurs de machines et de matériaux. Les travaux empiriques ont montré à quel point le changement technologique dans une industrie traditionnelle typique — comme la poterie — a pu être influencé par la recherche scientifique sur les matériaux effectuée pour une bonne part à l'extérieur de l'industrie (Machlin, 1973). Dans de tels cas de «dépendance technologique», la R-D interne a moins d'importance au sein des entreprises particulières ou de certains secteurs de l'industrie, mais demeure très importante pour l'économie dans son ensemble. L'agriculture offre le meilleur exemple d'une industrie où la R-D est menée de façon intensive mais presque entièrement dans des laboratoires publics, industriels ou universitaires. Katz (1971 et 1972) a toutefois découvert qu'il existait un lien étroit entre l'exécution d'une «R-D d'adaptation» et l'augmentation du chiffre de vente et de la rentabilité des filiales de sociétés étrangères dans l'industrie manufacturière de l'Argentine. Il soutient que l'adaptation de la technologie importée directement de la société-mère exige de la part de la succursale locale un effort technologique délibéré et autonome. La définition qu'il adopte de la «R-D d'adaptation» inclut un certain nombre d'activités techniques destinées à améliorer la productivité, mais se trouve exclue des définitions que l'OCDE donne de la R-D. L'étude menée par Hollander (1965) montrait elle aussi l'importance de ce type d'activités en tant que facteur d'évolution technique, ce qui souligne encore la nécessité de tenir compte des autres activités scientifiques et technologiques menées parallèlement à la R-D.

Aujourd'hui, la plupart des économistes sont probablement d'accord pour dire qu'un changement majeur est intervenu au XXᵉ siècle dans la source des inventions. Désormais, la stratégie des entreprises se fonde de façon beaucoup plus nette sur le progrès technologique basé sur la R-D. Un point important continue néanmoins de soulever débats et controverses : il s'agit essentiellement de la question de l'importance des inventions les plus radicales et les plus originales (et de leurs sources) par rapport à celle des nombreuses améliorations mineures et inventions secondaires. Dans la deuxième édition de leur livre (1969), Jewkes et ses collaborateurs citent de nouvelles preuves à l'appui de leur thèse selon laquelle les inventions les plus originales continuent de provenir de sources autres que les grands laboratoires de R-D des entreprises.

Il y aurait encore beaucoup à faire si l'on voulait poursuivre la vérification, à l'aide des statistiques sur les brevets ou à partir d'échantillons représentatifs et de listes d'inventions, des diverses hypothèses relatives aux tendances concernant les sources de l'invention. Mais la plupart des travaux empiriques récents s'intéressent moins aux inventions qu'à l'élaboration de mesures globales du changement technologique et des innovations. Ce déplacement de l'intérêt semble s'expliquer surtout par l'acceptation du point de vue selon lequel les inventions ne constitueraient qu'un élément, néanmoins très important, d'un processus plus large. Une bonne partie de ces études se fonde par conséquent sur l'énumération d'«inputs d'information» ou d'«événements scientifiques et techniques». Il faut reconnaître que cette méthode présente des difficultés considérables de définition de termes comme «événement» ou «élément d'information». Mais c'était aussi, bien sûr, le cas de l'analyse antérieure basée sur l'établissement de listes d'inventions ou de brevets.

L'un des avantages majeurs d'une approche plus globale des sources du changement technologique tient à ce qu'elle permet d'élucider les rapports entre la science et la technologie. Les résultats de la recherche scientifique peuvent rarement faire l'objet de brevets et ne sont pas davantage susceptibles d'être analysés en termes d'«inventions». Leur influence sur la nature et l'orientation du changement technique ne peut néanmoins être mise en doute. La question que l'on s'est posée est la suivante : dans quelle mesure et par quels intermédiaires cette influence joue-t-elle? Cette question est importante pour la politique de la science, dans la mesure où l'existence ou l'absence d'une contribution éventuelle de la recherche fondamentale à l'efficience économique pourrait être invoquée pour justifier ou contester le soutien dont elle bénéficie de la part de l'État et de l'industrie (Byatt et Cohen, 1969). Une étude du ministère américain de la Défense, le projet Hindsight (Shewin et Joensen, 1966), a suscité de nombreux débats en prétendant démontrer que seule une infime proportion des découvertes appliquées dans les plus importants systèmes d'armement américains avaient leur origine dans la recherche fondamentale. Un grand nombre de chercheurs universitaires ont fait remarquer que tout dépendait de la période de temps considérée par l'analyse et des connaissances scientifiques «intégrées» par les technologues et les scientifiques pendant leurs années d'études et de formation.

Cette étude américaine a été suivie d'un grand nombre de travaux empiriques britanniques qui ont tenté d'exposer de façon plus détaillée la nature et le degré de l'interaction entre la science et la technologie (Langrish, 1972; Gibbons et Johnston, 1974; Rothwell et Townsend, 1973). Comme c'était le cas pour les études américaines, les différences au niveau des échantillons, des approches, des méthodes de mesure et des orientations des chercheurs font évidemment varier les résultats et leur interprétation. Langrish (1972) tend à minimiser la pertinence de la recherche universitaire pour l'industrie, tandis que Gibbons et Johnston (1974) soulignent l'importance des nombreux contacts formels et informels que doivent avoir les technologues avec les scientifiques qui travaillent dans les laboratoires publics et universitaires. Les deux études sont toutefois unanimes à reconnaître l'importance du transfert des connaissances aux autres secteurs via les nouveaux instruments scientifiques mis au point pour répondre aux besoins de la recherche fondamentale.

Il est évident que tout dépend dans une certaine mesure des secteurs de l'industrie qui sont examinés. En ce qui concerne l'électronique, les produits pharmaceutiques et les instruments scientifiques, une bonne partie de la technologie peut légitimement être décrite comme «axée sur la recherche» aussi bien que «liée à la recherche». Dans ces industries, l'interaction entre la science et la technologie est extrêmement étroite, ainsi qu'en témoigne d'ailleurs l'analyse du modèle des publications dans le domaine de la technologie (Derek Price, 1965). Mais dans d'autres industries «traditionnelles» il n'y a que peu ou pas du tout d'interaction, comme le démontre par exemple une étude néerlandaise sur la manutention des matériaux (Pavitt et Walker, 1974).

L'existence d'un rapport étroit entre la «science» et la «technologie» n'implique pas nécessairement une interaction institutionnelle entre les universités et l'industrie ou entre les laboratoires gouvernementaux et l'industrie. Il y a un autre facteur à prendre en considération, qui est l'intensité de la recherche scientifique menée au sein même de l'industrie, dans les laboratoires captifs de R-D des entreprises. Au cours du XIXe siècle, l'industrie chimique allemande a largement utilisé les découvertes faites dans les départements de chimie des universités et une forte tradition d'échanges et de soutien financier extra-muros s'est établie. Mais au fur et à mesure que les laboratoires industriels sont devenus mieux équipés et plus «forts» sur le plan scientifique, ils se sont mis à moins dépendre de sources extérieures et à être davantage en mesure de mener leurs propres recherches en matière de science et de technologie. Langrish (1974) a montré que la source des publications scientifiques et technologiques considérées comme pertinentes pour l'industrie chimique s'était considérablement déplacée entre 1884 et 1952. Alors qu'en 1884, trente pour cent des publications seulement provenaient de l'industrie, en 1952 ce pourcentage avait atteint quatre-vingt-sept pour cent. Langrish lui-même souligne la nécessité, pour l'industrie, d'avoir encore des contacts avec les universités. Celles-ci continuent d'être à l'origine de la plupart des progrès scientifiques importants. Dans le domaine des semi-conducteurs, les laboratoires Bell étaient généralement en avance sur les universités, à tel point que l'industrie américaine des télécommunications constitue pratiquement elle-même sa propre université (Nelson, 1962). Freeman (1974) a soutenu que les services spécialisés de R-D représentent la principale voie par laquelle la science agit sur la technologie, davantage que les machines comme le croyait Marx. Comme on l'a fait remarquer déjà, c'est un lieu où les équipes mixtes formées de scientifiques et de technologues constituent la norme.

Recherche, innovation et dimension des entreprises

En raison des problèmes de définition et de mesure, plusieurs questions restent encore sans réponse en ce qui concerne les sources de l'invention, l'interaction entre la science et la technologie et l'importance relative de la R-D institutionnalisée dans le processus global de l'évolution technologique. Mais dans d'autres domaines, les statistiques de la R-D et les recherches empiriques nous permettent de répondre à certaines questions avec plus de précision. C'est le cas justement du domaine concernant le degré de concentration des activités de la R-D industrielle, l'intensité relative de la recherche dans différents secteurs de l'industrie et la relation entre la dimension des entreprises et les sources de l'innovation.

Les statistiques de l'OCDE (1967 et 1971) montrent nettement que dans tous les pays capitalistes industrialisés, la majeure partie de la R-D se fait dans les grandes entreprises. Le cas extrême est représenté par les Pays-Bas où plus de soixante pour cent de toute la R-D industrielle est concentrée dans cinq entreprises seulement. Les enquêtes démontrent aussi que la très grande majorité des entreprises plus petites ne font pas du tout de R-D. Une certaine prudence s'impose toutefois en ce qui concerne l'interprétation de ces résultats statistiques. Un grand nombre d'économistes (Hamberg, 1964; Turner et Williamson, 1969) ont fait remarquer qu'en dépit de cette concentration, il n'existe pas d'association simple et nette entre l'intensité de la recherche et la dimension des entreprises. Quelques petites entreprises se caractérisent par une recherche intensive, tandis que certaines grandes entreprises y consacrent très peu de ressources. Morand (1968 et 1970) a même soutenu qu'en France tout au moins, les données tendraient à inverser la corrélation, mais il y a là quelques problèmes liés aux statistiques sur les organismes de recherche.

Turner et Williamson (1969) et Freeman (1974) font remarquer que certains types de R-D ne peuvent être menés qu'à la condition de disposer de ressources énormes (construction de réacteurs nucléaires, prototypes de gros avions, etc.). Ce type de R-D est nécessairement réservé aux grandes entreprises. Mais dans d'autres secteurs de la technologie, des progrès peuvent encore être accomplis avec des ressources très limitées ou par de petits entrepreneurs-inventeurs. Il peut arriver que les petites entreprises bénéficient d'avantages compétitifs dans l'industrie, au niveau par exemple des machines ou des instruments scientifiques, en raison de coûts d'exploitation moindres, d'un meilleur système de communication et d'une motivation plus forte. Il peut aussi arriver qu'elles reprennent des produits à moitié développés de grands laboratoires et qu'elles les mènent plus rapidement à l'étape de la commercialisation, grâce à la souplesse et à la rapidité des inventeurs individuels (Shimshoni, 1970). Elles seront même souvent mises sur pied dans le seul but d'exploiter une invention. Cela s'applique tout particulièrement au cas des instruments scientifiques.

Cette interprétation a été confirmée par les résultats d'une enquête portant sur plus d'un millier d'innovations britanniques de l'après-guerre (Freeman, 1972). Cette étude a montré que quatre-vingts pour cent de ces innovations avaient été lancées par des entreprises comptant au moins un millier d'employés et que soixante pour cent des innovations avaient été mises sur le marché par des entreprises employant plus de dix mille personnes. La part des petites entreprises (comptant moins de deux cents employés) ne se chiffrait qu'à dix pour cent environ; cela représentait beaucoup moins que leur part de la totalité des extrants, mais plus que leur part de dépenses en matière de R-D.

Ainsi, les données empiriques concernant bon nombre d'innovations et les dépenses de la R-D confirment dans l'ensemble le point de vue de Galbraith sur la concentration des activités d'innovation au sein de l'industrie capitaliste. Mais elles montrent aussi que les entreprises nouvelles et les très petites entreprises ont suffisamment d'innovations importantes à leur actif pour justifier des mesures politiques destinées à faciliter la création de nouvelles firmes dans les secteurs industriels à structure monopolistique.

Bien que certains économistes (Hamberg, 1964 et 1966; Scherer, 1965 et 1973) aient soutenu que l'intensité de la recherche avait tendance à diminuer au sein de quelques grandes entreprises et bien qu'ils aient été nombreux à affirmer que le monopole pouvait constituer un facteur de stagnation, ni l'une ni l'autre de ces positions n'est vraiment confirmée par les données empiriques. Les statistiques de la National Science Foundation indiquent que dans la moitié des industries américaines, l'intensité de la recherche est effectivement plus élevée que dans les quatre plus grandes entreprises. Que l'intensité de la recherche soit plus élevée ne signifie pas qu'il n'existe pas de tendances à cacher les résultats de la recherche, à en retarder les applications ou à en empêcher la diffusion au moyen de brevets et autres mécanismes. Il est naturellement difficile d'établir l'existence de telles pratiques au moyen d'enquêtes empiriques, mais il est certain qu'elles existent à un degré suffisant pour justifier aussi bien l'adoption des mesures de protection du système des brevets (licences obligatoires, etc.) que celle de politiques délibérément anti-trust. En dépit des difficultés évidentes déjà signalées, il s'agit là d'un domaine qui, bien que négligé, est important pour la recherche conjointe des économistes, des technologues et des conseillers juridiques spécialisés dans la question des brevets. L'une des grandes faiblesses de cette ligne de recherche a été de ne pas avoir établi de lien entre les mesures statistiques de la concentration et l'intensité de la recherche d'une part, la structure du marché et l'état de la concurrence d'autre part, et d'avoir négligé d'étudier en profondeur le phénomène de la différenciation des produits. D'après une étude empirique majeure (Sciberras, 1975), portant sur une industrie où la concentration des entreprises est très élevée, celle des semi-conducteurs, les retards au niveau de l'application sont faibles ou nuls, étant donné que les stratégies de marketing des entreprises privilégient l'exploitation rapide.

En général, les données ne semblent pas justifier le point de vue selon lequel le capitalisme moderne a perdu de son dynamisme technique en raison de la prédominance de l'oligopole et du haut degré de concentration de la recherche et de l'innovation. C'est la vision marxiste originale des tendances de la société capitaliste qui se trouve confirmée par les résultats des études empiriques récentes sur l'innovation, plutôt que les hypothèses stagnationnistes des néo-marxistes et des économistes néo-classiques des années 30. Le système capitaliste continue de se caractériser par un rythme accéléré de changement technique et par une incertitude permanente et fébrile. Même si l'innovation s'est bureaucratisée et est presque devenue l'apanage de quelques très grandes entreprises, le rythme global du changement technologique n'a pas ralenti; ce serait même plutôt le contraire. Comme Marx l'avait prévu, la concurrence sur le plan de la technologie a été l'un des principaux facteurs qui ont mené à la concentration industrielle, mais cela n'a éliminé ni l'incertitude ni l'instabilité.

Incertitude, gestion de l'innovation et théorie de l'entreprise

Les études empiriques de l'innovation et de la prise de décision en matière de R-D fournissent de bonnes explications sur cette persistance de l'incertitude et de l'instabilité. Schumpeter (1928) prévoyait que la bureaucratisation de l'innovation allait entraîner une plus grande stabilité; Galbraith s'attendait au même résultat, qu'il attribuait, quant à lui, à la combinaison de la «souveraineté du producteur» et de la planification effectuée par les grandes sociétés (1968).

C'était, dans un cas comme dans l'autre, oublier les données démontrant les difficultés réelles associées à la «planification» de l'innovation. Tout un ensemble d'études empiriques menées dans différents pays ont permis de faire ressortir trois points importants et ce, de façon pratiquement indiscutable. Premièrement, assez peu d'entreprises utilisent des techniques hautement perfectionnées pour l'évaluation, la prévision et la planification en matière de R-D (Baker et Pound, 1964; FBI, 1961; Naslund et Sellstedt, 1973; Olin, 1972; Clark, 1974; Roberts, 1968). Deuxièmement, l'évaluation de la R-D n'est pas sans comporter des erreurs importantes tant au niveau des coûts que des délais, et ce, même dans les entreprises qui ont acquis une expérience considérable dans le domaine (Mansfield, 1971; Thomas, 1971; Olin, 1972). Troisièmement, l'incertitude vis-à-vis du marché est plus grande que celle qui concerne la technique, même si l'une et l'autre sont considérables. Presque toutes les études de cas portant sur des innovations importantes ont démontré l'inexactitude des prévisions initiales et le caractère aléatoire des résultats obtenus, et ce, même en cas d'utilisation de techniques de gestion hautement perfectionnées — comme ce fut le cas, par exemple, pour le cuir synthétique de DuPont, le «Corfam» (Jewkes, 1958; Freeman, 1974). Il ne faut toutefois pas oublier que la plupart de ces études portent sur des progrès techniques d'envergure. Plusieurs innovations «de perfectionnement» mineures sont beaucoup moins incertaines quant à leurs résultats et se laissent plus facilement gérer et planifier.

Nous n'en sommes pas moins forcés de conclure que la bureaucratisation de l'innovation, les nouvelles techniques de gestion et la concentration des activités de la R-D dans les grandes entreprises n'ont pas nécessairement diminué l'incertitude associée à l'innovation sur les marchés capitalistes. Les données relatives aux pays socialistes indiquent elles aussi des marges d'erreur considérables dans les estimations en matière de R-D (Amann et al., 1969), mais nous ne pouvons pas tenir compte ici des travaux empiriques sur l'innovation en régime socialiste.

La persistance d'un degré élevé d'incertitude associé à un grand nombre d'activités d'innovation concorde avec les découvertes des économistes industriels sur la croissance «pêle-mêle» (Downie, 1958; Marris, 1964) et les théories du «système D» (Lindblom, 1959). La Bourse nous a depuis longtemps appris que la prédiction de la performance des entreprises industrielles ne constituait ni plus ni moins qu'une forme de pari. Il y a plusieurs raisons à cela, dont l'une des plus importantes tient sans doute aux difficultés associées à l'évaluation des conséquences découlant du lancement d'un nouveau produit sur le marché.

On a cru à un certain moment que cette incertitude touchait surtout le secteur militaire en raison des pressions particulières propres à ce domaine et de la possibilité pour les entreprises privées d'obtenir des fonds importants des gouvernements (Marshall et Meckling, 1962). Cependant, les projets d'aéronautique civile sont sujets aux mêmes difficultés et.l'importance des travaux de Mansfield (1971) est d'avoir montré que des projets civils dans une industrie très différente

— celle des produits pharmaceutiques — pouvaient eux aussi largement dépasser leurs budgets initiaux et souffrir d'un certain nombre d'autres erreurs de prévision.

Le projet SAPPHO (Science Policy Unit, 1972; Rothwell, 1974), qui constitue l'une des études majeures de l'innovation industrielle, s'est attaché à mesurer de façon systématique les caractéristiques associées aux réussites et aux échecs en matière d'innovation, en procédant à une série de comparaisons par paires. Une telle méthode présuppose que les échecs soient aussi fréquents que les succès, et les chercheurs n'ont eu aucun mal à découvrir une abondance d'échecs dans les deux industries (produits chimiques et instruments scientifiques qui ont fait l'objet de leur étude). Cette dernière conclut que le modèle du succès se différencie nettement de celui de l'échec par un certain nombre de traits. Les succès, par exemple, se caractérisaient toujours par une meilleure connaissance des besoins des utilisateurs, acquise de nombreuses et multiples façons. Ils témoignaient en outre d'une meilleure communication avec des sources scientifiques extérieures, d'une plus grande minutie dans l'élimination des «erreurs» à l'étape du développement expérimental (plutôt que d'une plus grande rapidité dans la commercialisation) et généralement de l'utilisation d'une équipe plus importante pour le développement (sans disposer pour autant d'un service de R-D plus grand). Même si ces différences ressortent d'une analyse après coup, il reste difficile d'en tenir compte puisqu'elles semblent fortuites et peu susceptibles d'être assujetties à un contrôle de gestion. Par conséquent, à partir de cette étude et d'autres enquêtes récentes sur l'innovation (Langrish, 1972; Mansfield, 1971; Allen, 1967), il semble raisonnable de conclure que la gestion de l'innovation continuera d'être un processus relevant davantage du «système D» que d'une optimisation planifiée et rationnelle.

Il faut prendre garde toutefois d'oublier qu'en raison justement des hauts risques associés aux innovations radicales, la majeure partie de la R-D et des autres activités des entreprises en matière de technologie est consacrée à des modifications et à des changements relativement mineurs plutôt qu'à la création d'un nouveau produit ou procédé spectaculaire. Depuis déjà un certain temps, les économistes sont convaincus, sur la base de données descriptives ou indirectes, que la très grande majorité des dépenses de la R-D industrielle est consacrée à des projets de développement qui *a*) présentent un très faible risque d'échec sur le plan technique; *b*) ont une durée relativement courte; et *c*) se remboursent rapidement une fois franchie l'étape de l'application (Mansfield, 1968; Nelson, Peck et Kalachek, 1967). Ce point de vue général a maintenant été explicitement confirmé grâce à la réalisation d'une enquête empirique (Schott, 1975). D'après cette étude, portant sur un échantillon représentatif des entreprises manufacturières du Royaume-Uni, soixante pour cent de toutes les dépenses de la R-D appliquée sont allées à des projets qui ont duré deux ans, contre onze pour cent seulement à des projets d'une durée de plus de quatre ans. On sait depuis un certain temps que les dépenses consacrées à la recherche fondamentale par les entreprises industrielles ne représentent que cinq pour cent de l'ensemble des dépenses de la R-D industrielle.

L'échantillon de Schott n'incluait pas les entreprises d'aéronautique, où les projets de développement sont souvent d'une durée beaucoup plus longue et où les fonds octroyés par le gouvernement pour la R-D ont aussi été très importants. Mais ses résultats confirment le point de vue selon lequel une grande partie de la R-D industrielle est consacrée à l'amélioration des produits et des procédés et à la différenciation des produits, plutôt qu'à des innovations radicales ou à des progrès technologiques fondamentaux. Les risques sont souvent beaucoup moins grands en matière de différenciation des produits, et il est souvent possible d'effectuer des changements techniques tout en pouvant compter sur un taux de réussite très élevé. Cela s'applique aussi aux adopteurs tardifs d'innovations ayant déjà fait leurs preuves dans d'autres industries, ainsi que dans bien des cas à ceux qui prennent des licences sur des procédés établis. Mais une importante étude récente sur la diffusion à l'échelle internationale (Ray, 1974) et les travaux de Fisher (1973) sur les ordinateurs industriels indiquent qu'il est encore difficile pour les adopteurs hâtifs d'en arriver à une estimation exacte des coûts et des avantages d'une adoption, même lorsqu'ils tentent d'en faire une évaluation systématique.

Le fait qu'une certaine incertitude caractérise le changement technique et plusieurs types de R-D ne signifie pas que la prise de décision en ces matières ait un caractère complètement irrationnel. La R-D industrielle, pour être un comportement d'investissement d'un type particulier, n'en possède pas moins les traits fondamentaux de cette sorte d'activité. Comme c'est le cas pour les paris, les bénéfices supplémentaires substantiels que retirent parfois les innovateurs qui réussissent (véritables profits d'entreprise au sens de Schumpeter) justifient les risques considérables que prennent les entreprises. (Ils justifient aussi l'adoption d'une approche du pour la budgétisation de la R-D.) Les résultats des études empiriques sur l'innovation rétablissent jusqu'à un certain point la véritable importance de l'entrepreneurship. Ils montrent que même au sein des très grandes entreprises, l'«innovateur commercial» est la personne clé chargée de faire le lien entre les nouvelles possibilités technologiques et le marché.

Tout cela comporte des implications majeures pour la théorie de l'entreprise qui commence seulement à pénétrer le champ des sciences économiques. Nordhaus (1969) a tenté de modifier la théorie traditionnelle pour la rendre compatible avec les données empiriques dans un cadre essentiellement néo-classique, tandis qu'une étude hongroise (Kornai, 1972) se sert des données empiriques tirées des travaux sur l'innovation pour affirmer que les théories de l'équilibre sont désormais impossibles à défendre. D'autres économistes, qui ont tenté d'élaborer une théorie différente du comportement de l'entreprise (Cyert et March, 1963; Marris, 1964; Lamberton,

1965 et 1971; Gold, 1971), reconnaissent que les *coûts* associés à l'acquisition d'une nouvelle technologie constituent un élément extrêmement important du comportement des entreprises et que les hypothèses de «perfection de l'information» et d'égalité d'accès à la technologie sont si irréalistes qu'elles doivent être abandonnées, sauf en ce qui concerne quelques industries. Freeman (1974) a esquissé une méthode possible de classification des choix stratégiques de l'entreprise en rapport avec l'acquisition d'une nouvelle technologie. Mais ce sont les travaux de Nelson (1971) et de Nelson et Winter (1973) qui semblent offrir la meilleure base à l'élaboration d'une nouvelle théorie de l'entreprise qui soit compatible avec les découvertes de l'économie appliquée dans le domaine de l'innovation en même temps qu'avec une bonne partie des acquis de la théorie économique. Kaldor (1972) et Hahn (1973) ont poursuivi le débat en montrant la non-pertinence pour l'un (Kaldor) et l'importance pour l'autre (Hahn) du concept d'équilibre pour l'évolution de la théorie économique.

Évaluation de projets, analyse coûts-avantages, programmation et prospective technologique

L'«industrie de la R-D» se distingue de toutes les autres industries qu'ont traditionnellement étudiées les économistes par la nature de ses activités et la forme de son organisation. Bien qu'elle ait besoin, comme les autres industries, de quelques intrants (énergie, matériaux), ceux-ci sont relativement peu importants pour comprendre son fonctionnement. Bien qu'elle puisse, aussi, construire des prototypes et des installations pilotes, elle ne le fait qu'en vue de produire de l'information nouvelle et de contribuer au progrès de la technologie. Très peu de ses unités fonctionnent à titre d'entreprises autonomes, orientées vers le profit. La plupart d'entre elles sont les laboratoires «captifs» des entreprises industrielles ou des organismes gouvernementaux, ou font partie d'institutions d'enseignement supérieur. À ce titre, il arrive souvent qu'elles n'aient pas de comptabilité distincte.

Bien qu'elle soit relativement unique par sa structure et son mode de fonctionnement, l'industrie de la R-D ressemble à toutes les autres industries du fait qu'elle doit elle aussi faire face à des problèmes économiques. Il est clair que l'utilisation des ressources employées pour la recherche et le développement peut se faire de façon plus ou moins efficace et qu'il est possible d'organiser le travail de plusieurs façons en vue d'obtenir de meilleurs résultats. Des problèmes d'évaluation, de programmation et de budgétisation des projets surgissent continuellement dans le cadre de la gestion de la R-D, et ce, à tous les niveaux, y compris celui du gouvernement central.

En pratique, les économistes se sont relativement peu intéressés aux questions de «gestion» de la R-D, peut-être en raison des problèmes énormes que pose la mesure des «extrants». Un simple coup d'oeil à la colonne «extrants» du tableau 2 montre à quel point il est difficile de réduire ce type d'extrants à des unités de valeur ou à d'autres mesures comparables entre elles. Certains des problèmes fondamentaux ont été abordés par Machlup (1962) et Freeman (UNESCO, 1969), mais les solutions sont rares. Aucune des méthodes proposées n'est entièrement satisfaisante. Elles vont de l'évaluation par un groupe de pairs, au comptage du nombre d'inventions, de brevets et d'innovations. Schmookler (1966) s'est servi des statistiques sur les brevets pour analyser les tendances à long terme de quatre industries américaines. Il en est venu à la conclusion extrêmement importante (mais qui reste discutable) que l'activité d'invention *suivait* la demande et l'investissement, davantage qu'elle ne les stimulait; mais il n'a pas tenté de relier le nombre des brevets qu'il avait calculé aux «intrants» de la recherche ou des travaux d'invention dans les industries en question. Reekie (1973) et Freeman (1965) ont montré que les statistiques sur les brevets pouvaient être d'une grande utilité pour la comparaison à l'échelle internationale et pour l'évaluation de l'importance relative, quant aux résultats, des sources industrielles et individuelles de l'invention.

En pratique, les méthodes d'évaluation les plus fréquemment utilisées sont plutôt indirectes que directes. Elles consistent à replacer la R-D dans son contexte social et à tenter d'en évaluer le rendement en mesurant les «extrants» par rapport à des fins sociales plus larges. Ainsi, par exemple, on peut évaluer le rendement des systèmes de la R-D militaire du point de vue des diverses «améliorations» apportées aux systèmes d'armement; celui des systèmes de la R-D médicale du point de vue de la réduction du taux de mortalité ou des délais de guérison; et celui des systèmes de la R-D industrielle du point de vue des améliorations des procédés et des produits ou à l'aide de diverses mesures de l'accroissement de la productivité ou de la rentabilité des investissements dans l'innovation. Ainsi qu'on l'a vu, ces techniques se révèlent souvent insatisfaisantes, en raison des difficultés que pose la détermination de la part de la R-D par opposition aux autres sources des améliorations techniques et des activités d'innovation. Ces problèmes ne sont pas tous d'égale gravité et il ne semble pas y avoir d'autre solution que d'adopter cette approche, en la combinant aux méthodes d'évaluation et d'utilisation des indicateurs partiels par un groupe de pairs. Cela veut dire que la mesure de la rentabilité de la R-D doit souvent prendre la forme d'un processus politico-sociologique auquel les économistes peuvent apporter une modeste contribution.

À tout le moins, il devrait être possible pour les économistes d'aider à établir des procédures de «budgétisation des extrants» et à améliorer la programmation et les techniques d'évaluation des projets. La budgétisation des extrants consiste simplement à relier les dépenses de la R-D aux objectifs déclarés — ou cachés — de l'organisation, ou du gouvernement dans le cas des dépenses nationales de la R-D. Il s'agit d'une procédure vraiment élémentaire, mais il est surprenant de voir à quel point elle reste ignorée et combien son application suscite de résistances. L'un des grands avantages de la compilation et de la publication, à l'échelle nationale, de statistiques sur les dépenses et le personnel de R-D, est d'avoir, pour la première fois, facilité la budgétisation des «extrants» relative aux dépenses nationales en matière de R-D et fourni par conséquent une base solide aux débats nationaux sur les priorités de la politique scientifique. À une échelle plus petite, un bon système de budgétisation et d'évaluation permet de bien structurer les débats relatifs aux objectifs et aux priorités de l'entreprise en rapport avec ses politiques de la R-D.

Les statistiques comparées de l'OCDE ont révélé, par exemple, la proportion extrêmement élevée de l'ensemble des ressources scientifiques et techniques qui était consacrée à des objectifs militaires et à des secteurs «de prestige» comme l'exploration spatiale. Elles ont fait ressortir par contraste la relative pauvreté dans laquelle sont tenues les recherches sur l'environnement et d'autres types de recherches orientées vers l'amélioration de la qualité de la vie (OCDE, 1971). Même en l'absence de données concernant l'«efficacité» relative des recherches militaires et spatiales par comparaison avec les recherches menées dans les domaines de la médecine, de l'environnement et de l'agriculture, ces statistiques peuvent servir de point de départ à un débat social et politique approfondi concernant les priorités nationales et internationales de la R-D au sens étroit, et de la science et de la technologie en général (Cooper *et al.*, 1971). Elles permettent aussi d'attirer l'attention sur l'opportunité des plus importants projets et programmes.

Par le passé, le refus de considérer les coûts d'opportunité découlait de la répugnance à admettre qu'il y a des questions *nationales* à la base de l'allocation des ressources à la science et à la technologie. Les économistes, qui ont été longtemps habitués à croire, dans le cadre de la tradition néo-classique, que la prise de décision décentralisée en matière d'investissements donne de meilleurs résultats que la prise de décision centralisée, n'acceptent pas facilement l'existence de problèmes globaux d'allocation des ressources. Pour différentes raisons, beaucoup de politiciens et de scientifiques partagent leur point de vue et soutiennent que la politique de la science et de la technologie ne constitue qu'un micro-problème purement administratif. Cette conception est exprimée clairement dans le *Rotshild Report* (1971), paru en Grande-Bretagne, mais elle est aussi très répandue parmi les agents de décision du gouvernement américain. Elle a été renforcée par l'échec des tentatives visant à formuler une théorie satisfaisante des investissements globaux dans la R-D en rapport avec la poursuite d'objectifs nationaux. Il n'a pas été prouvé qu'il était possible d'élaborer une mesure du niveau «optimal» des dépenses de la R-D, même pour la fraction de la R-D consacrée à la réalisation d'objectifs proprement économiques. Bien qu'on se serve largement du pourcentage du PNB à titre d'indication approximative, ses rapports avec les taux de croissance à long terme ont un caractère hautement problématique pour plusieurs raisons (Williams, 1967). Citons parmi les plus importantes, les transferts de technologie à l'échelle internationale, la complémentarité des facteurs qui influencent la croissance économique et l'existence de sources de changement technique autres que la R-D. En dépit de ses efforts méritoires pour marquer un progrès dans ce domaine à l'aide de ses mesures du stock des connaissances, Schott (1975) n'a pu résoudre aucun de ces problèmes.

Bien qu'il ne soit pas possible d'assigner des objectifs précis aux investissements dans la R-D en rapport avec des objectifs de croissance économique, cela ne veut pas dire que les économistes n'ont pas été en mesure d'apporter leur contribution au débat concernant l'importance et l'orientation des investissements dans la R-D en rapport avec des objectifs nationaux (par exemple : Cooper *et al.* 1971; Matthews, 1970; Quinn, 1968; Cairncross, 1972; Nelson, Peck et Kalachek, 1967; National Science Foundation, 1971; Lithwick, 1969). Les économistes des pays socialistes n'ont pas été capables, non plus, de résoudre ces problèmes théoriques fondamentaux, mais dans ces pays, la responsabilité du gouvernement central dans l'élaboration des priorités stratégiques est unanimement reconnue, et plusieurs pays en voie de développement se tournent eux aussi vers ce type de planification stratégique à long terme. Dans tous les pays, les questions de sécurité militaire et le secret qui entoure les programmes importants empêchent ou limitent effectivement la discussion et l'évaluation ouvertes des priorités stratégiques et des coûts d'opportunité.

Les partisans de dépenses militaires élevées ont souvent prétendu que les retombées imprévues qui en découlaient indirectement pour l'économie civile étaient si grandes qu'elles justifiaient amplement ces dépenses, même sans tenir compte des «avantages» proprement militaires. La logique de cette argumentation a toujours paru suspecte et les études empiriques ont généralement démontré que les retombées «imprévues» étaient relativement faibles (A.D. Little, 1963). Cependant, cela ne veut pas dire que les dépenses très élevées consacrées par les gouvernements à la R-D militaire pendant et depuis la Seconde Guerre mondiale n'ont pas eu d'importantes répercussions sur le plan social et économique. La naissance d'un complexe militaro-industriel aux États-Unis (Galbraith, 1967), constitue évidemment un phénomène sociologique important et de nombreuses études empiriques ont montré l'importance économique du partage et de l'utilisation de fonds militaires dans les industries où ces dépenses sont concentrées — par exemple, aux États-Unis, les industries électroniques (Golding, 1972; Tilton, 1971; Little, 1963). Les statistiques de la R-D ont aussi permis de démontrer le rôle crucial des gouvernements des économies mixtes occidentales dans le financement des activités de la R-D civile. Dans les pays industrialisés, l'État finance généralement presque toute la R-D universitaire et de prestige, la majorité de la R-D menée dans les domaines de la santé et de l'agriculture et — dans certains pays — une partie importante de la R-D industrielle civile (Pavitt et Worboys, 1974; Gilpin, 1975; OCDE, 1974). Comme cela a été le cas pour d'autres domaines, les économistes ont inévitablement été amenés à participer à des débats concernant le rôle du gouvernement dans le financement de ce type d'activités de la R-D (Pavitt, 1975). Le rôle de premier plan du gouvernement dans la recherche fondamentale et certains autres secteurs d'intérêt public, comme la santé et l'environnement, est généralement accepté par les économistes, les politiciens et la communauté scientifique dans les pays occidentaux. Nelson (1959) a soutenu, en termes d'économie sociale, que le financement gouvernemental de la recherche fondamentale se justifiait sur le plan économique par le fait que les applications qui en découlent surgissent au bout de longues périodes de temps et là où on ne les attendait pas. Pour ces raisons et pour d'autres, la communauté des scientifiques qui se consacrent à la recherche fondamentale s'est organisée de façon telle que les connaissances produites sont publiées et facilement accessibles. Mais cela implique que les entreprises auront tendance à sous-investir dans la recherche fondamentale, dans le mesure où elles ne peuvent pas s'approprier entièrement les avantages qui en résultent. Ce sous-investissement sera d'autant plus marqué si les entreprises sont peu disposées à entreprendre des activités de longue haleine et comportant des risques élevés. Bien que cette conception ait été en partie remise en question par Hirschleifer (1971), elle continue de représenter le point de vue dominant.

Les débats sont toutefois beaucoup plus intenses en ce qui concerne le degré auquel les gouvernements devraient participer au financement de la R-D industrielle civile. Galbraith (1968) a soutenu qu'étant donné l'existence de ce qu'il appelle l'impératif de croissance d'échelle de la technologie moderne, les gouvernements seront amenés inévitablement à subventionner de façon croissante la R-D industrielle pour couvrir des risques de plus en plus coûteux. Pavitt et Worboys (1974), par contre, ont affirmé que les statistiques de la R-D ne témoignaient d'aucune tendance nettement définie à une augmentation, avec le temps, de la participation des gouvernements, ni dans des régions en particulier, ni dans certains secteurs de l'industrie. Eads et Nelson (1971) et Jewkes (1972) ont remis en question les raisons économiques avancées pour justifier les subventions gouvernementales octroyées à des projets que le marché est susceptible de rendre commercialement viables, comme en témoignent l'exploitation privée des séries IBM 360 et du Boeing 747, ainsi que les énormes dépenses consacrées à l'extraction du pétrole de la Mer du Nord. Ils mettent par ailleurs en doute les avantages économiques externes de ces projets en termes de «retombées» technologiques, de contribution à la balance des paiements, etc. Ils craignent en outre que les projets financés par l'État ne soient toujours difficiles à interrompre une fois qu'ils ont été lancés. Eads et Nelson soutiennent qu'au lieu de remplir une fonction de «supplément» par rapport au marché privé, en finançant un petit nombre de projets de développement commercial très coûteux, les gouvernements devraient avoir une fonction de «complément» auprès du marché privé, en finançant davantage de projets de développement expérimental et de recherche appliquée à une petite échelle, dans des secteurs dont l'importance sociale et économique à long terme est plus grande.

Cependant, le scepticisme des économistes concernant les avantages découlant des projets de développement de grande envergure financés par les gouvernements n'a pas entraîné de réduction perceptible des dépenses dans ce domaine. Peck (1968) par exemple, dans un livre sur l'économie de la Grande-Bretagne qui a eu énormément de lecteurs et d'influence, soutenait que l'on consacrait beaucoup trop de ressources à l'industrie aéronautique; six ans plus tard, en 1974, le taux des investissements était toujours aussi élevé. Comment cela s'explique-t-il? Il est clair que la réponse à cette question relève du domaine de l'*économie politique* et que l'économiste doit tenir compte des travaux de spécialistes des sciences politiques comme Dörfer (1973), Neiburg (1966) et Sapolsky (1972) qui ont étudié les «lobby», les groupes de pression et les luttes de pouvoir entourant les projets de la R-D d'envergure . Il faut aussi reconnaître la contribution importante que le journalisme «à scandale» (aujourd'hui appelé «journalisme d'enquête») a apporté à notre compréhension du phénomène des groupes de pression en matière de science et de technologie : mentionnons par exemple l'étude de D. Greenberg sur le «lobby» de la recherche fondamentale aux États-Unis (1969).

Les travaux des sociologues et des spécialistes en sciences politiques ont montré de quelle façon les techniques formelles d'évaluation des projets peuvent être manipulées par des groupes d'intérêt et ont fait voir que les méthodes de gestion et de contrôle apparemment hautement perfectionnées sont souvent tout autre chose que ce qu'elles paraissent être. L'étude de Sapolsky (1972) sur l'utilisation de la méthode PERT* dans le cadre du projet Polaris en est une bonne illustration.

Aucune méthode formelle d'évaluation de projet ou de prospective technologique ne peut être séparée des valeurs, des préjugés et des jugements subjectifs des évaluateurs et des décideurs. Thomas (1971) a démontré que la tendance des ingénieurs à minimiser les coûts de développement est délibérée et s'explique en partie par des raisons sociologiques. Cependant, la question de la sous-estimation des coûts de développement pose probablement un problème moins difficile à résoudre, en dépit de sa gravité bien réelle, que celui de l'évaluation des avantages. L'expérience acquise jusqu'à maintenant en matière d'analyse coûts-avantages témoigne en effet des innombrables pièges et limitations qu'elle comporte (Prest et Turvey, 1967; Page, 1975). Les questions les plus difficiles à résoudre sont

---

* *Programme Evaluation and Review Technic* — d'après le *Grand Larousse Encyclopédique*, «Méthode de planification industrielle par réseau permettant d'étudier les plannings de réalisation des projets complexes», mise au point vers 1958 à l'occasion de la réalisation des fusées Polaris. (N.D.T.)

sans doute celles qui ont trait aux fameuses «retombées intangibles» telles que l'amélioration ou la dégradation du milieu, mais même les évaluations apparemment les plus simples peuvent constituer une source de grande confusion et d'erreur, aussi bien que d'exagération.

L'étude de Griliches (1958) sur le taux de rendement des recherches sur le maïs hybride aux États-Unis en fournit un exemple convaincant. Cette étude a été citée à plusieurs reprises dans la littérature économique à titre de rare exemple d'une tentative faite pour mesurer et comparer les coûts et les avantages d'un projet particulier de recherche agricole. Elle fut particulièrement bien accueillie par les partisans d'une augmentation importante des dépenses de la R-D, dans la mesure où elle était censée démontrer que ce type de recherche avait un taux de rendement extraordinairement élevé. Mais en fait, comme Wise (1975) l'a brillamment souligné, d'autres méthodes de calcul, plus plausibles, donnent des résultats très différents et indiquent un taux de rendement beaucoup moins élevé. En particulier, les investissements supplémentaires dans la «diffusion» et l'«innovation», nécessaires à l'obtention des bénéfices découlant de la recherche originale, n'ont pas été pris en compte dans les calculs. Les avantages nets restent importants dans le cas cité, mais beaucoup moins que ce que laissaient prévoir les estimations. Les mêmes critiques pourraient être adressées à bien d'autres applications de l'analyse coûts-avantages et du calcul du taux de rendement. Le mieux qu'on puisse dire de ces méthodes formelles, ce n'est pas qu'elles donnent des réponses précises, mais qu'elles fournissent un cadre qui permet de structurer un débat qui est essentiellement politique. On ne parlera pas ici de la vogue actuelle de la «prospective technologique», puisqu'elle fait l'objet d'études nombreuses par Dorothy Nelkin, qui en fait d'ailleurs une analyse compatible avec les conclusions que nous venons de présenter.

Si l'on garde cela fermement à l'esprit, il devient évident qu'il est au moins aussi important de veiller à ce que les groupes intéressés puissent participer activement au débat que d'utiliser telle ou telle méthode particulière. Le problème est d'ordre politique et décisionnel autant qu'économique et technologique. La conclusion qui s'impose est donc que les aspects les plus cruciaux des problèmes d'allocation des ressources sont de nature politique et stratégique. C'est ce que confirment plusieurs études empiriques des politiques nationales de la science et de la technologie; Gilpin (1968, 1970), par exemple, a montré combien les politiques techniques et scientifiques de la France sous de Gaulle étaient étroitement liées aux objectifs de politique extérieure du pays et combien les stratégies relatives à la science et à la technologie étaient déterminées par la perception nationale des «défis» internationaux. Pavitt (1972) a montré comment, dans le cadre des tentatives pour établir une coopération technologique entre les États européens au cours des années 50 et 60, un conflit fondamental opposait sans cesse les objectifs politiques des pays participants aux exigences d'efficacité décisionnelle et économique. Il est essentiel d'en arriver au moins à une coopération effective entre les économistes, les spécialistes des sciences politiques et les sociologues, si l'on veut pouvoir mieux comprendre ces aspects de la politique de la science et de la technologie. Voilà qui nous mène à une conclusion plus générale, valable pour l'ensemble de ce chapitre, et qui fera l'objet de la dernière section.

Conclusions et voies de recherche

Dans le bref tour d'horizon qui précède, il a fallu renoncer à couvrir de nombreux domaines de la recherche économique qui se caractérisent par un intérêt de plus en plus marqué pour les problèmes de la science et de la technologie. L'un de ces domaines est le commerce international, qui a subi de grandes trans-formations au cours des vingt dernières années à la suite d'une série d'études empiriques portant sur les rapports entre l'innovation en matière de produits et le changement technologique, d'une part, et la performance à l'exportation d'autre part. Cette ligne de recherche a été lancée par la démonstration de Léontief (1956), selon laquelle la nature des biens exportés par les États-Unis ne pouvait s'expliquer dans le cadre de la théorie traditionnelle des avantages comparatifs, qui postulait que l'avantage comparatif de ce pays aurait dû se trouver dans les produits à intensité capitalistique. Posner (1961) et Vernon (1966) ont élaboré une théorie du commerce du «fossé technologique» fondée sur le leadership innovateur dans des groupes de produits particuliers. Hufbauer (1966) et Freeman (1963 et 1965) ont montré que les modèles du commerce international des matières synthétiques et des biens d'équipement électroniques pouvaient s'expliquer sur la base de ce type d'analyse. Ce genre de travaux a mené des théoriciens comme Johnson (1969) à réviser la théorie néo-classique des avantages comparatifs de façon à tenir compte des investissements dans la recherche et l'enseignement en tant que «produits» à intensité capitalistique. Sur cette base, la performance à l'exportation de pays comme les États-Unis et l'Allemagne se laisse plus facilement appréhender, dans le cadre d'une analyse qui reste en partie compatible avec la théorie orthodoxe de l'intensité des facteurs. Tout cela a évidemment d'énormes implications en ce qui concerne les problèmes des pays pauvres sur le marché international des exportations, problèmes qu'il n'est pas possible d'examiner plus en détail ici.

Dans le domaine des études sur le développement, les économistes en sont venus à reconnaître de plus en plus que les questions économiques posées par le développement étaient liées au contexte social, historique et politique du sous-développement (Myrdal, 1968; Seers and Joy, 1971; Goldthorpe, 1975.) Que nous nous intéressions à l'évaluation de projets, à la prospective technologique, aux sources de l'évolution technique, à la question de la créativité dans la recherche ou aux rapports entre la science et la technologie, il apparaît que si l'économie, au sens étroit du terme, a beaucoup à apporter, la tradition plus ancienne de l'économie politique a encore davantage à offrir. Dans tous les domaines de recherche importants, les questions économiques, politiques, sociologiques et psychologiques s'entremêlent si étroitement les unes aux autres qu'elles exigent d'être abordées d'un point de vue transdisciplinaire. Si les spécialistes des sciences sociales refusent de collaborer entre eux et avec les technologues pour développer ce type d'approche intégrée, le danger est grand d'y voir se substituer des approches naïves et technicistes comme celles qui relèvent des études de systèmes. Des indices de ce danger se manifestent déjà tant dans les pays capitalistes que socialistes (Hoos, 1969 ; Maestre et Pavitt, 1972).

Les économistes, entre tous, devraient pouvoir amorcer un retour à la perspective globale de la tradition classique. Adam Smith, John Stuart Mill et Karl Marx ont apporté des contributions majeures à la sociologie, à la philosophie, à l'éthique et à la politique aussi bien qu'à l'économie. Aucun d'eux n'aurait accepté les limitations inhérentes à la fragmentation actuelle des disciplines des sciences sociales. Plusieurs signes témoignent d'un désir, chez les économistes, de revenir à la tradition de l'économie politique classique (Rothschild, 1971). On observe en même temps un retour à la conception de l'économie elle-même comme science politique plutôt que comme science positive (Blaug, 1975). Ces tendances ne seraient nulle part mieux venues et plus fécondes que dans le domaine de la politique de la science.

BIBLIOGRAPHIE

ABRAMOWITZ, 1956, Abramowitz, M., «Resource and Output Trends in the United States Since 1870», *American Economic Association Papers* 46, no 2, mai 1956, pp. 5-23.

ALLAN, 1966, Allan, T.J., «The Performance of Information Channels in the Transfer of Technology», *Industrial Management Review* 8, no 1, 1966, pp. 87-98.

ALLEN, 1967, Allen, J.A., *Studies in Innovation in the Steel and Chemical Industries,* Manchester University Press, 1967.

AMANN *et al.,* 1969, Amann, R., Berry, R., Davies, R.W., Kozlowski, J.P. et Zaleski, E., *Science Policy in the USSR,* Paris, OCDE, 1969.

AMES, 1961, Ames, E., «Research, Invention, Development and Innovation», *American Economic Review* 51, juin 1961, pp. 370-381.

ARROW, 1962, Arrow, K., «The Economic Implications of Learning by Doing», *Review of Economic Studies* 29, juin 1962, pp. 155-173.

BAKER et POUND, 1964, Baker, N.R. et Pound, W.H., «R and D Project Selection : Where We Stand», *IEEE Management Transactions* 11, no 4, 1964, p. 124.

BARAN, 1957, Baran, P.A., *The Political Economy of Growth,* New York, Monthly Review Press, 1957.

BELL et HILL, 1977, Bell, R.M.N. et Hill, S.C., «Paradigm and Practice : Innovation and Technology Transfer Models — Their Unexamined Assumptions and Inapplicability Outside Developed Countries» (mimeo), à paraître in Cooper, C.M. (éd.), *SPRU Papers on Technology and Development,* Wiley, 1977.

BELL *et al.,* 1976, Bell R.M.N., Cooper C.M., Kaplinsky R.M. et Wit Sakyarakwit, *Industrial Technology and Employment Opportunity: A Study of Technical Alternatives for Can Manufacture in Developing Countries,* Organisation internationale du travail, Genève, 1976.

BERNAL, 1939, Bernal, J.D., *The Social Function of Science,* Londres, Routledge, 1939.

BLAUG, 1963, Blaug, M., «A Survey of the Theory of Process Innovations», *Economica* 30, no 17, 1963, pp. 13-32.

BLAUG, 1975, Blaug, M., *Kuhn versus Lakatos or Paradigms versus Research Programmes in the History of Economics* (mimeo), Londres, 1975.

BURNS et STALKER, 1961, Burns, T. et Stalker, G.M., *The Management of Innovation*, Londres, Tavistock Publications, 1961.

BYATT et COHEN, 1969, Byatt, I. et Cohen, A., *An Attempt to Quantify the Economic Benefits of Scientific Research*, Department of Education and Science, Science Policy Studies, no 4, 1969.

CAIRNCROSS, 1972, Cairncross, A., «Reflections on Technological Change», *Scottish Journal of Political Economy* 19, no 2, juin 1972, pp. 107-114.

CARTER et WILLIAMS, 1957, Carter, C.F. et Williams, B.R., *Industry and Technical Progress*, Londres, Oxford University Press, 1957.

CARTER et WILLIAMS, 1958, Carter, C.F. et Williams, B.R., *Investment in Innovation*, Londres, Oxford University, 1958.

CARTER et WILLIAMS, 1959, Carter, C.F. et Williams, B.R., *Science and Industry*, Londres, Oxford University Press, 1959.

CHARPIE, 1967, Charpie, R. (éd.), *Technological Innovation : Its Environment and Management*, Washington, D.C., United States Department of Commerce, 1967.

CLARKE, 1974, Clarke, T., «Decision-Making in Technologically Based Organizations: A Literature Survey Based on Present Practice», *IEEE Transactions on Engineering Management* EM-21, no 1, février 1974.

COLE *et al.*, 1973, Cole H.S.D., Freeman C., Jahoda M., Pavitt K.L.R, (éds.), *Thinking About the Future*, Londres, Chatto and Windus, *and Models of Doom*, New York, Universe Books, 1973.

COOPER, 1972, Cooper, C.M., «Science, Technology and Development», *Journal of Development Studies* 9, no 1, octobre 1972.

COOPER, 1973, Cooper, C.M., «Choice of Techniques and Technological Change as Problems in Political Economy», *International Social Science Journal* 25, no 3, 1973, pp. 322-336.

COOPER, 1977, Cooper, C.M., *SPRU Papers on Technology and Development*, à paraître chez Wiley.

COOPER et SERCOVICH, 1971, Cooper C.M. et Sercovich, F., *The Channels and Mechanisms for the Transfer of Technology from Developed to Developing Countries*, UNCTAD, Genève (mimeo), 1971.

COOPER *et al.*, 1973, Cooper C.M., Freeman C., Oldham C.H.G., Sinclair C. et B.A., «Goals of R and D in the 1970's, *Science Studies* 1, 1971, no 3, pp. 357-106.

CYERT et MARCH, 1963, Cyert, R.M. et March, J.G., *A Behavioral Theory of the Firm*, Prentice Hall, 1963.

DENISON, 1962, Denison, E.F., *The Sources of Economic Growth in the United States and the Alternatives Before Us*, Committee for Economic Development, New York, 1962.

DENISON, 1967, Denison, E.F., *Why Growth Rates Differ : Post-War Experiences in Nine Western Countries*, Brooking Institution, 1967.

76 CHRISTOPHER FREEMAN

Domar, 1961, Domar, E.D., «On the Measurement of Technological Change», *Economic Journal* 71, no 284, décembre 1961, pp. 709-729.

Dörfer, 1971, Dörfer, I., *System 37 Viggen : Arms, Technology and Domestication of Glory*, Scandinavian University Books, 1973.

Downie, 1958, Downie, J., *The Competitive Process*, Londres, Duckworth, 1958.

Eads et Nelson 1971, Eads G. et Nelson, R., «Governmental Support of Advanced Technology : Power Reactors and Supersonic Transport», *Public Policy* 19, no 3, 1971, pp. 405-428.

Enos, 1962a, Enos, J.L., *Petroleum Progress and Profits*, Cambridge, Mass., MIT Press, 1962.

Enos, 1962b, Enos, J.L., «Invention and Innovation in the Petroleum Refining Industry», in National Bureau of Economic Research, *The Rate and Direction of Inventive Activity*, 1962.

Federation of British Industries, 1961, Federation of British Industries, *Industrial Research in British Manufacturing Industry in 1960*, Londres, FBI, 1961.

Fellner, 1961, Fellner, W.J., «Two Propositions in the Theory of Induced Innovations», *Economic Journal* 71, no 282, juin 1961, pp. 305-308.

Fellner, 1962, Fellner, W.J., «Does the Market Direct the Relative Factor Saving Effects of Technological Progress?» in NBER, *The Rate and Direction of Inventive Activity*, Princeton University Press, 1962.

Fisher, 1973, Fisher, L.A., *The Diffusion of Technological Innovation : A Study of the Adoption of the Electronic Digital Computer in Process Control*, Ph.D. Thesis, Polytechnic of Central London, octobre 1973.

Freeman, 1962, Freeman, C., «Research and Development : A Comparison Between British and American Industry», *National Institute Economic Review*, no 20, 1962, pp. 21-39.

Freeman, 1967, Freeman, C., «Science and Economy at the National Level», in OECD, *Problems of Science Policy*, Paris, OCDE, 1967.

Freeman, 1972, Freeman, C., *The Role of Small Firms in Innovation in the United Kingdom since 1945*, Bolton Committee of Inquiry Research, Report no 6, Londres, Her Majesty's Stationary Office, 1972.

Freeman, 1974, Freeman, C., *The Economics of Industrial Innovation*, Londres, Penguin Books, 1974.

Freeman et Young 1965, Freeman, C. et Young, A.J., *L'effort de recherche et de développement en Europe occidentale, Amérique du Nord et Union soviétique*, Paris, OCDE, 1965.

Freeman et al., 1963, Freeman C., Fuller J.K. et Young A.J., «The Plastics Industry: A Comparative Study of Research and Innovation», *National Institute Economic Review*, no 26, 1963, pp. 22-62.

FREEMAN *et al.*, 1965, Freeman C., Harlow C.J.E. et Fuller J.K., «Research and Development in Electronic Capital Goods», *National Institute Economic Review*, no 34, 1965, pp. 40-97.

GALBRAITH, 1952, Galbraith, J.K., *Le capitalisme américain : le concept de pouvoir compensateur*, Paris, Génin, 1966.

GALBRAITH, 1968, Galbraith, J.K., *Le nouvel État industriel*, Paris, Gallimard, 1968.

GIBBONS et JOHNSTON, 1974, Gibbons, M. et Johnston, R., «The Role of Science in Technological Innovation», *Research Policy* 3, no 4, 1974, pp. 220-242.

GILFILLAN, 1935, Gilfillan, S.C., *The Sociology of Invention*, Chicago, Follet Publishing Company, 1935.

GILPIN, 1968, Gilpin R., *France in The Age of the Scientific State*, Princeton University Press, 1968.

GILPIN, 1970, Gilpin, R., «Technological Strategies and National Purpose», *Science* 169, 1970, pp. 441-448.

GILPIN, 1975, Gilpin, R., *Technology, Economic Growth and International Competitiveness*, Report of the Joint Economic Committee of the Congress, U.S. Government Printing Office, 1975.

GOLD, 1971, Gold, B., *Explorations in Managerial Economics*, New York, Basic Books, 1971.

GOLDING, 1972, Golding, A.M., *The Semi-Conductor Industry in Britain and the USA : A Case Study in Innovation, Growth and the Diffusion of Technology*, D.Phil. Thesis, University of Sussex, 1972.

GOLDTHORPE, 1975, Goldthorpe, J.E., *The Sociology of the Third World*, Cambridge University Press, 1975.

GREENBERG, 1969, Greenberg, D., *The Politics of American Science*, Penguin, 1969.

GRILICHES, 1958, Griliches, Z., «Research Costs and Social Returns : Hybrid Corn and Related Innovations», *Journal of Political Economy* 66, no 5, pp. 419-431.

GRILICHES et JORGENSEN, 1966, Griliches Z. et Jorgensen D.W., «Sources of Measured Productivity Change : Capital Input», *American Economic Association* 56, no 2, 1966, pp. 50-61.

HAHN, 1973, Hahn, F.H., *On the Notion of Equilibrium in Economics*, Cambridge University Press, 1973.

HAMBERG, 1964, Hamberg, D., «Size of Firm, Oligopoly and Research : The Evidence», *Canadian Journal of Economic and Political Science*, 30, no 1, 1964, p. 62-75.

HAMBERG, 1966, Hamberg, D., *Essays on the Economic of Research and Development*, New York, Random House, 1966.

HIRSCHLEIFER, 1971, Hirschleifer, J., «The Private and Social Value of Information and the Reward to Inventive Activity», *American Economic Review* 61, 1971, pp. 561-574.

HIRSCHMANN et LINDBLOM, 1962, Hirschman, O.A. et Lindblom, C.E., «Economic Development, R and D Policy Making : Some Converging Views», *Behavioral Science* 7, 1962, pp. 211-222.

HOLLANDER, 1965, Hollander, S., *The Sources of Increased Efficiency : A Study of DuPont Rayon Plants,* Cambridge, Mass., MIT Press, 1965.

HOOS, 1969, Hoos, I., *Systems Analysis and Social Policy,* Institute for Economic Affairs, Londres, 1969.

HUFBAUER, 1966, Hufbauer, G.C., *Synthetic Materials and the Theory of International Trade,* Londres, Duckworth, 1966.

JEWKES, 1972, 1958, Jewkes, J., *Government and High Technology,* Institute of Economic Affairs, Occasional Paper no 37, Londres, 1972.

JEWKES *et al.,* 1958, Jewkes J., Sawers D. et Stillerman R., *L'invention dans l'industrie, de la recherche à l'exploitation : 60 exemples récents,* Tr. de l'anglais par Anne Ciry, Paris, Éd. d'Organisation, 1966, 382 p.

JOHNSON, 1969, Johnson, H., «Comparative Cost and Commercial Policy Theory for a Developing World Economy», Wicksell Lecture for 1968.

JORGENSEN et GRILICHES, 1967, Jorgensen, D.W. et Griliches Z., «The Explanation of Productivity Change», *Review of Economic Studies* 34, 1967, pp. 249-283.

KALDOR, 1961, Kaldor, N., «Capital Accumulation and Economic Growth» in Lutz, F. et Hague D. (éds.), *The Theory of Capital,* Londres, International Economic Association, 1961, (Traduit en partie dans G. Abraham-Frois (éd.), *Problématiques de la croissance,* vol. 1, Paris, Economica, 1974, pp. 112-132).

KALDOR, 1972, Kaldor, N., «The Irrelevance of Equilibrium Economics», *Economic Journal* 82, 1972, pp. 1237-1255.

KAMIEN et SCHWARTZ, 1974, Kamien M.I. et Schwartz N.L., «Market Structure and Innovation : A Survey Supplement» (mimeo), Northwestern University, Illinois, 1974.

KATZ, 1972, Katz, J., *Importacion de Tecnologia, Auredizaje Local e Industrializacion Dependiente,* Buenos Aires, Instituto Torcuato di Tella, Centre de Investigaciones Economicas Superie 1502, 1972.

KENNEDY et THIRLWALL, 1972, Kennedy, C. et Thirlwall, A.P., «Technical Progress», in *Surveys of Applied Economics,* The Royal Economic Society and the Social Science Research Council, Londres, Macmillan, 1972.

KORNAI, 1972, Kornai, J., *Anti-Equilibrium,* Elsevier-North Holland, Amsterdam, 1972.

LAMBERTON, 1965, Lamberton, D.M., *The Theory of Profit,* Oxford, Blackwell, 1965.

LAMBERTON, 1971, Lamberton, D.M., (éd.) *Economics of Information and Knowledge,* Penguin, 1971.

LANGRISH, 1974, Langrish, J., «The Changing Relationship Between Science and Technology», *Nature* 250, 1974, p. 614.

LANGRISH et al., 1972, Langrish J. et al., Wealth from Knowledge, Londres, Macmillan, 1972.

LAVE, 1966, Lave, L.B., Technological Change : Its Conception and Measurement, Englewood Cliffs, New Jersey, Prentice-Hall, 1966.

LÉNINE, 1915, Lénine, L'impérialisme, stade suprême du capitalisme, Moscou et Paris, Éd. sociales, 1960, Oeuvres, Tome 22.

LEONTIEF, 1956, Leontief, W., «Factor Proportions and the Structure of American Trade : Further Theoretical and Empirical Analysis», Review of Economics and Statistics 38, 1956, pp. 386-407.

LINDBLOM, 1959, Lindblom, C.A., «The Science of Muddling Through», Public Administration Review 19, 1959, pp. 79-88.

LITHWICK, 1969, Lithwick, N.H., Canada's Science Policy and the Economy, Methuen, Toronto, 1969.

LITTLE, 1963, Little, A.D., Patterns and Problems of Technical Innovation in American Industry, Washington, D.C., 1963.

MACHLIN, 1973, Machlin, D.J., The Economics of Technical Change in the Pottery Industry, M.A. dissertation, University of Keele, 1973.

MACHLUP, 1962, Machlup, F., The Production and Distribution of Knowledge in the United States, Princeton University Press, 1962.

MACLAURIN, 1953, Maclaurin, W.R., «The Sequence from Invention to Innovation», Quartely Journal of Economics 67, no 1, 1953, pp. 97-111.

MAESTRE et PAVITT, 1972, Maestre, C. et Pavitt, K., Analytical Methods in Government Science Policy, Paris, OCDE, 1972.

MALTHUS, 1798, Malthus, T.R., Essai sur le principe de population, tr. Pierre Theil, Paris, Gonthier, 1963.

MANSFIELD, 1961, Mansfield, E., «Technical Change and the Rate of Imitation», Econometrica 29, no 4, 1961, pp. 741-766.

MANSFIELD, 1963, Mansfield, E., «Size of Firm, Market Structure and Innovation», Journal of Political Economy 7, no 61, 1963, pp. 556-576.

MANSFIELD, 1968, Mansfield, E., Economics of Technological Change, New York, 1968.

MANSFIELD et al., 1971, Mansfield, E. et al., Research and Innovation in the Modern Corporation, New York, Norton et Londres, Macmillan, 1971.

MARRIS, 1964, Marris, R., The Economic Theory of Managerial Capitalism, Macmillan, 1964.

MARSHALL et MECKLING, 1962, Marshall, A.W. et Meckling, W.H., «Predictability of the Costs, Time and Success of Development», in National Bureau of Economic Research, The Rate and Direction of Inventive Activity, Princeton, 1962.

MARX, 1867, Marx, K., Le capital, Livre I, Paris, Garnier-Flammarion, 1969.

MARX et ENGELS, 1848, Marx, K. et Engels, F., *Le manifeste du parti communiste,* Paris, Union générale d'éditions, 10/18, 1962.

MATTHEWS, 1970, Matthews, R.C.O. «Contribution de la science et de la technique au développement économique» in UNESCO, *Le rôle de la science et de la technologie dans le développement économique,* Études et documents de politique scientifique, no 18, 1971, pp. 31-48.

MEADOWS *et al.,* 1972, Meadows, D.L. *et al., Halte à la croissance?,* Le Club de Rome, Paris, Fayard, 1972, 314 p.

MEEK, 1953, Meek, R.L. (éd.), *Marx and Engels on Malthus,* London, Lawrence and Wishart, et seconde édition *Marx and Engels on the Population Bomb,* Berkeley, California, Ramparts Press, 1953.

METCALFE, 1970, Metcalfe, J.S., «Diffusion of Innovation in the Lancashire Textile Industry», *Manchester School,* juin 1970, pp. 145-162.

MINASIAN, 1962, Minasian, J.R., «*The Economics of R and D*» in *Rate and Direction of Inventive Activity,* Princeton University Press, 1962.

MONOPOLIES COMMISSION, 1973, Monopolies Commission, *A Report on the Supply of Chlordiazepoxide and Diazepam,* Londres, Her Majesty's Stationary Office, 1973.

MORAND, 1968, Morand, J.C., «La Recherche et le développement selon la dimension des entreprises», *Le Progrès scientifique,* no 122.

MORAND, 1970, Morand, J.C., «Recherche et dimension des entreprises dans la communauté économique européenne», Nancy.

MULLER, 1962, Muller, W.F., «The Origins of the Basic Inventions Underlying DuPont's Major Product and Process Innovations», in National Bureau of Economic Research, *The Rate and Direction of Inventive Activity,* Princeton University Press, 1962.

MYRDAL, 1968, Myrdal, G., *Asian Drama : An Inquiry into the Poverty of Nations,* 3 vols., Harmondsworth, Middlesex, Penguin Books, 1968.

NÄSLUND et SELLSTEDT, 1973, Näslund, B. and Sellstedt, B., «A Note on the Implementation and Use of Models for R and D Planning», *Research Policy* 2, no 1, 1973, pp. 72-84.

NATIONAL SCIENCE FOUNDATION, 1969, National Science Foundation, Illinois Institute of Technology Research Institute, *Technology in Retrospect and Critical Events in Science* (TRACES), Washington, D.C., NSF-C535, 1969.

NATIONAL SCIENCE FOUNDATION, 1971, National Science Foundation, *Research and Development and Economic Growth,* Washington, D.C., NSF-72-303, 1971.

NATIONAL SCIENCE FOUNDATION, 1973, National Science Foundation, *Interactions of Science and Technology in the Innovative Process,* Final Report from the Battelle Columbus Laboratory, Washington, D.C., NSF-667, 1973.

NELSON, 1959, Nelson, R.R., «The Simple Economics of Basic Scientific Research», *Journal of Political Economy* 67, no 3, 1959, pp. 297-306.

NELSON, 1959, Nelson, R.R., « The Economics of Invention : A Survey of the Literature », *Journal of Business* 32, no 2, 1959, pp. 101-127.

NELSON, 1962, Nelson, R.R., « The Link Between Science and Invention : The Case of the Transistor », in NBER, *The Rate and Direction of Inventive Activity,* Princeton University Press, 1962.

NELSON, 1971, Nelson, R.R., *Issues and Suggestions for the Study of Industrial Organisation in a Regime of Rapid Technical Change,* Yale University Economic Growth Center, Discussion Paper no 103, 1971.

NELSON et WINTER, 1973, Nelson, R.R. et Winter, S., « Neoclassical versus Evolutionary Theories of Economic Growth : Critique and Prospectus » (mimeo), Yale University, 1973.

NELSON *et al.,* 1967, Nelson R.R., Peck M.J. et Kalachek E.D., *Technology, Economic Growth and Public Policy,* London, Allen and Unwin, 1967.

NORDHAUS, 1969, Nordhaus, W.D., *Invention, Growth and Welfare : A Theoretical Treatment of Technological Change,* Cambridge, Mass., MIT Press, 1969.

OCDE, 1963, 1970 et 1976, OCDE, *La mesure des activités scientifiques et techniques,* « Manuel de Frascati », Paris, 1963, 1970 et 1976.

OCDE, 1964, OCDE, *The Residual Factor and Economic Growth, OCDE,* Paris, 1964.

OCDE, 1967, OCDE, *Ampleur et structure de l'effort global de R-D dans les pays membres de l'OCDE,* Paris, 1967.

OCDE, 1971, 1974, OCDE, *R and D in OECD-Member Countries : Trends and Ojectives,* OCDE, Paris, 1971, 1974.

OLIN, 1972, Olin, J., *R and D Management Practices : Chemical Industry in Europe,* Stanford Research Institute, Zurich, 1972.

PAGE, 1975, Page, R.W. in Encel, S., Marstrand, P.K. et Page R.W., *The Art of Anticipation,* Martin Robertson, 1975.

PAVITT, 1971, Pavitt K. et Wald S., *Condition du succès de l'innovation technologique,* OCDE, Paris, 1971.

PAVITT, 1972, Pavitt, K., « Technology in Europe's Future », *Research Review* 1, no 3, 1972, pp. 210-273.

PAVITT, 1975, Pavitt, K., *A Survey of the Literature on Government Policy Toward Innovation,* Royal Economic Society Conference, Cambridge, 1976.

PAVITT et WALKER, 1976, Pavitt, K. et Walker, W., « Four Country Project : Report of the Feasibility Study », *Research Policy* 5, no 1, 1976, pp. 1-96.

PAVITT et WORBOYS, 1974, Pavitt, K. et Worboys, M., *Science, Technology and the Modern Industrial State,* Unit Two, SISCON, University of Leeds, 1974.

PECK, 1968, Peck, M. in Caves, R. (éd.), *Britain's Economic Prospects,* Allen and Unwin, 1968.

PERROUX, 1971, Perroux, F., « The Domination Effect and Modern Economic Theory », in Rothschild, K.W. (éd.), *Power in Economics,* Londres, Penguin Modern Economics, 1971.

POSNER, 1961, Posner, M., « International Trade and Technical Change », *Oxford Economic Papers* 13, no 3, octobre 1961, pp. 323-341.

PREST et TURVEY, 1967, Prest, A.R. et Turvey, R., « Cost-Benefit Analysis : A Survey », in *A Survey of Economic Theory,* vol. 3, MacMillan, Londres, 1967.

DEREK PRICE, 1965, Price, Derek de Solla, « Is Technology Historically Independent of Science? », *Technology and Culture* 6, no 4, 1965, pp. 553-568.

QUINN, 1968, « Stratégie de la science et de la technique au plan de la nation et des grandes entreprises », in UNESCO, *Le rôle de la science et de la technologie dans le développement économique,* Études et documents de politique scientifique, no 18, 1971, pp. 87-112. Diffusion of New Industrial Processes, Cambridge University Press, 1974.

REEKIE, 1973, Reekie, W.D., « Patent Data as a Guide to Industrial Activity », *Research Policy* 2, no 3, octobre 1973, pp. 246-266.

RICARDO, 1817, Ricardo, D., *Principes de l'économie politique et de l'impôt,* Paris, Calmann-Lévy, 1970.

ROBERTS, 1968, Roberts, E.B., « The Myths of Research Management », *Science and Technology,* no 80, 1968, pp. 40-46.

ROBINSON, 1934, Robinson, J., *Economics of Imperfect Competition,* Londres, Macmillan, 1934.

ROBINSON, 1974, Robinson, J., *History versus Equilibrium,* Thames Papers in Political Economy, Londres, 1974.

ROBINSON et EATWELL, 1973, Robinson, J., et Eatwell, J., *An Introduction to Modern Economics,* McGraw Hill, 1973.

ROGERS, 1962, Rogers, E.M., *Diffusion of Innovations,* New York, Free Press of Glencoe, 1962.

ROLL, 1934, Roll, E., *History of Economic Thought,* Londres, Faber, 1934.

ROSENBERG, 1971, Rosenberg, N. (éd.), *The Economics of Technical Change,* Londres, Penguin, 1971.

ROSENBERG, 1975, Rosenberg, N., « Factors Affecting the Pay-Off to Technological Innovation » (mimeo), National Science Foundation, 1975.

ROTHSCHILD, 1971, Rothschild, K.W. (éd.), *Power in Economics,* Londres, Penguin Modern Economics Readings, 1971.

THE ROTHSCHILD REPORT, 1971, The Rothschild Report, *A Framework for Government Research and Development,* Cmnd. 4814, Her Majesty's Stationary Office, Londres, 1971.

ROTHWELL et TOWNSEND, 1973, Rothwell, R. et Townsend, J., « The Communication Problem of Small Firms », *R and D Management* 3, no 3, juin 1973, pp. 151-153.

ROTHWELL *et al.,* 1974, Rothwell, R. *et al.,* «Sappho Updated», *Research Policy* 3, no 3, novembre 1974, pp. 258-292.

RUBENSTEIN, 1966, Rubenstein, A., «Economic Evaluation of R and D : A Brief Survey of Theory and Practice», *Journal of Industrial Engineering* 17, no 11, 1966, pp. 615-620.

SALTER, 1966, Salter, W.E.G., *Productivity and Technical Change,* Cambridge University Press, 1966.

SAPOLSKY, 1972, Sapolsky, H., *The Polaris System Development : Bureaucratic and Programmatic Success in Government,* Harvard University Press, 1972.

SCHERER, 1965, Scherer, F.M., «Firm Size, Market Structure, Opportunity and the Output of Patented Inventions», *American Economic Review* 55, no 5, 1965, pp. 1097-1123.

SCHERER, 1973, Scherer, F., *Industrial Market Structure and Economic Performance,* Rand McNally, 1973.

SCHMOOKLER, 1966, Schmookler, J., *Invention and Economic Growth,* Harvard University Press, 1966.

SCHOTT, 1975, Schott, K., *The Determinants of Industrial R and D Expenditures,* D.Phil. thesis, Oxford, 1975.

SCHUMPETER, 1928, Schumpeter, J.A., «The Instability of Capitalism», *Economic Journal* 38, 1928, pp. 361-386.

SCHUMPETER, 1934, Schumpeter, J.A., *Théorie de l'évolution économique* (tr. de J.-J. Anstett), Paris, Dalloz, 1935.

SCHUMPETER, 1939, Schumpeter, J.A., *Business Cycles,* New York, McGraw Hill, 1939.

SCHUMPETER, 1942, Schumpeter, J.A., *Capitalisme, socialisme et démocratie,* Paris, Payot, 1951, 462 p.

SCIBERRAS, 1976, Sciberras, E., *Multinational Electronics Companies and National Economic Policies,* D.Phil. thesis, University of Sussex, New York, 1976.

SCIENCE POLICY RESEARCH UNIT, 1972, Science Policy Research Unit, *Success and Failure in Industrial Innovation,* London Center for the Study of Industrial Innovation, 1972.

SCOTT, 1975, Scott, T.W.K., *Diffusion of New Technology in the British and West German Manufacturing Industries : The Case of the Tufting Process,* D.Phil. thesis, University of Sussex, 1975.

SEERS et JOY, 1971, Seers, D. et Joy, L. (éds.), *Development in a Divided World,* Harmondsworth, Penguin, 1971.

SHERWIN et ISENSEN, 1966, Sherwin, C. et Isensen, R., *First Interim Report on Project Hindsight,* Washington, D.C., Office of the Director of Defense Research and Engineering, 1966.

SHIMSHONI, 1970, Shimshoni, D., «The Mobile Scientist in the American Instrument Industry», *Minerva* 8, no. 1, 1970, pp. 59-89.

SMITH, 1776, Smith, A., *Recherches sur la nature et les causes de la richesse des nations,* Paris, Gallimard, coll. «Idées», 1976.

SOLO, 1951, Solo, C.S., «Innovation in the Capitalist Process : A Critique of the Schumpeterian Theory», *Quarterly Journal of Economics* 65, 1951, pp. 417-428.

SOLOW, 1957, Solow, R.M., «L'évolution technique et la fonction globale de production» in Bertonèche, M., et J. Teillié, *Théorie macro-économique,* Textes fondamentaux, Paris, PUF, Thémis, 1977, pp. 438-462.

STEAD, 1974, Stead, H., *Statistics of Technological Innovation in Industry,* Cat. no 13-555, Statistics Canada, 1974.

STURMEY, 1964, Sturmey, S.G., «Cost Curves and Pricing in Aircraft Production», *Economic Journal,* décembre 1964, pp. 954-982.

THOMAS, 1971, Thomas, H., «Some Evidence on the Accuracy of Forecasts in R and D Projects», *R and D Management* 1, no 2, février 1971, pp. 55-71.

TILTON, 1971, Tilton, J., *International Diffusion of Technology : The Case of Semi-Conductors,* Brookings Institution, 1971.

TURNER et WILLIAMSON, 1969, Turner, D.F. et Williamson, O.E., «Market Structure in Relation to Technical and Organisational Innovation», in Heath, J.B. (éd.), *International Conference on Monopolies, Mergers and Restrictive Practices,* Board of Trade, Londres, 1969.

UNESCO, 1969, UNESCO, *La mesure des activités scientifiques et techniques,* UNESCO, STS/15, Paris, 1969.

USHER, 1955, Usher, A., «Technical Change and Capital Formation», in *Capital Formation and Economic Growth,* National Bureau of Economic Research, repris dans Rosenberg, N. (éd.), *The Economics of Technological Change,* Penguin, 1971.

VARGA, 1935, Varga, E., *The Great Crisis and Its Consequences,* English Edition, Londres, Modern Books, 1935.

VARGA, 1947, Varga, E., *Changes in the Economy of Capitalism Resulting from the Second World War, Moscow, and Soviet Views on the Post-War World Economy,* English translation, Public Affairs Press, Washington, D.C., 1948.

VERNON, 1966, Vernon, R., «International Investment and International Trade in the Product Cycle», *Quarterly Journal of Economics* 80, 1966, pp. 190-207.

WILLIAMS, 1967, Williams, B.R., *Technology, Investment and Growth,* Londres, Chapman and Hall, 1967.

WISE, 1975, Wise, W.S., «The Role of Cost-Benefit Analysis in Planning Agricultural R and D Programmes», *Research Policy* 4, no 3, 1975, pp. 246-262.

CHAPITRE 2

DÉVELOPPEMENTS TECHNIQUES, TRAVAIL HUMAIN ET STRUCTURE SOCIALE

Raymond Duchesne
Télé-université
Université du Québec

Dès le milieu du XVIᵉ siècle, les ouvriers des imprimeries de Lyon se mettaient en grève pour s'opposer à certains perfectionnements des presses qui menaçaient de les réduire au chômage. Il semble que ce soit là une des manifestations les plus anciennes de l'opposition des travailleurs au progrès des machines. Avec la Révolution industrielle et la mécanisation croissante de l'industrie, les manifestations de cette opposition se multiplièrent à un point tel qu'il devint chose commune que de voir une nouvelle machine et, bien souvent, son inventeur, être les victimes de la colère des ouvriers. Le pasteur William Lee, qui avait mis au point une machine à tricoter dix fois plus rapide que la meilleure ouvrière, fut jeté à l'eau avec son invention. En 1753, John Kay, l'inventeur de la navette volante qui, remplaçant la navette à main, permettait d'augmenter la vitesse de tissage, vit sa maison saccagée par les tisserands qu'il avait, bien involontairement d'ailleurs, condamnés à la misère. Pour avoir détruit quelques métiers à tisser vers 1780, un certain John Ludd eut l'honneur de voir son nom repris par les «luddites», un mouvement d'ouvriers anglais qui s'étaient regroupés à Nottingham, en 1811, pour lutter contre les machines; ils se rendirent célèbres par la destruction d'ateliers, de métiers à tisser et de machines à vapeur dans les villes industrielles d'Angleterre. Leur exemple fut suivi dans le reste de l'Europe. À Paris, par exemple, une bande d'émeutiers détruisit, en 1841, les machines à coudre de

Barthélemy Thimonnier, les premières permettant de remplacer les couturières dans l'industrie de la confection. Ce n'est qu'à partir du milieu du XIXe siècle que les émeutes contre les machines commencèrent à se faire plus rares.

Aujourd'hui, de tels excès seraient impensables[1]. Pourtant, l'opposition de l'ouvrier et de la machine ne s'est pas résorbée. Pour s'en convaincre, il suffit de regarder autour de nous tous ceux qui, à un moment ou l'autre de leur vie active, ont été victimes du «chômage technologique». On peut également lire quotidiennement dans la presse l'écho des luttes entreprises par les ouvriers et leurs syndicats chaque fois qu'il est question de révolutionner la technologie d'un secteur de la production. En fait, la menace du «chômage technologique» et la fréquence des «révolutions technologiques» ont rendu nécessaire l'introduction dans de nombreuses conventions de travail de clauses prévoyant l'impact de toute innovation technologique sur l'organisation du travail et garantissant, au moins dans une certaine mesure, la sécurité d'emploi des travailleurs[2]. Avec la question de la «juste rémunération du travail» et celle de la «motivation des employés», le problème de la déqualification continuelle des travailleurs par les progrès des techniques semble retenir un bonne partie de l'attention des experts en gestion du personnel et des spécialistes des relations industrielles[3].

Dans les sociétés avancées comme dans les pays en voie de développement, les problèmes de la mécanisation et de l'automation ont pris une telle ampleur qu'ils ont donné lieu à de très larges débats auxquels ont participé les hommes politiques, les économistes, les sociologues du travail, les statisticiens, les démographes, etc.[4]. Réduits à l'essentiel, ces débats visaient à définir l'impact à

1. Pas tout à fait : les «sabotages» de la production et de la machinerie se produisent encore occasionnellement, notamment dans le contexte de conflits de travail. En outre, on accuse souvent de pratiquer un «néo-luddisme» les groupes d'ouvriers qui s'opposent le plus farouchement aux «révolutions technologiques» ou qui refusent de travailler lorsqu'ils considèrent qu'il existe un risque pour leur santé.

2. Ainsi, une brochure publiée par le «Comité de la condition féminine» de la CSN (*Les puces qui piquent nos jobs,* novembre 1982) contient un appendice consacré aux «éléments d'une clause type» concernant les changements technologiques. L'organisation syndicale revendique notamment que tout changement technologique ainsi que tout programme de recyclage et de formation fassent l'objet d'un accord entre la partie patronale et les employés; qu'aucun changement entraînant des pertes d'emplois ne soit introduit, que l'employeur reconnaisse au syndicat un droit permanent à l'information, et ainsi de suite.

3. La «science» de la gestion du personnel et des relations industrielles a développé quelques théories sur le «management» de l'innovation technologique en rapport avec la force de travail. Voir par exemple : The Diebold Institute, *Labor-Management and Technological Change,* 1969.

4. Voir par exemple : Alain Touraine *et al., Les travailleurs et les changements techniques,* OCDE, 1965; John Diebold, *Beyond Automation,* N.Y., McGraw-Hill, 1964; CFDT, *Les dégâts du progrès. Les travailleurs face au changement technique,* Paris, Seuil, 1977; Georges Elgozy, *Automation et Humanisme,* Paris, Calmann-Lévy, 1968; Alvin Toffler, *Le choc du futur,* Paris, Denoël-Gonthier, 1969.

plus ou moins long terme du progrès technique sur le travail humain et opposaient invariablement ceux qui, comme l'économiste anglais David Ricardo l'avait affirmé au début du XIXe siècle, soutenaient que la machine réduirait au chômage des masses toujours plus considérables d'hommes et ceux qui soutenaient, au contraire, qu'elle ne causerait qu'un chômage temporaire, cyclique, et qu'au total, elle était appelée à multiplier les postes de travail. Dans un résumé de ce débat que faisait il y a quelques années le journaliste scientifique français François de Closets, on trouvait, d'un côté, les «ultra-pessimistes», qui croient que le «progrès technique conduit à l'inutilité sociale une large fraction de l'humanité», et de l'autre, les «optimistes résolus», qui se disent convaincus que l'«automatisation crée plus d'emploi qu'elle n'en supprime»[5]. Aujourd'hui encore, c'est dans ces termes que la dispute se poursuit et ni les «pessimistes», ni les «optimistes» ne peuvent prétendre avoir clairement établi l'impact des progrès techniques sur le travail humain.

Il est cependant évident, pour les uns comme pour les autres, que le progrès des machines a d'abord un impact sur le nombre des emplois existants, ou, plus précisément, sur la *quantité de travail humain* exigé par un système de production donné. Les ouvriers en colère du siècle dernier, quand ils disaient : «Tant plus de machines, tant moins de travail[6]!», exprimaient très clairement cette dimension proprement quantitative de l'impact des machines sur le travail humain. Par ailleurs, ils étaient à même de saisir, comme nous le sommes aujourd'hui, que la mécanisation et l'automation de la production ont également un impact sur la nature du travail, sur la manière dont il est organisé, sur les compétences qu'il met en jeu, sur l'environnement où il se déroule, etc. bref, sur la *qualité du travail humain*. Pour illustrer cette distinction entre la quantité et la qualité du travail humain dans sa relation avec la machine, prenons un exemple simple :

COMMENT DE PUISSANTES MACHINES ONT TRANSFORMÉ UNE INDUSTRIE À LA TRAÎNE.

Nulle part les effets de l'automation n'ont été aussi éclatants que dans l'industrie de la houille grasse, qui commence seulement à reprendre après plus de dix ans de déclin.

L'énorme installation de traitement de Moss n° 3 est un symbole du rôle de l'automatisation dans cette renaissance. «L'exploitation de ce puits n'était

---

5. François de Closets, *En danger de progrès. Évaluer la technologie,* Paris, Denoël-Gonthier, 1970, 2e édition, 1978, page 164.
6. Cité par Closets, page 162.

pas rentable sans équipement minier mécanisé ni système automatique de triage et de lavage» a déclaré un responsable de la Clinchfield Coal Company.

Ce genre d'opération symbolise également sur le plan économique le déclin du mineur de charbon de jadis. En 1947, il y avait aux États-Unis 450 000 mineurs. En 1963 il n'y en avait plus que 119 000 reconvertis pour conduire d'énormes Machines, et ils gagnaient presque deux fois plus qu'en 1947. La mécanisation à outrance a plus que doublé la production américaine de charbon gras depuis la Seconde Guerre mondiale. La dernière moyenne est d'environ 15 tonnes par jour et par mineur.

Les économistes et les sociologues divergent quant à l'évaluation du nombre des postes supprimés par ces changements de techniques. Une estimation très large du ministère du Travail en 1962 donnait le chiffre de 8 000 par jour.

Le problème ne se pose pas seulement aux directeurs des houillières, mais à tous les industriels; cependant ceux-ci estiment qu'ils n'ont pas le choix. «La question n'est plus de savoir s'il faut automatiser ou non, a dit un industriel de l'électricité. Si on ne le fait pas, le concurrent le fera[7]. »

Cette courte description des transformations survenues dans l'industrie de la houille grasse aux États-Unis depuis 1947 est tirée d'un ouvrage populaire écrit à la gloire des machines et, tout particulièrement, de la technologie américaine: c'est ce qui explique le ton triomphaliste que l'on adopte pour parler des «Machines» (avec la majuscule!), des «effets éclatants» qu'elles ont eus dans un secteur particulier de la production et de l'irréversible automation des outils de travail. Cette description nous apprend qu'entre 1947 et 1963, la mécanisation des mines a réduit le nombre des mineurs de 450 000 à 119 000, tout en permettant de doubler la production; c'est là que peut se mesurer très précisément, à un homme près, l'impact de la machine sur la quantité de travail humain requis. Cette même note nous apprend que l'utilisation d'équipements miniers mécanisés et de systèmes automatiques de triage et de lavage a provoqué, au même moment, le «déclin du mineur de charbon de jadis», qui aurait été «reconverti pour conduire d'énormes Machines» et qui, en raison de ses compétences nouvellement acquises, gagnerait «presque deux fois plus qu'en 1947»[8]. La mécanisation de l'industrie houillière aurait donc eu également un impact très sensible sur la *qualité* (ou, si l'on préfère, la nature) du travail, sur les qualifications des mineurs et l'organisation générale de leur travail.

7. Robert O'Brien *et al., Les machines,* Collections Time-Life, «Le monde des sciences», 1969, page 190.
8. C'est là une progression intéressante des salaires, mais un très simple exercice de calcul (450 000 (mineurs) $\times$ \$ (salaires) $>$ 119 000 $\times$ 2\$) nous permet de réaliser que l'industrie a réussi, en mécanisant les processus, à doubler la production tout en réduisant le coût global de la main-d'oeuvre. Un tour de force!

Dans cet essai, nous nous intéresserons surtout à cette dernière dimension de la relation machine/travail, en étudiant l'impact de la mécanisation et de l'automation sur la nature du travail humain. C'est par l'analyse des contraintes que s'imposent mutuellement la machine et le travail humain que doit pouvoir s'élucider l'énigme que constitue la relation du progrès des techniques à l'évolution des systèmes économiques et des sociétés. Pour bien comprendre comment se pose cette énigme du *déterminisme technologique* de l'ordre social et économique et du *déterminisme social* des progrès techniques, laissons de côté la masse des ouvrages savants qui se sont accumulés sur cette question[9] et faisons un petit détour par la fiction.

L'ARCHÉOLOGIE DU FUTUR ET L'ÉNIGME DE LA MACHINE

Imaginons que, longtemps après que l'espèce humaine se soit éteinte, un archéologue d'une autre planète entreprenne d'exhumer, pêle-mêle, les outils et les machines inventés par l'homme tout au long de son histoire, depuis les cailloux grossièrement taillés des cultures paléolithiques jusqu'aux ordinateurs et aux centrales nucléaires qui font aujourd'hui l'orgueil des sociétés industrialisées. Simplement en considérant les caractères techniques de chaque outil et de chaque machine, en comparant leurs différents degrés de complexité et d'efficacité, leur solidité, leur précision, leur vitesse, leur rapport de conversion de l'énergie en force et en puissance, la nature des matériaux employés dans leur fabrication et aussi, pourquoi pas?, le souci d'esthétisme que leurs constructeurs ont pu manifester[10], notre bon archéologue pourrait facilement reconstituer l'ordre chronologique de leur conception et de leur utilisation, l'ordre historique dans lequel les machines sont apparues. Tout aussi bien que l'historien des techniques d'aujourd'hui, il pourrait dresser la liste chronologique des inventions et ainsi établir une «chronique de l'ingéniosité humaine[11]».

Après avoir remis chaque outil et chaque machine à sa place dans l'ordre historique du progrès des techniques, notre archéologue pourrait entreprendre

---

9. On trouvera une intéressante collection d'essais — pas trop «savants» — sur cette question dans la première partie de *Technology and Culture*, edited by Melvin Kranzberg and W.H. Davenport, New York, Meridian Book, 1975.

10. Sur la «beauté» de la machine, on lira l'ouvrage classique de P. Francastel, *Art et technique aux XIXe et XXe siècles*, Paris, Éd. de Minuit, 1956.

11. Voir, par exemple, la liste chronologique des inventions qui se trouve à la fin de l'ouvrage de R. O'Brien, déjà cité. Sur l'histoire de la technologie, les sources restent : Maurice Dumas (éd.), *Histoire générale des techniques*, Paris, PUF, 1962-1969, 5 vol. ; Charles Singer *et al.*, *A History of Technology*, Londres, 1954-1958, 5 vol. ; A.P. Usher, *A History of Mechanical Invention*, Cambridge, (Mass.), 1954; Siegfried Giedion, *Mechanization Takes Command*, New York. 1948.

une tâche un peu plus difficile, consistant à se représenter comment les hommes de différentes époques, en fonction des instruments et des techniques dont ils disposaient, organisaient leur travail. À partir du grattoir paléolithique, du harpon à pointe d'os ou de quelques instruments aratoires primitifs, il pourrait se représenter les travaux quotidiens ou saisonniers du chasseur de l'âge des cavernes ou ceux des premiers agriculteurs. Devant les vestiges des systèmes d'irrigation érigés par les civilisations de la Mésopotamie, de la vallée de l'Indus ou du Nil, il pourrait concevoir comment le travail de milliers d'hommes, disposant d'outils simples, a été coordonné afin de permettre la réalisation et l'utilisation de tels ouvrages; comment ce travail, loin de s'exercer indistinctement, a dû être divisé entre les terrassiers et leurs contremaîtres, entre les ingénieurs et les artisans, forgerons, maçons ou menuisiers, chargés de fabriquer les outils, de construire les vannes et les roues d'élévation des eaux, etc. [12]. En examinant uniquement les instruments, notre archéologue pourrait mesurer la distance qui sépare l'organisation du travail dans un atelier d'orfèvre ou de tisserand du Moyen-Âge de celle qui prévaut dans une usine moderne d'assemblage automobile d'Amérique du Nord.

Mais là ne s'arrête pas la suite des déductions que ce savant d'une autre planète pourrait faire à partir des instruments et des machines inventés depuis l'origine de l'humanité. Une fois connue la manière dont les hommes ont organisé la production de leurs moyens de subsistance à différentes époques, notre archéologue pourrait, avec un peu d'imagination, faire quelques hypothèses sur l'organisation générale des civilisations passées. Il pourrait, par exemple, se représenter la puissance militaire de chaque civilisation, selon les techniques utilisées dans la production des armes, la constitution du pouvoir politique, selon le type de contrôle qui devait s'exercer sur l'ensemble du processus de production, les hiérarchies de classes et de castes, selon les méthodes de circulation des biens produits et leur usage, l'importance des religions et des croyances, simplement d'après la part des ressources et du travail humain consacrée à la construction de temples ou de pyramides et à la production de biens destinés au service des cultes. La construction des imposants systèmes d'irrigation de l'Antiquité le conduirait probablement à poser l'existence de grands empires, seuls capables de fondre ensemble les clans et les tribus autour d'un pouvoir militaire et politique central, et d'imposer à des masses d'hommes, générations après générations, des croyances et des buts communs. De même, la généralisation des machines à vapeur et l'apparition de la manufacture au XVIIIe siècle le porteraient à penser qu'en ouvrant l'ère de la production et de la consommation de masse, ces deux innovations techniques de la Révolution industrielle n'ont pu manquer de transformer radicalement les institutions sociales et politiques, de même que la culture de sociétés occidentales.

---

12. Une des grandes figures du «management» américain, Peter F. Drucker s'est penché sur ce rapport entre la technologie de l'irrigation et les premiers empires; «The First Technological Revolution and its Lessons», *Technology and Culture* 7 (2) (1966), pp. 143-151.

Après avoir ainsi reconstitué, à partir uniquement de la séquence chronologique des progrès techniques de l'humanité, d'abord la manière dont le travail des hommes a pu être divisé et organisé à divers moments de l'histoire, puis, dans un second temps, l'organisation générale des sociétés, leurs régimes politiques, leurs institutions sociales et leurs cultures, notre archéologue n'aurait plus qu'à résoudre une dernière question : celle de savoir si ce sont les progrès des techniques qui ont provoqué l'évolution des sociétés humaines ou si, au contraire, ce sont les croyances propres à chaque âge et l'organisation générale des sociétés qui ont déterminé l'emploi de telle ou telle technique, le développement de telle ou telle machine. Comme l'écrivait un économiste moderne, « dans ses termes les plus simples, la question est de savoir si la technologie médiévale a causé la féodalité ? Si la technologie industrielle est la condition nécessaire et suffisante du capitalisme ? Et si, par extension, la technologie de l'ordinateur et de l'atome constitue la cause certaine d'un nouvel ordre social[13] » ?

S'il était tenté de croire que la séquence OUTIL → ORGANISATION DU TRAVAIL → ORDRE ÉCONOMIQUE ET SOCIAL que ses déductions lui ont permis de reconstituer conceptuellement et après coup, est conforme à la réalité et représente ce qui s'est concrètement passé dans l'histoire des civilisations, on pourrait dire de notre archéologue du futur qu'il adopte la thèse du *déterminisme technologique,* soit l'explication du développement des sociétés humaines par le progrès des instruments techniques[14]. S'exerçant dans le monde de l'économie, dans le monde de la production et de la circulation des biens et des services, un tel déterminisme rapporterait à l'état d'avancement des techniques et, plus simplement encore, à la machine, l'organisation générale du travail, c'est-à-dire la manière dont le travail des hommes doit être divisé, agencé dans l'espace et le temps, contrôlé, mesuré et exercé. Les outils simples, qui nécessitent la main de l'homme pour les mouvoir et les guider, ont servi de base technique à l'organisation artisanale du travail depuis l'ère paléolithique et l'Antiquité. L'invention de la machine à vapeur et son utilisation en tant que force motrice de métiers à tisser mécaniques, de presses, de marteaux, de tours et d'une foule d'autres machines, auraient déterminé l'apparition de l'organisation industrielle du travail. Pareillement, la « révolution électronique » en cours, l'usage généralisé de l'ordinateur et l'au-

---

13. Robert L. Heilbroner, « Do Machines Make History ? », *Technology and Culture* 8 (3) (1967), pp. 335-345. Notre traduction.
14. Une expression particulièrement radicale de ce déterminisme voudrait que les outils aient même précédé l'homme! Des découvertes archéologiques ont permis d'établir que les primates pré-humains (les « hommes-singes ») fabriquaient et utilisaient des outils; cette habileté aurait modifié la pression de la sélection naturelle et permis l'émergence de l'*Homo sapiens.* L'homme véritable serait donc une création des outils! Voir, à ce sujet : S.L. Washburn, « Tools and Human Evolution », *Scientific Technology and Social Change. Readings from Scientific American,* 1974.

tomation complète de larges secteurs de la production industrielle devraient amener des modifications radicales dans l'organisation actuelle du travail et la structure de la main-d'oeuvre. Bref, la machine dominerait en quelque sorte le travail humain, lui imposant ses exigences et ses contraintes selon le rythme de sa propre évolution. Cette conception de la machine, qui lui confère non seulement le pouvoir de déterminer l'organisation du travail et l'ensemble des sociétés humaines, mais également celui de se développer selon une logique qui lui est propre, selon sa «nature» particulière, est très répandue. Ainsi, on a écrit de la chaîne de montage :

> La chaîne de montage — cette supermachine — est loin d'avoir atteint sa forme définitive. De par sa nature même, elle porte en elle une tendance vers une mécanisation encore plus poussée, vers l'automation totale; cette tendance lui est étrangement inhérente — dangereusement même, pour certains — comme les tâtonnements de quelque créature gigantesque qui chercherait à grandir encore — elle engendre des évolutions qui lui sont propres, fait éclore des situations nouvelles, jaillir des problèmes troublants [15].

Plusieurs pensent que prêter à la machine le pouvoir de déterminer la façon dont les hommes doivent travailler et vivre équivaut à lui attribuer des pouvoirs surnaturels. Contre ce fétichisme de la machine, auquel on ramène souvent la thèse du déterminisme technologique, on a fait valoir que le progrès des techniques ne peut avoir le premier rôle dans le développement des civilisations puisqu'il est lui-même un processus historique, c'est-à-dire un processus réglé et déterminé par l'ensemble des conditions culturelles, sociales et politiques [16].

Le progrès technologique n'a rien d'«inévitable» car, alors que les sociétés occidentales étaient lancées sur les voies du développement, d'autres civilisations restaient stationnaires et certaines même régressaient [17]. On a fait valoir également que le progrès des techniques, loin de se dérouler selon une «logique interne», selon quelque «loi inhérente» de la machine, peut être dirigé, orienté, en fonction d'objectifs sociaux ou politiques; la mise au point du vaccin Salk par les Américains, qui couronnait un effort national contre la poliomyélite, et les diverses péripéties de la conquête de l'espace par la technologie U.S., en réponse au défi soviétique, sont des preuves éclatantes que le «génie inventif» de l'homme peut être orienté. Enfin, on a remarqué depuis longtemps qu'il ne suffit pas que les conditions techniques soient réunies pour que soit réalisée une nouvelle machine et que son usage dans la production se généralise; il faut, en outre, que la nouvelle machine

---

15. O'Brien, p. 84.
16. Nous suivons ici les thèses développées par R.L. Heilbroner dans son article déjà cité.
17. Depuis quelques années, des économistes ont tenté de relier la régression ou le non-développement de certaines parties du monde à la croissance phénoménale des économies occidentales : selon cette théorie de la dépendance, c'est la «ponction» qu'opèrent les pays industrialisés sur les ressources naturelles et la main-d'oeuvre du Tiers monde qui engendre le sous-développement.

ou la nouvelle technique soit compatible avec l'ensemble des conditions sociales existantes, avec la culture ambiante, l'état de développement de l'infrastructure économique, le marché du travail, les valeurs et les idées défendues par les différentes classes de la société et leurs aspirations politiques, etc. Pour ne donner qu'un seul exemple, on peut mentionner les effets désastreux qui ont résulté du transfert de technologies de pointe, hautement productives mais à forte capitalisation, dans des pays en voie de développement, mal préparés — et parfois, peu disposés — socialement et culturellement à entrer dans l'ère de la production et de la consommation de masse.

À la thèse du déterminisme technologique, on a donc opposé celle du *déterminisme social* du progrès des techniques. Essayons de voir dans quelle mesure l'une et l'autre peuvent être confirmées par des arguments historiques, tirés du développement du machinisme depuis la Révolution industrielle.

LA RÉVOLUTION INDUSTRIELLE ET LE MACHINISME

Les machines existent depuis la plus haute Antiquité et ont été utilisées afin d'appliquer les forces de la nature, (la résistance, la gravité, la force du vent ou celle des cours d'eau, la force musculaire de l'homme et des animaux, la chaleur et la capacité de dilatation et de contraction de certains éléments, etc.), à la réalisation de toutes sortes de travaux. Il est cependant facile de remarquer que pendant la plus longue partie de l'histoire de l'humanité, l'usage des machines n'a pas tant servi à remplacer l'homme dans l'exécution de tâches pénibles ou dangereuses — les esclaves et les serfs y étant employés —, qu'à augmenter la puissance militaire et à constituer des objets de curiosité et d'amusement. Parmi les machines les plus complexes créées par les Grecs, on compte des tours de guerre et des catapultes capables d'ébranler les murs des villes, les engins supposément inventés par Archimède lors du siège de Syracuse par une flotte romaine et les mécanismes mis au point par Héron d'Alexandrie pour le temple et le théâtre. Un des esprits les plus brillants de la Renaissance, Léonard de Vinci, occupa une bonne partie de sa vie à concevoir, au moins sur papier, des engins de guerre qui annonçaient parfois nos engins modernes[18], et à créer des mécanismes destinés à amuser le prince qu'il servait. On raconte que la machine la plus importante que Léonard construisit, un gigantesque mouvement d'engrenages devant représenter

18. Il faut cependant ajouter, comme le note l'économiste N. Rosenberg, qu'il existe un certain fossé entre la capacité à conceptualiser un mécanisme ou une technique donnés et la capacité à traduire en pratique ces idées. Les carnets de Léonard seraient notamment remplis de dessins de nouveaux engins qui n'ont pas pu être réalisés à cause des techniques primitives utilisées à l'époque pour travailler les métaux. Voir N. Rosenberg, «Science, Invention and Economic Growth», dans N. Rosenberg, *Perspectives on Technology,* Cambridge, Cambridge University Press, 1976, pages 260-79.

les révolutions des planètes, ne servit qu'à célébrer le mariage de ce prince. Jusqu'à une époque relativement récente dans l'histoire de l'humanité, les machines ne se sont pas substituées indistinctement au travail humain, mais ont été appliquées surtout là où il fallait développer, ponctuellement, une très grande force et là où il fallait une grande précision. Déjà au siècle dernier, l'ingénieur allemand Reuleaux, en écrivant l'histoire des machines, avait clairement identifié ces deux secteurs privilégiés d'application des principes mécaniques.

> Ainsi, dans le passé, le matériel mécanique de la construction et de la guerre, surtout en ce qui regarde le transport et l'élévation des fardeaux, demandait une production de force de plus en plus considérable, tandis que le matériel des manufactures, les instruments de mesure du temps et autres appareils analogues exigeaient la réalisation de mouvements toujours de plus en plus variés[19].

Encore, à l'aube de la Révolution industrielle, les premières machines à vapeur, celles de Savery et de Newcomen, servant à pomper l'eau des mines d'Angleterre, ne remplaçaient pas le travail des hommes, mais celui des chevaux — de là nous vient d'ailleurs l'unité de mesure du travail des machines, le cheval-vapeur!

Avec la Révolution industrielle apparaît le *machinisme,* comme tendance sociale, se manifestant dans l'ensemble du secteur de la production, visant à remplacer le travail humain par celui de la machine ou à asservir le premier à la seconde[20]. Ni les inventions des Grecs et des Romains, ni celles du Moyen-Âge et de la Renaissance n'avaient suffi à faire naître le machinisme : pour cela, il fallait que soient réunies les *conditions économiques et sociales* rendant avantageux de remplacer le travail humain par un produit de la technique chaque fois que cela était possible. Pour que commence l'histoire moderne de la machine et que se développe pleinement son potentiel productif et son impact sur le travail humain, il fallait que soient réunies, au cours de la Révolution industrielle, soit, grossièrement, entre 1700 et 1850, les conditions économiques, sociales et juridiques propres à un mode de production nouveau, celui de la manufacture, celui de l'industrie moderne.

Tâchons d'analyser comment l'émergence de la manufacture, en tant que forme particulière de l'organisation du travail humain, favorise, à partir du XVIIIe siècle, le progrès des techniques et le développement du machinisme comme

---

19. Franz Reuleaux, *Cinématique. Principes fondamentaux d'une théorie générale des machines*, (1875 : trad. française; Paris, 1877), page 255.
20. Dans la préface d'un ouvrage récent consacré à la «société post-industrielle», on décrit le machinisme industriel comme un mouvement «qui substitue au travail humain une énergie asservie, et impose aux travailleurs une stricte coordination de leurs tâches, fondée sur les exigences fonctionnelles de la machine». Daniel Bell, *Vers une société post-industrielle*, (1973 : trad. française; Paris, Laffont, 1976), page 23.

tendance sociale. Au moins en pensée, on peut décomposer en quatre éléments distincts l'effet global de la manufacture sur le travail humain au cours de la Révolution industrielle :

● *Le rassemblement de la force de travail.* Au lieu de laisser les travailleurs dispersés dans une multitude de petits ateliers d'artisan ou de leur faire accomplir leur travail à domicile (c'est le «putting out system»), la manufacture les rassemble sous un même toit et sous la supervision d'un même patron. Cette organisation du travail favorise l'exploitation de forces motrices considérables, généralement fournies par l'écoulement des eaux ou par des machines à vapeur, capables d'actionner de multiples métiers ou machines-outils reliés par des mécanismes de transmission de l'énergie. Le simple fait de rassembler les ouvriers sous un même toit augmente donc le champ d'application et de développement des machines et ouvre la voie à une augmentation de la division du travail.

● *La division du travail.* La division des processus de production, qu'il s'agisse de la production d'épingles, de vêtements, d'outils, etc., en une série continue de tâches simples, attribuées à des ouvriers différents, favorise également le développement des machines. Alors qu'un mécanicien du XVIIIe siècle aurait difficilement su concevoir et, à plus forte raison, réaliser une machine capable d'accomplir l'ensemble des opérations nécessaires à la production d'une épingle, il n'était pas difficile de construire un mécanisme simple, capable d'opérer un outil tel un marteau, une lime ou une scie, avec une régularité, une vitesse et une précision parfois bien supérieures à celles de l'homme. La division du travail entre les ouvriers préfigure la division entre diverses machines et facilite d'autant le remplacement des premiers par celles-ci.

Comme l'a fait remarquer le mathématicien anglais Charles Babbage (1792-1871) dans son *Traité de l'économie des machines et des manufactures* (1832), la division du travail permet de distinguer les tâches simples, ne requérant aucune habileté ou connaissance particulière, des tâches complexes, demandant l'intervention d'un ouvrier qualifié. Cela a pour première conséquence de faciliter au patron d'une manufacture l'achat des justes quantités de travail qualifié et de travail non qualifié dont il a besoin, point capital puisque l'un et l'autre ne s'achètent pas au même prix sur le marché du travail. Cette distinction des tâches a également pour conséquence d'indiquer clairement, non seulement quelles parties du processus de production sont les plus susceptibles d'être encore simplifiées et mécanisées, mais aussi là où il sera le plus avantageux de le faire, compte tenu des coûts différents des salaires.

● *L'achat du travail.* Alors que l'esclave de l'Antiquité et le serf du Moyen-Âge appartenaient en biens propres à leur maître ou à leur seigneur, le lien qui rattache l'ouvrier de la manufacture à son patron est établi par un contrat, librement consenti, par lequel celui-là vend à celui-ci son travail — plus précisément sa force de travail. Hormis les obligations stipulées dans ce contrat, le patron n'a envers le travailleur aucune responsabilité juridique, sociale ou morale. Le travail étant une chose qui se vend et s'achète pour être incorporée dans le processus de production, son coût peut donc être réflété plus ou moins justement, au plan micro-économique, dans les prix de vente de l'entreprise. Sur le plan macro-économique, il est normal que le travail apparaisse dans la fonction de production en relation avec la terre et les matières premières, la machinerie, les immeubles et tous les autres coûts représentés par le capital :

$$fP : K \text{ (capital). } L \text{ (travail) . } E \text{ (terre)}$$

Ainsi, les coûts du travail entrent en compétition directe avec les coûts de la machinerie; plus simplement encore, le travail humain entre en compétition directe avec la machine, non plus uniquement sur le plan de la rapidité, de la précision ou de l'efficacité, mais sur le plan de la rentabilité. Le «travail vivant» entre en lutte avec le «travail mort», accumulé et figé dans la machine et tous les autres moyens de production.

● *La productivité du travail humain.* Le fait qu'une *quantité donnée* de travail humain soit achetée — à un prix fixe, le salaire — pour être utilisée dans la production d'une *quantité indéterminée* de biens et de services pousse le patron de manufacture à chercher constamment à accroître cette seconde quantité, c'est-à-dire à élever constamment la productivité du travail humain, exprimée par le rapport de la production à une unité de temps de travail. Cette tendance fondamentale à élever la productivité du travail — que nous appelons *productivisme* — constitue un stimulant supplémentaire à la mécanisation de la production[21].

En résumé, le travail humain est acheté pour être consommé dans le mode de production de la manufacture et ainsi créer des valeurs économiques. Cependant, il ne suffit pas qu'il produise plus qu'il ne coûte; il faut, en fait, qu'il produise *toujours plus* et c'est pour répondre aux exigences du productivisme qu'il a été rassemblé, divisé et mécanisé de toutes les manières possibles depuis la Révolution industrielle. La mécanisation n'est donc qu'une dimension complémentaire, tout comme la division du travail, du productivisme qui est à la base de la croissance du mode de production industriel.

Cela signifie que le productivisme, la volonté économique et sociale d'augmenter la productivité du travail humain, est de loin un des facteurs les plus importants du développement des techniques. Le déroulement de la Révolution industrielle nous montre que c'est la mise en place d'un nouveau mode de production, celui de la manufacture capitaliste, fondé sur l'achat du temps de travail, le rassemblement des travailleurs et la division des tâches, qui ouvre la voie au

---

21. Pour bien saisir cet argument, il suffit de relire l'exemple de la mécanisation de l'industrie de la houille aux États-Unis depuis 1947.

perfectionnement et à la multiplication des machines. En rapport avec la question fondamentale qui nous occupe, il faut alors reconnaître que le progrès des techniques, la mécanisation et l'automation de la production, tel qu'ils se sont déroulés depuis le XVIIIe siècle, sont les résultats de *déterminismes sociaux*. Ce n'est pas la machine à vapeur ou la chaîne de montage qui, en exerçant quelque forme de déterminisme technologique, auraient historiquement décidé de la façon dont les hommes doivent travailler et vivre, mais, au contraire, la manufacture et l'industrie capitaliste, comme formes sociales particulières d'organisation du travail, qui ont permis le plein développement de ces machines.

En retour, s'il est vrai que le machinisme, comme tendance généralisée à subordonner le travail de l'homme à celui de la machine, a été historiquement déterminé par le productivisme pour servir la croissance du capital, cela doit nécessairement se refléter dans l'impact qu'ont eu la mécanisation et l'automation sur la nature du travail humain. Si, de tous les «buts essentiellement pratiques» auxquels tend l'élimination de l'homme du processus d'opération de la machine, c'est-à-dire «supprimer l'erreur humaine, la fatigue, l'ennui, introduire des méthodes de fabrication plus rapides, sûres, efficaces, économiques, homogènes, répondre à notre inlassable quête d'abondance, etc.[22]», aucun n'est aussi important, aussi fondamental, que l'augmentation de la productivité et des profits, cela implique que tout effet de la mécanisation sur le producteur sera obligatoirement ramené, en dernière instance, au simple calcul de la productivité. Là où le producteur perd devant la machine la course à la productivité, il doit être remplacé. Plus généralement, il suffit qu'il se conforme aux exigences toujours renouvelées de la technique. Étendant à l'ensemble des travailleurs cette règle de la subordination du travail humain à la machine, Harry Braverman, auteur d'un texte très critique sur l'impact de la mécanisation sur les travailleurs dans le contexte social et économique du capitalisme, ne craint pas d'affirmer :

> La façon dont le travail est déployé autour de la machine — depuis le travail nécessaire pour la dessiner, la construire, la réparer et la contrôler, jusqu'au travail nécessaire pour la programmer et la faire fonctionner — doit être dictée non pas par les besoins humains des producteurs mais par les besoins spéciaux de ceux qui possèdent à la fois la machine et la force de travail, et dont l'intérêt est de les rassembler d'une certaine manière. Il doit y avoir en plus une évolution sociale parallèle à l'évolution physique de la machine : la création pas à pas d'une «force de travail» à la place du travail humain autodirigé; c'est-à-dire une population se conformant aux besoins de cette organisation sociale du travail, dans laquelle la connaissance de la machine devient un trait spécialisé et réservé à un petit nombre, alors que dans la majorité de la population ne croissent que l'ignorance, l'incapacité et donc une bonne préparation pour servir la machine en esclave[23].

22. O'Brien, page 167.
23. Harry Braverman, *Travail et capitalisme monopoliste. La dégradation du travail au XXe siècle*, 1974. Trad. française : Paris, Maspéro, 1976, page 163.

LES MACHINES ET LE TRAVAIL

La citation par laquelle se terminait la section précédente résume fort bien la thèse centrale de Braverman, à savoir que l'un des principaux effets de la mécanisation et de l'automation des processus de production depuis le début du XXe siècle a été la dégradation générale du travail. Dans l'exemple de la mécanisation de l'industrie de la houille aux États-Unis depuis 1947, cité au début de cet essai, on notait par contre que le mineur d'aujourd'hui touche un salaire deux fois plus élevé que le «mineur de charbon de jadis», principalement parce qu'il doit savoir conduire de la machinerie lourde. Cela signifie que si elle a eu un effet négatif sur le nombre total des mineurs employés, la mécanisation a eu un impact positif sur la nature du travail, élevant le seuil des qualifications requises, les connaissances que le travailleur met en jeu dans l'accomplissement de ses tâches, la part qu'il prend à l'organisation et à la conception du processus de production et donc, selon toutes les théories de la motivation et de la gestion «progressiste» du personnel, élevant la satisfaction qu'il tire de sa «journée d'ouvrage».

Cet exemple est-il représentatif de l'impact qu'ont eu la mécanisation et l'automation sur l'ensemble du travail industriel depuis le XIXe siècle et, tout particulièrement, depuis la Seconde Guerre mondiale? Ne s'agit-il, au contraire, que d'une exception à la tendance générale ou encore d'une interprétation abusive de la situation réelle du travail dans l'industrie de la houille?

Sans nul doute, on pourrait multiplier tout aussi facilement les exemples tendant à établir que la machine améliore la nature du travail que ceux indiquant, à l'opposé, sa dégradation. Dans un chapitre consacré aux machines[24], Harry Braverman décrit, dans cette perspective, toute une série d'emplois traditionnels appartenant à différents secteurs de l'industrie, que la mécanisation et l'automation auraient, à toutes fins pratiques, «détruits» et remplacés par du travail simplifié, parcellisé, mal rémunéré et peu gratifiant. Après avoir étudié en détail le remplacement du mécanicien qualifié, habituellement chargé du fonctionnement d'une machine-outil, par un opérateur, une perforatrice et un programmeur, des travailleurs qui, même comptés ensemble, demandent moins de formation et coûtent moins en salaires, Braverman cite l'exemple du traceur de la construction mécanique, remplacé par un ordinateur et un marqueur peu qualifié, celui de l'ébéniste et du menuisier de l'industrie du meuble et de la construction, remplacés par des «assembleurs» de pièces pré-usinées et de maisons mobiles, celui du tailleur et de la couturière, remplacés dans l'industrie de la confection par les ouvriers et les ouvrières les moins qualifiés qui se puissent trouver, le boulanger d'autrefois, remplacé par d'énormes machines à pétrir et des convoyeurs qu'opèrent des «spécialistes» formés en quelques heures, etc.

---

24. Braverman, pp. 154-193.

Les thèses de James R. Bright, professeur à la Harvard Business School, sur les effets de l'automation sur l'organisation du travail et sur les qualifications exigées des travailleurs sont essentiellement fondées sur l'examen empirique des «systèmes de production les plus modernes[25]», c'est-à-dire les plus automatisés, des États-Unis. De tous les cas examinés, la même conclusion se dégage pour Bright : «Le rapport entre les qualifications nécessaires et le degré d'automatisme est décroissant plutôt que croissant[26].» Plus le contrôle de la machine sur ses propres opérations augmente, moins est grande la participation physique ou intellectuelle de l'ouvrier au processus de production. La figure I illustre cette thèse défendue par Bright et reprise par Braverman.

FIGURE I

Comment les progrès de l'automatisation peuvent avoir des effets contraires sur les qualifications exigées[27]

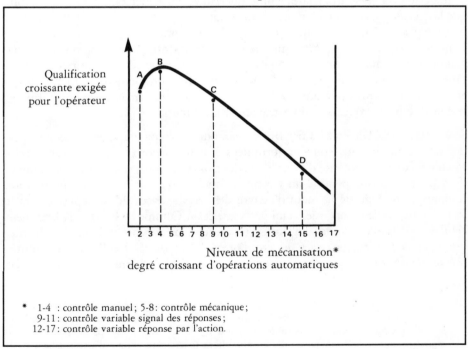

Qualification croissante exigée pour l'opérateur

Niveaux de mécanisation*
degré croissant d'opérations automatiques

* 1-4 : contrôle manuel ; 5-8 : contrôle mécanique ;
9-11 : contrôle variable signal des réponses ;
12-17 : contrôle variable réponse par l'action.

---

25. Bright étudia, par exemple, une raffinerie de pétrole, une boulangerie très automatisée, une usine de caoutchouc, etc. Cité par Braverman, page 177.
26. *Ibid.*, page 178.
27. Tiré de Braverman, page 182.

Mais tous les cas réels sur lesquels Bright fonde sa courbe décroissante des «qualifications exigées» et tous les exemples cités par Braverman ne suffisent pas à établir que la dégradation du travail humain est une *conséquence inévitable* de la mécanisation des processus de production dans le système capitaliste. Pour établir une telle chose, il faut faire intervenir certaines des conclusions auxquelles nous sommes arrivés plus haut, lorsque nous nous sommes efforcés d'analyser le rapport entre la division du travail et les machines, tel qu'il s'est développé au cours de la Révolution industrielle. S'il est vrai que le machinisme est la conséquence, non pas d'un désir généreux de «libérer l'homme des tâches serviles» — encore qu'un tel désir ait pu se manifester —, mais du désir perpétuel d'augmenter la productivité du travail, on peut alors également affirmer que, d'une manière générale, la mécanisation des processus de production s'est réalisée au détriment du travail humain, plus précisément, au détriment des travailleurs.

C'est parce qu'il sent bien l'inutilité de multiplier les exemples de la dégradation du travail par la machine que Braverman met tant de soin à établir que la division toujours plus poussée du travail et la mécanisation de la production ne sont pas le résultat de quelque «exigence technique» ou d'un désir qu'aurait l'initiative privée de satisfaire une demande croissante, mais l'expression d'une volonté très ferme de contrôler toujours davantage le travail humain pour en tirer un profit toujours plus grand[28]. Ce n'est donc pas uniquement la mécanisation et l'automation qui «dégradent» le travail de l'homme, mais aussi sa division et le contrôle qui s'exerce sur lui à travers la machine[29].

Les thèses défendues par Braverman ont provoqué de vives réactions. Une des objections le plus souvent formulées à leur encontre est la suivante : les machines auraient le mérite d'avoir libéré des masses toujours plus grandes d'hommes d'un asservissement pénible au travail manuel et d'avoir permis à une fraction toujours plus large de la main-d'oeuvre des pays avancés de se déplacer vers le secteur tertiaire de l'économie, celui des «services». Comme ce secteur est largement celui des «cols blancs», des employés de bureau, plusieurs ont cru pouvoir affirmer que nous nous dirigeons vers un âge d'or où les capacités intellectuelles, plutôt que les qualités physiques, seraient mises à l'oeuvre dans le travail productif. Cela

---

28. «La capacité qu'ont les êtres humains de contrôler le processus de travail par la machine est saisie par ceux qui dirigent le travail, dès le début du capitalisme, comme le moyen privilégié par lequel la production peut être contrôlée non par le producteur direct mais par les possesseurs du capital et leurs représentants. Ainsi, en plus de sa fonction technique d'accroissement de la productivité des travailleurs — qui serait le fait de la machine sous tous les régimes sociaux —, la machine a aussi dans le système capitaliste la fonction de dépouiller la majorité des travailleurs du contrôle de leur propre travail.» Braverman, pages 162-163.

29. La chaîne de montage est un exemple particulièrement frappant de ce contrôle que l'on peut exercer sur le travail des hommes à travers la machine : il suffit, en effet, d'en augmenter la cadence pour augmenter la productivité du travail.

signifie que la dégradation actuelle du travail industriel et le «chômage technologique» ne seraient que des effets passagers de l'automation de la production, effets qu'un meilleur aménagement du système d'éducation et des mécanismes de «recyclage» pourrait atténuer[30].

Si les «emplois de bureau», qui seraient désormais le lot du plus grand nombre, présentent quelque avantage sur les emplois industriels, ce n'est certes pas sur le plan des salaires qu'ils commandent. En effet, une étude du Bureau U.S. des statistiques du travail, réalisée en 1971, indique que le «salaire médian hebdomadaire d'un employé de bureau à plein temps était en général inférieur à celui de tous les types d'emplois dits «cols bleus»[31].

Si l'on maintient le postulat selon lequel la valeur du travail suit plus ou moins les qualifications et l'expérience, cela implique que les emplois de bureau ne demandent pas tant de capacités intellectuelles et de formation qu'on l'affirme généralement. En fait, comme le montrent les analyses de Braverman, le même processus de dégradation qui s'est exercé depuis le XIXe siècle dans l'ensemble de la production industrielle fait maintenant sentir ses effets sur le travail «intellectuel» des grands bureaux d'administration. Comme dans les ateliers et les usines d'hier, la division du travail de bureau a précédé et préfiguré sa mécanisation; on a revu le travail des dactylos, des sténographes et des messagers à la lumière des grands principes du taylorisme[32], on a rationalisé et standardisé les opérations d'administration, de comptabilité et de classement, on a même mesuré avec précision le temps qu'il fallait pour ouvrir un classeur, se lever d'un siège, insérer une feuille de papier dans la machine à écrire, etc.

Aujourd'hui, l'heure est à la mécanisation du travail de bureau, grâce à l'ordinateur. Le caissier de banque, par exemple, est maintenant un employé «soumis» à la machine et on envisage déjà son remplacement pur et simple grâce aux guichets automatiques. Les machines à écrire automatiques ont en mémoire un nombre croissant de phrases types et de règles de combinaison. L'ordinateur lui-même, comme principal instrument de la gestion financière et de l'administration

---

30. Voir par exemple le chapitre «Bouleversements dans le travail, la qualification et l'instruction», dans R. Richta, *La civilisation au carrefour*, Paris, Seuil, 1974, pages 124-186.
31. Braverman, p. 246.
32. Par exemple, on a depuis longtemps constitué des «pools» de dactylos afin de remplacer la traditionnelle secrétaire attachée à un «patron» particulier. Lorsque arrive un travail important, un «contremaître» répartit entre les dactylos des quantités égales de pages qui, une fois prêtes, sont réunies et paginées. C'est la multiplication à l'infini de ces divisions simples des tâches qui sert de fondement à la division hiérarchique du travail entre les dactylos et leur «contremaître», les secrétaires et les «petits patrons», les «petits» et les «grands patrons», etc. Il n'existe pas de différence de nature entre la division du travail dans l'usine et dans le bureau.

des entreprises, tend à se substituer aux compétences «humaines» du comptable et de l'administrateur.

L'exemple suivant illustre les conséquences de l'introduction de la microélectronique sur le travail des employés (il s'agit en grande majorité de femmes).

Tout ce que vous voulez savoir
et qui ne sera jamais écrit sur votre écran...
les conséquences sur le travail[33]

---

1. CONTRÔLE

La machine enregistre le nombre de frappes à l'heure. Il faut aller de plus en plus vite, car la sécurité d'emploi ou la promotion en dépend. La compétence est fonction de la vitesse de frappe.

> «Quand je ne suis pas en forme, je préfère rester à la maison et prendre une journée de maladie à mes frais plutôt que de baisser ma moyenne de rendement.»
>
> Perforatrice, institution financière

2. SURVEILLANCE

Dans certains bureaux, comme chez Bell Canada, il y a toujours eu des surveillantes et des surveillants «sur le plancher». Un contact humain était quand même possible, ne serait-ce que pour tenter de s'expliquer lors d'un différend, ou même se fâcher au moment d'un désaccord. Maintenant, c'est la machine qui surveille! Tout est automatiquement enregistré : les pauses-cafés, les repas, etc.

> «Sitôt qu'on se «débranche» pour arrêter, une lumière rouge clignote sur le téléphone de notre surveillant.»
>
> Agent de réservation, Via Rail

3. DÉPENDANCE

Les utilisatrices et les utilisateurs ont peu ou pas de contrôle sur le langage de l'ordinateur, ou même son horaire. Elles et ils ne sont jamais consulté-e-s par les «experts» sur les codes utilisés pour aller chercher les données nécessaires à leur travail. C'est ainsi qu'un jour une téléphoniste devait de toute urgence trouver le numéro de téléphone de la police, pour un client qui attendait au bout du fil. «La police était disparue»!!! La touche d'urgence sur son clavier de terminal ne donnait plus, comme d'habitude, le

---

33. *Les puces qui piquent nos jobs*, Comité de la condition féminine CSN, novembre 1982, p. 35-44.

renseignement demandé. Il avait été enregistré autrement, par les programmeurs et se trouvait maintenant dans «Ville de Montréal». Les téléphonistes n'avaient pas été averties du changement.

> «C'est presque impossible de changer notre heure de lunch ou notre 15 minutes de repos. La machine ne le permet pas. On nous la change si ça lui convient.»
>
> Téléphoniste, Bell Canada

4. CADENCE FIXE ET RYTHME IMPOSÉ

Dans les bureaux où le travail demande un service continu à la clientèle, par téléphone, les téléphonistes et agentes ou agents de réservation sont «branché-e-s» à la table. Elles et ils ne contrôlent plus la vitesse avec laquelle les appels rentrent car sitôt qu'elles et ils terminent avec un client, un autre appel leur est automatiquement acheminé, avec un délai qui ne dépasse jamais 5 secondes. Quand elles et ils se «débranchent», cela apparaît instantanément sur l'écran spécial de la surveillante ou du surveillant.

> «Le travail va trop vite; des fois, on a l'impression d'être des robots. On a de la misère à souffler tant les appels rentrent vite. Pas 5 secondes d'attente, pas plus de 30 secondes pour répondre au client et lui donner le renseignement demandé. C'est tous les jours comme ça. Il arrive qu'on prenne du «time off» pour aller se coucher tant on est fatigués.»
>
> Téléphoniste, Bell Canada

5. ABSENCE DE CONTACT AVEC LES COMPAGNES ET LES COMPAGNONS DE TRAVAIL

Le rythme imposé par la machine et la surveillance qu'il permet ne laisse pas de place pour un minimum d'échanges entre les compagnes et les compagnons de travail.

> «On est isolées, poussées par le travail; souvent, on ne se salue même plus en arrivant le matin.»
>
> Secrétaire, compagnie d'assurances

6. DÉQUALIFICATION

Les critères de sélection à l'embauche se modifient et les qualifications professionnelles vont en diminuant surtout pour les tâches de secrétaire. L'employeur a maintenant besoin de bonnes techniciennes et de bons techniciens. La vitesse au clavier, pour l'entrée des données, est devenue le critère de sélection par excellence.

> «On ne s'arrête même plus pour corriger les fautes d'orthographe dans un texte parce que ça nous ralentit. Pas besoin d'être compétente, la vitesse suffit.»
>
> Secrétaire dans un «pool»

7. MONOTONIE, ROUTINE, PARCELLISATION DE LA TÂCHE

La machine a simplifié tellement le travail, afin de pouvoir le contrôler et le mesurer que les « filles » deviennent des exécutantes uniquement. Même les gestes sont répétitifs. Par exemple, une perforatrice qui fait 15 000 frappes à l'heure répète inlassablement les mêmes actions : de la main droite, elle tape sur le clavier, de la main gauche, elle change la feuille sur laquelle se trouvent les données à enregistrer.

> « On a l'impression d'être des robots car c'est la machine qui nous contrôle. On est dévalorisées. »
>
> Perforatrice, institution financière

8. AUGMENTATION DE LA CHARGE DE TRAVAIL

Comme elles n'ont plus tellement besoin de réfléchir, les « filles » peuvent aller beaucoup plus vite. Elles produisent évidemment plus durant leur journée de travail... mais à quel prix.

> « Chez nous, on fait en moyenne 650 à 700 appels par jour. Cela nous demande une plus grande concentration et occasionne beaucoup de stress. »
>
> Téléphoniste, Bell Canada

La liste pourrait sans doute s'allonger encore. Spécifions cependant que toutes ces caractéristiques sont surtout le lot des travailleuses et des travailleurs qui se retrouvent devant un appareil durant 6 ou 7 heures continues. Pour une certaine catégorie d'emplois ou de travaux, le traitement de textes par exemple, le système terminal-ordinateur effectue une série de tâches répétitives et monotones tout en permettant d'alléger ainsi le travail et de le varier quand c'est possible. Pendant que la machine exécute la commande l'utilisatrice ou l'utilisateur peut bouger un peu, faire autre chose.

Il est donc permis de conclure que, tant dans le cas des usines que dans celui des bureaux, ce n'est pas la technique qui exerce ses exigences à l'endroit du travail humain et qui permet de décider de la qualification nécessaire de chaque ouvrier, mais les rapports sociaux qui président à l'organisation et à la division du travail entre les êtres humains. Ainsi, une simple transformation des techniques de production, toute bénéfique qu'elle soit sur le plan de l'allègement de l'effort du travail ou sur le plan de l'amélioration générale des conditions de travail, n'atténue pas nécessairement les pressions sociales qui visent à intensifier le travail et à augmenter la productivité en fonction de l'accumulation du capital.

L'expérience que nous acquérons présentement de l'organisation du travail dans les secteurs de la production industrielle et des services les plus automatisés confirme cette dernière thèse. À mesure que les principes automatiques se généralisent et que le savoir scientifique et technologique est incorporé aux méthodes et aux outils de production, la qualification des employés décroît.

PROGRÈS TECHNIQUE ET STRUCTURE SOCIALE

Jusqu'ici nous nous sommes contentés d'étudier l'effet du machinisme sur les conditions de travail à l'intérieur des unités de production. Cependant, la mécanisation et l'automatisation sont des phénomènes dont les conséquences s'imposent à toute la société, en affectant notamment, d'une façon globale, la structure de la main-d'oeuvre et le système d'enseignement.

Des auteurs comme Bright et Braverman, nous venons de le voir, ont cru pouvoir démontrer l'existence d'un phénomène d'abaissement général des qualifications exigées des travailleurs et ont même soutenu qu'un tel abaissement des qualifications ne pouvait équivaloir qu'à une dégradation du travail humain, puisqu'il était le résultat d'une division croissante des processus de production et d'une soumission de plus en plus complète de l'homme à la machine.

D'autres ont cependant voulu voir dans la mécanisation et l'automatisation de la production un processus irréversible[34], relié au processus plus général du progrès des sciences et des techniques, conduisant l'humanité à la société de l'abondance et du loisir. Tout en reconnaissant que la modification constante de la production par les progrès techniques engendrait un «chômage technologique» et provoquait parfois un réelle dégradation de la nature du travail, plusieurs ont prétendu qu'il ne s'agissait là que d'effets temporaires et ponctuels et que pour se faire une juste idée de l'évolution générale des sociétés avancées, il fallait prendre en considération l'ensemble des effets sociaux de la mécanisation et de l'automatisation. Ainsi, a-t-on affirmé, il n'est pas du tout certain que la tendance historique à l'abaissement de la qualification des travailleurs se poursuive dans l'avenir, car, succédant à la simple mécanisation, l'automatisation de la production industrielle, la modernisation de l'agriculture et la percée de l'informatique dans le secteur des services font intervenir des machines et des procédés de plus en

---

34. Processus «irréversible» non seulement parce qu'on ne peut pas «désinventer» le métier mécanique, le moteur à explosion ou l'ordinateur, mais aussi parce qu'on ne semble pas pouvoir arrêter cet auto-engendrement des machines qui les amène à s'imposer comme moyen de production en vertu de quelque nécessité technique ou économique, transcendant, au moins en apparence, les besoins et les idées des hommes, de même que les rapports qui les unissent en sociétés. Sur cette «fatalité» du progrès des techniques, on pourra lire des auteurs aussi différents que Jacques Ellul, *Le système technicien,* Paris, Calmann-Lévy, 1971; Jean Fourastié, *Machinisme et bien-être*, Paris, Éd. de Minuit, 1962 et *Les quarante mille heures,* Paris, Laffont-Gauthier, 1965; Georges Elgozy, *Automation et humanisme*, Paris, Calmann-Lévy, 1968.

plus complexes, nécessitant chez ceux qui les supervisent des connaissances de plus en plus vastes. On a affirmé également que l'impact véritable du progrès technique ne devait pas être évalué d'après les mutations du travail survenant dans tel ou tel secteur industriel particulier, par exemple, les textiles ou l'industrie automobile, mais d'après les transformations importantes de la structure de production et de l'organisation sociale. La croissance phénoménale de la productivité et l'élévation rapide du niveau de vie dans les sociétés occidentales seraient, dans une telle perspective, les principaux points à porter au crédit du progrès des machines. En outre, on pourrait faire valoir que si la mécanisation et l'automatisation ont provoqué, à court terme et dans une perspective étroite, du chômage et une «déqualification» du travail humain, elles ont enclenché, à un niveau plus général, un vaste processus historique par lequel une grande partie de la main-d'oeuvre mondiale est successivement passée de l'agriculture au travail industriel, puis du travail industriel au secteur des services.

Ce déplacement historique de la main-d'oeuvre, assez généralement attribué au progrès des techniques, a tellement frappé les esprits que certains auteurs ont prédit qu'il se poursuivrait au-delà du secteur des services. En effet, aux secteurs primaire (agriculture et exploitation des ressources naturelles), secondaire (industrie) et tertiaire (services, administration et finances), on a ajouté un secteur quaternaire, qui serait celui de la recherche scientifique et du développement technique. Enfin, le développement futur du secteur quaternaire déboucherait éventuellement sur une société de l'abondance, de l'oisiveté ou des loisirs, une société où l'être humain serait totalement libéré du travail par la machine automatique.

Dans la sagesse populaire — et dans les ouvrages de vulgarisation qui alimentent cette sagesse — cette idée que le progrès technique permet de remplacer peu à peu l'homme par la machine dans l'exécution des tâches manuelles les plus épuisantes ou les plus fastidieuses et laisse entrevoir le jour prochain où la part de l'homme dans la production se limitera à la réflexion, à la conception et à la contemplation, s'appuie sur quelques évidences. Pour la justifier, on invoque habituellement l'augmentation rapide du nombre des «cols blancs», phénomène résultant de la croissance du secteur de l'administration, du commerce de détail, des services sociaux, de la finance, des transports, etc. dans les économies avancées. On cite également l'élévation graduelle des taux de scolarisation dans les pays industriels. La formation scolaire et la préparation technique du citoyen moyen des démocraties occidentales seraient très nettement supérieures à ce qu'elles étaient au XVIIe siècle ou même juste après la Seconde Guerre mondiale, du moins si l'on considère le nombre des années sur lesquelles s'étendent maintenant la scolarisation et la nature des connaissances acquises. Enfin, beaucoup ont fait remarquer le caractère temporaire, transitoire ou cyclique, du chômage technologique. Ainsi que l'affirmaient déjà les économistes du XVIIIe siècle, la machine ne réduit généralement la quantité de travail humain nécessaire dans un secteur industriel particulier que pour permettre le passage des travailleurs à d'autres secteurs en expansion. C'est la théorie de la compensation, très largement admise par les économistes libéraux. Par ailleurs, à la croissance de la productivité, résultant de la mécanisation, correspond généralement une baisse des prix et, à moyen terme, une augmentation de la demande; ce qui entraîne que la réduction initiale de la main-d'oeuvre est bientôt annulée par la nécessité d'augmenter la production pour faire face à la demande. Cet argument est exposé très clairement par Georges Elgozy :

> Comme tout progrès technique, l'automation crée parfois un îlot de chômage transitoire dans le secteur intéressé. Ces accidents dont les répercussions sociales et politiques peuvent devenir graves, c'est à l'État qu'il échoît cas par cas d'y remédier, faute de les avoir prévenus.

> Renoncer à la technologie, pour épargner des drames à quelques-uns, ce serait abdiquer toute chance de prospérité pour tous.

> Dans chaque usine, l'automation — qui améliore la productivité — n'est source de chômage que si le volume de production demeure fixe. Le plus souvent, l'économie de travail humain est assortie d'une expansion corrélative de la production qui permet à son tour de résorber la main-d'oeuvre libérée par le perfectionnement des machines[35].

Dans cette perspective, donc, le chômage technologique et la dégradation du travail ne seraient que des effets secondaires, presque superficiels, d'un phénomène plus vaste et plus important; la généralisation du travail intellectuel et la progression certaine de l'humanité vers une société future où l'opposition du travail et de la vie se résorberait dans une seule activité créatrice, activité faisant appel à l'ensemble des capacités physiques et mentales de chaque homme.

Le thème de l'avènement d'une « Révolution scientifique et technique[36] » et d'une « société post-industrielle[37] » est commun à plusieurs auteurs qui, à cet égard, ont utilisé des termes aussi variés que ceux de « société post-moderne[38] », de « société du savoir », de « société technetronique[39] », de « société post-capitaliste », de « société planétaire » ou « globale », et ainsi de suite[40].

---

35. Elgozy, p. 226.

36. R. Richta, note 30.

37. Daniel Bell, *Vers une société post-industrielle,* Paris, Laffont, 1975 et Alain Touraine, *La société post-industrielle,* Paris, Payot, 1969.

38. J.-F. Lyotard, *La condition postmoderne,* Paris, Minuit, 1980.

39. Z. Brzezinski, *Between Two Ages. America's Role in the Technetronic Era,* New York, 1970.

40. Cette énumération pourra être complétée dans : Ralf Dahrendorf *et al., Scientific-Technological Revolution : Social Aspects,* London, Sage, 1977. Dans ce recueil très intéressant de textes sur la société postindustrielle, on lira tout particulièrement : Radovan Richta, « The Scientific and Technological Revolution and the Prospects of Social Development », pp. 25-72.

Réduite à l'extrême, la thèse de ces différents auteurs veut que la Révolution scientifique et technique en cours donne éventuellement naissance à une société radicalement nouvelle par rapport à la société industrielle, une société où la science (et les «techniciens» qui la produisent et l'appliquent) plutôt que le travail (c'est-à-dire la «classe ouvrière») constitue le facteur de base de la croissance économique et du progrès social[41].

Dans les pays industriels, les progrès de plus en plus rapides et importants des sciences et des techniques ont fait passer les méthodes de production de l'ère de la mécanisation à celle de l'automatisation. Ce bouleversement des techniques a, à son tour, entraîné diverses mutations dont les effets se propagent dans l'ensemble des sociétés avancées et à l'échelle mondiale. Comme l'écrit Radovan Richta, un théoricien tchèque de la société postindustrielle :

> Les transformations que subissent le travail, l'activité humaine, constituent dans les mouvements de la civilisation contemporaine, la clef permettant de comprendre et de prévoir les mutations de toutes les autres sphères de la vie humaine[42].

Le déterminisme qu'exercerait l'organisation du travail sur l'ensemble des sociétés s'exprimerait d'abord dans la structure de l'activité humaine, c'est-à-dire dans la nature du travail qu'accomplissent, à divers moments de l'histoire, des masses de travailleurs, dans la division du travail social qui leur est imposée et dans un modèle commun de qualification. Ce déterminisme trouverait également son expression dans la fonction et l'organisation générale des systèmes d'enseignement que se sont données des sociétés et des civilisations différentes.

Les effets de la Révolution scientifique et technique imminente, toujours selon Richta, seraient particulièrement visibles dans trois domaines.

En premier lieu, le passage de la société industrielle à la Révolution scientifique et technique implique des déplacements structurels de la main-d'oeuvre dans les sociétés avancées. Les statistiques confirment l'«accélération du transfert du travail humain des 'secteurs productifs' (secteurs de la 'production immédiate', primaire et secondaire) vers les 'secteurs non productifs' (services)[43]», c'est-à-dire la «montée spectaculaire du 'secteur tertiaire'». En outre, Richta prévoit le déplacement éventuel de la main-d'oeuvre vers un secteur quaternaire :

Revolution : Social Aspects, London, Sage, 1977. Dans ce recueil très intéressant de textes sur la société postindustrielle, on lira tout particulièrement : Radovan Richta, «The Scientific and Technological Revolution and the Prospects of Social Development», pp. 25-72.

41. Il existe bien sûr des nuances entre les différents auteurs, que nous nommons ici par souci pédagogique. Il est d'autre part intéressant de noter la convergence entre les thèses d'un auteur «socialiste» (Richta) et celles d'auteurs libéraux.

42. Richta, p. 125.

43. *Ibid.,* p. 137.

Il est permis de penser, à partir des données dont nous disposons, qu'après une certaine saturation des services élémentaires, le courant des transferts dans la structure du travail national se dirigera plus nettement encore, vers la sphère de la science, de la technique, de la préparation de la production, de l'éducation, de l'épanouissement des forces humaines et des services destinés à l'homme dans le sens large du mot, c'est-à-dire vers les secteurs qui par leurs caractéristiques sociales et anthropologiques particulières diffèrent tant de la «sphère productive» traditionnelle que de l'activité classique des «services» et que l'on pourrait qualifier de quaternaires[44].

En deuxième lieu, l'avènement progressif de la Révolution scientifique et technique devrait entraîner une nouvelle division du travail et une évolution du modèle de qualification. En effet, le progrès des techniques et le passage à une production automatisée, ne nécessitant plus l'intervention manuelle de l'homme, ou sa simple surveillance, font qu'il devient possible de réunir la conception et l'exécution du travail, l'activité intellectuelle et l'activité manuelle que le travail industriel avait autrefois dissociées. Sous le règne de la production automatisée, le travail devient une activité productive engageant l'ensemble des capacités de l'homme et revêtant un caractère universel, quelle que soit la nature de la production.

En troisième lieu, les déplacements structurels de la main-d'oeuvre, l'instauration d'une nouvelle division du travail et l'évolution actuelle du niveau de qualification rendront nécessaire une réforme des systèmes d'enseignement des sociétés avancées. Les tendances dominantes de l'évolution récente des systèmes d'enseignement dans les pays avancés devraient se maintenir et même s'accentuer à mesure que se généraliseront les effets de la Révolution scientifique et technique. Cela signifie que la croissance du nombre des étudiants devrait se poursuivre, non seulement au niveau primaire, mais au niveau secondaire et au niveau universitaire en Amérique du Nord, en Europe occidentale et orientale et au Japon. Cela veut dire également que devraient se poursuivre les réformes de la nature et des méthodes de l'enseignement dans ces pays. Ces réformes tendent à *démocratiser* l'accès à l'éducation, à élargir les cadres trop étroits d'une éducation technique spécialisée et préparant mal à un monde du travail en constante évolution, à adapter les institutions à l'éducation des adultes et au recyclage des victimes du chômage technologique, à rapprocher davantage l'enseignement des nécessités et des contraintes de la «vraie vie», à faire une plus grande place aux techniques pédagogiques modernes, etc.

Que penser de tout cela? En ce qui concerne le deuxième effet de la Révolution scientifique et technique (l'évolution du modèle de qualification), nous avons déjà insisté, dans les sections précédentes, sur le fait que l'analyse concrète du processus de changement technologique dans les usines et dans les bureaux contredit ouvertement les prévisions de Richta et de ses collègues occidentaux.

44. *Ibid.*, p. 140.

Dans la dernière partie de ce texte, nous allons jeter un regard plus précis sur les deux autres aspects, qui, supposément, témoigneraient de l'avènement d'une société postindustrielle, soit l'évolution de l'emploi et l'évolution de l'enseignement.

L'évolution de l'emploi

Il est frappant de constater que la vision du futur plus ou moins rapproché qui, selon des auteurs comme Bell ou Richta, attend l'humanité s'inspire davantage de la situation particulière des sociétés industrielles avancées et des tendances démographiques, sociales et économiques qui s'y manifestent, que de l'état de développement — et de sous-développement — des nations du Tiers monde.

En fait, il serait inexact d'affirmer que les théoriciens de la société post-industrielle ont complètement ignoré dans leurs analyses les pays en voie de développement et les masses sous-développées du monde. Assez souvent, le «progrès» et la «modernité» des sociétés avancées se mesurent non seulement à tout ce qui les sépare de ce qu'elles étaient *avant*, mais aussi à tout ce qui les sépare des nations moins développées. Le passage d'une proportion toujours plus grande de la main-d'oeuvre au secteur des services, donné comme le signe indéniable du progrès, sert tout naturellement de critère permettant de situer les nations les unes par rapport aux autres et d'estimer le dynamisme de leur progression. Le tableau 1, tiré de l'ouvrage de Daniel Bell[45] permet de saisir, au premier coup d'oeil, les différences dans la structure de l'emploi qui séparent les parties in-dustrialisées des parties sous-développées du monde. Les chiffres du tableau 1, donnés pour une année seulement, ne permettent pas de se faire une juste idée des tendances qui se sont développées, depuis la fin de la Seconde Guerre mondiale, dans l'évolution de la main-d'oeuvre. Pour cela, il faut citer les statistiques compilées par le Bureau international du travail sur les déplacements de la main-d'oeuvre qui ont eu lieu à l'échelle mondiale au cours des trente dernières années (voir le tableau 2). Répartis selon les continents, les chiffres permettent de mesurer l'évolution des différences entre les régions plus avancées, l'Amérique du Nord et l'Europe, et les régions les moins développées, l'Asie et l'Afrique (voir le tableau 3). Toutes les statistiques confirment donc un déplacement mondial de la main-d'oeuvre du secteur de l'agriculture vers l'industrie et les services. Les proportions de la main-d'oeuvre impliquées dans de tels déplacements varient énormément selon les régions développées et sous-développées du globe. Ces proportions varient également au sein du groupe des pays industrialisés, comme en fait foi le tableau 4[46].

---

45. Bell, p. 51.
46. *Ibid.*, p. 52.

On n'a pas d'exemple d'une seule nation où se serait produit un «retour à la terre» véritable, ni même une stabilisation de la main-d'oeuvre dans les différents secteurs. Encore une fois, le déplacement du travail humain vers le secteur des services a toutes les apparences d'un phénomène mondial et cela devrait donner quelque force à la thèse selon laquelle cette évolution du travail exprime la «marche normale» de l'histoire.

TABLEAU 1

Main-d'oeuvre dans l'agriculture, l'industrie et les services, par grandes subdivisions et régions, 1960

Zone	Main-d'œuvre totale (en millions)	Répartition sectorielle en %		
		agriculture	industrie	services
Monde	1 276	58	20	22
Afrique	*109*	*77*	*9*	*14*
A. occidentale	36	76	9	15
A. orientale	34	87	5	8
A. centrale	13	84	7	9
A. septentrion.	19	66	12	22
A. méridionale*	7	41	26	33
*Amérique du Nord**	*77*	*7*	*36*	*57*
Amérique latine	*70*	*48*	*20*	*32*
A. centrale (contin.)	15	57	18	25
Antilles	7	53	18	29
A. du Sud (tropicale)	36	51	17	32
A. du Sud (tempérée)*	12	24	33	43
Asie	*712*	*72*	*14*	*14*
A. orient. (continent)	300	75	15	10
Japon*	44	33	29	38
Autres pays d'A. orient	17	62	15	23
A. méridion. centrale	237	74	11	15
A. du sud-est	92	76	8	16
A. su sud-ouest	22	69	14	17

*Europe**	*191*	*29*	*88*	*33*
E. occidentale*	60	17	44	39
E. septentrio.*	34	10	44	46
E. orientale*	49	43	33	24
E. méridionale*	48	43	32	25
*Océanie***	*6*	*28*	*32*	*40*
Australie				
Nlle-Zélande	5	12	39	49
Mélanésie	1	87	5	8
*URSS**	*110*	*42*	*28*	*80*

Note :   Chiffres arrondis.
*   Régions les plus développées.
**   À l'exclusion de la Polynésie et de la Micronésie.

Source : Projections de la main-d'oeuvre 1965-1985, Partie V, Monde (résumé), BIT, Genève, 1971.

TABLEAU 2

L'évolution mondiale de l'emploi, 1950 — 1960 — 1970
[% (Millions)]

		Agriculture	Industrie	Services
Monde	1950	64(707)	16(179)	20(212)
	1960	57(748)	20(261)	23(287)
	1970	50(768)	23(346)	27(393)
Régions développées	1950	37(149)	31(120)	32(127)
	1960	28(124)	35(152)	37(164)
	1970	18(89)	37(183)	45(215)
Moins développées	1950	79(558)	9(58)	12(85)
	1960	73(623)	12(108)	15(123)
	1970	66(679)	16(162)	18(178)

Source : Bureau international du travail, *Évaluation et projections de la main-d'oeuvre*, 1950-2000, 6 vol., 1977.

Cependant, il faut examiner plus attentivement les différences qui subsistent dans l'évolution de la structure de l'emploi des économies nationales. Les déplacements de la main-d'oeuvre vers le secteur industriel et vers le secteur des services n'ont pas la même importance et ne s'effectuent pas avec la même rapidité partout. Les différences subsistent non seulement entre les pays industrialisés et les pays sous-développés, mais également à l'intérieur de ces sous-ensembles. À cela, il faut ajouter les différences qui se sont développées entre les régions, à l'intérieur des économies nationales. Au Canada, les différences de cet ordre sont particulièrement frappantes (voir le tableau 5). Alors que toutes les provinces ont à peu près les deux tiers de leur main-d'oeuvre employée dans le secteur des services, des différences considérables les opposent en ce qui concerne les proportions des travailleurs engagés dans l'agriculture et l'industrie. Ainsi, la Saskatchewan consacre à l'agriculture et à l'exploitation de ses ressources naturelles une proportion de sa main-d'oeuvre six fois plus grande que l'Ontario. Si l'on ne considère que ce seul pourcentage, on pourrait ranger la Saskatchewan parmi les nations sous-développées d'Amérique latine...

TABLEAU 3

L'évolution mondiale de l'emploi, 1950 — 1960 — 1970
[% (Millions)]

		Agriculture	Industrie	Services
Amérique du Nord	1950	13(9)	36(25)	51(35)
	1960	7(5)	37(28)	56(45)
	1970	4(4)	34(32)	62(59)
Europe	1950	36(66)	34(61)	30(54)
	1960	28(54)	38(73)	34(62)
	1970	20(41)	40(81)	40(78)
URSS	1950	55(52)	21(20)	24(21)
	1960	41(46)	29(31)	30(32)
	1970	25(30)	38(44)	37(43)
Amérique latine	1950	54(30)	18(10)	28(15)
	1960	47(33)	20(14)	33(22)
	1970	40(36)	21(19)	39(33)
Afrique	1950	80(76)	8(6)	12(11)
	1960	76(85)	9(9)	15(16)
	1970	71(97)	12(15)	17(23)
Asie	1950	79(470)	9(53)	12(72)
	1960	71(521)	14(101)	15(105)
	1970	64(556)	17(150)	18(152)

Source: Bureau international du travail, *Évaluation et projections de la main-d'oeuvre, 1950-2000*, 6 vol., 1977.

TABLEAU 4

Répartition sectorielle de la population active et du PNB.
Europe occidentale et États-Unis, 1969

Pays	Agriculture		Industrie		Services	
	% PNB	% ACTIFS	% PNB	% ACTIFS	% PNB	% ACTIFS
Allemagne occidentale	4,1	10,6	49,7	48,0	46,2	41,4
France	7,4	16,6	47,3	40,6	45,3	42,8
Grande-Bretagne	3,3	3,1	45,7	47,2	51,0	49,7
Suède	5,9	10,1	45,2	41,1	48,9	48,8
Pays-Bas	7,2	8,3	41,2	41,9	51,6	49,8
Italie	12,4	24,1	40,5	41,1	51,7	45,1
États-Unis	3,0	5,2	36,6	33,7	60,4	61,1

Source : OCDE, Paris, 1969.

Ce simple exemple suffit peut-être à nous faire comprendre que la distribution de la main-d'oeuvre selon les secteurs de l'économie ne révèle qu'un aspect de la réalité. Les différences que fait apparaître cette distribution, entre les nations développées et les nations sous-développées, entre les régions ou les provinces d'un même État, etc., doivent nous amener à nous interroger sur la nature même du travail auquel sont astreints les hommes et sur les conditions réelles dans lesquelles s'opèrent les déplacements des travailleurs d'un secteur à l'autre. Par exemple, on sait que même si le secteur manufacturier occupe en Ontario et au Québec à peu près le tiers de la main-d'oeuvre, la structure industrielle est loin d'être identique dans ces deux provinces : on déplore souvent que les investissements industriels au Québec soient concentrés dans des secteurs «mous», comme le textile et la chaussure, vulnérables à la concurrence étrangère, alors que l'Ontario a vu se développer son industrie lourde (pétrochimie, métallurgie, etc.) et les industries de pointe. L'Alberta, à l'avant-dernier rang des provinces canadiennes en 1971 pour le pourcentage de la main-d'oeuvre engagée dans le secteur secondaire, est en train de faire l'expérience d'une industrialisation extrêmement rapide et de déplacements structurels considérables de sa main-d'oeuvre grâce au pétrole, c'est-à-dire pour des raisons qui n'ont rien à voir avec le progrès des techniques, l'automatisation de la production ou la «maturation» de l'ensemble social. Au niveau mondial, on peut faire remarquer que l'industrialisation récente de Taïwan ou de la Corée du Sud n'a pas conduit les secteurs industriels de ces nations à devenir des copies conformes de l'industrie allemande ou américaine : en dépit de taux comparables dans la distribution de la main-d'oeuvre, une grande diversité s'est manifestée dans la croissance des industries nationales. Pour citer un dernier exemple, on peut souligner le fait, rapporté par Richta, que la croissance du secteur des services dans les pays scandinaves, et tout particulièrement en Suède, comparable à celle des États-Unis si l'on ne considère que les statistiques les plus générales, est davantage stimulée par une amélioration constante des services sociaux, des soins médicaux, de l'enseignement et de la culture que par l'expansion forcenée du «monde des affaires», du commerce, des services financiers, de l'administration, etc., expansion propre à l'économie nord-américaine.

TABLEAU 5

La population active au Canada, 1971, [% (Milliers)]

	Primaire	Secondaire	Tertiaire
Ontario	6 (180)	33 (1 025)	61 (1 909)
Québec	7 (122)	31 (621)	62 (1 218)
Colombie-Britannique	8 (69)	25 (210)	67 (558)
Nouveau-Brunswick	9 (19)	25 (51)	66 (135)
Terre-Neuve	11 (15)	25 (33)	64 (86)
Nouvelle-Écosse	8 (21)	23 (62)	69 (181)
Manitoba	14 (55)	20 (79)	66 (249)
Île-du-Prince-Édouard	20 (8)	19 (7)	61 (24)
Alberta	18 (115)	18 (114)	64 (400)
Saskatchewan	32 (109)	10 (37)	58 (198)

Source : Annuaire du Canada, 1976-1977.

Tout cela nous amène à dire que les statistiques nationales de la distribution de la main-d'oeuvre et celles qui semblent indiquer, à l'échelle mondiale, une «tertiarisation» de l'emploi, peuvent parfois cacher des différences considérables dans l'évolution réelle du travail. Pour autant qu'elle existe, la «tertiarisation» de l'emploi recouvre des mutations plus ou moins radicales de la nature du travail, mutations déterminées non pas par quelque «loi historique» de l'évolution universelle du travail, mais par les exigences structurelles et conjoncturelles du marché, par la course à la productivité, par la poursuite du profit et l'accumulation du capital. À ces facteurs purement économiques, qui détermineraient les mutations du travail exprimées schématiquement par les statistiques du déplacement de la main-d'oeuvre, on peut ajouter un certain nombre de facteurs sociaux ou culturels qui permettent de rendre compte de la croissance des activités dans tel sous-secteur de l'industrie ou des services, plutôt que dans tel ou tel autre. C'est à l'ensemble de ces facteurs économiques et sociaux qu'il revient d'expliquer, en dernière analyse, les déplacements de la main-d'oeuvre selon les secteurs et l'évolution générale de l'emploi, tant au niveau de chacun des pays ou des régions qu'au niveau mondial.

En outre, il faut reconnaître non seulement que les déplacements de la main-d'oeuvre dans les diverses parties du monde se produisent à des rythmes fort différenciés, mais aussi — et ce point est capital — que les causes de ces déplacements sont interreliées. En effet, il n'est pas une nation ou une région du monde dont l'économie ne subisse les effets de la conjoncture internationale. Sur le plan des modifications de la structure de la main-d'oeuvre, cela implique, par exemple, qu'il existe une relation entre l'industrialisation du travail dans certaines régions «en voie de développement» et la tertiarisation de la main-d'oeuvre des pays avancés. Cette relation est si évidente pour certains qu'on a prétendu qu'il s'agissait là de deux dimensions d'un même phénomène; l'exportation des emplois industriels des pays avancés vers les pays en voie de développement. Les coûts du travail humain et les conditions sociales présidant à son exploitation variant énormément d'une région à l'autre du monde, plusieurs nations industrialisées, par l'intermédiaire des multinationales, ont cherché à profiter de cette situation et de leur hégémonie mondiale en transférant certaines installations de production industrielle dans le Tiers monde. Une importante partie de la production textile mondiale, autrefois assurée par l'Europe et l'Amérique du Nord, s'est successivement déplacée du Japon à Taïwan et en Corée du Sud. La grande multinationale canadienne Massey-Ferguson, dont le nom est associé mondialement à la production de machinerie agricole et de moteurs diesel, a maintenant des usines au Mexique, en Espagne, en Afrique du Sud, au Brésil, en Argentine, etc.[47] Comme beaucoup d'autres multinationales, la compagnie Volkswagen a profité des conditions généreuses que lui faisait le gouvernement du Brésil et, surtout, des bas salaires qui sont pratiqués dans ce pays pour y transférer ses chaînes de montage automobile. Bien entendu, Volkswagen a conservé à son siège social en Allemagne, ses services de recherche et de développement, ses services administratifs et financiers, etc. Le capital occidental a même trouvé à prospérer dans les pays socialistes qui ont commencé à s'ouvrir, depuis quelques années, à l'esprit d'entreprise des Américains. La «paix sociale» qui y règne et les bas salaires ont incité quelques multinationales à développer en URSS, en Tchécoslovaquie et maintenant en Chine, des installations de production[48]. Cette tendance qu'ont les multinationales à accentuer la division internationale du travail entre les pays avancés et les pays en voie de développement,

---

47. Voir Frances Moore Lappé et Joseph Collins, *L'industrie de la faim. Par-delà le mythe de la pénurie,* Montréal, l'Étincelle, 1978.

48. Sur cette question des investissements occidentaux dans les pays de l'Est, on lira l'ouvrage très intéressant de Charles Levinson, *Vodka-Cola,* 1976.

en séparant leurs services administratifs et techniques (la «conception») de leurs unités de production (l'«exécution»), fait en sorte que la croissance du secteur des services en Europe et en Amérique du Nord n'est, dans une bonne mesure, que la conséquence de l'industrialisation de certains pays du Tiers monde et de l'Est.

Loin de n'être qu'un effet de la mécanisation et de l'automatisation de la production industrielle, le déplacement d'une fraction toujours plus importante de la main-d'oeuvre des pays avancés vers le secteur des services dépend de l'exportation des emplois industriels vers les vastes réservoirs de travail à bon marché du monde. Plus clairement dit encore, cela signifie que la tertiarisation tant célébrée de la force de travail dépend, non du remplacement de l'homme par la machine, mais de cette *exportation de l'asservissement* à la machine que l'Occident ne semble plus pouvoir accepter.

S'il faut bien reconnaître que des modifications se produisent, tant à l'échelle des nations qu'à l'échelle mondiale, dans la structure de l'emploi, on peut hésiter à admettre, avec Bell et Richta, que celles-ci traduisent la marche du progrès et confirment l'accession prochaine de l'humanité à la civilisation du travail intellectuel, des loisirs et de l'abondance. Ces déplacements de la main-d'oeuvre couvrent des réalités bien différentes selon les régions du monde où ils se produisent et s'accompagnent de bouleversements économiques, politiques et sociaux trop graves pour qu'on y voie inconditionnellement le signe d'un progrès quelconque. Bien au contraire, on peut même tirer des phénomènes concourants de l'industrialisation de certaines parties du Tiers monde et de la croissance des services dans les pays avancés, l'impression générale que la division internationale du travail, sur laquelle repose l'hégémonie des pays riches et l'exploitation des pays pauvres, tend à se renforcer.

L'évolution de l'enseignement

Que faut-il penser alors des prévisions de Richta voulant que l'«économie traditionnelle de l'enseignement» soit progressivement bouleversée par les progrès de la Révolution scientifique et technique? Verrons-nous sous peu s'élever dans les nations avancées comme dans les pays en voie de développement les niveaux de scolarisation et se transformer tout à la fois les contenus et les méthodes de l'enseignement? Verrons-nous se résorber la séparation très nette qui existe présentement entre la période de la vie consacrée à l'apprentissage et celle consacrée au travail? L'éducation moderne procurera-t-elle à chaque homme «les bases et les méthodes de son auto-engendrement pour toute sa vie, et avant tout, pour cette période de sa vie où il n'aura plus de maître pour le guider[49]»?

49. Richta, p. 166.

À l'échelle mondiale, les statistiques de l'éducation semblent confirmer une élévation des niveaux moyens de scolarisation et une diminution de l'analphabétisme. Le tableau 6 indique que dans toutes les parties du monde, le nombre des étudiants inscrits aux niveaux primaire, secondaire et post-secondaire des systèmes d'enseignement s'accroît plus rapidement que la population totale. Même si, encore en 1970, un adulte sur trois dans le monde ne savait ni lire, ni écrire, les taux d'analphabétisme sont partout en régression, même dans les régions les plus sous-développées du monde (voir le tableau 7).

TABLEAU 6

Nombre d'étudiants, en milliers

Région	1960	1965	1970	1974	Croissance 1965-1974 % PA	Croissance de la population 1965-1974 % PA
MONDE*						
TOTAL	324 922	414 452	487 262	542 761	3,1	
I Niveau	234 391	297 009	337 990	367 193	2,4	1,9
II Niveau	69 876	99 126	122 539	142 283	3,7	
III Niveau	11 656	18 317	26 734	33 284	6,2	
AFRIQUE						
TOTAL	21 311	29 897	39 193	50 032	5,3	
I Niveau	19 391	26 534	33 817	41 843	4,7	2,7
II Niveau	1 740	3 057	4 905	7 410	9,3	
III Niveau	180	306	471	779	9,8	
AM. NORD						
TOTAL	47 516	57 201	63 719	62 945	1,0	
I Niveau	29 565	32 848	33 007	29 703	1,0	1,0
II Niveau	14 173	18 463	21 571	22 312	1,9	
III Niveau	3 779	5 890	9 140	10 930	6,4	
AM. LATINE						
TOTAL	31 296	42 231	56 426	69 952	5,2	
I Niveau	26 627	34 443	43 914	55 391	4,9	2,7
II Niveau	4 096	6 874	10 875	11 467	5,3	
III Niveau	572	914	1 637	3 093	13,0	

ASIE*

TOTAL	114 806	154 452	185 118	212 789	3,3	
I Niveau	86 050	111 952	132 080	149 076	2,9	2,1
II Niveau	26 550	38 955	47 465	56 808	3,8	
III Niveau	2 207	3 544	5 573	6 905	6,9	

EUROPE

TOTAL	67 382	76 327	84 510	90 160	1,7	
I Niveau	47 810	50 527	52 183	51 325	0,2	0,6
II Niveau	17 159	22 159	27 221	32 341	3,9	
III Niveau	2 413	3 641	5 105	6 494	6,0	

OCÉANIE

TOTAL	3 107	3 671	4 243	4 562	2,2	
I Niveau	2 198	2 421	2 668	2 700	1,1	2,0
II Niveau	800	1 089	1 349	1 531	3,5	
III Niveau	109	161	226	331	7,5	

URSS

TOTAL	39 504	50 674	54 054	52 321	0,4	
I Niveau	31 749	38 284	40 321	37 156	0,3	1,0
II Niveau	5 359	8 529	9 152	10 414	2,0	
III Niveau	2 396	3 861	4 581	4 751	2,1	

* Incluant la Chine, la Corée du Nord et le Vietnam.

Source : Unesco.

Cependant, les progrès de la scolarisation et les réformes de l'enseignement ne se déroulent pas au même rythme partout. Comme on peut s'y attendre, ces progrès sont beaucoup plus rapides dans les régions déjà les plus favorisées du monde. En effet, c'est en Amérique du Nord et en Europe que l'on trouve les plus hauts taux de fréquentation scolaire, tant aux niveaux primaire et secondaire qu'au niveau des études universitaires et techniques supérieures, et la croissance la plus rapide des budgets alloués à l'enseignement. C'est également dans les pays industrialisés que l'on multiplie les expériences visant à développer de nouvelles techniques pédagogiques et à mieux intégrer l'apprentissage aux exigences diverses du travail et de la vie sociale. En dépit de progrès certains, il faut bien reconnaître que l'évolution de la situation ne tend pas à égaliser, au niveau mondial, les chances d'accès à l'éducation et le partage des moyens (*i.e.* budgets, professeurs, écoles et universités, bibliothèques, laboratoires, fonds de recherche, etc.) nécessaires à l'amélioration de la qualité de l'enseignement. Notons au passage que le phénomène du *brain drain,* qui consiste en un véritable exode des «cerveaux» des pays du Tiers monde vers les centres industrialisés du monde, vient renforcer la supériorité de ces derniers sur le plan de l'enseignement et de la recherche[50].

TABLEAU 7

Population adulte et alphabétisation*, en millions

Région	Population adulte (18 ans et plus)	Analphabètes	Pourcentage	Alphabétisés
Vers 1950				
MONDE	1 579	700	44,3	879
Afrique	120	102	84,4	19
Am. Nord	120	4	3,0	117
Am. latine	97	41	42,2	56
Asie	828	520	62,9	307
Eur. & URSS	305	33	8,1	372
Océanie	9	1	12,6	8
Vers 1960				
MONDE	1 869	735	39,3	134
Afrique	153	124	81,0	29
Am. Nord	137	3	2,4	133
Am. Latine	123	40	32,5	83
Asie	982	542	55,2	440
Eur. & URSS	464	24	5,3	439
Océanie	11	1	11,5	9
Vers 1970				
MONDE	2 287	783	34,2	504
Afrique	194	153	73,7	51
Am. Nord	161	2	1,5	158
Am. Latine	163	39	23,6	125
Asie	1 237	579	46,8	658
Eur. & URSS	521	19	3,6	502
Océanie	13	1	10,3	12

* Sachant lire et écrire.

Source : Unesco.

50. Sur cette question, on pourra lire W. Adams et H. Rieben (éds.), *L'Exode des cerveaux*, Saussure, Centre de recherches européennes, 1968.

Ces différences dans les niveaux moyens de scolarisation et le partage des ressources de l'enseignement n'existent pas qu'entre les pays industrialisés et les pays en voie de développement. On les retrouve, moins tranchées cependant, entre les nations avancées et même entre diverses régions. Au Canada, les taux de fréquentation universitaire et les fonds consacrés à ce secteur varient considérablement entre les provinces, entre le Québec et l'Ontario par exemple. En effet, les chiffres du tableau 8 et ceux du tableau 9 indiquent que les efforts consacrés au développement de l'enseignement universitaire au Québec restent inférieurs à ceux de l'Ontario. Les différences de cette sorte sont encore plus accentuées si l'on compare les chiffres se rapportant à la scolarisation universitaire des Québécois francophones à celle de la minorité anglophone de la province (voir le tableau 10). On voit donc qu'il existe des différences appréciables, même au sein d'une seule nation industrialisée comme le Canada, entre les régions ou les groupes culturels, sur le plan de l'importance et des moyens que l'on accorde au développement de l'enseignement universitaire. Pour expliquer ces différences, on fait généralement appel à la diversité des cultures et des valeurs propres à chaque communauté, au développement économique inégal des différentes régions,

TABLEAU 8

Dépenses au titre de l'enseignement, par niveau d'études et par province, 1971-1972 à 1973-1974, en millions de dollars

Année et niveau d'études	Province ou région						
	T.-N.	Î.P.É.	N.-É.	N.-B.	Qué.	Ont.	Man.
1971-1972							
Primaire et sec.	92,2	20,8	144,8	132,9	132,9	2 045,2	229,8
Post-secondaire							
Non universitai.	5,7	1,8	9,2	6,3	179,0	216,8	9,0
Universitaire	37,2	7,8	81,6	41,3	358,4	807,9	92,9
Form. professio.	23,1	5,4	32,6	20,2	145,4	165,7	23,3
TOTAL	158,1	35,9	268,2	200,7	2 302,5	3 235,6	345,0
1973-1974							
Prim. et second.	102,8	24,2	161,2	128,9	1 594,9	2 175,4	240,7
Post-secondaire							
Non universitai.	5,5	1,9	8,7	6,4	216,0	219,3	9,0
Universitaire	44,1	9,1	69,0	44,2	385,5	786,5	93,8
Form. professio.	26,7	5,6	32,7	23,1	157,7	177,5	25,0
TOTAL	179,1	40,7	271,5	202,6	2 254,2	3 358,7	368,6

TABLEAU 9

Dépenses de fonctionnement des universités par étudiant au Québec et en Ontario, de 1971-1972 à 1976-1977

	1971-1972	1972-1973	1973-1974	1974-1975	1975-1976	1976-1977
Qué.	3 021	3 456	3 730	4 526	5 027	5 367
Ont.	4 239	4 372	4 551	4 874	5 179	5 652

Source : CREPUQ, *Analyse de quelques indicateurs du niveau de développement du système d'enseignement supérieur du Québec, de l'effort relatif de la société et du gouvernement et de la productivité des universités québécoises*, Montréal, 1978, p. 36. Calculé en dépenses corrigées par étudiant, équivalent à temps complet.

TABLEAU 10

Taux de fréquentation du niveau universitaire (Premier cycle)

Année	Temps complet					
	Université francophone			Université anglophone		
	Pop. franc. 18-24 ans[1]	Clientèle	Taux %	Pop. angl. 18-24 ans*	Clientèle	Taux %
1967	615 801	19 748	3,21	107 220	15 279	14,3
1974	711 624	38 008	5,3	131 961	21 935	16,6
1975	632 363	41 641	6,6	136 655	23 151	16,9

Année	Temps partiel			
	Université francophone		Université anglophone	
	Clientèle	Taux %**	Clientèle	Taux %**
1967	5 276	0,86	11 259	10,5
1974	34 671	4,9	16 041	12,2
1975	37 193	4,9	15 851	11,6

*   Robillard, Michel, *Les clientèles universitaires au Québec, évolution passée et perspectives d'avenir, 1960-1990*, vice-présidence à la planification, Université du Québec, nov. 1978.

** Taux calculé sur la base des populations de 18 à 24 ans.

à la manière dont les richesses de la nation sont partagées entre les diverses couches de la population, etc., bref, à l'ensemble des éléments qui forment l'infrastructure économique, l'organisation sociale et le contexte culturel. Autrement dit, on admet habituellement que l'évolution des niveaux moyens de scolarisation, l'évolution de l'organisation du système d'enseignement et des fonctions qu'il doit remplir vont de pair avec l'évolution plus générale de la société. Quelques problèmes d'ajustement entre ces diverses structures viendraient rappeler, à l'occasion, que les divergences sont cependant possibles.

Conclusion

Tout cela doit-il nous amener à penser que les réformes de la structure du travail, de la qualification et de l'éducation que nous annoncent Richta et les autres prophètes de la société postindustrielle sont de pures inventions qui n'ont aucune chance d'être jamais réalisées? Que les déplacements dans la structure de l'emploi et les modifications des systèmes d'enseignement dont nous sommes témoins sont, sinon des illusions, des phénomènes superficiels, sans relation aucune avec l'évolution profonde de nos sociétés?

Une telle conclusion n'aurait pas de sens. Cependant, il faut bien comprendre que pour que ces réformes se produisent *à l'échelle mondiale* et qu'elles revêtent ce caractère radical qu'on leur prête dans la littérature sur la société future, il faut qu'au préalable soient instituées certaines conditions sociales favorables. Au nombre de ces conditions, auxquelles Richta faisait tout de même allusion[51] et qui sont des préalables au plein développement des réformes de la Révolution scientifique et technique, on compte la disparition d'un mode de production fondé plus sur une intensification sans fin du travail humain et la maximisation des profits que sur les besoins réels des producteurs. Il faut également que s'atténuent les conflits sociaux qui opposent les travailleurs, les «techniciens» (qui forment la «technostructure») et le patronat. Il faut, ajouterons-nous, que soit abolie la division internationale du travail qui, jusqu'à aujourd'hui, a consacré la domination des pays industrialisés sur le Tiers monde.

Aussi longtemps que ces conditions sociales favorables ne seront pas réunies, toute modification de l'emploi, des qualifications et de l'éducation risque fort de n'être qu'un ajustement partiel du système, une réforme limitée visant à réduire la pression sociale et politique là où elle est la plus forte (dans les secteurs syndiqués et les économies occidentales par exemple) en faisant porter le poids de l'oppression et de l'exploitation sur les plus démunis. C'est dans cette perspective qu'il faut voir les phénomènes de mécanisation du travail, l'exportation des emplois industriels

51. Richta, p. 149.

vers les pays sous-développés et la tertiarisation des économies avancées, la «démocratisation» relative du savoir en Occident et la dégradation déjà amorcée du marché du travail des diplômés. Ce ne sont pas là les caractères d'une société meilleure en train de naître, mais seulement le signe que l'ordre présent des choses survit en s'adaptant.

CHAPITRE 3

GENÈSE ET DÉCLIN DU DÉBAT SUR LES LIMITES DE LA CROISSANCE

Francis Sandbach*
Faculty of Social Sciences
University of Kent at Canterbury

Ces dernières années ont vu décliner, en Amérique et en Grande-Bretagne, les mouvements radicaux de défense de l'environnement. Les prophéties pessimistes qui annonçaient les pires catastrophes écologiques se font de plus en plus rares et ne suscitent plus le même intérêt qu'aux beaux jours de l'écologisme, au tournant des années 60 à 70. En Grande-Bretagne, les ventes de la revue *The Ecologist*[1] (*Blueprint for Survival*, littéralement, «plan de survie»[2]), que l'on pouvait à une certaine époque se procurer dans tout kiosque à journaux d'une certaine

---

* Francis Sandbach, «The Rise and Fall of the Limits to Growth Debate», *Social Studies of Science* 8, 1978, pp. 495-520. Traduit par Anne Bienjonetti.

1. *The Ecologist* est une revue britannique populaire que publiait mensuellement Edward Goldsmith. Elle a été remplacée en 1978 par deux périodiques : le magazine bimensuel *The New Ecologist* et la revue trimestrielle *The Ecologist Quarterly*.

2. *A Blueprint for Survival* (Harmondsworth, Middx., Penguin Books, 1972) dont les auteurs sont les rédacteurs de *The Ecologist* et qui fut d'abord publié en tant que numéro spécial de cette dernière revue (vol. 2, no 1, 1972). (Traduit en français sous le titre *Changer ou disparaître. Plan pour la survie*, Paris, Fayard, 1972, 158 p.)

importance, se sont brusquement effondrées[3]. Quant à la *Conservation Society*, qui continue de soutenir que «dans un monde qui n'est pas illimité, la croissance matérielle a des limites», elle a connu une baisse importante du nombre de ses membres[4]. Aux États-Unis, la plupart des associations écologistes étudiantes qui fleurissaient sur les campus universitaires en 1970, année de la «Journée de la terre», avaient disparu en 1974[5]. *Zero Population Growth* et *Environmental Action Inc.* ont toutes deux vu diminuer le nombre de leurs membres[6]. On peut encore obtenir d'autres preuves du déclin de l'écologisme radical en procédant à une analyse de contenu des informations diffusées par les médias, des données recueillies dans le cadre d'enquêtes sociologiques ou de sondages d'opinion ainsi que des lois et des règlements relatifs à l'environnement[7]. Pendant ce temps, les groupes plus traditionnels de conservation et de protection de l'environnement ont continué de prospérer dans les deux pays[8].

L'un des aspects les plus intéressants de la genèse et du déclin de l'intérêt pour les problèmes d'environnement, en tant que question politique, a été le rôle dévolu à la science dans la justification ou la réfutation de l'idée de «crise écologique». Ce débat a pris toute son importance lors de la controverse suscitée par la publication du rapport sur les limites de la croissance commandé au MIT par le Club de Rome, et intitulé *Halte à la croissance?*[9]. D'autres faits sont aussi à l'origine de cette diminution de l'intérêt pour les questions écologiques. Tout porte à croire

---

3. Les distributeurs de *The Ecologist* ont vu leurs ventes baisser et passer de 7000 en 1973 à 3000 en 1977. Au cours de l'année 1973, la revue a disparu de la plupart des kiosques à journaux, sauf les plus importants (Communication personnelle du rédacteur adjoint de *The Ecologist*, le 16 mai 1977).

4. Le nombre des membres de la *Conservation Society* a atteint un maximum de 8734 en 1973 pour baisser ensuite jusqu'à 6474 en 1976.

5. J. Harry, «Causes of Contemporary Environmentalism» dans *Humboldt Journal of Social Relations*, vol 2, 1974, p. 3-7.

6. L'association *Zero Population Growth* (Croissance démographique zéro) a été formée en 1968. Elle a atteint les 30 000 membres, mais n'en compte plus que 8 000. (Communication personnelle de Richard Hughes, directeur commercial de *Zero Population Growth*, le 18 août 1977.) *Environmental Action Inc.* a été fondée lors de la célébration de la Journée de la terre, où elle acquit instantanément 100 000 membres; mais il ne lui en restait plus que 15 000 en 1975. Voir A.J. Magida, «Environment Report/Movement Undaunted by Economic, Energy Crises», *National Journal*, vol. 17, 1976, p. 63.

7. Voir F.R. Sandbach, «A Further Look at the Environment as a Political Issue», *International Journal of Environmental Studies*, vol. 12, 1978, pp. 99-110.

8. Les anciennes grandes associations pour la protection de l'environnement, comme le *Sierra Club*, la *National Audubon Society* et la *Wilderness Society* aux États-Unis ou le *National Trust* et le *Council for the Protection of Rural England* en Grande-Bretagne ont pu, quant à elles, augmenter le nombre de leurs membres. Voir Sandbach, *ibid.*

9. D.H. Meadows *et al.*, *The Limits to Growth*, New York, University Books, 1972 (tr. fr. *Halte à la croissance?* Club de Rome, Rapport Meadows, Paris, Fayard, 1972, 314 p.).

en effet que les perspectives optimistes développées dans le cadre de cette controverse ont fini par l'emporter et que l'on considère maintenant qu'il n'y a plus vraiment lieu de s'inquiéter. Bien qu'un grand nombre d'études prospectives aient vu le jour après la parution de *Halte à la croissance?*, elles n'ont suscité que peu d'intérêt. Mentionnons à titre d'exemple, le cas des travaux du comité interministériel créé en 1972 par le gouvernement britannique et réunissant des scientifiques — dont les noms n'ont pas été révélés — chargés d'étudier, sous la direction de Robert Press, la controverse soulevée par *Halte à la croissance?* Le rapport de ce comité, intitulé *Future World Trends*[10] et publié quatre ans plus tard, est pratiquement passé inaperçu au moment de sa parution.

Le débat soulevé par le rapport sur les limites de la croissance n'est pas nouveau : une bonne partie de ses fondements intellectuels se trouve déjà chez certains des principaux économistes et écrivains du dix-huitième et du dix-neuvième siècles. Thomas Malthus, David Ricardo, John Stuart Mill, W. Stanley Jevons, Karl Marx et Friedrich Engels se sont tous, à un moment ou à un autre, penchés sur les mêmes questions. Les idées ne sont pas nouvelles ni, bien sûr, les limites qu'elles supposent. Il y a lieu de distinguer ici quatre perspectives qui ont alimenté ce débat :

1. Le néo-malthusianisme, caractérisé par l'inquiétude que provoquent les dangers d'une croissance exponentielle dans un monde qui n'est pas sans limites et par la «loi des rendements décroissants» empruntée à Ricardo et à Jevons.

2. Le point de vue écologiste, qui prend deux formes distinctes :
    a) l'écologisme scientiste des spécialistes de l'analyse des systèmes;
    b) l'écologisme contestataire des tenants de la contre-culture.

---

10. *Future World Trends — A Discussion Paper on World Trends in Population, Resources, Pollution, etc. and their Implications*, Londres, Cabinet Office, HMSO, 1976. La publication du rapport n'a suscité sur le moment aucun commentaire de la part de *The Ecologist* ni du *New Scientist*; cette dernière revue en a cependant fait état dans un éditorial après que le ministre responsable des activités en matière de population eut parlé du rapport dans le cadre d'une conférence à l'intention des membres de la *Family Planning Association*. Le *New Scientist* n'y est pas allé par quatre chemins pour dénoncer les défauts du rapport : «Son croquis sur le vif des perspectives d'avenir de la Grande-Bretagne en matière de population, de pollution, de ressources alimentaires, minérales et énergétiques aurait pu lui valoir quelques éloges discrets pour l'utilité du schéma proposé s'il avait été publié dans les années 60. Aujourd'hui, il a autant d'éclat qu'un feu d'artifice de l'an dernier. » (G. Watts, «Token Review», *New Scientist*, 27 mai 1976, p. 450). Quelques semaines auparavant, la revue *Nature* y avait consacré un éditorial affirmant que le rapport contenait «une part suffisante de bon sens pour susciter une inquiétude profonde plutôt qu'une simple ambivalence». *Nature* souligne à juste titre que le débat soulevé dans le rapport se situe aux niveaux «économique et technologique» et que «le comité a le tort de n'avoir pas su reconnaître que les véritables problèmes à venir seront vraisemblablement d'ordre essentiellement politique». (*Nature*, vol. 260, 1er avril 1976, p. 379.)

3. La position des partisans du libéralisme économique selon laquelle les solutions technico-économiques (le fameux «Technological Fix») aux problèmes posés par la pollution et la rareté des ressources apparaissent d'elles-mêmes dans le cadre d'une économie de marché.

4. Le point de vue de l'économie politique et du marxisme, qui insiste sur l'interdépendance entre, d'une part, l'organisation sociale de la production et de la consommation et, d'autre part, les superstructures institutionnelles destinées à contrôler la circulation économique des ressources et auxquelles se greffent les instruments de lutte contre la pollution. Dans cette perspective, la pollution et la rareté des ressources dépendent des principes sous-jacents à l'organisation sociale et économique.

Après avoir examiné la portée de ces différentes perspectives, je dirais que la prédominance des thèses malthusiennes et écologistes dans les années 60 et au début des années 70 s'explique davantage par la genèse du «mouvement de défense de l'environnement» que par la valeur scientifique de ces thèses. De même, c'est aux changements économiques et politiques survenus depuis que peut être attribuée principalement la popularité actuelle des solutions technico-économiques rassemblées par certains auteurs sous le concept de «Technological Fix».

QUATRE GRANDS COURANTS IDÉOLOGIQUES DANS LE DÉBAT SUR LES LIMITES DE LA CROISSANCE

1. La position néo-malthusienne

Dans son *Essai sur le principe de population*, Malthus défend l'existence d'une loi universelle régissant la relation entre la population et la rareté des ressources. Ayant souligné que la nourriture est nécessaire à l'existence de l'homme, tout comme la passion entre les sexes, Malthus soutient que si on ne limite pas la croissance démographique, ce sont les problèmes posés par la subsistance qui s'en chargeront puisque «lorsque la population n'est arrêtée par aucun obstacle, elle […] croît […] selon une progression géométrique» tandis que «les moyens de subsistance […] ne peuvent jamais augmenter à un rythme plus rapide que celui qui résulte d'une progression arithmétique[11]».

Malthus a utilisé des données historiques sur l'accroissement de la population aux États-Unis et en Europe pour justifier empiriquement sa théorie de la progression

11. T.R. Malthus, *An Essay on the Principle of Population*, Harmondsworth, Middx., Penguin Books, 1970, p. 71 (tr. fr. *Essai sur le principe de population*, trad. Pierre Theil, Paris, Gonthier, 1963, pp. 20 et 22).

géométrique de la population. Il soutenait que sans les obstacles que constituent le manque de nourriture et «d'autres causes [...] qui tendent à ravir prématurément la vie», le taux naturel d'accroissement de la population serait tel que celle-ci doublerait tous les vingt-cinq ans. Malthus est peut être excusable d'avoir ainsi postulé l'existence d'une loi immuable de croissance exponentielle, dans la mesure où les sources des données démographiques ont longtemps été, comme on le sait, extrêmement pauvres. Aujourd'hui, bien sûr, nous savons que l'amélioration des conditions de vie et de santé, due en partie à la croissance économique, a provoqué une baisse du taux de natalité dans les pays industrialisés. Toutefois, Malthus a fourni des preuves encore moins satisfaisantes de la simple progression arithmétique des subsistances. C'est cette partie de sa théorie qui a été la plus durement critiquée par les penseurs du dix-neuvième siècle. Les disciples d'Owen, par exemple, l'ont contestée en soutenant qu'il suffirait toujours d'un bon aménagement du sol pour nourrir une population nombreuse. Voici ce que déclarait McCormac, l'un de ses disciples, à Belfast en 1830 :

> Peut-être bien qu'en l'an dix-huit mille trente, lorsque la terre regorgera d'êtres humains, que l'océan sera devenu un dépotoir, que les hommes devront avancer à tâtons au fond des mers dans leurs cloches à plongeur à la recherche de nourriture sous-marine ou seront obligés de chasser les oiseaux du haut des airs, un *nouveau Malthus* de l'Église d'Angleterre d'alors pourra employer avec profit ses talents à essayer de trouver des moyens de freiner les tendances prolifiques de l'humanité — mais pas avant[12].

Engels aussi s'est opposé aux idées de Malthus, en lui reprochant de n'avoir prouvé nulle part que la productivité des terres ne peut s'accroître qu'en vertu d'une progression arithmétique. Engels soutient le contraire, à savoir que si la population croît de façon exponentielle, la force de travail employée pour produire des subsistances augmentera de la même façon. Il poursuit en ajoutant :

> [...] Admettons même que l'accroissement du rendement par l'accroissement du travail n'augmente pas toujours dans la proportion du travail; il reste encore un troisième élément, qui assurément ne vaut jamais rien pour l'économiste, c'est la science, dont la croissance est aussi illimitée et pour le moins aussi rapide que celle de la population[13].

---

12. H. McCormac, *On the Best Means of Improving the Moral and Physical Condition of the Working Classes* (Londres, 1830), cité par J. Kingston dans «It's been said before — and where did that get us?» in P. Harper, G. Boyle et les rédacteurs de *Undercurrents*, *Radical Technology*, Londres, Wildwood House, 1976, p. 245.
13. F. Engels, *Esquisse d'une critique de l'économie politique* (1884), Paris, Aubier Montaigne, 1974, pp. 94-95, cité par R. L. Meek, *Marx and Engels on the Population Bomb*, Berkeley, Calif., Ramparts Press, 1971, p. 63.

Dans les éditions successives de son *Essai*, Malthus en est venu à s'appuyer de plus en plus sur la loi des rendements décroissants, plus généralement associée au nom de Ricardo. La thèse de Ricardo, appliquée à l'agriculture, était qu'au fur et à mesure que la population augmente, il ne reste plus à exploiter que des terres de qualité inférieure, ce qui entraîne une baisse de la productivité[14]. Jevons, dans son livre sur la question du charbon[15], introduisit cette théorie dans le débat sur les ressources carbonifères. À cette époque, les disciples de Malthus soutenaient que, le taux de consommation du charbon doublant tous les vingt ans, les réserves de charbon, estimées à 83 000 millions de tonnes, seraient épuisées avant l'année 2034. Jevons, appliquant la thèse des rendements décroissants, soutint que surviendrait bien avant cela une augmentation du coût du combustible en raison des difficultés toujours croissantes d'exploitation des mines et du fait que l'offre serait largement dépassée par la demande. Comme Jevons considérait comme tout à fait improbable qu'on en vienne un jour à remplacer le charbon par d'autres formes d'énergie (pétrole, énergie éolienne, énergie géothermique), il était clair pour lui que le progrès s'en trouvait fort compromis.

Ce point de vue pessimiste mérite d'être examiné attentivement, surtout en ce qui concerne les ressources naturelles. À cet égard, un grand nombre d'experts sont d'avis qu'il n'y a pas lieu de craindre une pénurie avant de nombreuses années. Les ressources que recèle le premier mille de croûte terrestre excèdent probablement les réserves connues des milliers sinon, des millions de fois[16]. Quant à l'idée selon laquelle les ressources deviendraient de plus en plus difficiles à extraire du sol, il semble qu'elle soit tout à fait contraire aux faits. Des études systématiques de l'évolution des coûts d'extraction entre 1870 et 1957, menées par Harold Barnett et Chandler Morse, ont montré qu'à une ou deux exceptions près (les produits forestiers et, peut-être, le cuivre), les coûts d'exploitation ont considérablement baissé[17].

Engels avait raison de considérer la science comme un facteur important. Ce sont en effet la découverte de solutions de rechange et l'évolution technologique

14. Voir, par exemple, ses arguments sur la rente de la terre, où il soutient que «lorsqu'une terre de qualité inférieure est mise en culture, la valeur d'échange des produits bruts s'élève, car leur production exige plus de travail. D. Ricardo, *Principes de l'économie politique et de l'impôt*, Paris, Calman-Lévy, 1970, p. 49. Pour une analyse détaillée des arguments théoriques de Malthus, Ricardo et Marx sur cette question, voir D. Harvey, «Population, Resources and the Ideology of Science», *Economic Geography*, vol. 50, 1974, pp. 256-277.
15. W.S. Jevons, *The Coal Question : An Inquiry Concerning the Progress of the Nation and the Probable Exhaustion of our Coal Mines*, troisième édition, ed. A. W. Flux, New York, Kelley, 1965.
16. P. Connelly et R. Perlman, *The Politics of Scarcity in Resource Conflicts in International Relations*, London, Oxford University Press, 1975, pp. 14 et 16.
17. H.J. Barnett et C. Morse, *Scarcity and Growth : The Economics of Natural Resource Availability*, Baltimore, Md., John Hopkins Press, 1975.

qui expliquent la modification des coûts d'exploitation. Voici quelques exemples concrets : aux États-Unis, la quantité d'énergie nécessaire pour produire un kilowattheure d'électricité a diminué d'un peu plus de 35 pour cent entre 1948 et 1968; en Grande-Bretagne, la puissance énergétique nécessaire à la production d'une tonne d'acier a baissé de 74 pour cent entre 1962 et 1972, surtout grâce à l'introduction de la technique de préparation basique à l'oxygène. Certaines usines ont connu des changements encore plus spectaculaires : à l'usine Luckawanna de la société d'acier Bethlehem aux É.-U., l'énergie nécessaire à la production de l'acier est passée de 22 à 6,4 gallons (américains) de pétrole par tonne[18]. Prenons l'exemple d'une pinte de lait. Dans les années 50, une pinte de lait pesait 18 onces (510 g); aujourd'hui, on met à l'essai des bouteilles qui ne pèsent plus que 8 onces (227 g). En vingt ans, l'énergie requise pour fondre le verre d'une bouteille de lait a diminué de plus de la moitié et l'efficacité du four s'est améliorée à un rythme de 3,5 à 4 pour cent par année[19]. Certaines ressources minières qu'il n'était autrefois pas rentable d'exploiter sont devenues, grâce à la découverte de nouvelles techniques, des matières premières recherchées. Par exemple, du minerai contenant aussi peu que 0,4 pour cent de cuivre est exploité aujourd'hui, alors qu'au dix-neuvième siècle un minerai dont la teneur en cuivre se serait située à 4 pour cent aurait été considéré sans valeur. La néphéline (minerai qui contient environ 20 pour cent d'aluminium) était jusqu'à tout récemment perçue comme n'ayant aucune utilité, mais on lui accorde aujourd'hui une grande valeur[20].

Dans les années 60, les idées de Malthus relatives à la pression exercée sur les ressources par l'augmentation de la population connurent un regain de popularité. Paul Ehrlich a soutenu que même si la population se stabilisait à 3,3 milliards et que la demande se maintenait aux taux alors en vigueur, il n'y aurait plus de plomb en 1983, plus de platine en 1984, plus d'uranium en 1990, plus de pétrole en l'an 2000, plus de fer en 2375, plus de charbon en 2800 et ainsi de suite[21]. Dans l'étude commandée par le Club de Rome, les prédictions fournies par l'ordinateur sont fondées sur des hypothèses malthusiennes. Les données relatives aux années 1900 à 1950 sur la croissance exponentielle de la population, de la pollution, de l'exploitation des ressources, etc. sont projetées dans un avenir où les moyens de subsistance et les réserves matérielles n'auront pu augmenter qu'en suivant une progression linéaire. Nul besoin d'un ordinateur pour tirer les conclusions

---

18. J. Maddox, *Beyond the Energy Crisis*, Londres, Hutchinson, 1975, pp. 143-144.
19. *The Glass Container Industry and the Environmental Debate*, Londres, Glass Manufacturers Federation, 1975, pp. 24-25.
20. H. Kahn, W. Brown et L. Martel, *The Next 200 Years — A Scenario for America and the World*, Londres, Associated Business Programmes, 1977, p. 102.
21. Cet argument se fonde sur les travaux de P. E. Cloud; voir P.R. Ehrlich et A.H. Ehrlich, *Population, Resources, Environment : Issues in Human Ecology*, San Francisco, Calif., W.H. Freeman, 1970, pp. 70-71 (tr. fr. *Population, ressources, environnement*, Paris, Fayard, 1972, 435 p.).

qui découlent de telles hypothèses. Comme les anciennes prédictions malthusiennes, celles-ci ne résistent pas aux faits parce qu'elles ne tiennent aucun compte de l'accroissement des ressources provoqué par l'augmentation de la demande. Les innovations scientifiques et technologiques, de même que l'amélioration des techniques déjà connues de prospection des gîtes minéraux de surface, ont démontré la fausseté du postulat selon lequel la quantité des ressources exploitables peut être fixée une fois pour toutes.

De plus, comme le soutiennent Herman Kahn, William Brown et Léon Martel, il n'y a pas tellement de raisons de chercher plus de réserves qu'il n'en faut pour répondre à la demande pendant quelques décennies; un tel investissement rapporterait peu et pourrait même se révéler contre-productif dans la mesure où la connaissance de l'existence de réserves importantes pourrait faire baisser les prix[22].

Quelques exemples contribueront sans doute à illustrer la façon dont les ressources exploitables connues ont augmenté en même temps que la demande de l'industrie. En 1944, les États-Unis ont préparé une étude sur les réserves dont disposait le pays relativement à 41 produits. Si ces réserves n'avaient pas bougé, 21 de ces ressources seraient aujourd'hui épuisées[23]. On peut aussi prendre l'exemple de l'aluminium : entre 1941 et 1953, les réserves mondiales connues de bauxite augmentèrent au rythme de 50 millions de tonnes par an; entre 1950 et 1958, cette augmentation atteignit une moyenne annuelle de 250 millions de tonnes[24]. Prenons maintenant le cas du pétrole, qui suscite tant d'inquiétude : en 1938, les réserves prouvées étaient suffisantes pour quinze ans au taux de consommation de l'époque. Au début des années 50, après que le taux de consommation eut doublé, les gisements connus constituaient des réserves suffisantes pour 25 ans; en 1972, après que la consommation eut encore triplé, les réserves connues étaient encore suffisantes pour 35 ans[25].

22. Kahn et al., op. cit., note 20.

23. E.W. Pehrson, «The Mineral Position in the United States and the Outlook for the Future», Mining and Metallurgy Journal, n° 26, 1945, pp. 204-214, cité par W. Page, «The Non-Renewable Resource Sub-System» in H.S.P. Cole et al. (éds.), Thinking about the Future : A Critique of the Limits to Growth, Londres, Chatto & Windus, 1973, p. 38.

24. Page, ibid., p. 38.

25. En 1947, on estimait les réserves mondiales de pétrole à un total de 9 478 millions de tonnes métriques (C. Robinson, «The Depletion of Energy Resources» in D.W. Pearce and J.Rose (éds.), The Economics of Natural Resource Depletion, Londres, Macmillan, 1975, p. 29). Les Chinois ont beaucoup utilisé l'histoire de l'exploitation des ressources énergétiques pour rappeler que la Chine a un jour été considérée comme un pays pauvre en pétrole et qu'on y a récemment découvert des gisements extrêmement riches. Ils vont jusqu'à soutenir dans leur optimisme que s'il était possible d'exploiter les ressources énergétiques emmagasinées dans le deuterium des océans du monde, il y aurait suffisamment de ressources pour les 10 000 millions d'années à venir. (C. Hua, «Human Cognizance and Utilization of Energy Sources», Peking Review, vol. 19, 23 janvier 1976, pp. 49-51.)

L'ancien directeur économique de la *Confederation of British Industry*, Arthur Shenfield, rejette pour trois raisons les idées de ceux qui prédisent l'épuisement des ressources énergétiques : premièrement, ceux-ci considèrent que la quantité des ressources est immuable; deuxièmement, ils ne tiennent pas compte de l'innovation technologique; et finalement, toutes les prévisions antérieures du même genre se sont révélées fausses.

> Ainsi en 1866 la *United States Revenue Commission* recommandait vivement la fabrication de combustibles synthétiques pour le jour où, dans les années 1890, le pétrole viendrait à manquer. En 1891, la *United States Geological Survey* concluait qu'il y avait peu ou pas du tout de pétrole au Texas. En 1914, le *United States Bureau of Mines* estimait que la production du pays ne dépasserait jamais, dans toute son histoire, six milliards de barils; c'est ce qu'on produit aujourd'hui environ tous les 18 mois[26].

Les thèses néo-malthusiennes envahirent aussi les débats sur la pollution. En témoigne, par exemple, l'équation suivante d'Ehrlich : I = PF (où I = l'impact total, P = le chiffre de la population et F = l'impact per capita)[27]. Selon cette formule, 80 millions d'utilisateurs de bouteilles de plastique jetables posent des problèmes beaucoup plus graves que ne le feraient 60 millions. D'après les auteurs de *Halte à la croissance?*, «la quantité de presque tous les polluants évalués en fonction d'un paramètre temporel semble augmenter de façon exponentielle[28]». Toutefois, les risques d'erreur liés à la projection d'une croissance exponentielle dans l'avenir sont bien connus. N. Macrae, par exemple, a fait remarquer que la projection des tendances des années 1880 aurait pu mener à prédire l'ensevelissement des villes des années 1970 sous le fumier produit par l'augmentation du nombre de chevaux tirant les calèches et les omnibus[29].

Dans *Halte à la croissance?*, la prédiction d'une croissance exponentielle de la pollution se fonde sur des études indiquant une augmentation du gaz carbonique, de la pollution thermique dans le bassin de Los Angeles, des déchets radioactifs, du taux d'oxygène contenu dans la mer Baltique, de la quantité de plomb dans la calotte glacière du Groenland et ainsi de suite. Il s'agit toutefois de preuves qui ont fait l'objet d'un choix et qui ne couvrent que les domaines auxquels peu de programmes antipollution ont été appliqués. Le tableau est différent si l'on se tourne vers des secteurs où la législation s'est montrée efficace sans qu'on ait dû consacrer à son application une trop grande part des deniers publics. Il y a eu par exemple de notables améliorations dans plusieurs secteurs des industries

26. A. Shenfield, «Energy and the Doomsayers», *The Daily Telegraph*, 11 août 1977, p. 16.
27. Ehrlich et Ehrlich, *op. cit.*, note 21, p. 259.
28. Meadows *et al.*, *op. cit.*, note 9, p. 135.
29. R.B. Du Boff, «Economic Ideology and the Environment» in H.G. T. Raay et A. E. Lugo (éds.), *Man and Environment Ltd.* La Haye, Rotterdam University Press, 1974, p. 208.

du raffinage du pétrole, des pâtes et papier et du chlore. Les progrès réalisés dans le premier cas comportent notamment une réduction significative des émanations par unité de produit, allant dans bien des cas jusqu'à atteindre un pour cent des taux antérieurs. En Suède, bien que la production des usines de pâtes et papier ait augmenté de 70 pour cent entre 1963 et 1973, l'ensemble de la demande biochimique en oxygène (DBO) pour la même période a été réduite de 65 pour cent[30]. Un certain nombre de lois, dont la *Clean Air Act*, adoptée en Grande-Bretagne en 1956, ont aidé à lutter contre la pollution.

Bien que la population ait augmenté de 10 pour cent et la consommation d'énergie de 17 pour cent au cours des quinze années qui ont suivi l'adoption de la *Clean Air Act*, il y a eu une réduction constante de la fumée et des émanations de bioxide de soufre dans l'air au-dessus de la Grande-Bretagne. Beaucoup de grandes villes ont pu ainsi bénéficier, au surplus, d'un ensoleillement accru au cours de l'hiver. Le centre de Londres a connu une augmentation de 50 pour cent de la moyenne d'heures quotidiennes d'ensoleillement, l'écart entre le centre de la ville et les secteurs traditionnellement moins pollués (comme Kew) ayant considérablement diminué[31].

Depuis sont apparus, bien sûr, d'autres problèmes dus aux pesticides, aux émanations de plomb, aux déchets radioactifs et aux empoisonnements au mercure. Toutefois, les succès remportés jusqu'à maintenant dans la lutte antipollution permettent de croire que ces nouveaux problèmes se laisseront eux aussi résoudre par l'adoption de mesures analogues à celles qui ont déjà fait leurs preuves. Si les pesticides chimiques menaçaient réellement la croissance économique en raison des coûts liés à leurs effets polluants, il serait toujours possible d'avoir recours à la lutte biologique contre les insectes (ou encore de modifier les modes d'utilisation des terres agricoles). Mais même sans opter forcément pour des solutions aussi radicales, les économies industrielles avancées ont tout à fait les moyens, selon Wilfred Beckerman, de s'offrir de bons programmes antipollution; ainsi, le programme américain pour la période allant de 1972 à 1976, que Beckerman considère comme étant parfaitement adéquat, ne représente que 1,5 pour cent du PNB[32].

Les arguments simplistes inspirés des idées de Malthus ont surtout fait l'objet de critiques qui s'appuyaient sur des références historiques relatives aux changements et aux améliorations technologiques. Il n'est peut-être pas sage, toutefois, de mettre toute sa foi dans la technologie considérée comme un sauveur, dans la mesure où l'expérience passée (ou en tout cas ce genre d'interprétation du

30. W. Beckerman, *In Defence of Economic Growth*, Londres, Cape, 1974, p. 132.
31. Premier rapport de la Commission royale sur la pollution de l'environnement, Londres, HMSO, Cmnd. 4585, 1971.
32. Beckerman, *op.cit.*, note 30, pp. 90-91.

passé) n'est pas nécessairement le meilleur guide pour l'avenir. Le fait que le rendement associé à la production d'électricité au Royaume-Uni soit passé de 8 pour cent environ en 1900 à 25 pour cent aujourd'hui, ne garantit pas qu'il continuera d'augmenter indéfiniment ; en réalité, on ne croit pas qu'en pratique il dépasse jamais 40 pour cent. De plus, l'amélioration du rendement des mines ne compense pas nécessairement la qualité moyenne décroissante du minerai. La teneur en métal du minerai de cuivre, par exemple, était d'environ 2,5 pour cent au tournant du siècle ; aujourd'hui, la teneur en cuivre d'un minerai de qualité moyenne est d'environ 1 pour cent en Amérique du Sud et d'aussi peu que 0,6 pour cent aux États-Unis. Le rendement accru du processus d'extraction, qui a compensé la dégradation du minerai pendant la première moitié du vingtième siècle, ne saurait s'améliorer indéfiniment et il semble d'ailleurs que la quantité de combustible nécessaire par unité de produit ait commencé à monter en flèche[33]. C'est ainsi que l'*Atomic Energy Authority* du Royaume-Uni justifie en partie sa recommandation de répandre l'utilisation des réacteurs nucléaires à neutrons rapides par l'argument suivant :

> En raison des limites inhérentes aux technologies visées, il n'y a plus tellement de possibilités d'améliorer le rendement de la conversion énergétique qui, à partir du tournant du siècle jusqu'au début de la Seconde Guerre mondiale, a favorisé la croissance économique tout en minimisant l'augmentation de la consommation d'énergie[34].

Le bilan énergétique de la production alimentaire démontre une diminution encore plus radicale du rendement des investissements d'énergie. L'exemple du maïs (qui est la plus importante céréale produite aux États-Unis et qui occupe le troisième rang de la production agricole mondiale) en est une bonne illustration : dans les fermes américaines, les récoltes de maïs sont passées de 34 boisseaux de blé par acre en 1945 à 81 boisseaux par acre en 1970 ; mais la consommation d'énergie nécessaire à cette production a elle aussi augmenté, passant de 0,9 millions de kilocalories (kcal) à 2,9 millions de kcal. La récolte nationale de maïs peut être traduite en termes énergétiques : ainsi, en 1945, la récolte de maïs valait 3,4 millions de kcal et en 1970, 8,2 millions de kcal. La réelle valeur calorique du maïs, si l'on tient compte de l'énergie dépensée pour le produire, est passée, entre 1945 et 1970 de 3,7 à 2,8 kcal[35]. On peut aussi voir les

33. P. Chapman, *Fuel's Paradise : Energy Options for Britain*, Harmondsworth, Middx., Penguin Books, 1975, pp. 89-94.
34. Tiré du mémoire présenté par l'*Atomic Energy Authority* du Royaume-Uni aux audiences publiques sur les réacteurs commerciaux à neutrons rapides tenues à l'*International Press Centre* de Londres les 13 et 14 décembre 1976. Voir D. Gosling et H. Montefiore (éds.), *Nuclear Crisis : A Question of Breeding*, Dorchester, Dorset, Prism Press, 1977, pp. 32-33.
35. D. Pimental *et al.*, « Food Production and the Energy Crisis », *Science*, vol. 182, 2 novembre 1973, pp. 443-449.

implications de l'agriculture industrielle d'une autre façon, en observant que si tous les pays utilisaient pour se nourrir autant d'énergie que le Royaume-Uni, cela représenterait 40% de toute la consommation énergétique mondiale[36] — ce qui a bien sûr peu de chances de se produire, mais devrait néanmoins faire réfléchir ceux qui auraient tendance à considérer la situation d'un oeil trop complaisant. Il n'empêche que c'est là le genre d'implications avec lesquelles doivent compter les économistes de marché et les inconditionnels du progrès technologique.

Les thèses inspirées de Malthus ont davantage de pertinence si on les applique aux ressources qui ont un faible potentiel d'expansion, en particulier celles qui, si l'on peut dire, font le charme de nos campagnes. Ainsi une grande part des terres marécageuses, propices à la vie sauvage, ont disparu en Amérique[37]. Les terres agricoles perdues au profit des villes en Angleterre et au pays de Galles auront, d'après les estimations de Robin Best, augmenté du tiers entre 1900 et l'an 2000. L'occupation urbaine des terres s'accroissant à un rythme de un pour cent par décennie, 14 pour cent des terres agricoles auront disparu avant la fin du siècle[38]. Les conflits touchant les parcs nationaux du Royaume-Uni à propos de l'extraction des minerais, de l'aménagement des ressources en eau et de l'impact du nombre croissant de vacanciers, illustrent tous les problèmes que pose la préservation des beautés de la nature pour une population toujours plus nombreuse et dont le niveau de vie ne cesse d'augmenter. De ce point de vue, les arguments en faveur d'un état stationnaire avancés par John Stuart Mill sont plus convaincants que bien des arguments plus récents. Celui-ci soutenait qu'il n'était pas souhaitable que la nature perde en diversité et en étendues sauvages pour satisfaire notre besoin de produire toujours davantage de nourriture. Il concluait en disant :

> Si la terre doit perdre une grande partie de l'agrément qu'elle doit à des objets que détruirait l'accroissement continu de la richesse et de la population, et cela seulement pour nourrir une population plus considérable mais qui ne serait ni meilleure ni plus heureuse, j'espère sincèrement pour la postérité qu'elle se contentera de l'état stationnaire longtemps avant d'y être forcée par la nécessité[39].

---

36. G. Leach, *Energy and Food Production*, Guildford, Surrey, IPC Science and Technology Press, 1976.
37. W.K. Reilly (éd.), *The Use of Land : A Citizen's Policy Guide to Urban Growth*, New York, Crowell, 1973.
38. R.H. Best, «The Changing Land Use Structure of Britain», *Town and Country Planning*, vol. 44, 1976, pp. 171-176.
39. J.S. Mill, «Of the Stationary State», livre 4, chapitre 6 des *Principles of Political Economy*, London, Routledge & Kegan Paul, 1965, p. 756 (tr. fr. de H. Dussard et Courcelle-Seneuil, reprise dans Stuart Mill, *Textes choisis*, Paris, Dalloz, 1953, p. 300).

2. L'écologisme

Dans les années 1960, les idées de Malthus furent redécouvertes et intégrées dans un mouvement plus vaste de défense de l'environnement. Mouvement social ou ensemble d'idées dérivées de l'écologie, philosophie du «retour à la nature», nouvelle forme de déterminisme technologique ou simple manifestation d'un intérêt plus marqué pour les questions d'environnement, l'écologisme a été diversement interprété. Tout cela recouvre cependant un ensemble de préoccupations communes concernant, à l'échelle locale, la qualité de la vie et, à un niveau plus général, rien de moins que «la survie de l'espèce humaine». De plus, le mouvement écologiste était intimement lié au mouvement «anti-science» des années 60, avec lequel il partageait une même perspective holistique et anti-mécaniste[40].

Stephen Cotgrove établit une distinction utile entre deux types d'écologisme : la forme «conservatrice» et la forme «libérale», lesquelles, d'après lui, se seraient également servi des idées relatives aux dangers qui menacent l'environnement pour atteindre leurs objectifs respectifs[41]. Bien qu'il y ait dans cette affirmation une certaine vérité, je soutiendrai pour ma part que les idées écologiques comme telles sont plus étroitement associées à ce que Cotgrove appelle la forme conservatrice, alors que les idées relatives aux «technologies alternatives», par exemple, sont davantage liées à la forme libérale.

Je préfère utiliser, au lieu de la distinction conservateur/libéral, une distinction analogue entre deux autres formes. La première, que j'appellerai l'écologisme scientiste, vise l'ordre et l'autorité par l'intermédiaire d'une planification scientifique holistique. Les écologistes qui appartiennent à ce courant considèrent le maintien d'un environnement biologique et matériel stable comme une nécessité en fonction de laquelle devraient être orientés les changements socio-économiques; ils justifient leur volonté d'influencer directement les décisions politiques sur la foi de leur approche systémique. Le second type d'écologisme s'intéresse moins à l'écosystème qu'à la question de la compatibilité de la science et de la technologie avec les principes libertaires. C'est un courant qui est beaucoup moins répandu que le précédent et qui, contrairement à celui-ci, a largement subi l'influence de la nouvelle gauche, de l'anarchisme et de la contre-culture. Son côté «anti-establishment» transparaît notamment dans le choix du slogan *Radical Technology* (plutôt que *Alternative Technology*) fait par les membres de *Undercurrents* en 1975-1976, au moment où l'aspect «réformisme technologique» de l'approche scientiste

---

40. Voir, par exemple, S. Cotgrove, «Technology, Rationality and Domination», *Social Studies of Science*, vol. 5, 1975, pp.55-78.

41. Cotgrove conclut en disant «qu'une réaction organiciste, holistique et romantique contre la science peut être et a été effectivement utilisée pour servir la cause de l'ordre et de l'autorité aussi bien que celle de la libération.» S. Cotgrove, «Environmentalism and Utopia», *The Sociological Review*, vol. 24, 1976, pp. 23-42.

(énergie solaire, énergie éolienne, architecture alternative et ainsi de suite) commençait à faire l'objet d'une récupération institutionnelle[42]. Pour illustrer cette distinction, prenons l'exemple du *Blueprint for Survival* : même si les idées que véhicule ce document appartiennent aux deux courants de l'écologisme, il est clair qu'elles relèvent davantage de la première catégorie. L'insistance du document sur l'autorité et la hiérarchie traditionnelles et son caractère essentiellement anti-libéral et conservateur sont étroitement liés au thème dominant de l'analyse, qui explique les problèmes sociaux et écologiques en termes de lois naturelles et de facteurs matériels, tel l'accroissement des populations. La différence entre les deux formes d'écologisme deviendra plus claire par la suite.

L'écologisme scientiste

L'association entre le concept de gestion de l'environnement et celui de protection de la nature avait déjà été proposée par George Perkins Marsh dans *Man and Nature* (1864)[43]. Theodore Roosevelt et Gifford Pinchot, parmi d'autres orateurs influents, en avaient popularisé l'idée au tournant du siècle. Celle-ci fut reprise par les professionnels de l'*American Forest Service*, guidés par l'utilitarisme et le désir d'assurer une gestion prudente des réserves naturelles; cela leur valut d'entrer en conflit avec les «préservationnistes» et les naturalistes, qui voulaient des parcs nationaux absolument vierges[44]. La protection de la nature à l'intention de l'homme n'était donc pas une idée nouvelle, mais elle reçut énormément d'appui dans les années 60.

Selon les écologistes modernes, les principes directeurs qui doivent guider la politique de l'environnement ne sont ni plus ni moins que les concepts mêmes de l'écologie. Ceux-ci peuvent être exprimés simplement et en langage courant, comme en témoignent les quatre principes écologiques énoncés par Barry Commoner et si souvent cités depuis : tout est lié à tout, toute chose doit aller quelque part, on n'a rien pour rien, la nature a toujours raison[45]. Le *Blueprint for Survival* met l'accent sur ces principes — en particulier sur la nécessité d'un retour aux mécanismes

42. Harper et *al.*, *op. cit.*, note 12.
43. G.P. Marsh, *Man and Nature, or Physical Geography as Modified by Human Action*, New York, Charles Scribner, 1864. Pour un excellent choix de textes sur l'histoire de la protection de l'environnement, voir Roderick Nash (éd.), *The American Environment : Readings in the History of Conservation*, Reading, Mass., Addison-Wesley, 2ᵉ édition, 1976.
44. Voir R. Nash (éd.), *Environment and Americas : the Problem of Priorities*, New York, Holt, Rinehart and Winston 1972 et D. Fleming, «Roots of the New Conservation Movement», *Perspectives in American History*, vol. 6, 1972, p. 16.
45. B. Commoner, «The Social Use and Misuse of Technology», in J. Benthal (éd.), *Ecology, the Shaping Enquiry : a Course given at the Institute of Contemporary Arts*, Londres, Longman, 1972, p. 339.

«naturels». On y recommande notamment : la lutte «naturelle» contre les insectes (c'est-à-dire la lutte biologique par rotation des cultures et autres procédés analogues) par opposition à l'utilisation de pesticides chimiques; le remplacement des engrais inorganiques par du fumier; le recours à des technologies alternatives adaptées au milieu; la décentralisation de l'économie afin de permettre l'existence de communautés jouissant d'une certaine autosuffisance; la réduction de la population britannique à un niveau qui lui permette de ne dépendre que de ses seules ressources.

On se mit à reprocher aux disciplines scientifiques leur caractère fragmentaire, leur vision limitée comme par des oeillères et leur refus d'explorer les propriétés interreliées du monde naturel. C'est ce qu'exprimait Barry Commoner dans *Science and Survival* en disant : «La division des lois de la nature est une idée de l'homme; la nature, quant à elle, forme un tout organique[46].» L'écologie devenant holistique, on tenta d'y intégrer d'autres sciences, de peur de la voir elle-même s'effriter peu à peu, victime d'une biologie réductionniste. Cette approche «holistique» ou «systémique» de la science devint un des thèmes majeurs des ouvrages de vulgarisation de l'écologie. Il n'y a pratiquement pas une discipline qui ne soit mise à contribution par Paul et Anne Ehrlich dans leur livre intitulé *Population, ressources, environnement*[47]. Des tentatives analogues de synthèse multidisciplinaire caractérisèrent l'ensemble de la littérature écologiste, où l'étude sur les limites de la croissance est sans doute l'ouvrage le plus connu. Cette étude utilisait une approche dynamique des systèmes afin d'obtenir une vue d'ensemble des interactions entre la population, le capital, les ressources, la pollution et l'agriculture, diverses disciplines apportant leur contribution à différents niveaux du modèle interactif global. L'écologisme et la dynamique des systèmes s'intéressant l'une et l'autre aux boucles de rétroaction à l'oeuvre dans la nature, on en vint à conclure que ce qui valait pour l'écologie pouvait aussi bien s'appliquer à l'étude de la société dans son ensemble. L'influence de la théorie des systèmes ressort nettement des extraits suivants, tirés de l'essai d'Edward Goldsmith sur la «désindustrialisation de la société» (sorte de post-scriptum au *Blueprint for Survival*, écrit cinq ans plus tard).

Le principe le plus fondamental du comportement de la biosphère est son orientation vers un but, comme c'est le cas de tous les systèmes de comportement qui en

46. B. Commoner, *Science and Survival*, Londres, Ballantine, 1966, p. 25 (tr. fr. de Chantal de Richemont, *Quelle terre laisserons-nous à nos enfants?*, Paris, Seuil, 1969). Ce point de vue a été vigoureusement défendu dans les ouvrages écologistes. Pour d'autres exemples voir les éditoriaux de E. Goldsmith dans *The Ecologist* et M. Nicholson, «The Ecological Breakthrough», *New Scientist*, vol. 72, 25 novembre 1976, pp. 460-463.
47. Ehrlich et Ehrlich, *op. cit.*, note 21. Pour une liste des disciplines utilisées, voir H.M. Enzensberger, «A Critique of Political Ecology», *New Left Review*, n° 34, 1974, pp.3-31, p. 4.

font partie. Ce but, c'est la stabilité... On peut démontrer que les sociétés primitives poursuivaient exactement le même but. La principale préoccupation de leurs membres consistait à observer les coutumes traditionnelles et à les transmettre aussi intactes que possible à leurs enfants. Il n'y a qu'une société aussi abstraite que la nôtre pour être orientée vers un changement systématique dans une direction déterminée : une telle société peut survivre, mais seulement pour une période limitée.

[...] Le problème auquel le monde fait face aujourd'hui ne peut être résolu qu'en rétablissant le fonctionnement de ces systèmes naturels qui ont un jour satisfait nos besoins[48].

L'aspect anti-science de ce type d'écologisme se limitait à l'anti-réductionnisme. Ce qu'il fallait, c'était accorder davantage de pouvoir à l'écologie : le statut de la science comme telle n'était pas remis en question; on considérait au contraire qu'il devenait impérieux d'accorder davantage d'attention aux bonnes méthodes d'analyse scientifique. Les critiques de l'écologisme ont souligné le caractère autoritaire et technocratique des revendications d'un grand nombre de ses partisans, qui souhaitaient déléguer la responsabilité de l'élaboration des politiques aux analystes de systèmes et aux concepteurs de modèles informatiques[49]. L'accent mis par *The Ecologist* sur l'objectif de stabilité écologique a mené à la croyance que la croissance était indésirable, parce qu'essentiellement génératrice d'instabilité; il fallait donc y mettre un terme, en raison de l'incapacité du système à assimiler les changements. Une bonne partie de la littérature écologiste a insisté sur les effets cumulatifs complexes de l'évolution technologique. On s'y demande comment, dans un monde en mutation constante, il pourrait être possible d'éviter certaines conséquences indésirables du changement[50].

Les recommandations visant à limiter la population, le nombre de maisons et de voitures, etc., fondées sur des calculs écologiques destinés à déterminer le seuil de tolérance de l'écosystème, reposent sur l'idée qu'il est possible d'en arriver à un consensus politique grâce à une analyse scientifique objective, globale et libre de tout jugement de valeur. C'est ce point de vue qui a déplu à bien des gens qui défendent encore des idéaux de liberté, qu'ils se situent à gauche ou à droite de l'éventail politique. Les dirigeants de la nouvelle utopie, avec son monde harmonieusement ordonné, ne seraient plus les rois philosophes de Platon, ni les behavioristes de Skinner, mais des écologistes conscients des rapports qui existent entre les systèmes naturels et les systèmes sociaux.

48. E. Goldsmith, «De-Industrializing Society», *The Ecologist*, vol. 7, 1977 p. 131 et 134.
49. Voir H.G. Simmons, «Systems Dynamics and Technocracy», in Cole *et al.*, (éds.), *op. cit.*, note 23, pp. 192-208.
50. Parmi les innombrables ouvrages qui portent sur ce sujet, voir en particulier, M. Farvar et J.P. Milton, *The Careless Technology : Ecology and International Development*, Garden City, NY, Natural History Press, 1972.

L'écologisme contestataire

Contrairement à l'écologisme scientiste, le courant contestataire s'est surtout intéressé à la question de l'aliénation de l'homme par rapport à la société et à la nature. Par opposition aux marxistes traditionnels, la nouvelle gauche et les anarchistes voyaient dans le problème de l'aliénation et du contrôle social un produit de la science et de la technologie. Langdon Winner a examiné en détail les idées et les images qui traduisent l'obsession des temps modernes pour ce qu'il appelle « la technique en folie »[51]. Comme c'est le cas pour les autres courants, la critique de la société technologique a une longue histoire : Robert Owen, Charles Fourier, Mikhail Bakounine, le prince Kropotkine, William Morris, John Ruskin et Lewis Mumford ne sont que quelques-uns de ceux qui en ont forgé la tradition. La critique de la science et de la technologie est devenue extrêmement populaire à la fin des années 60. Les thèses de Jacques Ellul, Hannah Arendt, Jurgen Habermas et Herbert Marcuse ont eu énormément d'influence, particulièrement en Amérique. Ellul soutenait l'idée que la dynamique d'une société technologique destructrice devait se trouver dans la marche inexorable de la technique[52]. De même, Arendt se demandait si nous étions encore maîtres de nos machines ou si celles-ci n'en étaient pas arrivées à un point où elles dirigeaient le monde pour le détruire[53]. Habermas s'inquiétait de la scientifisation de la politique[54]. Marcuse voyait dans la science et la technologie une force de contrôle social[55].

Rien d'étonnant à ce que l'écologie populaire, l'analyse des systèmes, la cybernétique, la théorie de la décision, la prospective technologique et l'analyse coûts-avantages soient apparues, dans cette perspective, comme des agents de contrôle social davantage que comme des moyens de libération. La rationalité technologique et la pensée pseudo-scientifique intervenaient de plus en plus au niveau du pouvoir et, donc, de la rationalité politique[56]. Le diagnostic formulé par le « mouvement pour une technologie alternative » à l'égard des maux dont

---

51. L. Winner, *Autonomous Technology : Technics-out-of-control as a Theme in Political Thought*, Cambridge, Mass.
52. J. Ellul, *The Technological Society*, New York, Knopf, 1964.
53. H. Arendt, *The Human Condition*, Chicago, The University of Chicago Press, 1958 (tr. fr. *Condition de l'homme moderne*, Paris, Calmann Levy, 1961).
54. J. Habermas, *Toward a Rational Society* (tr. de l'all. par J.J. Shapiro), Londres, Heineman, 1971.
55. H. Marcuse, *L'homme unidimensionnel*, trad. M. Wittig, Paris, Minuit, 1968.
56. Pour la prospective technologique, voir B. Wynne, « The Rhetoric of Consensus Politics : a Critical Review of Technology Assessment », *Research Policy*, vol. 4, 1975, pp. 108-158. Pour l'analyse coûts-avantages, voir P. Self, *Econocrats and the Policy Process, the Politics and Philosophy of Cost-Benefit Analysis,* Londres, Macmillan, 1975. Pour l'analyse des systèmes, consulter I. R. Hoos, *Systems Analysis in Social Policy : A Critical Review,* Londres, Institute of Economic Affairs, 1969.

souffrait la société dépendait étroitement de ce type d'analyse. Ce mouvement cherchait à définir les critères nécessaires à la maîtrise du progrès technologique. Les technologies alternatives devaient être conçues de façon à minimiser les mauvais usages sociaux de la technique, à n'exiger que peu de compétences spécialisées, tout en étant non polluantes et basées sur la seule utilisation de ressources permanentes comme l'énergie solaire ou éolienne[57].

La remise en question de la rationalité techno-scientifique commença à être associée aux tentatives d'explication de la dégradation de l'environnement. La science et la technologie post-newtoniennes, devenues de plus en plus inter-dépendantes à partir du dix-neuvième siècle, furent les principales incriminées. Theodore Roszak, parmi d'autres, a soutenu que le programme de la science baconienne mettait l'accent sur un monde expérimental sans but et dépourvu d'âme — que décrivaient déjà les aristotéliciens d'une part et les hermétistes et les alchimistes de la Renaissance d'autre part. Au lieu de voir la nature comme un monde vivant et sensible, la nouvelle métaphysique acquit un caractère mécaniste[58]. Ce que certains écologistes voulaient faire ressortir, c'est que l'objectivité et la rationalité imposent une distance entre le chercheur scientifique et l'objet de ses recherches. Ce fait, associé à un jargon scientifique dépersonnalisé, entraîne une légitimation des atteintes à la nature ou à la société, pourvu qu'elles soient destinées à faire avancer la connaissance, à faire progresser la technologie ou à contribuer à la croissance économique. D'autres auteurs intervinrent dans le débat, déclenché par un article très cité de Lynn White qui soutenait que la tradition occidentale judéo-chrétienne était profondément anthropocentrique et qu'en rejetant le paganisme elle avait accentué la déspiritualisation du monde naturel[59].

57. R. Clarke, «The Pressing Need for Alternative Technology», *Impact of Science on Society*, vol. 23, 1973, pp. 262-263 ; J. Todd, « Pioneering for the 21st Century : A New Alchemist's Perspective », *The Ecologist*, vol. 6, 1976, pp. 252-257 ; M. Bookchin, «Towards a Liberatory Technology» in G. Benello et D. Roussopoulos (éds.), *The Case for Participatory Democracy*, New York, Crossman, 1971 ; D. Dickson, *Alternative Technology and the Politics of Technical Change*, Glasgow, Fontana, 1974.

58. T. Roszak, *Vers une contre-culture*, Paris, Stock, 1970 ; T. Roszak, *Où finit le désert : politique et transcendance dans la société post-industrielle*, Paris, Stock, 1973. Voir aussi W. Heiss. *The Domination of Nature*, Boston, Mass., Beacon Press, 1974.

59. L. White Jr., «The Historical Roots of our Ecological Crisis», *Science*, vol. 155, 10 mars 1967, pp. 1203-1207 ; repris dans I.G. Barbour (éd.), *Western Man and Environmental Ethics : Attitudes Toward Nature and Technology*, Reading, Mass., Addison-Wesley, 1973, pp. 18-30 et *passim*. Le livre de Barbour contient plusieurs articles sur le sujet, mais voir aussi S.H. Nasr, *The Encounter of Man an Nature : the Spiritual Crisis of Modern Man*, London, Allen & Unwin, 1968 ; Yi-Fu Tuan, «Our Treatment of the Environment in Ideal and Actuality», *American Scientist*, vol. 58, 1970, pp. 224-249 ; J. H. Black, *The Domination of Man : the Search for Ecological Responsability,* Edimbourg, Edinburgh University Press, 1970 ; C.J. Glacken, «Man Against Nature : An Outmoded Concept» in H.N. Helfrich Jr. (éd.) *The Environmental Crisis : Man's Struggle to Live with Himself,* New Haven, Conn., Yale University Press, 1970 ; et J. Passmore, *Man's Responsability for Nature: Ecological Problems and Western Traditions,* Londres, Duckworth, 1974.

Les écologistes considéraient que l'absence de contraintes éthiques dans les sociétés influencées par la chrétienté et la science moderne contrastait violemment avec le respect manifesté envers l'environnement dans les autres sociétés. Les Indiens hopi, par exemple, vivent en étroite harmonie avec leur milieu. Leur univers repose sur l'interdépendance et l'interaction harmonieuse de la nature, des dieux, des plantes, des animaux et des hommes. Selon Amos Rapoport, le bien-être mutuel de tous dépend d'un système d'échanges basé sur un ensemble de cérémonies et d'obligations :

> À la chasse, par exemple, la proie fait l'objet de rites propitiatoires destinés à lui expliquer qu'on ne la tue que parce que c'est nécessaire — on ne tue jamais plus d'animaux qu'il n'en faut et chaque partie de l'animal doit être utilisée; de même, on ne cueille que la quantité de plantes dont on a besoin; la première plante de l'espèce recherchée n'est jamais cueillie : on dépose une offrande devant elle et on en cherche d'autres[60].

La réaction des écologistes à la destruction de l'environnement se traduit par un renouveau spirituel qui prône le respect de la nature. En Amérique, le mouvement écologiste a été fortement influencé par le transcendantalisme, comme on peut s'en convaincre en comparant l'utopie décrite dans le *Walden* de Thoreau aux écrits récents d'écologistes comme Rachel Carson et David Brower[61]. Le désir d'établir une communion mystique avec la nature a atteint son point culminant à l'apogée du mouvement hippie en 1968-1969[62].

La perspective écologiste a fait l'objet de nombreuses critiques. Certains économistes ont signalé l'inefficacité, sur le plan économique, d'une bonne partie des technologies alternatives proposées[63]. D'autres ont soutenu que le développement technologique était davantage lié à la propriété privée des moyens de production que l'école de pensée de «la technique en folie» ne le supposait, et que sans une modification des bases économiques de la société, la technologie alternative resterait à jamais utopie[64].

Pour John Passmore, entre autres, la thèse de Lynn White est loin d'être satisfaisante, dans la mesure où les traditions occidentales sont beaucoup plus complexes et diversifiées qu'elle ne le suppose. Passmore rejette d'ailleurs l'idée

---

60. A. Rapoport, «The Pueblo and the Hogan» in P. Olivier (éd.), *Shelter and Society*, New York, Praeger, 1969, p. 70.

61. Voir Fleming, *op. cit.*, note 44.

62. Voir C.A. Reich, *Le regain américain*, trad. P. Vielhomme et B. Callais, Paris, Laffont et Montréal, Éd. du jour, 1970.

63. Voir, par exemple, R. Disney, «Economics of «Gobar-Gas» versus Fertilizer : A Critique of Intermediate Technology», *Development and Change*, vol. 8, 1977 pp. 77-102.

64. Voir Dickson, *op. cit.*, note 57; «Alternative Technology : Possibilities and Limitations», *Science for the People*, Boston, Mass., septembre/octobre 1976, p. 13 et 33; et F.Stewart, *Technology and Underdevelopment*, Londres, Macmillan, 1977.

que la contemplation mystique puisse résoudre les problèmes écologiques. La solution est pour lui d'ordre pragmatique et consiste plutôt à établir un programme sensé et responsable de prévention des atteintes à l'environnement[65]. La critique que fait Lewis Moncrief de la thèse de White se fonde sur l'argument selon lequel la crise écologique est directement liée à des facteurs comme la démocratie, la technologie, l'urbanisation et l'augmentation de la prospérité économique. La tradition judéo-chrétienne peut avoir constitué une condition nécessaire, mais ne saurait être considérée comme une condition suffisante de l'arrogance de l'homme occidental envers la nature[66].

Le principal argument à l'encontre de la position écologiste repose sur le fait que si les attitudes, la métaphysique ou les idées n'agissent pas nécessairement sur le comportement, elles pourraient bien être, par contre, elles-mêmes déterminées par le comportement et par l'évolution des conditions économiques. Il y en a beaucoup, marxistes ou non, qui seraient d'accord avec le célèbre dicton de Marx : «Ce n'est pas la conscience des hommes qui détermine leur existence, mais, au contraire, leur existence sociale qui détermine leur conscience[67]». Il y aurait donc des raisons de croire que c'est le mercantilisme — et, plus tard, la montée du capitalisme — qui a déterminé l'apparition d'une philosophie mécaniste et objectiviste de la science[68].

3.   Les solutions technico-économistes du libéralisme

La thèse défendue par ce courant consiste essentiellement à soutenir que la pénurie des ressources dépend de facteurs liés aux prix du marché, lesquels déterminent la recherche de nouvelles ressources ou l'invention de méthodes de substitution, de recyclage ou de conservation. Beckerman, par exemple, soutient que «le mécanisme du marché a pratiquement toujours fonctionné, jusqu'à maintenant, de façon à ce qu'une augmentation de la demande soit tôt ou tard suivie d'une augmentation de l'offre ou prise en charge par un autre mécanisme d'ajustement[69]».

Comme on l'a déjà souligné, des optimistes comme Herman Kahn font remarquer que la quantité des ressources connues reflète davantage les politiques

---

65. Passmore, *op. cit.*, note 59.

66. L.W. Moncrief, «The Cultural Basis of our Environmental Crisis», *Science*, vol. 170, 30 octobre 1970, pp. 508-512.

67. K. Marx, *Préface à la critique de l'économie politique* (1859), cité par D. Mclellan, *Marx*, Glasgow, Fontana, 1975.

68. Voir B. Easlea, *Liberation and the Aims of Science : An Essay on Obstacles to the Building of a Beautiful World*, Londres, Chatto and Windus, 1973; E.J. Dijksterhuis, *The Mechanization of the World Picture*, Oxford, Oxford University Press, 1961.

69. Beckerman, *op. cit.*, note 30, pp. 34-35.

de recherche des compagnies minières que l'état réel des réserves existantes. Le pétrole de la mer du Nord en est une bonne illustration. Des simulations effectuées à l'*Economic Geography Institute* de Rotterdam en 1974 et basées en partie sur une évaluation antérieure des réserves de pétrole pour une période de temps donnée, laissaient prévoir que la totalité des réserves de pétrole de la mer du Nord excéderait de quatre à sept fois les réserves prouvées et serait trois fois plus importante que les estimations des réserves faites par BP[70]. Ces estimations dépendent toutefois d'un climat économique favorable où une certaine stabilité au niveau des prix assure la rentabilité de la production. En 1975-1976, les réserves de pétrole connues dans la mer du Nord passaient, en douze mois, de 1000 millions à 1350 millions de tonnes. On découvrit 24 nouveaux gisements, soit presque autant qu'au cours des cinq années précédentes; mais vers la fin de cette période le rythme des découvertes se mit à ralentir en raison d'une augmentation des coûts de production et de financement[71]. Les coûts de production, les fluctuations du prix du pétrole, l'état du marché financier et les progrès de la technique sont par conséquent des facteurs d'une importance cruciale dans l'évaluation des réserves connues et présumées.

Il est intéressant de noter que peu de temps après la panique provoquée par l'escalade des prix du pétrole (qui avait commencé en 1973), le gouvernement des États-Unis, aussi bien que celui de la Grande-Bretagne, s'efforcèrent de maintenir des niveaux de prix minimum de sorte que le développement de sources d'énergie de remplacement demeure rentable. Michael Posner, économiste spécialisé dans les questions d'énergie, a fait remarquer que le pétrole de la mer du Nord, tout comme l'huile de schiste ou le charbon extrait des profondeurs, ne pourrait avoir qu'une rentabilité marginale si le prix du pétrole descendait à 5$ le baril (aux prix de 1974)[72]. La question cruciale à laquelle les économistes ont à répondre dans un tel contexte est principalement politique et se formule comme suit : qu'arrivera-t-il au cartel de l'OPEP si la consommation de pétrole diminue en raison d'une baisse de la demande, d'économies de combustible et du développement de technologies alternatives? De plus, même si la quantité de pétrole, ou de toute autre ressource, offerte sur le marché, dépend, dans une certaine mesure, de la

---

70. P.R. Odell et K.E. Rosing, «Weighing up the North Sea Wealth», *The Geographical Magazine*, vol. 47, 1974, p.152. En 1976, Odell et Rosing ont soutenu que la quantité de pétrole extraite dépendrait des efforts investis dans son exploitation, lesquels sont à leur tour déterminés par le taux des profits escomptés comparés à ce que rapporteraient les mêmes efforts investis ailleurs. Ce point de vue a suscité de nombreuses controverses. Voir P.Odell, «Optimal Development of the North Sea's Oil Fields — A Summary», *Energy Policy,* vol. 5, 1977, pp. 282-283; G.G. Wall, D.C. Wilson et W. Jones, «— The Criticisms», *ibid,* pp. 284-294; et P. Odell et K.E. Rosing «— The Reply», *ibid,* pp. 295-306.
71. *The Guardian*, 30 avril 1976.
72. M. Posner, «Energy at the Centre of the Stage», *The Three Banks Review*, vol. 104, 1974, pp. 3-27.

demande, il semble bien que le prix réel, sur le marché, des ressources naturelles, ait peu à voir avec leur rareté matérielle mais dépende grandement de l'existence de monopoles.

Il est évident que les possibilités de substitution et les situations de monopole varient énormément selon les ressources. Dans le cas du phosphore, par exemple, 80 pour cent de la production mondiale sert à la fabrication d'engrais et il n'y a pour l'instant aucune possibilité de substitution en perspective. De plus, 75 pour cent de la production de roche phosphatée est concentrée dans trois pays : les États-Unis, l'Union soviétique et le Maroc. Compte tenu de l'énorme consommation nationale qu'en font elles-mêmes les deux superpuissances, le Maroc, qui détient 34 pour cent du marché mondial, exerce une grand influence sur l'offre (et, en dernière instance, sur le prix) de la roche phosphatée[73]. Cet exemple démontre que l'offre relative à une ressource cruciale sera déterminée non seulement par des facteurs économiques et technologiques, mais dépendra aussi des politiques adoptées par un petit nombre de pays en situation de monopole.

Les économistes ont eu tendance à considérer la pollution, non pas comme un frein à la croissance économique, mais comme un élément dont le contrôle doit se situer à un «niveau optimal» — au delà duquel les coûts supplémentaires imposés par un contrôle accru excéderaient les avantages qu'on pourrait éventuellement en attendre. Même en admettant que les mécanismes du marché ne soient pas parfaits, le rôle des organismes gouvernementaux chargés d'établir des programmes antipollution devrait, soutient-on, se limiter à essayer d'atteindre ce «niveau optimal». Pourvu que la demande continue d'exister, le progrès technologique sera toujours en mesure de fournir des méthodes de lutte contre la pollution qui correspondent à l'évolution des besoins des économies en expansion. Encore une fois, il n'est pas exclu qu'interviennent des facteurs politiques qui empêchent la mise en oeuvre de programmes antipollution; mais, tout comme c'est le cas pour la quantité de ressources offertes sur le marché, les limites matérielles aux possibilités de lutte contre la pollution ne semblent pas devoir constituer une contrainte véritable.

4.   Le courant du marxisme et de l'économie politique

Dans cette perspective, comme dans celle qui précède, des questions comme la lutte contre la pollution ou la pénurie des ressources ne peuvent être traitées sans prendre en compte les processus économiques. Ce qui distingue toutefois ce courant des autres, c'est le lien qu'on y établit entre les questions «écologiques» et l'organisation du capital, le mode de production et la répartition du pouvoir au sein de la société. Marx avait répondu à Malthus en rejetant l'idée même d'une

---

73. Les statistiques sur la roche phosphatée sont tirées du *Times* du 27 mai 1975.

loi absolue en vertu de laquelle la population excéderait toujours ce que peut nourrir un territoire donné. Il soutenait qu'à chaque étape du développement économique correspond une loi de population particulière[74]. Pour lui, c'est l'excédent de travailleurs sans emploi qui, dans le système capitaliste, mène à la pauvreté et à une apparence de surpopulation. La création d'un surplus de population n'est pas due à une pénurie de ressources, mais au mode de production capitaliste. L'accumulation capitaliste fait décroître la partie variable du capital par rapport à sa partie constante. La quantité de travail étant déterminée par la quantité de capital variable, la stagnation de ce capital variable par rapport à l'augmentation de la population, due à l'accumulation capitaliste, entraîne la création d'un surplus de «travailleurs». Dans les termes mêmes de Marx :

> L'accroissement des ressorts matériels et des forces collectives du travail, plus rapide que celui de la population, s'exprime donc en la formule contraire, savoir : la population productive croît toujours en raison plus rapide que le besoin que le capital peut en avoir[75].

Même parmi ceux qui travaillent, le taux extrêmement bas des salaires, déterminé par le surplus de chômeurs, maintient la demande (à distinguer du besoin) en produits alimentaires et autres à un niveau insuffisant. Aucune contrainte matérielle n'est exercée sur la production, mais c'est l'organisation économique de la société qui provoque l'absence de demande parmi les pauvres. Engels rejetait l'argument des «limites» de Malthus comme suit :

> On produit trop peu, voilà la cause de toute l'affaire. Mais pourquoi produit-on trop peu? Non pas parce qu'on a atteint — même aujourd'hui avec les moyens dont on dispose — les limites de la production. Certes non; mais parce que les limites de la production sont fixées non pas en fonction du nombre de ventres affamés, mais en fonction du nombre de *bourses* capables d'acheter et de payer. La société bourgeoise ne peut ni ne veut produire davantage. Les ventres sans argent, la force de travail qui ne peut servir à augmenter le profit et qui n'a pas, par conséquent, de pouvoir d'achat, sont abandonnés aux statistiques de décès[76].

Le problème de la demande réelle de produits est d'une importance cruciale dans le cas de l'agriculture. Il n'y a actuellement dans le monde, par exemple, aucune pénurie *absolue* de blé; mais il y en a de tragiques au niveau *régional*. Selon Jean Mayer, de l'Université Harvard, la quantité de nourriture consommée par 210 millions d'Américains suffirait pour nourrir adéquatement 1500 millions de personnes selon les standards d'alimentation chinois[77]. Nick Eberstadt a souligné

---

74. K. Marx, *Le capital*, Livre I, 1867, Paris, Garnier Flammarion, p. 460.

75. *Ibid.*, p. 471.

76. Lettre de Engels à Lange datée du 2 mars 1865, citée par Meek, *op. cit.*, note 13, p. 87 (souligné dans l'original).

77. J. Power et A. Holenstein, *World of Hunger — A Strategy for Survival*, Londres, Temple Smith, 1976, p. 15.

que la production d'aliments per capita a augmenté de neuf pour cent au cours des quinze années qui ont suivi 1960 et qu'il y a plus qu'assez de nourriture pour nourrir la population mondiale — mais que des millions de personnes continuent de mourir de faim[78]. En Afrique, l'orge, les fèves, le bétail, les arachides et les légumes sont destinés à l'exportation en dépit du fait que la malnutrition y est plus grave que sur tout autre continent[79]. La pauvreté est due à une mauvaise répartition des biens (à l'échelle internationale et au sein des différents pays) plutôt qu'aux limites matérielles de leur production.

En fait, compte tenu de cette répartition inégale des richesses, des terres et des chances économiques, l'introduction d'une agriculture plus productive (comme dans le cas de la Révolution verte) risque d'augmenter encore les inégalités et de faire baisser l'expression de la demande de produits agricoles[80].

On pourrait pousser encore plus loin les arguments d'ordre institutionnel et soutenir, par exemple, que le capitalisme dépend de la création et de la gestion d'une demande toujours renouvelée pour maintenir ses profits. C'est ainsi que nous sommes quotidiennement sollicités par des annonces publicitaires qui nous incitent à acheter davantage ou à acheter le tout nouveau produit et à jeter tout ce qui n'est plus considéré comme moderne. La pénurie, bien loin d'être un phénomène naturel ou une conséquence de la croissance économique, est conçue de façon à maintenir un excès de la demande par rapport à l'offre et à engendrer par conséquent des profits substantiels. Ce n'est qu'en ces termes qu'il est possible de comprendre que les Américains aient purement et simplement jeté leurs surplus de lait dans les années 60, ou que la surface cultivée des champs de blé soit passée de 120 millions à 81 millions d'acres aux États-Unis, en Australie, en Argentine et au Canada entre 1968 et 1970, que la Communauté économique européenne soit forcée de constituer d'énormes réserves de boeuf et de beurre (qui sont ensuite revendues à bas prix à l'URSS), ou que la France ait jeté une énorme quantité de pommes pendant l'automne 1975. Au cours de l'été 1977, l'administration américaine se préparait encore une fois à réduire les surplus de blé sur le marché mondial en permettant que des millions d'acres de terres agricoles productives

---

78. N. Eberstadt, «Myths of the Food Crisis», *The New York Review of Books*, 19 février 1976, pp. 32-37. Voir aussi E. Rothshild, «Food Politics», *Foreign Affairs,* vol. 54, 1976, pp. 285-307.
79. F.M. Lappe et J. Collins, *Food First : Beyond the Myth of Scarcity*, Boston, Mass, Houghton Mifflin, 1977, (tr. fr. *L'industrie de la faim*, Montréal, l'Étincelle, 1979).
80. La littérature sur la Révolution verte est très vaste, mais les textes suivants sont particulièrement pertinents : M.H. Kahn, *The Economics of the Green Revolution in Pakistan*; B. Dasgupta, «India's Green Revolution», *Economic and Political Weekly*, vol. 12, 1977, pp. 241-260; N. Wade, «Green Revolution (1) : A Just Technology, Often Injust in Use», *Science*, vol. 186, 20 décembre 1974, pp. 1093-1096; et «Green Revolution (2) : Problems of Adapting a Western Technology», *ibid.*, 27 décembre 1974, pp. 1186-1192.

soient laissées en jachère. En dépit de la persistance de la faim dans le monde, les surplus de blé produits par les États-Unis étaient devenus impossibles à gérer : la réduction de ces surplus devait contribuer à stopper la baisse des prix du blé et à protéger le fermier américain[81]. Il est tout aussi indispensable de tenir compte du profit comme motivation si l'on veut comprendre les raisons pour lesquelles les biens de consommation sont conçus davantage pour paraître de plus en plus attrayants que de façon à pouvoir être facilement recyclés, et expliquer pourquoi on les fait moins durables qu'on ne le pourrait, de façon que le consommateur finisse par les jeter et soit forcé d'en acheter de nouveaux.

La critique formulée par la Nouvelle gauche à l'encontre du marxisme porte sur la foi que celui-ci professe à l'égard des bienfaits du progrès technologique. Dans les termes plutôt crus de Steve Weissman : «le prochain technocrate — ou marxiste — d'aujourd'hui qui ose ouvrir sa grande gueule pour reprendre l'apologie du progrès à la mode du dix-neuvième siècle mériterait de se la faire fermer avec une bonne poignée de déchets organiques[82]. » Les écologistes de la Nouvelle gauche ont exprimé plus ou moins la même opinion; ainsi Murray Bookchin déclare :

> Même Marx cède à cette mentalité intrinsèquement bourgeoise lorsqu'il accorde au capitalisme «une grande influence civilisatrice» pour avoir réduit la nature «pour la première fois [à] un simple objet aux mains de l'humanité, une simple affaire d'utilité...» La nature «cesse d'être reconnue comme une puissance en elle-même; et la connaissance théorique de ses lois propres n'apparaît que comme un stratagème destiné à la soumettre aux exigences de l'homme...[83]».

GENÈSE ET DÉCLIN DU MOUVEMENT DE DÉFENSE DE L'ENVIRONNEMENT

Pour conclure cet examen des perspectives liées au débat soulevé par *Halte à la croissance?*, on peut dire qu'aucune d'entre elles ne peut prétendre être à l'abri de toute objection. Chacune possède sa valeur propre dans le cadre d'un ensemble donné de présupposés. La force d'attraction qu'elles exercent sur chacun varie en fonction des différentes convictions politiques et des différents degrés de croyance au progrès. La domination de l'une ou de l'autre ne peut s'expliquer qu'en rapport avec un contexte plus large qui tienne compte de la genèse et du déclin du mouvement écologiste.

---

81. *The Guardian*, 10 août 1977 et 1er septembre 1977. Voir aussi Rothschild, *op. cit.*, note 78.
82. Meek, *op. cit.*, note 13, p. XII.
83. M. Bookchin, « Radical Agriculture » in R. Merrill (éd.), *Radical Agriculture*, Londres, Harper & Row, 1976, p. 11. La citation de Marx est tirée des *Grundrisse*, New York, Harper & Row, 1971, p. 94.

La croissance de l'intérêt pour l'environnement au cours des années 60 a fait l'objet de nombreuses études[84]. C'est dans un climat de pessimisme écologique qu'est né le débat sur les limites de la croissance. Le néo-malthusianisme et l'écologisme ont l'un et l'autre reflété et renforcé cet état de choses. La compréhension des rapports qui existent entre les deux premières perspectives dont les thèses ont été résumées ci-dessus et de l'appui qu'elles ont reçu, passe donc nécessairement par une analyse explicative de la croissance de l'intérêt pour les questions d'environnement. La plupart des explications proposées se rangent dans cinq catégories différentes, et pas nécessairement compatibles les unes avec les autres.

D'abord, il y a eu l'apparition de « nouveaux » problèmes écologiques dus à la contribution croissante de la science à l'évolution technologique depuis la Seconde Guerre mondiale. Les retombées radioactives, les pesticides, les détergents non biodégradables, ainsi qu'un large éventail de produits artificiels créèrent des problèmes écologiques passablement nouveaux et plutôt alarmants[85]. Au cours des années 60, une série noire comprenant notamment la publication du *Silent Spring* de Rachel Carson, l'annonce de la « mort » du lac Érié, la tragédie japonaise de Minamata et l'accident du Torrey Canyon, est venue alimenter l'angoisse écologique. De plus, les ouvrages de vulgarisation, comme *La bombe « P »* de Paul Ehrlich[86], ont contribué à dramatiser le dilemme population-ressources. La conviction de l'existence d'une crise, associée à un certain nombre d'événements dramatiques, eut pour effet d'élargir la vision du problème ; comme l'a signalé Margaret Mead :

> Les premières images de la Terre vue de la Lune — petite boule bleue perdue dans l'immensité de l'espace, vulnérable et demandant à être protégée des ravages exercés par l'homme technologique — ont redonné un second souffle et insufflé un nouvel élan au mouvement écologiste[87].

On conçoit qu'un tel événement ait contribué à populariser la métaphore du « vaisseau spatial Terre », créée par Kenneth Boulding, et à assurer le succès du livre de René Dubos et Barbara Ward intitulé *Only One Earth*[88]. L'importance de ces événements dramatiques ne vient pas seulement de ce qu'ils ont révélé

84. Voir, par exemple, S.K. Brookes, A.G. Jordan, R.H. Kimber et J.J. Richardson, « The Growth of the Environment as a Political Issue in Britain », *British Journal of Political Science*, vol. 6, 1976, pp. 245-255 ; D.L. Sills, « The Environment Movement and its Crisis », *Human Ecology*, vol.3, 1975, pp. 1-41 ; et Sandbach, *op. cit.*, note 7.

85. B. Commoner, *L'encerclement*, Paris, Seuil, 1972.

86. P.R. Ehrlich, *The Population Bomb*, Londres, Pan/Ballantine, 1972, p. XI (tr. fr. *La bombe « P »*, Paris, Fayard, Les amis de la terre, 1972 et J'ai lu, 1973).

87. Cité par Sills, *op. cit.*, note 84, p. 25.

88. B. Ward et R. Dubos, *Only One Earth : The Care and Maintenance of a Small Planet*, Harmondsworth, Middx., Penguin Books, 1972. La métaphore de Boulding est développée dans K.E. Boulding, « The Economics of the Coming Spaceship Earth » in H. Jarrett (éd.), *Environmental Quality in a Growing Economy*, Baltimore, Md., Resources for the Future, Inc., 1976. Cette métaphore

tout un nouveau champ de problèmes, mais de ce qu'ils ont alimenté un sentiment d'insécurité; l'alarmisme et le catastrophisme ont eu pour conséquence inévitable de généraliser la peur. Les historiens, et cela n'est pas pour nous surprendre, ont souvent expliqué les changements survenus dans les politiques sociales et économiques comme le résultat, au moins en partie, de crises graves[89]. Les désastres, réels ou imaginaires, en provoquant la peur et l'anxiété, abaissent le seuil de résistance à la suggestion. D'après Michael Barkhum, les gens sont alors davantage «portés à abandonner les anciennes valeurs et à placer leur foi dans les prophéties qui annoncent d'imminentes et radicales transformations[90]». Plus précisément, une série de désastres successifs contribue à détruire les théories communément admises et jugées jusque-là satisfaisantes. La réaction typique à ce genre de pression se traduit par l'émergence de chefs charismatiques qui proposent des idées et des philosophies qui peuvent être perçues comme messianiques. Bien que le mouvement écologiste ne se soit pas doté de leaders de la trempe d'un Stokely Carmichael ou d'un Martin Luther King, on peut quand même repérer un certain nombre de philosophies écologistes identifiables comme telles, dont les défenseurs (Commoner, Ehrlich, Roszak) ont su captiver l'imagination populaire.

Barkhum soutient que les mouvements millénaristes sont apparus à des périodes marquées par une série de désastres. C'est ainsi que la peste noire a constitué un important stimulant pour les mouvements millénaristes européens au Moyen Âge. Il est tentant de suggérer que les émeutes raciales, la guerre du Vietnam et l'alarmisme écologique sont à l'origine du millénarisme des années 60, manifeste dans le mouvement hippie, la culture des jeunes et la culture pop, les mouvements écologiste et transcendantaliste. Ce serait certainement une erreur que d'ignorer l'influence qu'ont pu exercer certains événements étrangers aux questions d'environnement proprement dites. Allan Schnaiberg, par exemple, suggère qu'il y a un thème commun à tous ces phénomènes :

> Les divers moyens d'intervention dans la lutte contre les pressions sociales tels les sit-in, les manifestations de masse, les marches, le piquetage, la distribution de tracts et l'utilisation des médias dans l'intérêt public, ont pris naissance dans le cadre de la campagne pour les droits civiques, ont été perfectionnés dans celui

peut aussi être attribuée à d'autres auteurs. Garrett Hardin, qui fait largement usage de la métaphore de la terre comme vaisseau spatial renvoie à un passage d'Adlai Stevenson écrit en 1965 : «Nous voyageons ensemble sur un petit vaisseau spatial, à la merci de l'épuisement de ses faibles réserves d'air et de terre...» cité dans G. Hardin, *Exploring New Ethics for Survival*, New York, The Viking Press, 1972, p. 17.

89. Voir, par exemple, A. Marwick, *Britain in the Century of Total War — War, Peace and Social Change 1900-67*, Harmondsworth, Middx., Penguin Books, 1970.

90. M. Barkhum, *Disaster and the Millenium*, New Haven, Conn., Yale University Press, 1974, p. 6.

du mouvement de protestation contre la guerre du Vietnam pour finalement être adoptés par le mouvement écologiste[91].

Le deuxième type d'explication susceptible de rendre compte de la croissance de l'intérêt pour l'environnement se fonde sur le principe sociologique en vertu duquel seul un nombre limité de problèmes peut captiver l'intérêt du public à un moment donné et qu'au fur et à mesure que certains d'entre eux perdent de leur importance, ils sont remplacés par d'autres. Pour Durkheim, même une société de saints aurait ses problèmes sociaux[92]. Dans cette perspective, on a soutenu qu'un certain nombre d'autres problèmes concurrents, comme celui de la pauvreté, du logement et de la tension raciale étaient devenus moins importants pendant ces années d'abondance que furent les années 60, ce qui aurait permis aux problèmes autrefois moins importants, comme ceux qui touchent l'environnement, de retenir l'intérêt du public[93].

Le troisième type d'explication découle d'un autre point de vue sociologique, tout à fait opposé à celui qui précède. L'idée d'une concurrence entre les sujets d'intérêt public est rejetée et remplacée par l'argument selon lequel les questions à débattre sont généralement confinées dans des domaines considérés comme inoffensifs. Il s'ensuit, selon ce type d'argument, que l'intérêt pour l'environnement aurait détourné le public de questions beaucoup plus sérieuses et difficiles à résoudre, comme, par exemple, la guerre du Vietnam, les relations raciales, la violence, la pauvreté et les fléaux urbains[94]. La guerre du Vietnam, en particulier, a mis en lumière les abus et les distorsions de la science moderne[95], en faisant connaître aux Américains des notions comme celle de champ de bataille informatique dépersonnalisé — où des détecteurs chimiques et électroniques transmettaient par ordinateur les informations relatives aux mouvements repérés dans la jungle à des bombardiers automatiques qui étaient ensuite guidés vers leur cible. De vastes espaces furent par ailleurs détruits au moyen de défoliants. Les protestations contre la guerre du Vietman étaient par conséquent associées à la fois à l'écologisme et au mouvement anti-science, ce qui facilitait d'autant le déplacement d'un centre d'intérêt à l'autre.

91. A. Schnaiberg, «Politics, Participation and Pollution : the Environmental Movement» in J. Walton et D.E. Carns (éds.), *Cities in Change : Studies on the Urban Condition*, Boston, Mass., Allyn and Bacon, 1973, pp. 605-627.
92. E. Durkheim, *Les règles de la méthode sociologique*, (1937), Paris, PUF, 1973 (pp. 65 à 73 de l'édition anglaise, Glencor, Illinois, The Free Press, 1950).
93. Voir W. Solesbury, «The Environmental Agenda», *Public Administration*, vol. 64, 1976, pp. 379-397.
94. Voir, par exemple, C.M. Hardin, «Observations on Environmental Politics» in S.S. Nagel (éd.) *Environmental Politics*, Londres, Praeger, 1974, p. 182.
95. Voir J. McDermott, «Technology : The Opiate of Intellectuals», *The New York Review of Books*, 31 juillet 1969; repris dans A.H. Teich (éd.), *Technology and Man's Future*, New York, St. Martin's Press, 1972, pp. 151-178.

Le quatrième type d'explication met l'accent sur l'intérêt pour les problèmes d'environnement manifesté par la moyenne et la grande bourgeoisie. Les effets sur le milieu écologique des innovations technologiques s'étaient généralisés à un point tel que même les riches ne pouvaient plus s'y soustraire[96]. Les retombées radioactives, le pétrole déversé par le Torrey Canyon et la présence d'insecticides dans les aliments constituaient des problèmes auxquels on ne pouvait plus échapper par la simple mobilité géographique — comme cela avait été le cas pour beaucoup de problèmes plus anciens et plus localisés, dus à l'insalubrité de certains quartiers, à la fumée ou aux égouts.

Le cinquième type d'explication part du point de vue que certains milieux économiques avaient avantage à soutenir l'idée d'une crise écologique. Par exemple, la thèse des pressions exercées par la surpopulation sur les ressources agricoles a contribué à accélérer la mise en oeuvre de la Révolution verte. Harry Cleaver Jr. a montré quels en étaient les intérêts politiques et économiques sous-jacents :

> [...] La Révolution verte a été financée et pourvue en personnel par certaines des plus importantes institutions élitistes de la classe dominante américaine. Les objectifs de cette stratégie agricole basée sur une nouvelle technologie étaient d'augmenter la stabilité sociale, de permettre aux marchés capitalistes de pénétrer les régions rurales et de créer des possibilités de ventes et d'investissements à l'intention de l'industrie agro-alimentaire multinationale[97].

Dans une étude sur le Club de Rome et son rapport sur les limites de la croissance, Robert Golub et Jo Townsend soutiennent que pendant les années 60 l'indépendance des pays en voie de développement riches en matières premières, ainsi que leur croissance démographique, menaçaient la stabilité de l'ordre économique. D'où la création, par certains intérêts économiques, du mythe d'une crise écologique destiné à forcer la coopération internationale. La stabilité résultant de la mise en place de règlements et de contrôles internationaux fiables devait, dans cette perspective, permettre une croissance industrielle planifiée grâce à la constante augmentation du nombre des grandes compagnies multinationales[98].

Nul doute que d'autres facteurs aient eu leur importance dans le fait que l'intérêt pour l'environnement n'ait pas été un simple phénomène de mode éphémère. Divers intérêts pour l'expansion d'une industrie de protection de l'environnement ont fait des problèmes écologiques une question politique dont les retombées n'étaient pas à craindre[99].

---

96. Enzensberger, *op. cit.*, note 47.
97. H. Cleaver Jr., *Monthly Review*, juin 1972, p. 90.
98. R. Goub et J. Townsend, «Malthus, Multinationals and the Club of Rome», *Social Studies of Science*, vol. 7, 1977, pp. 201-222.
99. Pour une analyse plus détaillée de cette question, voir A. Downs, «Up and Down with Ecology — the «Issue Attention Cycle», *Public Interest*, vol. 28, 1972, pp. 38-50.

Les raisons permettant d'expliquer la baisse de l'intérêt pour ces questions et l'apparition de points de vue plus optimistes sur les limites de la croissance sont tout aussi variées, mais elles ont été moins bien étudiées. Sans doute une partie de l'explication doit-elle être recherchée dans l'analyse critique à laquelle les perspectives pessimistes devaient inévitablement donner lieu et qui, on l'a vu, en a démontré les faiblesses. De plus, on s'est aperçu que bien des histoires alarmistes contenaient une part considérable d'exagération. Aux beaux jours de l'écologisme dominant, ses partisans dénoncèrent violemment les rapports plus optimistes, comme celui de John Maddox intitulé *The Doomsday Syndrome*[100]. Toutefois, les changements sociaux survenus au début des années 70 avaient déjà commencé à favoriser l'adoption de points de vue plus optimistes.

Il n'est pas surprenant que le débat sur les limites de la croissance ait atteint toute son ampleur vers la fin d'une période marquée par des changements sociaux et une croissance économique encore jamais vus. Après, ce sont d'autres problèmes sociaux, comme le chômage, l'inflation et la crise économique mondiale, qui ont commencé à retenir l'attention du public. Dans un tel contexte, les théories prônant la croissance zéro pouvaient plus facilement être écartées. Pour reprendre les termes de Beckerman, qui s'est porté à la défense de la croissance économique, « renoncer à la croissance économique, c'est condamner à la pauvreté, à la famine, à la maladie, à la misère noire, à la déchéance et à l'esclavage d'un labeur qui détruit l'âme, plusieurs millions d'êtres humains[101] ».

L'adoption de mesures législatives et administratives a calmé une bonne part de l'inquiétude suscitée par la dégradation de l'environnement. La *National Environmental Protection Act* adoptée en 1970 aux États-Unis, la *Control of Pollution Act* de 1974 en Grande-Bretagne, ainsi qu'un grand nombre de changements apportés aux lois d'autres pays, ont contribué à désamorcer le débat. De même, la création d'une agence de protection de l'environnement (*Environmental Protection Agency*) aux États-Unis et d'un ministère de l'Environnement au Royaume-Uni, ainsi que la tenue de réunions et de conférences internationales, ont aidé à dissiper les craintes des pessimistes[102]. On peut aussi soutenir que les écologistes eux-mêmes ont consenti à un compromis, particulièrement aux États-Unis, en participant aux activités du gouvernement. L'*Environmental Impact Statement* (EIS) a fourni une quantité énorme de travail aux écologistes engagés dans la préparation des rapports;

---

100. J. Maddox, *The Doomsday Syndrome*, Londres, Macmillan, 1972.
101. Beckerman, *op. cit.*, note 30, p. 9.
102. D'après le rapport d'une enquête effectuée dans le cadre du programme des Nations-Unies pour l'environnement, 70 pays ont créé des organismes analogues aux ministères de l'environnement ou aux agences de protection de l'environnement; seulement 28 pays, dont la plupart sont des pays moins avancés, ne se sont pas dotés de tels organismes. Voir « Document : the State of the Environment in 1976 — Report of the Executive Director of the United Nations Environmental Program (UNEP) », *Earth Law Journal*, vol. 2, 1976, pp. 172-188.

l'EIS pour le pipeline de l'Alaska a coûté à lui seul 8 millions de dollars. On a assisté à la création massive d'emplois à l'intention des écologistes, et à la prolifération de cabinets privés d'experts-conseils qui ont intégré le mouvement écologiste dans leur structure commerciale[103]. De plus, le rôle actif joué par les groupes de citoyens dans le phénomène de la «technologie participative», bien qu'il ait contribué à accentuer les conflits, a en partie satisfait à l'exigence de plus en plus répandue d'une participation démocratique accrue aux prises de décisions touchant l'environnement[104].

Anthony Downs a soutenu que le déclin d'un problème débattu publiquement peut s'expliquer en partie par une prise de conscience graduelle des coûts que sa solution impliquerait pour la société[105]. À première vue, les coûts liés à la limitation de la croissance vont à l'encontre des intérêts du monde des affaires. Mais le contrôle de la pollution et les mesures d'économie d'énergie ne gênent pas réellement les intérêts commerciaux dans la mesure où les coûts sont imputés aux consommateurs. En fait, il est même possible de faire des profits supplémentaires en installant des systèmes anti-pollution. Toutefois, les politiques menaçant les sources de profit ont été dénoncées avec véhémence, comme en témoigne ce discours du directeur du conseil d'administration de *General Motors* :

> [...] Les avantages politiques à court terme que procurent des lois de protection du consommateur spectaculaires mais inappropriées peuvent causer des torts irréparables à ceux-là mêmes qu'ils sont destinés à aider. C'est le consommateur qui se retrouve perdant lorsque des critiques irresponsables et une législation mal conçue détruisent la foi en notre système économique, lorsque le harcèlement nous détourne des buts à atteindre et lorsque l'idée même de libre entreprise est rabaissée aux yeux des jeunes gens pourtant appelés à nous succéder. On ne parle plus que de «responsabilité morale» de l'entreprise dans cette société négativiste qui est la nôtre. Si quelque chose ne tourne pas rond dans la société américaine, c'est la faute des entreprises [...] Le sombre nuage de pessimisme et de méfiance qui projette son ombre sur la libre entreprise lui enlève la possibilité d'assumer ses responsabilités économiques fondamentales — sans parler de sa capacité de s'en forger de nouvelles[106].

---

103. Voir D. Nelkin, «Scientists and Professional Responsibility: the Experience of American Ecologists», *Social Studies of Science*, vol. 7, 1977, p. 81.

104. Voir, par exemple, J. Carroll, «Participatory Technology», *Science*, vol. 171, 19 février 1971, pp. 647-665 ; D. Nelkin, «The Political Impact of Technical Expertise», *Social Studies of Science*, vol. 5, 1975, pp. 35-54 ; D. Nelkin, *Technological Decisions and Democracy : European Experiments in Public Participation*, Berverly Hills, Calif., et Londres, SAGE Publications, 1977 ; et S. Ebbin et R.Kasper, *Citizen Groups and the Nuclear Power Controversy : Uses of Scientific and Technological Information*, Cambridge, Mass. et Londres, MIT Press, 1974.

105. Downs, *op. cit.*, note 99.

106. Allocution de J.M. Roche devant l'*Executive Club* de Chigago, rapportée dans le *New York Times* du 21 avril 1971, p. 47 ; cité d'après Schnaiberg, *op. cit.*, note 91, p. 606.

Certains facteurs ayant contribué à la genèse de l'écologisme devinrent par ailleurs moins importants. La guerre du Vietnam prit fin; la culture des jeunes et le mouvement hippie se désintégrèrent. Une bonne partie de l'inquiétude liée à la détérioration de l'environnement se reporta sur la question des politiques énergétiques. Le geste inattendu de l'OPEP, en 1973, a certainement eu beaucoup à voir avec ce changement de préoccupations, mais ce qui a surtout captivé l'intérêt du public, c'est le débat sur les politiques nucléaires. Ce sont les réacteurs sur-régénérateurs rapides et la perspective d'un avenir dominé par l'énergie nucléaire qui sont peu à peu devenus la bête noire des écologistes. L'opposition à l'énergie nucléaire implique toutefois que l'on croie à la possibilité de répondre aux futurs besoins énergétiques par des mesures d'économie d'énergie et par le recours à des sources d'énergie alternatives. C'est là l'argument qui est revenu le plus souvent au cours de l'enquête publique tenue pendant l'été 1977, après que la *British Nuclear Fuel* eut demandé l'autorisation de construire une usine de retraitement du combustible irradié à Windscale[107].

CONCLUSION

Après 1972, les points de vue pessimistes qui s'étaient développés dans le débat sur les limites de la croissance ne reçurent plus le même appui, même si dans les universités, les gouvernements et les organismes internationaux on multipliait les études et les modèles informatisés d'analyse de l'écosystème mondial afin de vérifier les arguments présentés dans *Halte à la croissance?*[108]. Ce changement global de perspective se produisit sans toutefois entraîner un rejet total de l'idée selon laquelle il fallait limiter l'accroissement de la population. Cet aspect du

---

107. Voir, par exemple, *Windscale : A Summary of the Evidence and Argument*, Londres, The Guardian Newspapers Ltd., 1977; Town and Country Planning Association, *Planning and Plutonium*, Londres, TCPA, 1978; Czech Conroy, *What Choice Windscale? The Issues of Reprocessing*, Londres, Les amis de la terre et la Conservation Society, 1978; Ian Breach, *100 Days of History : the Windscale Inquiry*, Londres, New Scientist Publications, 1978; et Breach, *Windscale Fallout : A Primer for the Age of Nuclear Controversy*, Harmondsworth, Middx., Penguin Books, 1978.

108. Le directeur de l'*Analysis Research Unit* du ministère de l'Environnement du Royaume-Uni, Peter Roberts, qui a dirigé des travaux de simulation de l'évolution du monde, a évalué différentes études de ce genre, provenant de la Sussex University, du groupe *Bariloche* en Argentine, de l'équipe Case Western/Hanovre/Grenoble, de l'unité Amsterdam et de l'équipe de Kaya au Japon. Voir P. Roberts, « The World Can Yet be Saved », *New Scientist,* 23 janvier 1975, pp. 200-201. Sam Cole, Jay Gershuny et Ian Miles ont récemment passé en revue seize études de scénarios de l'évolution du monde. Dans leur analyse, ils utilisent une typologie à douze facteurs constituée de trois visions du monde : conservatrice, réformiste et radicale, sur un axe, et de deux paramètres : croissance accélérée/ralentie et égalité/inégalité, sur l'autre axe. Voir Cole, Gershuny et Miles, « Scenarios of World Development », *Futures,* vol. 10, 1978, pp. 3-20.

débat sur les limites de la croissance ne faisait certainement peser aucune menace sur la structure des pays capitalistes avancés. Au contraire, on voyait bien que le contrôle de la population aurait pour effet d'assurer à ceux-ci une meilleure part des ressources dans l'avenir[109]. Cela explique le caractère quelque peu surprenant des politiques proposées dans le rapport intitulé *Future World Trends*, où l'on se fondait sur des arguments scientifiques pour rejeter l'idée d'une croissance matérielle zéro, mais où l'on défendait une politique de contrôle démographique sans l'appuyer d'aucun argument.

Ce passage de la position radicalement conservatrice défendue dans *Halte à la croissance?* à la position, plus optimiste et plus acceptable sur le plan politique, des partisans du libéralisme économique, s'est accompagné d'une diminution d'intérêt de la part du public, laquelle s'est traduite notamment par l'absence de réactions à la publication d'ouvrages sur le sujet. Les propositions avancées par le courant marxiste et les théoriciens de l'économie politique, reprises récemment par le bloc communiste et quelques pays en voie de développement à l'occasion de conférences internationales, de même que par une minorité d'intellectuels occidentaux, sont, dans leur ensemble, inacceptables, politiquement, dans les pays industrialisés de tradition libérale. En fait, les arguments scientifiques pour ou contre chacune des grandes positions idéologiques que l'on a adoptées sur la question des limites de la croissance, et dont certaines, on l'a vu, remontent au XIXᵉ et même au XVIIIᵉ siècles, n'ont eu, somme toute, qu'un effet limité sur l'évolution du débat et des idées. On nous permettra cependant de penser que, par rapport aux prophéties néo-malthusiennes, les analyses du marxisme et de l'économie politique présentent une plus juste approximation de la réalité.

---

109. Ce point est développé en détail dans K. Buchanan, «The White North and the Population Explosion», *Antipode,* vol. 5, 1973, pp. 7-15. Voir aussi Harvey, *op. cit.,* note 14.

CHAPITRE 4

LA POLITIQUE SCIENTIFIQUE AU CANADA : POUR UNE ÉCONOMIE POLITIQUE DE LA SCIENCE ET DE LA TECHNOLOGIE

Raymond Duchesne
Télé-université
Université du Québec

La politique scientifique

Depuis la fin de la Seconde Guerre mondiale, la majorité des pays industrialisés et plusieurs pays en voie de développement ont été amenés à se doter d'une politique scientifique. Par politique scientifique, on désigne généralement l'ensemble des mesures prises par un État afin d'assurer la production, la diffusion et l'application du savoir scientifique et technologique en fonction de ses objectifs généraux. Comme chaque État fixe, selon ses traditions et ses moyens, ses objectifs en matière de développement culturel, de croissance économique et de bien-être public, il va de soi que la manière dont on utilisera l'instrument que constituent la science et la technologie variera considérablement d'un pays à l'autre.

La politique scientifique d'un État ne dépend pas uniquement de sa culture propre, de son organisation sociale ou de sa structure économique; elle est également influencée par les relations politiques et commerciales que le pays entretient avec le reste du monde et, d'une manière plus générale, par l'évolution de la conjoncture internationale. En 1971, un organisme regroupant les nations les plus avancées du «monde libre» prédisait que les objectifs traditionnels de la politique scientifique (*i.e.* la sécurité nationale et la course aux armements, le prestige national, la croissance de la production de biens et de services destinés à la consommation privée, etc.) perdraient bientôt de l'importance par rapport à des objectifs nouveaux (*i.e.* amélioration des services sociaux et croissance de la consommation «publique», aide aux pays en voie de développement, lutte contre la pollution, etc.) définis en fonction de l'épuisement des ressources naturelles, d'une détérioration de l'environnement et des problèmes croissants que pose le sous-développement[1].

C'est dans ce contexte général que le Canada a tenté, lui aussi, d'élaborer une politique de la recherche scientifique et de l'innovation technologique. Longtemps dépourvu d'une politique scientifique[2], le gouvernement fédéral s'est efforcé, depuis 1960, de combler ce retard en procédant à un inventaire du potentiel scientifique et technologique national (*i.e.* effectifs, institutions et industries activement engagées dans la recherche et développement (R-D), budgets, etc.), en créant des organismes responsables de la coordination et de la planification de l'effort scientifique canadien, en définissant les objectifs culturels, sociaux et économiques de cet effort scientifique et, enfin, en tentant de faire coïncider sa politique scientifique avec ses politiques culturelles, commerciales, industrielles, internationales, etc.

Les interventions du gouvernement fédéral sur ces différents points ont remporté des succès inégaux. En prenant la mesure du potentiel scientifique et technique canadien, on a pu faire ressortir certaines faiblesses et certains déséquilibres de notre système scientifique. C'est avec l'espoir de porter remède à ces faiblesses que le gouvernement fédéral a créé, depuis 1960, divers organismes, tels le Conseil des Sciences et le ministère d'État aux Sciences et à la Technologie[3], chargés

---

1. Organisation de coopération et développement économique, *Science, croissance et société. Une perspective nouvelle*, Paris, 1971.
2. C'est là, du moins, l'opinion du Comité sénatorial de la politique scientifique, appelé aussi Comité Lamontagne, du nom de son président. Voir le *Rapport du Comité*, vol. 1, 1971, p. 65.
3. Le Conseil des Sciences fut créé en 1966 et le MEST en 1971. On trouvera une évaluation critique des mandats et de la performance de ces organismes dans le *Rapport du Comité sénatorial*, vol. 3, 1973, chapitre 20. Deux études portent sur l'histoire et l'évolution récente des organismes fédéraux directement ou indirectement impliqués dans la formulation d'une politique scientifique : G. Bruce Doern, *Science and Politics in Canada*, Montréal, McGill-Queen's University Press, 1972, et F. Ronald Hayes, *The Chaining of Prometheus. Evolution of a Power Structure for Canadian Science*, Toronto, University of Toronto Press, 1973.

d'élaborer et d'appliquer une politique scientifique nationale. Cependant, c'est en tentant de définir les objectifs d'une telle politique que le pouvoir central a rencontré l'opposition la plus vive et c'est en s'efforçant d'intégrer la politique scientifique à ses autres politiques sectorielles qu'il a connu, du moins jusqu'à présent, les plus grandes difficultés.

Afin d'expliquer les succès mitigés du gouvernement fédéral dans le domaine de la politique scientifique, on peut évoquer les nombreuses difficultés qu'impliquent la coordination et la planification des activités d'une multitude d'agences gouvernementales, d'universités, d'organismes privés, de laboratoires industriels, représentant toutes les sciences et leurs champs d'application. Outre la difficulté de coordonner les trois grands secteurs où se fait la recherche et le développement (*i.e.* le gouvernement, les universités et le domaine privé), difficulté commune à tous les pays où l'on a tenté d'appliquer une politique scientifique globale, on cite habituellement certaines particularités du système politique et économique canadien qui auraient eu pour effet de rendre plus complexe et plus délicat encore le processus d'élaboration d'une politique nationale de la recherche scientifique et de l'innovation technologique.

Premièrement, on note que le système constitutionnel canadien, partageant les pouvoirs entre le gouvernement central et les provinces, ne favorise pas la formulation d'une politique scientifique globale et la coordination des efforts. Ainsi, parce qu'il n'a aucune juridiction en matière d'enseignement supérieur, le gouvernement fédéral ne peut agir directement sur la «production» des scientifiques et des ingénieurs qui seront engagés dans l'effort scientifique national. De même, parce que les responsabilités en matière d'économie sont partagées entre Ottawa et les provinces, toute politique d'encouragement à l'innovation industrielle doit faire l'objet de concertation et souvent d'ententes de coopération. Ce ne sont là que deux exemples des difficultés que génère, dans le domaine de la politique scientifique, le régime constitutionnel canadien : on pourrait les multiplier en évoquant les divergences de vues et d'objectifs qui subsistent, en matière de développement culturel, de juridiction sur les ressources naturelles et les pêcheries, de relations internationales, de télécommunications, etc., non seulement entre les provinces et le gouvernement central, mais aussi entre les différentes régions du pays et les différents groupes ethniques qui forment la société canadienne.

Deuxièmement, on s'entend généralement pour constater que la structure de l'économie canadienne ne favorise guère la constitution d'un potentiel de recherche industrielle et d'innovation technologique. Le secteur manufacturier, où l'innovation doit jouer un rôle moteur et dont la croissance peut seule assurer un développement équilibré de l'économie canadienne, est très largement sous mainmise étrangère par le biais de sociétés multinationales. Les sociétés proprement canadiennes, dont la taille est généralement modeste, ne contrôlent que des parts restreintes du marché et sont concentrées dans les secteurs traditionnels (*i.e.* textiles, alimentation, vêtements, construction). Il semble qu'elles n'aient pas les moyens d'investir dans des activités de R-D, ni même de profiter des ressources mises à leur disposition dans le cadre de programmes gouvernementaux.

L'apparition de quelques multinationales canadiennes au cours des dernières années (*i.e.* Massey-Ferguson, Inco, Bombardier et quelques grandes firmes d'ingénieurs-conseils) ne suffit pas à changer réellement cette situation.

Enfin, on sait depuis les années soixante que le partage de l'effort scientifique au Canada entre les trois secteurs, gouvernement, entreprise privée et universités, présente des différences importantes avec le partage qui semble prévaloir dans d'autres pays industrialisés (voir le tableau 1). Ce déséquilibre apparent, qui fait du gouvernement fédéral le maître-d'oeuvre de la recherche scientifique canadienne, tient pour une bonne part à la structure même de l'économie et au régime constitutionnel du Canada. Il est le résultat d'une évolution historique qui prend sa source, comme nous le verrons, au XIXe siècle. Les rôles joués traditionnellement par les diverses institutions scientifiques canadiennes constituent, en quelque sorte, un héritage dont on doit tenir compte dans l'élaboration d'une politique scientifique nationale.

TABLEAU 1

Répartition des dépenses nationales de R-D par secteur d'exécution et par pays, 1967, en pourcentage

Pays	Industrie	Gouver-nement	Enseignement supérieur	Institutions sans but lucratif
Suisse	76,5	6,3	17,1	
Suède	69,9	14,2	15,5	0,4
É.-U.	69,8	14,5	12,2	3,6
Allemagne	68,2	5,1	16,3	10,4
Belgique	66,8	10,4	21,4	1,3
R.-U.	64,9	24,8	7,8	2,5
Japon	62,5	13,0	22,9	1,6
Pays-Bas	58,1	2,7	17,7	21,5
France	54,2	32,1	12,9	0,8
Canada	37,7	35,6	26,7	

Note : Nous avons arrondi les chiffres, ce qui peut fausser le total.

Source :   OCDE, Document DAS/SPR/70.48, Tableau IV. Tiré du *Rapport du Comité sénatorial de la politique scientifique.*

L'histoire des institutions scientifiques au Canada

Lorsqu'en 1968 le Comité sénatorial de la politique scientifique commença ses travaux, son premier soin fut de chercher dans l'histoire des institutions scientifiques canadiennes les raisons qui permettraient d'expliquer la prépondérance qu'avait prise le gouvernement d'Ottawa dans le financement et l'exécution de la recherche, et le fait qu'une très grande part des ressources étaient attribuées à la recherche fondamentale plutôt qu'à la recherche appliquée et au développement (voir le tableau 2). L'étude de la genèse et de l'évolution des institutions scientifiques canadiennes permit de faire ressortir le fait que le gouvernement fédéral avait eu, depuis le XIXe siècle, l'initiative en matière de recherche scientifique et technologique et qu'il avait graduellement accru ses responsabilités dans le domaine, suppléant à la faiblesse des universités et à l'inertie de l'entreprise privée[4].

TABLEAU 2

Répartition des dépenses nationales totales de R-D, par genre d'activité et par pays, 1967, en pourcentage

Pays	Développement	Recherche appliquée	Recherche fondamentale
Suisse[1]	*	*	14,5
R.-U.	64,6	24,4	11,0
É.-U.	64,3	21,6	14,1
Pays-Bas	48,7	*	*
France	47,8	*	*
Japon	42,5	30,8	26,7
Canada	38,9	38,0	23,1
Belgique	37,2	42,2	20,5

Note : Nous avons arrondi les chiffres, ce qui peut fausser le total.
1. Gracieuseté de l'Ambassade de la Suisse, Washington, D.C.
* Aucune répartition entre les catégories de R-D total.

Source : OCDE, Document DAS/SPR/70, Tableau V. Tiré du *Rapport du Comité sénatorial de la politique scientifique,* Volume 7, 1971, p. 133.

---

4. Les analyses historiques servent d'introduction au *Rapport du Comité sénatorial*, vol. 1, chapitres 2 à 5.

Les premières agences scientifiques du gouvernement fédéral, le *Geological Survey*, les *Fermes expérimentales* et le *Biological Board*[5], avaient été fondées à une époque où l'économie du Canada reposait essentiellement sur l'exploitation et l'exportation des ressources naturelles (minerais, pâtes et papiers, produits des pêcheries, etc.) et des produits agricoles (blé des Prairies, produits laitiers du Québec et de l'Ontario, etc.). Lorsque éclate la Première Guerre mondiale, le gouvernement d'Ottawa se voit contraint de mobiliser, dans le cadre de son effort de guerre, une bonne partie des ressources scientifiques et technologiques du pays au profit de la recherche militaire et de la recherche industrielle. Pour ce faire, on forme, en 1916, le Conseil national des recherches du Canada (CNRC) qui reçoit pour mandat officiel de coordonner les activités de recherche appliquée et de développement des universités, des industries et des autres agences gouvernementales[6]. À l'époque, beaucoup espèrent que la création du CNRC permettra d'offrir des carrières aux jeunes diplômés des universités canadiennes, trop souvent obligés de s'expatrier pour travailler. On espère également que le CNRC stimulera la croissance industrielle tout en réduisant la dépendance des entrepreneurs canadiens à l'égard de la technologie américaine et européenne.

Malheureusement, les universitaires se montrent peu enclins à consacrer leurs talents à la solution de problèmes industriels. Les agences fédérales, soucieuses de leur autonomie, résistent aux tentatives de coordination du CNRC. Enfin, les industries canadiennes, pour des raisons que nous examinerons plus loin, ne s'intéressent pas à la recherche et au développement de nouveaux produits et procédés de fabrication. Peu à peu le CNRC doit se substituer à la fois aux universités et à l'entreprise privée. Le Seconde Guerre mondiale vient renforcer cette tendance. Alors qu'aux États-Unis, le gouvernement fédéral accorde de substantiels contrats de recherche militaire et industrielle aux universités et aux industries, le gouvernement canadien adopte pour politique d'élargir les cadres et les responsabilités du CNRC. Au cours de la première année de la guerre, le personnel du CNRC passe de 300 à 2000 employés et son budget, de 900 000 $ à 7 000 000 $[7].

---

5. Sur l'histoire de ces agences, on pourra consulter : Morris Zaslow, *Reading the Rocks. The Story of the Geological Survey of Canada, 1842-1972*, Ottawa, Macmillan, 1975 ; *Fifty Years of Progress at the Experimental Farms*, Ottawa, 1939, et K. Johnstone, *The Aquatic Explorers. A History of the Fisheries Research Board of Canada*, Toronto, University of Toronto Press, 1977.

6. L'histoire du CNRC vient tout juste d'être écrite : Wilfrid Eggleston, *National Research in Canada. The NRC, 1916-1966*, Toronto, Clarke, Irwin, 1978. Une source plus ancienne : Mel Thistle, *The Inner Ring. The Early History of the National Research Council of Canada*, Toronto, University of Toronto Press, 1966.

7. *Rapport du Comité sénatorial*, vol. 1, p. 65. Sur le développement du CNRC en temps de guerre, voir également W.E.K. Middleton, *Radar Development in Canada*, Waterloo, Ontario, 1981 et N.T. Gridgeman, *Biological Sciences at the NRC*, Waterloo, Ontario, 1979.

Au sortir de la guerre, et tout au long des années cinquante, le gouvernement fédéral continue d'être le principal responsable du financement et de l'exécution de la recherche au Canada. Ses grands programmes de recherche, notamment le développement de la filière nucléaire CANDU et celui du chasseur supersonique CF Arrow[8], accaparent les ressources scientifiques du pays. En fait, il faut attendre le tournant des années soixante pour que la prépondérance d'Ottawa en matière de R-D commence à être sérieusement mise en question.

Les universités sont les premières à affirmer que la concentration des moyens au sein des agences fédérales entrave le progrès de la recherche au Canada. Depuis la fondation des premières universités au XIXe siècle, l'enseignement supérieur s'est développé lentement, servant principalement à former des médecins, des avocats, des prêtres et des pasteurs[9]. Isolées autant par les distances que par les barrières culturelles et religieuses, les universités canadiennes ne se sont guère illustrées par la recherche jusqu'après la Seconde Guerre. Au cours des années cinquante, une croissance rapide des effectifs étudiants des cycles supérieurs et la multiplication des programmes de sciences pures et appliquées les amènent à faire valoir la nécessité d'associer la recherche à l'enseignement et à réclamer une plus grande part des fonds de R-D. Après 1960, le rôle que joue le gouvernement fédéral dans le financement et l'exécution de la recherche fondamentale est de plus en plus fréquemment contesté dans les milieux universitaires.

À partir de 1970, c'est le rôle des agences fédérales, dans le domaine de la recherche appliquée et du développement, qui commence à être remis en question. Les difficultés croissantes qu'éprouve l'économie canadienne, tout particulièrement dans le secteur manufacturier, portent plusieurs économistes à affirmer qu'en se substituant à l'entreprise privée, le gouvernement d'Ottawa a empêché la formation de compétences nationales en matière de recherche industrielle. Les agences fédérales, laissées à elles-mêmes et trop éloignées des besoins concrets de la production industrielle, auraient consacré à la solution de problèmes scientifiques très généraux des ressources qui auraient été mieux utilisées si elles avaient été mises directement à la disposition des entreprises canadiennes. Ainsi privée d'un apport crucial, l'industrie canadienne n'aurait pas su se doter des compétences et des instruments nécessaires à la recherche scientifique et à l'innovation technologique, affaiblissant sa position vis-à-vis la concurrence étrangère et accroissant la dépendance technologique du Canada à l'égard des autres nations industrialisées.

Depuis les travaux du Comité sénatorial sur la politique scientifique, les appels se sont multipliés au Canada en faveur d'un redressement de la situation.

8. *Rapport du Comité sénatorial*, chapitre 4.
9. Pour ce qui est de l'histoire des universités canadiennes, la source la plus utile est sans doute : R.R. Harris, *A History of Higher Education in Canada, 1663-1960*, Toronto, University of Toronto Press, 1976.

On s'entend généralement pour réclamer du gouvernement fédéral qu'il abandonne respectivement aux universités et à l'entreprise privée plusieurs de ses responsabilités en matière de recherche fondamentale et de recherche appliquée. Nous examinerons plus loin les arguments que l'on invoque pour justifier une telle réforme de la politique scientifique canadienne et les solutions que l'on propose au problème du peu de dynamisme de la recherche industrielle. Auparavant, il est nécessaire de replacer dans une perspective historique la question de la dépendance technologique du Canada.

La colonisation technologique du Canada

Poser dans une perspective historique la question de la dépendance technologique du Canada revient à chercher pour quelles raisons l'industrie ne s'est jamais dotée d'un potentiel de recherche scientifique qui lui aurait permis d'être relativement autonome par rapport à la technologie étrangère. Cela doit nous permettre de mieux juger de la thèse, citée plus haut, selon laquelle le pouvoir fédéral, en intervenant dans le domaine de la recherche appliquée, aurait découragé l'initiative privée et empêché le génie inventif canadien de se manifester. Cela doit nous permettre également de mieux comprendre comment se pose aujourd'hui le problème de la dépendance du Canada à l'égard de la technologie étrangère et quelles solutions peuvent être envisagées.

Ceux qui ont écrit l'histoire de l'économie canadienne ont été unanimes à reconnaître que l'industrialisation a été rendue possible par l'injection massive, au cours de la deuxième moitié du XIXe siècle, de capitaux étrangers[10]. On a fait remarquer que ces investissements étrangers, principalement britanniques et américains, permettaient de suppléer à l'absence de capitaux canadiens, difficiles à accumuler dans un pays encore largement inoccupé et dont les ressources naturelles avaient été à peine entamées. Cependant, bien peu d'auteurs ont réalisé combien avait été important le transfert de technologie accompagnant ces mouvements de capitaux[11]. En fait, on peut croire que le Canada a dépendu au moins autant des techniques et des inventions que des capitaux de l'extérieur pour sa croissance industrielle.

Si les historiens du XXe siècle ont un peu sous-estimé l'importance de la technologie étrangère, surtout américaine, dans l'industrialisation du pays, les

---

10. Voir en particulier : W.T. Easterbrook et Hugh G.J. Aitken, *Canadian Economic History*, Toronto, Macmillan, 1956 et G.W. Bertram, «Economic growth in Canadian Industry, 1870-1915 : The Staple Model», in *Approaches to Canadian Economic History*, W.T. Easterbrook et M.H. Watkins éds., Toronto, Mc Clelland & Stewart, 1967, pp. 74-98.

11. Une brillante exception, sur laquelle nous basons notre discussion de l'impact de la technologie américaine : Tom Naylor, *The History of Canadian Business, 1867-1914*, Toronto, Lorimer, 1975; «Patents, Foreign Technology, and Industrial Development», vol. 2, chap. 10.

entrepreneurs et les hommes politiques canadiens du siècle dernier ne s'y sont pas trompés. Dès 1872, la loi canadienne des brevets favorisait l'importation des machines et des techniques américaines en les protégeant contre les pirates et les imitateurs. La protection de cette loi ne s'étendant qu'aux brevets dûment exploités au Canada, les entrepreneurs américains devaient y transférer au moins une partie de leurs installations de production ou, encore, s'associer à des entrepreneurs canadiens dans des entreprises conjointes (*joint ventures*). À compter de 1878, la *National Policy* vient accélérer le transfert des capitaux et des techniques américaines au Canada. Imposant des tarifs douaniers élevés sur les produits ouvrés entrant au Canada, la *National Policy* vise à accélérer l'émergence de l'industrie manufacturière canadienne. En fait, elle incite les manufacturiers américains, attirés par le marché canadien et surtout par le marché des Dominions de l'Empire britannique, à «coloniser» économiquement le Canada. Cette «intégration continentale»[12] de l'économie canadienne, qui en assure la dépendance technologique vis-à-vis de l'économie américaine, loin de susciter des réactions hostiles, semble avoir été accueillie avec enthousiasme par les entrepreneurs canadiens de l'époque. Certains déclarent en 1882 :

> Dans certaines sphères de la pensée et de la philosophie, nous pouvons suivre ce qui se fait à Oxford ou à Cambridge, à Edimburgh ou à Dublin, mais quand il s'agit de fabriquer des chaussures avec des machines, nous devons faire comme au Massachussetts... Bien qu'elles proviennent d'Angleterre, nos machines à tisser le coton sont utilisées de manière à produire des tissus semblables à ceux de Lawrence et de Fall River, et non à ceux de Blackburn et de Preston. Notre machinerie agricole est copiée sur celle de l'Ohio et de l'Illinois, avec quelques modifications proprement canadiennes : nos poêles sont copiés sur ceux d'Albany et de Troy[13].

Dans le dernier quart du XIXe siècle, la croissance industrielle du Canada est rapide : des secteurs manufacturiers entiers (*i.e.* textiles, vêtement, chaussure, quincaillerie, outillage agricole, meubles, bicyclettes, etc.) apparaissent, pour ainsi dire, du jour au lendemain. Dans ces secteurs des biens de consommation et de l'équipement léger, tout particulièrement dans celui de la machinerie agricole, les entrepreneurs canadiens réussissent à se maintenir tant bien que mal, en dépit de l'invasion américaine. Ils s'imposent souvent comme partenaires dans les nouvelles manufactures, fournissent leur part des capitaux, adaptent parfois les machines américaines et leurs produits à la demande locale, etc. On a même quelques exemples d'entrepreneurs canadiens qui obtiennent les droits d'exploitation de brevets originaux et qui contrôlent le marché local. Cependant, les succès des

---

12. Pour une analyse classique de cette «intégration continentale» de l'économie canadienne et de ses conséquences, voir : Albert Faucher, *Histoire économique et unité canadienne*, Montréal, Fides, 1970 et *Québec en Amérique au XIXe siècle*, Montréal, Fides, 1973.
13. Cité par Naylor, p. 46. Notre traduction.

entrepreneurs canadiens ne s'étendent pas au-delà des secteurs manufacturiers à faible capitalisation et à «basse technologie». Autour de 1900, lorsque l'industrie de base, l'industrie lourde, commence à se développer (*i.e.* industrie chimique, électrique, sidérurgie, pétrole, automobiles, biens d'équipement, etc.), les capitaux et la technologie sont en majorité américains. Bien plus, les grandes sociétés américaines adoptent pour stratégie de créer au Canada des filiales qu'elles contrôlent étroitement. Les petits constructeurs automobiles canadiens sont rapidement absorbés par les firmes américaines après 1900. Westinghouse, Marconi, Bell Téléphone, Dunlop Tire, General Electric, toutes se donnent des filiales canadiennes à la même époque[14].

Afin d'expliquer pourquoi le capitalisme américain a pu exercer un contrôle si étroit et si déterminant, sur le plan de la technologie, dans l'industrialisation du Canada, on a proposé diverses raisons. Les plus communément débattues comprennent les faiblesses du système d'enseignement canadien, incapable de fournir en nombre suffisant des ouvriers qualifiés, des administrateurs et des ingénieurs, le manque de capitaux industriels proprement canadiens, l'absence de recherche industrielle, la rareté des entrepreneurs locaux, etc. Nous citons ces raisons, qui sont probablement toutes valables à divers degrés, non seulement parce que certaines ont trait à la faiblesse du potentiel scientifique et technologique du Canada au XIX⁰ siècle, mais également parce qu'elles sont encore invoquées de nos jours pour expliquer la dépendance économique et technologique de notre pays à l'égard de son puissant voisin.

Il est difficile d'évaluer l'effet du contrôle américain de notre industrie sur le potentiel d'innovation technologique des Canadiens. Plusieurs ont prétendu qu'en inondant le Canada de leurs inventions, de leurs machines et de leurs procédés, et en intégrant notre industrie à la leur, les Américains ont empêché l'émergence d'une «technologie nationale originale» et la manifestation d'un génie inventif proprement canadien. Au moins un auteur a affirmé, au contraire, que les Canadiens avaient abondamment fait la preuve de leur esprit d'invention depuis le siècle dernier, mais que trop souvent nos inventeurs avaient dû s'exiler afin d'assurer le développement de leurs découvertes[15]. L'exemple d'Alexander Graham Bell, qui trouva aux États-Unis les fonds et l'aide technique nécessaires au développement du téléphone, illustre très clairement cette thèse[16]. Cette règle, selon

---

14. *Ibid.*, p. 56 et suivantes.
15. J.J. Brown, *Ideas in Exile. A History of Canadian Invention*, Toronto, McClelland & Stewart, 1967.
16. On trouvera une narration de l'invention du téléphone dans : Robert Collins, *Une voix venue de loin. L'histoire des télécommunications au Canada*, Toronto, Mc Graw-Hill Ryerson, 1977. Dans cet ouvrage, on trouvera également l'histoire des luttes que dut livrer la Bell Telephone of America Co. contre des entrepreneurs québécois et ontariens avant d'obtenir le monopole du service téléphonique au Canada.

laquelle des inventions canadiennes profiteraient fatalement à l'industrie américaine, est assez souvent présentée comme un corollaire de la dépendance économique.

Le tableau 3 tend à montrer que, du siècle dernier jusqu'à 1970, la dépendance technologique du Canada, dans la mesure où elle peut être précisée par le nombre de brevets enregistrés, ne s'est pas modifiée :

TABLEAU 3

Brevets accordés selon le lieu de résidence des détenteurs

Année	Total	Canada	É.-U.	R.-U.
1855	92	92	—	—
1860	150	150	—	—
1865	162	162	—	—
1870	556	556	—	—
1875	1 323	523	n.a	n.a.
1880	1 408	492	843	50
1885	2 447	610	1 498	85
1890	2 428	620	1 623	116
1895	3 074	707	1 980	179
1900	4 552	707	3 216	254
1905	6 647	888	4 451	309
1910	8 233	1 198	5 021	342
1914	9 241	1 334	5 220	558

Année	Nombre de brevets accordés	Lieu de résidence des détenteurs de brevets			
		Canada	R.-U.	É.-U.	Autres pays
1964-1965	23 451	1 116	1 936	15 951	4 448
1965-1966	24 241	1 131	2 000	16 274	4 836
1966-1967	24 432	1 222	1 769	16 614	4 827
1967-1968	25 836	1 263	1 862	17 583	5 128
1968-1969	27 703	1 433	2 013	18 542	5 715
1969-1970	31 360	1 814	2 263	18 702	8 581
Moyenne	26 170	1 330	1 974	17 278	5 589
Répartition %	100%	5%	7.5%	66%	21.5%

Tiré de Tom Naylor, *The History of Canadian Business, 1867-1914*, vol. 2, Toronto : James Lorimer & Co. 1975, p. 46, et du *Rapport du Comité sénatorial de la politique scientifique*, vol. 1, 1971, p. 144.

Comme l'indiquent les statistiques et l'histoire des techniques au Canada, les Canadiens n'ont pas été totalement absents du secteur de la recherche et du développement; seulement, leur participation au progrès technique semble avoir été directement proportionnelle au contrôle de leur propre économie.

La R-D et la croissance industrielle canadienne

Depuis 1970, l'économie canadienne a beaucoup souffert du ralentissement de la croissance mondiale. Face à la concurrence des pays hautement industrialisés, disposant de technologies de pointe, et à celle de pays semi-industrialisés (*i.e.* Taïwan, Corée du Sud, Hong Kong, etc.), où la main-d'oeuvre est peu coûteuse, le secteur industriel canadien a éprouvé de telles difficultés que certains auteurs ont commencé à parler d'un phénomène de «désindustrialisation»[17]. En fait, depuis 1970, la balance commerciale canadienne au titre des produits ouvrés a été déficitaire, les Canadiens important toujours plus qu'ils n'exportent. Cette situation semble d'autant plus grave que la dépendance canadienne à l'égard des produits étrangers de haute technicité (par exemple, les ordinateurs et autres produits de l'industrie électronique) s'est accrue, dépendance non compensée par les exportations de produits ouvrés de faible et moyenne technicité. La stagnation de l'ensemble du secteur industriel et le retard croissant accumulé dans les industries de pointe ont eu des répercussions négatives sur la main-d'oeuvre canadienne, tout particulièrement sur la création de nouveaux emplois à caractère technique ou scientifique. Le taux de chômage reste élevé et certains experts prévoient «que les générations futures de Canadiens auront des possibilités d'emploi moins intéressantes que leurs homologues des autres pays industrialisés»[18].

Les conséquences de la «désindustrialisation» ne s'arrêtent pas là. Longtemps les Canadiens ont cru qu'il leur suffirait d'exporter les matières premières dont le pays est richement pourvu afin d'équilibrer la balance du commerce extérieur et de maintenir un taux de croissance élevé du PNB. Depuis quelques années, un plafonnement de la demande internationale pour les matières premières, aggravé par l'apparition de nouveaux pays producteurs, notamment dans le Tiers monde, nous a obligé à réviser cette attitude. Au chapitre des services et autres «invisibles», la balance canadienne reste déficitaire et la croissance de notre secteur tertiaire, largement tributaire de celle du secteur manufacturier, s'est également ressentie de la crise. À plus ou moins brève échéance, les Canadiens risquent donc de voir leur niveau de vie se stabiliser et peut-être même s'abaisser.

---

17. Conseil des Sciences, *Le maillon consolidé. Une politique canadienne de la technologie*, Rapport n° 29, février 1979.
18. *Ibid.*, p. 28.

Les préoccupations qu'a fait naître cette éventualité ont amené plusieurs Canadiens à réclamer du gouvernement fédéral qu'il vienne en aide au secteur manufacturier et lui permette de redresser la situation.

Diverses solutions ont été envisagées. Pour sa part, le Conseil des Sciences, qui affirme depuis longtemps que la faiblesse de l'industrie canadienne a pour cause son manque de dynamisme technologique et son trop faible intérêt pour la R-D, a proposé d'attaquer le mal à sa racine en développant le potentiel de recherche et d'innovation du secteur manufacturier[19]. C'est entreprendre une réforme en profondeur de l'économie canadienne et heurter de plein front le problème de la mainmise étrangère.

Au Canada, beaucoup des entreprises les plus importantes et la majorité de celles actives dans les secteurs industriels de haute technologie, donc les plus susceptibles de disposer de moyens considérables pour la R-D, sont des filiales de sociétés étrangères. Comme l'ont démontré plusieurs études, cela signifie que leur stratégie de recherche et d'innovation technologique, quand elles en ont une, est généralement arrêtée et contrôlée par la maison-mère[20]. C'est pourquoi plusieurs filiales se contentent de faire un minimum de recherche, celle permettant, par exemple, d'adapter les produits au marché canadien, s'en remettant aux laboratoires de la maison-mère, habituellement situés aux États-Unis, pour la mise au point de nouveaux produits ou procédés. Pendant quelque temps, on a pensé à Ottawa qu'il fallait encourager les filiales de sociétés étrangères à établir au Canada des centres de recherche par des mesures fiscales et des subventions directes. Il semble maintenant que cela ne soit pas la solution, car plusieurs des entreprises qui se sont prévalues de ces encouragements se sont contentées de faire exécuter au Canada certaines opérations particulières, détachées de projets de recherche complexes, projets dont le laboratoire principal continue de superviser la conception finale et de développer les résultats. D'autres encore n'ont pas développé d'installations de production au Canada afin d'exploiter les nouveaux brevets, rapatriant systématiquement les résultats les plus intéressants de la recherche et du développement.

Comme il n'entre pas dans les habitudes politiques et économiques du Canada d'orienter l'activité des firmes multinationales, ni même de faire une sélection rigoureuse des investissements directs étrangers dans les différents secteurs

---

19. Dès 1971, le Conseil des Sciences se penchait sur le problème de la R-D industrielle : *L'innovation en difficulté: Le dilemme de l'industrie manufacturière au Canada*, Rapport n° 15, 1971. D'autres études ont été produites par le Conseil depuis, notamment Arthur J. Cordell, *Sociétés multinationales, investissement direct de l'étranger et politique des sciences du Canada*, Étude de documentation n° 22, 1971, L. Bourgault, *L'innovation et la structure de l'industrie canadienne*, Étude de documentation n° 23, 1973, et, plus récemment, J.N.H. Britton et J.M. Gilmour, *Le maillon le plus faible — L'aspect technologique du sous-développement industriel du Canada*, Étude de documentation n° 43, 1979.

20. Voir en particulier l'étude de Cordell, citée à la note précédente.

de son économie, on voit mal comment ces firmes pourraient être amenées à accroître leur participation à l'effort national de recherche et de développement industriel. Et comme elles ont été traditionnellement le véhicule de la diffusion au Canada des techniques étrangères, on voit mal par quel retour des choses elles pourraient participer au développement de notre autonomie technologique. C'est pourquoi le Conseil des Sciences a proposé d'axer la politique technologique du gouvernement fédéral en fonction des secteurs industriels et des entreprises contrôlés par les Canadiens.

Ces entreprises, souvent de petite ou moyenne dimension, sont celles qui ont le moins profité des progrès récents de la science et de la technologie. La stratégie proposée consiste essentiellement à mettre à leur disposition soit les moyens de faire elles-mêmes les recherches dont elles ont besoin, soit encore des solutions mises au point dans des laboratoires industriels financés par le gouvernement[21]. En d'autres termes, la politique d'Ottawa consiste à financer à la fois l'offre et la demande sur le marché des innovations technologiques. Sur le plan de l'offre, on vise «l'accroissement du potentiel canadien d'élaborer des techniques nouvelles»[22] en incitant les entreprises à mettre en commun leurs ressources consacrées à la R-D. Sur le plan de la demande, on tend à renforcer les capacités d'assimilation des techniques nouvelles par les petites entreprises canadiennes et à améliorer leur position de «consommatrices» de technologie étrangère[23].

Il va sans dire qu'une telle politique, qui favorise les industries canadiennes plutôt que les filiales de sociétés multinationales et qui a pour objectif principal d'assurer l'autonomie technologique du pays, est l'expression d'un certain «nationalisme économique». Il va sans dire également que, pour être efficace, elle doit se conjuguer avec d'autres éléments de la politique économique du gouvernement fédéral. En effet, beaucoup de mesures que peut prendre le gouvernement fédéral dans différentes sphères de l'activité économique ont des répercussions sur l'innovation technologique et son intégration à la production, ainsi que l'indique le tableau 4, préparé par le Comité sénatorial sur la politique scientifique.

La politique technologique proposée par le Conseil des Sciences s'inscrit donc dans le cadre d'une politique économique d'ensemble que pourrait adopter le gouvernement fédéral afin d'enrayer l'érosion du potentiel industriel canadien et d'accroître son contrôle sur l'économie nationale.

21. Pour une description des mesures proposées, voir *Le maillon consolidé*, pp. 50-59.
22. *Ibid.*, p. 53.
23. Fait à souligner, cette dernière recommandation est également citée dans les débats sur les transferts de technologie aux pays en voie de développement; voir, par exemple, Antonio Marques dos Santos, «Les mécanismes actuels du transfert de technologie sont-ils favorables aux PVD?», *Actuel développement* 9 (1975), pp. 26-33.

Les contraintes

Les Canadiens d'aujourd'hui mesurent probablement mieux que les politiciens et les hommes d'affaires d'il y a cent ans les implications de la dépendance. Ainsi, un historien canadien, Donald Creighton, a pu écrire il y a quelques années :

> Le Canada a toujours bien accueilli l'afflux de capitaux étrangers, à des conditions plus libérales que celles de n'importe quelle autre nation industrialisée. Les Canadiens ont toujours pensé que le capital américain leur avait permis d'exploiter leurs ressources et de développer leurs industries plus rapidement qu'ils n'auraient pu le faire par leurs propres moyens. Ils sont également convaincus que les connaissances scientifiques et la compétence technologique et administrative des Américains ont permis de hausser la productivité industrielle canadienne à un niveau qu'elle n'aurait pu atteindre autrement. Les Canadiens n'ont pas encore entrepris de critiquer l'existence des sociétés multinationales. Ils se rendent à peine compte qu'un investissement américain massif étouffe peut-être la croissance d'un marché canadien du capital et la formation de gestionnaires de l'industrie et d'entrepreneurs et réduit la recherche technique et scientifique réalisée au Canada...[24]

TABLEAU 4

Science et politique

Politique	Organismes du gouvernement	Répercussions sur les innovations
Du commerce extérieur	Industrie et Commerce	Accès aux marchés internationaux et stimulation des ventes de marchandises canadiennes.
Tarifaire	Finance	Concessions tarifaires réciproques et protection des fabricants canadiens.
Fiscale	Finance	Impôts directs et indirects en relation avec le développement industriel, les investisseurs et les entrepreneurs.
Monétaire	Finance	Masse monétaire, taux d'intérêt influençant les capitaux d'investissement; taux de change influençant les exportations et les importations.

24. *Canada's First Century*, Toronto, Macmillan, 1970, p. 76. Traduit et cité par Cordell, p. 22-23.

De la propriété	Finance	Filiales étrangères et capacité d'innover et performances du Canada en ce domaine.
Des approvisionnements	Approvisionnements et Services	Pouvoir d'achat du gouvernement influençant le développement de produits et de nouvelles technologies.
De la concurrence	Consommation et Corporations	Réglementation de l'exercice des monopoles, conversion du secteur secondaire de l'industrie manufacturière.
Des normes	Industrie et Commerce	Normes industrielles concernant la qualité et le bon fonctionnement des produits manufacturés.
Des relations industrielles et de la main-d'œuvre	Travail, Main-d'œuvre et Immigration	Dispositions du code du travail et recyclage des travailleurs qualifiés en fonction des situations technologiques.
Des brevets	Consommation et sociétés	Protection des brevets en rapport avec l'exploitation des inventions au Canada
Du développement régional	Expansion économique régionale	Implantation régionale d'industries; fragmentation industrielle.
De lutte contre la pollution	Environnement	Contrôle exercé sur la pollution industrielle et sur l'emploi des technologies.

Tiré du *Rapport du Comité sénatorial de la politique scientifique*, volume 2, 1972, pp. 585-586.

Ce ne sont pas là les seuls maux qu'engendre la dépendance à l'égard des sociétés multinationales. Au cours de l'hiver 1979, à un moment où l'on craignait une pénurie mondiale, la société américaine Exxon détournait des approvisionnements de pétrole destinés à sa filiale canadienne Imperial Oil vers les marchés de la Nouvelle-Angleterre. À peu près à la même époque, la société multinationale Inco annonçait la fermeture d'une de ses mines de Sudbury, en Ontario, et le licenciement de son personnel canadien, expliquant que l'exploitation de nouveaux gisements dans des pays du Tiers monde, où les salaires sont très bas, lui permettait désormais de fournir ses clients à meilleurs coûts. Ces deux exemples illustrent de manière dramatique la menace que constitue pour le Canada la perte de contrôle de certains secteurs économiques au profit d'intérêts étrangers. Dans le cas où les intérêts des sociétés multinationales ne coïncideraient pas avec les siens, le Canada n'a guère de moyens d'imposer sa volonté, ni même de se protéger contre une évolution défavorable de la conjoncture économique internationale.

Aussi pourrait-on penser que l'unanimité s'est faite, au Canada, au sujet de la politique technologique et scientifique proposée par le Conseil des Sciences, politique visant, répétons-le, à assurer notre autonomie technologique. Pourtant, le Conseil des Sciences et le gouvernement fédéral, qui a entériné certaines des recommandations du Conseil, ont été violemment critiqués pour leur «nationalisme économique». On a soutenu, en particulier, que cette politique technologique, favorisant certaines industries contrôlées par des intérêts canadiens plutôt que l'ensemble du secteur manufacturier, constituait une ingérence indue de l'État dans une économie de marché c'est-à-dire dans une économie libre[25]. Plus encore, on a soutenu qu'une telle politique équivalait à une forme nouvelle de «protectionnisme» et qu'annulant l'effet de la concurrence internationale sur les prix, elle aurait pour principale conséquence de forcer les Canadiens à payer davantage pour les biens et les services qu'ils consomment. Plus fondamentalement encore, on a affirmé que le «nationalisme économique» du Conseil des Sciences, loin de favoriser l'ensemble de la population, profiterait davantage à la bourgeoisie industrielle canadienne, en lutte contre des intérêts étrangers, ici représentés par les filiales de sociétés multinationales. Bref, on a invoqué contre la politique scientifique que semble vouloir appliquer le gouvernement fédéral les arguments traditionnels du libéralisme économique[26].

En outre, plusieurs ont vu dans les efforts faits par le gouvernement d'Ottawa pour se doter d'une politique scientifique globale, une volonté de centraliser le pouvoir en cette matière et de s'ingérer dans des domaines jusqu'ici contrôlés par les provinces. Craignant de voir l'action du pouvoir central concurrencer leur juridiction sur la culture, l'enseignement supérieur ou, encore, leurs politiques économiques et industrielles, les gouvernements provinciaux se sont empressés de définir leurs propres politiques scientifiques pour faire pièce à celle d'Ottawa. Cela pose de manière plus aiguë encore la question d'une concertation nationale en matière de recherche scientifique et technologique. Ainsi que l'affirmait un vice-président du Conseil des Sciences :

> On doit être préoccupé par l'existence d'économies régionales distinctes, ayant des intérêts très différents, mis en relief par les gouvernements provinciaux, au

---

25. Parmi les critiques les plus radicales du «nationalisme économique» et des politiques du Conseil des Sciences, on peut citer celles de Steven Globerman, «Canadian Science Policy and Economic Nationalism», *Minerva* 14 (2) (1976), pp. 191-208 et de Kristian S. Palda, *The Science Council's Weakest Link*, Vancouver, The Fraser Institute, 1979.
26. Il est significatif que l'essai du professeur Palda se termine par une longue citation d'Adam Smith à la gloire de la libre concurrence.

moment où l'économie canadienne fait face à de graves difficultés d'adaptation. Cette situation montre la nécessité d'innover en matière d'infrastructure et de relations entre les deux paliers de gouvernement. Il semble que les mécanismes fédéraux-provinciaux chargés d'éviter les contradictions en matière de politique industrielle soient trop faibles, [...]. On peut se demander s'il est possible d'ériger, sur ces fondements préliminaires et fragiles, les mécanismes fédéraux-provinciaux indispensables pour l'analyse permanente et l'élaboration de la politique industrielle, tout en harmonisant les intérêts divers de l'industrie. Ce sera le problème urgent des années quatre-vingt, à cause des bouleversements qui se produiront dans l'économie canadienne[27].

Nées de la mainmise étrangère sur une large part de l'industrie canadienne et du partage des pouvoirs entre différents paliers de gouvernement, les contraintes qui s'exercent aujourd'hui sur l'élaboration d'une politique scientifique risquent de ne pas être levées avant que soit amorcée une réforme radicale de l'économie et du partage du pouvoir politique au Canada.

---

27. John J. Shepherd, « L'innovation en matière de lignes de conduite et d'infrastructures », *Rapport annuel du Conseil des Sciences*, 1978, 1979, p. 59.

CHAPITRE 5

LA POLITIQUE SCIENTIFIQUE AU QUÉBEC : POUR UNE ÉCONOMIE POLITIQUE DE LA SCIENCE ET DE LA TECHNOLOGIE

Raymond Duchesne
Télé-université
Université du Québec

Les problèmes de la politique scientifique au Québec

En matière de politique de la science et de la technologie, les problèmes du Canada sont aussi ceux du Québec. Le partage des pouvoirs entre Ottawa et les provinces s'étendant au domaine de la recherche scientifique et du développement technologique, des divergences dans les objectifs et les interventions des gouvernements ont entraîné la multiplication des mécanismes de concertation et conduit à des négociations parfois très difficiles. Par ailleurs, la mainmise étrangère sur l'ensemble de l'économie du Canada et sur le secteur manufacturier en particulier menace tout autant la souveraineté de l'État fédéral que le droit déjà bien limité des provinces à déterminer la course du progrès économique. Le gouvernement du Québec, tout comme les autres administrations provinciales, a dû élaborer sa politique de la science dans l'espace constitutionnel que lui concède Ottawa et en fonction des contraintes qu'impose la dépendance canadienne à l'égard des capitaux et des techniques étrangères.

On peut cependant identifier dans le cas du Québec d'autres problèmes qui rendent plus difficile encore la détermination des objectifs et des moyens de la politique scientifique. On pense d'abord à la faiblesse relative des ressources scientifiques et technologiques dont dispose la province et au retard qu'elle accuse dans l'organisation de son système de la recherche et dans l'intégration de celui-ci à la structure économique. Même en proportion de sa population ou de son produit intérieur brut, le Québec a beaucoup moins de ressources (*i.e.* chercheurs et investissements) à consacrer à la recherche et au développement que l'Ontario ou, à plus forte raison, les États-Unis. Cet état de fait, qui n'est pas susceptible d'être modifié rapidement, on le conçoit sans peine, limite nécessairement l'envergure de la politique scientifique dont pourrait se doter le gouvernement provincial et la portée des mesures qu'il pourrait prendre en matière de financement et d'orientation de la recherche fondamentale et appliquée. Il ne saurait être question, par exemple, de développer simultanément tous les champs de spécialisation des sciences et du génie, ni même de tenter de satisfaire les besoins sociaux et économiques les plus urgents du Québec uniquement à partir des recherches faites ici. Ce manque relatif de moyens oblige les planificateurs à faire des choix, non pas entre le nécessaire et le superflu, la physique des hautes énergies ou la recherche spatiale, par exemple, mais entre des besoins socio-économiques qui s'imposent tous avec la même urgence. À court terme donc, toute la question de la politique scientifique consiste à utiliser au mieux les ressources disponibles, ressources qui sont et resteront bien en deçà des besoins. À long terme, la politique scientifique du Québec semble avoir pour objectif de rattraper le retard pris sur l'Ontario et les États-Unis et d'effacer les différences qui existent aujourd'hui dans l'organisation de la R-D, son financement et son intégration à l'ensemble de la société.

La poursuite d'un tel objectif signifie que l'État devra agir sur les tendances historiques qui ont façonné le système québécois de la R-D et qui expliquent son attardement relatif. On affirme généralement que le sous-développement du système québécois de la R-D va de pair avec le sous-développement économique de la province, où une trop grande partie des investissements industriels sont concentrés dans des secteurs traditionnels (*i.e.* textiles, alimentation, chaussure, etc.). Face à la concurrence étrangère, ceux-ci dépendent davantage pour leur survie du maintien des salaires à leur plus bas niveau que des progrès techniques. On explique également le retard scientifique et technologique du Québec par des phénomènes culturels et linguistiques, par le fait, notamment, que les Québécois francophones sont restés jusqu'au tournant de la Seconde Guerre mondiale relativement à l'écart des grands courants culturels et intellectuels qui traversaient le monde anglo-saxon. Le retard du Québec en matière de recherche scientifique et de développement technologique semblant dépendre des faiblesses structurelles de l'économie et de différences culturelles et linguistiques, il va de soi que la politique scientifique devra s'accorder avec l'ensemble des politiques de développement de l'État provincial, notamment avec la politique économique et les objectifs du développement social et culturel. Il ne suffit donc pas d'augmenter le nombre de chercheurs dans les universités et les laboratoires industriels du Québec, ni d'accroître les ressources mises à leur disposition; il faut encore que cet effort scientifique et technologique national ait un sens, c'est-à-dire qu'il serve à la fois les fins propres de la science (*i.e.*, «la découverte des lois qui gouvernent les phénomènes naturels»), et qu'il contribue à la réalisation d'objectifs économiques, à l'amélioration de nos conditions de vie et des services sociaux, au développement des moyens d'éducation et du cadre culturel, etc.

Depuis que l'on a commencé à parler au Québec d'une politique scientifique, c'est-à-dire depuis 1960, la nécessité d'intégrer les objectifs de la recherche scientifique et du développement aux ambitions économiques et aux aspirations culturelles de la société n'a jamais été mise en doute[1]. Au cours de la Révolution tranquille, différents ministères et organismes du gouvernement provincial se sont intéressés à la question de la politique scientifique, ce qui témoigne du fait que cette question a été traditionnellement perçue comme indissociable des différentes responsabilités de l'État, qu'il s'agisse du développement économique, de la réforme du système d'enseignement ou de l'amélioration des services sociaux[2]. Les fins de la politique scientifique québécoise, même lorsque celle-ci n'était encore qu'en voie de formation et ne recevait pas des ministres toute l'attention voulue, ont donc toujours été subordonnées aux autres objectifs de la politique provinciale. Depuis 1976, le gouvernement a tenté de rendre plus claire encore cette intégration en faisant connaître les principes et les règles de sa politique de la recherche scientifique et technologique. À cette fin, il rendait public, à l'été de 1979, un *Livre vert*, intitulé *Pour une politique québécoise de la recherche scientifique*[3], qui expliquait les intentions de l'État en ce domaine et décrivait les mesures que celui-ci entendait prendre à l'égard des différents constituants du système québécois de la recherche : le secteur universitaire, l'industrie privée et les laboratoires gouvernementaux. Parallèlement, le gouvernement faisait connaître ses intentions en matière de développement économique dans son *Énoncé de politique économique* et, en matière de culture, dans le *Livre blanc* intitulé *La politique québécoise du développement culturel*[4]. En outre, les travaux de la Commission d'étude sur les universités[5] indiquaient que le gouvernement songeait à entreprendre de nouvelles réformes de l'enseignement universitaire.

---

1. Pour une perspective historique sur ce débat, on pourra lire le chapitre I du *Livre vert* et Raymond Duchesne, *La Science et le Pouvoir au Québec (1920 — 1965)*, Québec, Éditeur officiel, 1978.
2. Cette idée ne trouve cependant sa reconnaissance officielle qu'au début des années 70 : voir, par exemple, *Les principes de la politique des sciences au Québec*, ministère de l'Éducation, 1972.
3. Québec, Éditeur officiel, 1979.
4. Québec, Éditeur officiel, 1978.
5. Sous la présidence de Pierre Angers, la Commission a remis les nombreux volumes de son *Rapport* entre mai 1979 et le début de 1980. Nous intéressent tout particulièrement les volumes du Comité de coordination, du Comité d'étude sur l'université et la société québécoise et du Comité d'étude sur l'organisation du système universitaire.

En 1980, le gouvernement publiait un *Livre blanc* sur la politique scientifique, intitulé *Un projet collectif. Énoncé d'orientations et plan d'action pour la mise en oeuvre d'une politique québécoise de la recherche scientifique*. Ce document donnait suite aux idées et aux propositions du *Livre vert* paru l'année précédente. Enfin, en 1982, le ministre d'État au Développement économique proposait au Québec de prendre le «virage technologique», c'est-à-dire de faire des nouvelles technologies (*i.e.* l'électronique, la biotechnologie, etc.) l'instrument privilégié de la croissance économique et du développement social. Dans un document intitulé *Le virage technologique. Programme d'action économique 1982-1986*, on trouvait rassemblées des propositions visant à modifier radicalement le paysage industriel du Québec.

Il faut donc examiner les propositions récentes du gouvernement québécois en matière de politique scientifique en relation avec les grands objectifs de sa politique économique et sociale. C'est à cet exercice que nous allons nous livrer dans les pages qui suivent. Cependant, on peut noter immédiatement que cette pratique qui consiste à lier les fins et les moyens de la politique scientifique à un plan global de développement de la société québécoise, même si elle paraît tout à fait sensée et «rationnelle» (pour employer l'expression consacrée dans les milieux de l'administration provinciale), pose certains problèmes particuliers. En liant ensemble des objectifs de natures différentes, comme la constitution d'un potentiel national de R-D et les multiples formes que devrait prendre l'affirmation de l'indépendance économique et culturelle des Québécois, on s'expose à tracer un plan d'action si complexe, un plan dont les différentes étapes doivent se succéder si rigoureusement, qu'il sera peut-être impossible de le réaliser. En faisant du système québécois de la recherche scientifique l'instrument de la réalisation d'objectifs économiques et sociaux, les planificateurs de l'administration provinciale n'ont peut-être pas assez reconnu que les divers constituants de ce système pourraient ne pas disposer des ressources et des compétences leur permettant de s'acquitter des tâches dont on voudrait les charger aujourd'hui, que la communauté scientifique québécoise pourrait ne pas accepter facilement d'être embrigadée dans la réalisation d'objectifs «nationaux» fixés par l'État et, enfin, que l'activité scientifique et technologique est déterminée par une logique et des impératifs qui transcendent souvent les cadres nationaux[6].

Parmi les nombreux problèmes qui se posent dans l'élaboration d'une politique scientifique et technologique au Québec, on remarque donc surtout le

---

6. Parmi ces déterminismes de la recherche qui dépassent les cadres nationaux, on peut souligner l'idéal occidental de la science pure et universelle et, dans un tout autre ordre de choses, les pressions qu'exerce le marché international de la technologie. À moins que, par sa politique scientifique, un gouvernement espère pouvoir changer l'éthique et la mentalité des hommes de science et atteindre une parfaite autonomie technologique, il doit reconnaître les limites possibles de son action dans le domaine.

caractère limité du potentiel de R-D québécois dans le contexte nord-américain, ce qui semble nous condamner à une relative dépendance à l'égard de la technologie étrangère, le retard pris dans l'organisation par l'État de l'effort national de recherche scientifique et technologique et, enfin, la subordination rigide des fins de la R-D à des objectifs politiques, économiques et sociaux que s'est fixés le gouvernement provincial.

L'état de la recherche scientifique et technologique au Québec

Même si elles révèlent un retard important sur les États-Unis et l'Ontario, les statistiques de la recherche et du développement permettent d'établir que l'activité scientifique et technologique du Québec constitue «un ensemble quantitativement et qualitativement important[7].» Comme le note le *Livre vert*, le Québec consacrait, en 1973, 1,1 % de son PNB à la recherche et au développement, ce qui équivalait à la moyenne des pays membres de l'OCDE, un effort comparable à celui de pays comme la Belgique, l'Australie, la Norvège ou le Danemark[8]. La participation de chacun des trois constituants du système scientifique québécois était très inégale : le secteur public, en additionnant la part du gouvernement fédéral et celle du gouvernement provincial, consacrait 55 millions de dollars à la R-D et employait près de mille scientifiques et ingénieurs. Les sept universités du Québec (Bishop, Concordia, McGill, de Montréal, Laval, Sherbrooke et du Québec), regroupaient plus de 6000 professeurs et dépensaient 45 millions de dollars aux fins de la R-D. Le secteur privé, pour sa part, dépensait près de 133 millions de dollars pour la recherche industrielle et le développement et employait 2 600 scientifiques et ingénieurs, répartis entre plus de 270 centres de recherches et laboratoires privés[9]. L'effort scientifique du Québec était donc considérable dès le milieu des années 70 et devrait continuer de s'accroître au cours des années 80[10].

Cependant, le développement de chacun des secteurs du système de la recherche est entravé par des problèmes particuliers, auxquels il faut ajouter les difficultés nées de la nécessité de coordonner l'action des différents agents et de faire en sorte qu'ils coopèrent à la réalisation des objectifs sociaux et économiques nationaux définis par l'État. Certains de ces problèmes sont anciens et tiennent à la manière dont s'est historiquement constitué le système québécois de la recherche depuis la fin du XIXe siècle. D'autres sont causés par l'évolution récente des institutions scientifiques dans le contexte social et économique du Québec. Examinons

---

7. *Livre vert*, page 38.
8. Ce chiffre et ceux qui suivent sont également tirés du *Livre vert*.
9. On trouvera un inventaire de la recherche industrielle faite au Québec dans : CRIQ, *Inventaire des entreprises manufacturières qui font de la recherche et du développement au Québec*, Québec, 1977.
10. On trouvera les statistiques les plus récentes dans le dernier volume de l'*Annuaire du Québec*.

rapidement les problèmes les plus importants, d'abord tels qu'ils se posent dans chacun des secteurs, puis pour l'ensemble du système de la recherche.

Parmi les universités du Québec, certaines sont très anciennes, comme l'Université McGill, fondée en 1824, et l'Université Laval, fondée en 1852, alors que d'autres, comme l'Université Concordia et l'Université du Québec comptent à peine une dizaine d'années d'existence. Fondées à différentes époques de l'histoire du Québec, les universités se sont vues investir de responsabilités diverses et ont été dotées de moyens fort différents[11]. Cela suffit presque à expliquer les différences que l'on constate aujourd'hui dans le développement de chaque institution, dans l'éventail des programmes qu'elles offrent et dans l'importance des recherches qui s'y font. En dépit de ces différences appréciables, toutes les institutions universitaires tendent à développer au maximum leurs programmes d'enseignement et à multiplier les domaines dans lesquels elles font des recherches, posant de la sorte le délicat problème de la spécialisation.

Aucune université, mis à part McGill, ne peut prétendre avoir fait une place importante à la recherche scientifique avant la Seconde Guerre mondiale et même jusqu'au tournant de 1960. Longtemps, les universités du Québec ne se sont occupées que d'enseignement, formant les professionnels du droit, de la santé, des affaires et du génie dont la société avait besoin. Cela signifie que le développement de la recherche universitaire est un phénomène récent, favorisé par les réformes de l'éducation et la croissance économique du Québec au cours de la Révolution tranquille. Cela signifie également que la recherche universitaire n'est pas née uniquement des besoins de l'enseignement (puisque l'on a pu enseigner longtemps sans faire de recherche[12]), mais aussi de l'intérêt qui s'est développé peu à peu chez les universitaires pour l'avancement des connaissances et de la réponse de ceux-ci aux appels des gouvernements et de l'entreprise les invitant à travailler sur des problèmes sociaux et techniques concrets. On explique par la diversité de ces motifs et de ces sollicitations la multiplication, dans les universités, d'activités de recherche et de développement en sciences pures et en sciences appliquées, en sciences de la santé et en génie, dans les humanités, les sciences sociales et les disciplines professionnelles. Comme certaines des recherches faites aujourd'hui dans les universités semblent davantage répondre aux besoins de l'État

---

11. Sur l'histoire des universités du Québec, on lira Duchesne, *op.cit.*, Robin Harris, *A History of Higher Education in Canada*, Toronto, University of Toronto Press, 1976, et J.-P. Audet, *Histoire de l'enseignement au Québec, 1608-1971*, Montréal, Holt-Rinehart & Winston, 1971.

12. La doctrine officielle veut que tous les professeurs d'université soient des chercheurs. Dans la réalité, il en va autrement. Certaines études récentes indiquent que seulement un professeur sur trois fait vraiment de la recherche. De plus, dans certaines universités comme Concordia, l'UQAM et l'Université de Montréal, une forte proportion de l'enseignement est assuré par des chargés de cours, qui n'ont pas la possibilité de faire de la recherche. La recherche ne serait donc pas indispensable à l'enseignement universitaire?

et de l'entreprise privée qu'aux besoins de l'enseignement ou à l'idéal et d'une poursuite désintéressée de la connaissance, d'aucuns ont cru pouvoir affirmer que les institutions québécoises s'étaient indûment approprié les responsabilités des autres secteurs et qu'il en résultait un déséquilibre dans le système de la recherche scientifique et technologique.

Outre ces problèmes résultant des inégalités de moyens entre les institutions et de ce déséquilibre du système scientifique favorisant, semble-t-il, la recherche universitaire au détriment de la recherche gouvernementale et de la recherche industrielle, il faut compter avec les difficultés que pose l'évolution démographique à la croissance des universités. Depuis 1960, la croissance des universités du Québec et l'accroissement des moyens dont elles disposaient pour la recherche étaient fondés sur l'augmentation continuelle du nombre des étudiants et donc des budgets d'immobilisation et d'opération. La tendance démographique se renversant, on voit poindre la menace d'une stabilisation des budgets et celle d'un vieillissement graduel du corps professoral, deux facteurs susceptibles de porter atteinte au dynamisme de la recherche universitaire.

En matière de recherche et de développement, le gouvernement provincial n'a jamais manifesté autant d'initiative que le gouvernement d'Ottawa. Au Québec, on ne trouve, bien sûr, rien de comparable au Conseil national des recherches, à la société Énergie atomique du Canada, responsable de la mise au point de la filière nucléaire CANDU, ou aux laboratoires du ministère de la Défense[13]. Cependant, depuis le XIXe siècle, les différents ministères du gouvernement provincial se sont progressivement dotés de laboratoires d'analyse et de services techniques. Dès 1888, le ministère de l'Agriculture installait à Saint-Hyacinthe un laboratoire d'analyse des sols. Après 1930, le même ministère crée des services d'entomologie et de protection des plantes. Le ministère de la Chasse et de la Pêche, pour remplir ses obligations en matière de protection de la faune et d'ensemencement des lacs, forme l'Office de biologie. Le Secrétariat de la province, organisme auquel il incombe alors de veiller à la santé publique, finance la création de l'Institut de microbiologie et d'hygiène de Montréal[14]. Au cours de la Révolution tranquille, à la faveur de la réforme de l'appareil gouvernemental, les initiatives se multiplient et une enquête réalisée en 1973 révèle que tous les ministères font de la recherche[15]. Parmi les agences gouvernementales et paragouvernementales les plus importantes, on note le Centre de recherche industrielle du Québec (CRIQ) et l'Institut de recherche en électricité du Québec (IREQ), dont les travaux visent à accroître le potentiel industriel de la province.

---

13. Voir le chapitre précédent sur la politique des sciences au Canada.
14. Devenu depuis l'Institut Armand-Frappier. Sur l'histoire des services scientifiques du gouvernement provincial depuis 1920, voir Duchesne, *op.cit.*
15. Conseil de la politique scientifique du Québec/AREQ, *Inventaire de la R-D au gouvernement du Québec, 1972-1973.* Québec, Éditeur officiel, 1974.

Si, de l'avis de tous, la recherche gouvernementale a un rôle important à jouer sur le plan du service à la population et sur le plan de l'amélioration de la gestion interne de l'appareil de l'État, on ne s'entend pas toujours sur les règles administratives et politiques qui pourraient uniformiser la gestion des différentes agences et qui permettraient d'éviter que celles-ci ne se substituent aux universités ou au secteur privé en entreprenant des recherches dites «de compensation» [16]. Il faudrait également, selon certains, faciliter la diffusion des résultats de la recherche gouvernementale parmi ceux qui peuvent en bénéficier; par exemple, les agriculteurs, la PME et l'ensemble des consommateurs. Il semble que les travaux des chercheurs gouvernementaux ne soient pas suffisamment connus hors des laboratoires de l'État.

Dans le secteur privé, la recherche et le développement continuent d'être relativement sous-développés et ne servent pas la croissance industrielle du Québec autant qu'ils le devraient. Depuis la fin des années 60, diverses initiatives gouvernementales, comme la création du CRIQ, les dégrèvements d'impôts pour les dépenses à des fins de R-D et l'aide directe à la recherche et à l'innovation, ont aidé certaines industries québécoises en ce domaine [17]. Cependant, il n'y a pas eu de changement radical dans le rôle que joue la R-D dans le secteur industriel et aucun des problèmes qui en entravent le développement n'a trouvé de solution. Parmi ces problèmes, que cite d'ailleurs le *Livre vert* [18], on retient surtout l'influence négative qu'a sur la constitution d'un potentiel québécois de R-D la mainmise étrangère sur près de la moitié de notre industrie manufacturière. S'étendant à 44,6 % (selon la valeur ajoutée) pour l'ensemble du secteur manufacturier, le contrôle étranger varie cependant beaucoup d'un domaine industriel à un autre; les investissements étrangers sont concentrés dans l'industrie lourde (*i.e.* métallurgie, pétrochimie, biens d'équipement) à forte capitalisation et à haute technologie, laissant aux entrepreneurs québécois le contrôle des secteurs industriels plus traditionnels, en particulier celui des biens de consommation non durables. Comme l'indique le tableau 1, il existe une relation directe entre le degré de contrôle étranger qui s'exerce sur les différents secteurs de notre industrie et l'importance des activités de R-D.

---

16. Par là, on entend les recherches que l'État doit entreprendre, non pour subvenir à ses propres besoins administratifs, mais pour suppléer au manque de moyens de certaines institutions ou de certains groupes : les PME, les fermiers, les populations autochtones, les petites municipalités, etc.

17. L'essor de l'industrie pharmaceutique dans la région de Montréal au cours des années 60 serait dû à des mesures de ce type.

18. *Livre vert*, chapitre 5.

TABLEAU 1

Contrôle étranger et dépenses de R-D dans des secteurs industriels typiques

		Pourcentage de la valeur ajoutée par des entreprises sous contrôle étranger (1961)	Pourcentage des dépenses de R-D par rapport à la valeur ajoutée (1971)
Secteurs sous contrôle québécois	Bois	2,8	,11
	Meubles	7,0	—
	Textiles	29,6	,54
	Aliments	34	,25
Secteurs sous contrôle étranger	Métaux	61	1,1
	Instruments de précision	72	6,3
	Machinerie et matériel de transport	72	5,1

D'après *Le cadre et les moyens d'une politique québécoise concernant les investissements étrangers,* gouvernement du Québec, (1975) et CRIQ, *Éléments de politique industrielle pour la définition des orientations,* (1975).

Le secteur manufacturier se partage en deux sous-secteurs; l'un, dominé par les filiales de sociétés étrangères et dépendant en bonne partie, pour sa croissance, d'innovations technologiques développées ailleurs, l'autre, dominé par la PME québécoise, ne devant de résister à la concurrence étrangère qu'à l'abondance des ressources naturelles, aux barrières tarifaires et au maintien des salaires à leur plus bas niveau. Cette situation explique la dépendance technologique dont a traditionnellement souffert le Québec. Aujourd'hui, dans le contexte d'une crise économique mondiale, les conséquences de cette dépendance technologique sont particulièrement sensibles. Les filiales de sociétés étrangères, obéissant aux directives de leur maison-mère, ralentissent le rythme de leurs investissements au Québec et ne sont plus les agents actifs du transfert de technologies de pointe qu'elles ont été. De leur côté, les PME québécoises, peu capables de résister par l'innovation technologique aux effets de la concurrence étrangère, voient leur croissance et parfois même leur existence menacées.

Outre ces problèmes propres à chacun des secteurs, il faut noter ceux résultant du manque de coopération et de l'absence relative de coordination de leurs activités. Comme il est nécessaire que chaque secteur remplisse dans le système de la recherche des fonctions précises, complémentaires par rapport à celles des autres secteurs, et qu'il s'y tienne, on sent toute l'importance d'assurer la coopération et la coordination entre les différentes institutions. On représente parfois par le modèle du triangle le système de la recherche, attribuant à chaque secteur une finalité particulière :

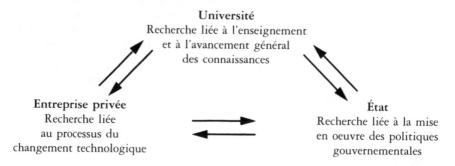

Université
Recherche liée à l'enseignement
et à l'avancement général
des connaissances

Entreprise privée
Recherche liée
au processus du
changement technologique

État
Recherche liée à la mise
en oeuvre des politiques
gouvernementales

Au Québec, l'histoire a voulu que ces trois secteurs se développent inégalement et que le partage des tâches entre ceux-ci corresponde davantage à ces déséquilibres qu'à des règles claires, empêchant de la sorte l'utilisation maximale de notre potentiel de recherche-développement et le fonctionnement harmonieux du système de la recherche. Si ce diagnostic est fondé, cela signifie que le but premier de toute politique scientifique devrait être de réduire les déséquilibres qui subsistent aujourd'hui entre les trois secteurs du système québécois de la recherche et de faire en sorte que chacun, en s'en tenant à ses finalités propres, collabore au bon fonctionnement de l'ensemble.

La recherche et la politique économique

Paru en juin 1979, le *Livre vert* sur la recherche scientifique précédait de quelques mois seulement le document dans lequel le gouvernement rendait publiques ses intentions en matière de politique économique : *Bâtir le Québec. Énoncé de politique économique*. Il était donc normal que le *Livre vert* permette d'anticiper quelque peu les principes et les objectifs généraux de cette politique économique et qu'il annonce les mesures que l'État entendait prendre pour favoriser la recherche et le développement industriels.

L'objectif principal de la politique économique québécoise est d'associer les entreprises étrangères et une industrie autochtone dynamique dans la poursuite de la croissance industrielle [19]. Comme cette industrie autochtone dynamique reste,

---

19. Cet objectif, déjà énoncé en 1975 par le Parti libéral dans le Rapport Tetley, est repris dans *Bâtir le Québec. Énoncé de politique économique*.

dans une bonne mesure, à développer, on comprend pourquoi le gouvernement accorde plus d'attention aux PME québécoises qu'aux entreprises étrangères. En effet, les filiales de sociétés étrangères, obéissant à des nécessités qui dépassent le marché québécois et à des stratégies généralement fixées par la maison-mère, sont assez peu susceptibles de répondre activement à des mesures que prendrait le gouvernement afin de réduire notre dépendance technologique. Restent les secteurs industriels déjà contrôlés par les intérêts québécois et ceux qui pourraient être créés ou grandement développés à partir, justement, de la recherche scientifique et de l'innovation technologique. En matière d'aide à la recherche industrielle, la politique du gouvernement est donc principalement axée sur la PME active, non pas dans des secteurs «condamnés» par la concurrence étrangère, mais dans ceux où un avantage particulier, par exemple, l'abondance des ressources naturelles (*i.e.* l'amiante, la forêt, etc.), l'abondance de l'énergie hydro-électrique (*i.e.* l'aluminium) ou une avance technologique décisive, fournirait des atouts à nos entrepreneurs.

Cette ligne directrice établie, il suffit d'en dégager les applications dans le domaine de la politique technologique. Esquissant l'évolution de la politique technologique québécoise, le *Livre vert* en définissait clairement les termes dès 1979 :

> Si on compare les stratégies québécoises à celles du gouvernement canadien, on peut relever d'évidents parallélismes. La stratégie de base a été essentiellement la même : acquisition de technologies étrangères, donc dépendance technologique. À cette stratégie, on a aussi tenté de greffer — avec des moyens fort modestes, il faut le dire — une stratégie visant à développer le potentiel québécois d'innovation : on eut alors recours à la création d'installations publiques de recherche et à certaines mesures fiscales. Plus récemment, on s'est aussi préoccupé de souveraineté technologique. Plus précisément, à la stratégie d'acquisition de technologies étrangères, on a voulu allier une stratégie de spécialisation, axée sur des secteurs-clefs (par exemple, l'amiante) de l'économie québécoise[20].

Suivent dans le *Livre vert* l'énumération et la description des éléments de la stratégie d'intervention du gouvernement en matière de recherche industrielle :

- définition d'objectifs prioritaires de développement; par exemple, l'amiante, le traitement de l'information, l'énergie, etc.;
- mise sur pied d'installations publiques de R-D, sur le modèle du CRIQ et de l'IREQ;
- soutien financier et fiscal à la R-D et à l'innovation dans les entreprises mêmes;
- perfectionnement des ressources humaines, grâce notamment au programme d'intégration de stagiaires dans les PME;
- amener les entreprises sous contrôle étranger à mieux intégrer leurs activités de recherche au contexte de l'économie québécoise.

---

20. *Livre vert*, page 159.

Dans *Bâtir le Québec* et dans *Le virage technologique*, on trouvait proposées des mesures du même ordre, inspirées par l'idée centrale que «l'amélioration et le développement de la production industrielle au Québec reposent largement sur la croissance des capacités innovatrices et la hausse du niveau technologique des entreprises, sur l'apparition et le développement d'un plus grand nombre d'entreprises innovatrices et sur l'émergence de grandes entreprises technologiques québécoises[21]. »

S'il semble difficile d'être en désaccord avec le principe et les moyens d'une telle politique, il faut cependant bien comprendre ce qu'elle implique. Tout d'abord, elle autorise l'intervention croissante de l'État dans le domaine économique, intervention qui bénéficiera davantage à la PME innovatrice, active dans un secteur dit «prioritaire», qu'aux grandes entreprises sous contrôle étranger et aux PME appartenant aux secteurs industriels en perte de vitesse. Cela aura des répercussions inévitables sur les emplois. Ensuite, elle implique des investissements considérables de l'État dans la création de centres et de laboratoires de R-D et dans l'aide aux entreprises. Rien ne garantissant les retours sur des investissements de ce type, il aurait peut-être mieux fallu investir directement dans la production et continuer à profiter des recherches faites ailleurs. Enfin, le perfectionnement des ressources humaines dont dispose l'entreprise privée pour la R-D présuppose que les universités, responsables de la formation des ingénieurs et des scientifiques, se plieront plus volontiers qu'elles ne l'ont fait dans le passé aux demandes du marché du travail et de l'État.

La recherche et la politique de l'éducation

Après avoir noté «la confusion qui entoure l'identification d'objectifs et de priorités pour la recherche universitaire», «l'isolement relatif» de celle-ci par rapport aux autres secteurs de la recherche et, enfin, les problèmes que pose le développement des recherches à l'intérieur des structures universitaires, le *Livre vert* concluait que l'État devait prendre certaines mesures afin de restituer à ce secteur du système québécois de la recherche son dynamisme menacé. Parmi les mesures proposées, on notait :

— la définition d'objectifs prioritaires, ce qui permettrait de mieux axer les activités universitaires sur les besoins socio-économiques du Québec et de concentrer les ressources disponibles ;

— la spécialisation des établissements universitaires, ce qui éviterait d'éparpiller les talents et de dédoubler les efforts ;

— la planification et l'évaluation des activités de recherche, le hasard et l'initiative de chacun ne suffisant pas, de toute évidence, à développer au mieux le potentiel scientifique des universités du Québec ;

---

21. *Bâtir le Québec*, page 236.

– accroître la collaboration entre les universités, les laboratoires industriels et ceux du gouvernement;

– réaménager la carrière et la tâche des chercheurs universitaires de manière à assurer la relève.

Ces réformes plus ou moins radicales du secteur universitaire auxquelles le gouvernement entend procéder se fondent sur le principe que la recherche conduite dans les universités a une finalité propre qui est de participer au progrès de l'enseignement et à l'accroissement général des connaissances. Cela élimine, en principe, toutes les recherches qui n'auraient pour but que la solution de problèmes techniques, ceux-ci étant du ressort de l'industrie ou des laboratoires de l'État.

Certains ont vu dans cette distinction la preuve que le gouvernement allait user de son autorité et de son pouvoir financier pour interdire aux universités de mener des recherches appliquées et des études de développement. D'autres ont vu dans la politique de la recherche universitaire proposée par l'État une menace aux libertés universitaires et à l'autonomie des institutions. Chose certaine, les mesures annoncées (*i.e.* spécialisation des institutions, évaluation des recherches, définition d'objectifs prioritaires, etc.) tendent à accroître le droit de regard de l'État sur l'utilisation que font les universités des budgets qu'il leur alloue chaque année. Elles tendent également à pousser la coordination des activités de recherches et la coopération entre les universités au-delà d'un point où celles-ci se seraient naturellement portées.

Cette volonté que manifeste l'État d'étendre son contrôle sur les activités des universités ne se limite pas à la recherche. En fait, cette volonté se dégage clairement dans des travaux et des recommandations de la Commission d'étude sur les universités qui a remis son rapport au ministre de l'Éducation en 1979[22]. La Commission avait pour première responsabilité de prendre la mesure exacte des tendances sociales et des conflits institutionnels qui risquaient de plonger les universités du Québec dans la crise.

Poursuivant, depuis les débuts de la Révolution tranquille, une croissance phénoménale et la diversification continuelle de ses programmes d'enseignement et de ses activités, le réseau universitaire québécois risque de voir son expansion arrêtée par le renversement de la tendance démographique. Les perspectives démographiques laissent prévoir de manière certaine une décroissance prochaine des inscriptions universitaires. Presque à coup sûr, l'État va être tenté de stabiliser la croissance des coûts de l'enseignement supérieur, tentation d'autant plus forte que le marché du travail ne semble déjà plus en mesure d'absorber les diplômés

---

22. Voir la note 5.

qui sortent aujourd'hui des universités[23]. Dans un contexte de réelle austérité budgétaire et de diminution des étudiants, le renouvellement du personnel enseignant va se faire à un rythme beaucoup plus lent, ce qui signifie un vieillissement progressif de l'ensemble du corps professoral. Plutôt que de coordonner leurs activités, les universités risquent de suivre leur pente naturelle et de se faire entre elles une concurrence féroce pour les fonds et les étudiants disponibles, concurrence dont souffriraient principalement les institutions les plus jeunes, moins bien dotées. Plus grave encore, la crise se produirait avant même que les grands objectifs assignés à la croissance du système universitaire québécois, la démocratisation de l'enseignement supérieur et le rattrapage du retard pris sur l'Ontario, aient été atteints, ce qui en compromettrait à jamais la réalisation.

La Commission d'étude sur les universités, on s'en doute bien, n'a pas limité ses travaux à déterminer les causes probables de la crise. Elle a également proposé, sous forme de recommandations, plusieurs mesures susceptibles, non seulement d'atténuer les effets les plus graves de la décroissance des effectifs étudiants, mais d'assurer le développement continu des universités du Québec. Au nombre de ces mesures, on compte la réforme du mode de financement de l'enseignement supérieur, le contrôle de la diversification des programmes, l'ouverture de l'université sur le milieu et les services à la collectivité, l'amélioration des liens entre les institutions d'enseignement et le marché du travail, la réforme des administrations universitaires, la concertation des différentes universités et la coordination de leurs plans de développement, etc. Pour que de telles mesures soient prises et qu'elles donnent les résultats attendus, il faudra obligatoirement que le gouvernement joue pleinement son rôle de «patron» de l'enseignement supérieur. Il faudra qu'il mette toute son autorité politique et son pouvoir financier en oeuvre s'il entend donner suite aux recommandations de la Commission et entreprendre cette réforme de l'enseignement supérieur que l'on dit nécessaire.

La réforme de la recherche universitaire, de ses structures et de ses fins, n'est donc qu'un élément d'une politique d'ensemble de l'enseignement supérieur par laquelle l'État provincial tente d'asseoir plus fermement encore son contrôle sur les institutions universitaires. À ce titre, la définition d'objectifs prioritaires de la recherche, la spécialisation des institutions selon leurs ressources et leurs compétences reconnues, la collaboration avec l'industrie et l'État, etc., correspondent aux objectifs les plus généraux de cette réforme de l'enseignement supérieur; stabiliser les coûts et mettre plus largement l'université au service de la société québécoise.

---

23. On trouvera dans *Le marché du travail des diplômés universitaires au Québec*, (Conseil des universités, 1980), une courte analyse de cette détérioration récente du marché du travail des diplômés universitaires au Québec.

La recherche et la politique culturelle

La politique scientifique proposée dans le *Livre vert* et le *Livre blanc* aurait été incomplète si elle n'avait eu également certains liens avec la politique de développement culturel que s'est donnée le gouvernement du Québec en 1978[24]. Les idéologues officiels ont reconnu sans peine que la science ne participe pas seulement à la révolution permanente des méthodes de gestion et des instruments de production ou, plus généralement, à l'amélioration continuelle des conditions matérielles de la vie en société, mais qu'elles contribuent également à l'enrichissement intellectuel des civilisations. «En effet», peut-on lire dans le *Livre blanc* sur le développement culturel, «la science contribue à former des attitudes, à modeler l'environnement, à orienter la vie quotidienne de tous; dans le monde où nous sommes, le citoyen ne peut pas davantage être étranger à la science qu'à l'art[25].» À cette grande idée de la tradition humaniste voulant que l'acquisition du savoir en général, et de la connaissance de la nature en particulier, soient indissociables de la formation morale de l'individu et contribuent à le rendre apte à exercer sa liberté, on ajoute une consonance moderne, selon laquelle le savoir scientifique serait nécessaire à l'accomplissement des devoirs du citoyen, à l'appréciation des grandes idées du temps et à l'intelligence des événements de la vie quotidienne dans les sociétés postindustrielles[26].

Une fois posé ce principe que le savoir de la science appartient à la culture des civilisations, il devient nécessaire que l'État, dans l'élaboration de sa politique scientifique, se donne pour objectif de favoriser la diffusion des connaissances scientifiques. Aussi trouve-t-on proposés dans le *Livre vert* et le *Livre blanc* sur la politique des sciences divers moyens visant à assurer cette diffusion dans l'ensemble de la population; la grande presse écrite, les médias électroniques, les magazines de vulgarisation, les musées scientifiques et maisons de la science, les parcs naturels et les sites historiques, les programmes scolaires, les associations et sociétés d'amateurs, etc., toutes ces institutions contribuent à répandre les connaissances scientifiques dans notre société et pourraient bénéficier de l'aide de l'État, quelque forme que cette aide puisse prendre.

Ajoutons que ce désir qu'a le gouvernement d'assurer une large diffusion aux résultats de la recherche coïncide avec un regain d'intérêt du grand public pour les sujets scientifiques. La vulgarisation scientifique au Québec semble promise

---

24. *Livre blanc. La politique québécoise du développement culturel*, Québec, Editeur officiel, 1978.
25. *Ibid.*, page 398.
26. Dans la rhétorique de l'État provincial, cette idée que la connaissance scientifique est indispensable à la vie dans la société postindustrielle commence à se répandre : implicite dans le *Livre vert*, explicite dans le *Livre blanc*, elle trouve son plein développement dans un document du Conseil des universités : Jean-François Lyotard, *Les problèmes du savoir dans les sociétés industrielles les plus développées*, Québec, Éditeur officiel, 1980.

à un bel avenir et on annonce déjà que, dans la société de demain, le citoyen ou le consommateur, dûment informé des aspects techniques des problèmes qui lui sont posés, pourra choisir et trancher en pleine connaissance de cause. La science serait partie intégrante de la culture politique du citoyen du Québec à venir...[27].

Conclusion

Outre les problèmes propres à chacun des secteurs et ceux nés de la difficulté de coordonner les activités de l'ensemble du système de la recherche, il faut noter qu'il se pose à toute politique scientifique nationale des problèmes encore plus graves et plus difficiles à résoudre. Jusqu'ici, suivant en cela le texte du *Livre vert* et du *Livre blanc*, nous avons évoqué surtout des problèmes de «plomberie». Comment augmenter l'efficacité du système de la recherche? Comment harmoniser les relations entre les secteurs et entre les institutions? Comment faciliter la circulation de l'information entre l'université et l'entreprise privée? Entre l'entreprise et l'État? Pour importantes qu'elles soient, ces questions n'épuisent pas le débat sur la politique scientifique.

Parmi les questions qui restent entières, on relève d'abord celle des «contenus de la recherche» ou, si l'on préfère, des objectifs concrets de la recherche universitaire, de la recherche gouvernementale et de la recherche industrielle. Faut-il développer l'énergie nucléaire plutôt que les énergies douces? Les recherches sur les maladies industrielles plutôt que sur les maladies cardio-vasculaires? Faut-il financer la construction d'observatoires d'astronomie ou subventionner les recherches dans les PME? C'est là le type de questions que seul peut trancher un *débat politique* auquel participeraient les différentes classes de la société, les patrons et les syndicats, les étudiants et les professeurs, les habitants des grandes villes et ceux des régions périphériques, etc. Selon que l'on appartienne à l'un ou l'autre de ces groupes, on risque d'avoir une perception très différente des besoins de la société québécoise en matière de recherche et de développement.

Enfin, l'élaboration d'une politique scientifique soulève des questions d'un tout autre ordre, auxquelles le *Livre vert* faisait trop rapidement allusion :

Les conceptions de la science qui prévalaient au siècle dernier sont fortement contestées. On se refuse désormais à déifier la science, à lui reconnaître la neutralité, l'objectivité et l'impartialité dont certains de ses tenants se réclament. On lui reproche sa complicité déguisée avec le pouvoir, son asservissement aux divers impérialismes politiques et économiques qui la financent et l'orientent à leurs

---

27. Sur ce thème de la culture scientifique, voir également Raymond Duchesne, «L'Etat et la culture scientifique des Québécois», *Cahiers du socialisme* 8 (1981), pp. 108-138.

fins propres. On voudrait qu'elle précise ses rapports avec l'idéologie, avec les systèmes de valeurs, qu'elle ne serve pas les intérêts de classe, qu'elle ne se transforme pas en outil, ou instrument de puissance pour l'État, qu'elle soit démocratique à tous égards, qu'elle s'attaque aux vieux fléaux — telles la pauvreté et l'ignorance — qui entravent la libération et l'épanouissement de l'homme, qu'elle devienne vraiment une science pour le peuple, un service à la collectivité et un instrument d'humanisme[28].

Ces questions sont désormais posées et quel que soit le cours que prendra l'évolution politique du Québec, elles ne sont guère susceptibles de recevoir une réponse sans que soient examinés de manière critique les fondements socio-économiques et idéologiques de notre société.

---

28. *Livre vert*, page 3.

CHAPITRE 6

SCIENCE, TECHNOLOGIE ET TIERS MONDE : POINTS DE REPÈRE ET MATÉRIAUX POUR L'ANALYSE

Enrique Colombino
*Université du Québec
en Abitibi-Témiscamingue*

> « Je ne suis pas qualifié pour expliquer une énigme
> si complexe, à laquelle se sont attaqués des essayistes et
> des anthropologues, des historiens et des sociologues,
> des poètes et des romanciers, des érudits et des charlatans. »
>
> *Jorge A. Sabato*, « La voz invicta de Gardel. »,
> *La Opinion*, 24 juin 1975.

Immanquable. On ne pouvait pas ne pas trouver, dans un recueil de textes consacré à un sujet à la mode comme celui des interactions de la science, de la technologie et de la société, un chapitre traitant de ces interactions dans le Tiers monde. Le voilà donc au rendez-vous. Sans doute, par son importance et son actualité, le sujet méritait-il d'être abordé. Mais quel sujet!

On a l'impression d'être devant un monstre à plusieurs têtes. D'abord celle de la science, cette vénérable occupation de l'homme, toujours en quête d'explications, respectable et respectée, parfois polémique, souvent hermétique, toujours optimiste. Un peu trop eurocentriste à mon goût...

Ensuite, celle de la technologie, qu'on assimile un peu trop légèrement au progrès. N'y aurait-il donc pas des technologies qui peuvent aussi nous faire régresser? Passons. Cette tête est vraiment monstrueuse. Elle est partout, elle est insatiable, elle est envahissante et, en plus, elle a la fâcheuse habitude de se transformer sans cesse : aujourd'hui un visage, demain un autre et après-demain... qui sait?

Voilà une troisième tête: le Tiers monde. «Qui a peur du Tiers monde?», se demandait-on récemment dans un ouvrage qui examinait les éléments et le contexte du difficile «dialogue» entre les pays riches et les pays pauvres[1]. Il y a pourtant une question préalable : «Qu'est-ce que le Tiers monde?» Ne haussez pas les épaules : la réponse n'est pas évidente!

Enfin, ajoutons une dernière tête à notre monstre, avec la promesse d'arrêter ici cet horrible dénombrement. Il s'agit des liens qui existent entre la science et la technologie, d'un côté, et le sous-développement des pays du Tiers monde de l'autre. Nous y reviendrons. D'ailleurs, si nous négligions cette tête du monstre, il n'y aurait presque rien à dire dans ce chapitre!

La science, les sciences et les scientifiques

Existe-t-il vraiment une seule science universelle, celle de la méthode scientifique, rigoureuse, enfantant des connaissances éprouvées et vérifiables? Si oui, elle ne peut être venue que d'Europe et si aujourd'hui on la retrouve partout, ce ne peut être que parce qu'elle s'est répandue avec les Européens.

Il y eut d'abord la science de l'Antiquité. La rationalité scientifique occidentale fit ses débuts dans la Grèce ancienne, entre le VIe et IVe siècle avant J.-C.[2] Puis, après des péripéties qui prirent quelques siècles, on voit apparaître la science dite «moderne» :

> Un tout petit nombre de pays d'Europe occidentale fut le berceau de la science moderne au XVIe et au XVIIe siècles; l'Italie, la France, l'Angleterre, les Pays-Bas, l'Allemagne, l'Autriche et les pays scandinaves. Sur cette scène géographique relativement étroite se déroula une Révolution scientifique qui établit fermement la perspective philosophique, les méthodes expérimentales et les institutions sociales que nous reconnaissons depuis comme celles de la science moderne[3].

---

1. Jean-Yves Carfantan et Charles Condamines, *Qui a peur du Tiers monde? Rapports Nord-Sud. Les faits,* Paris, Seuil, 1980. Voir aussi A.E. Calcagno et J.M. Jackobowicz, *Le monologue Nord-Sud, sous-développement,* Paris, Le Sycomore, 1982.
2. G.E.R. Lloyd, «Les débuts de la science en Grèce», dans l'excellent recueil *La recherche en histoire des sciences,* Paris, Seuil, 1983.
3. George Basalla, «The Spread of Western Science», *Science* 156, mai 1967, p. 611.

Point à souligner, le professeur Basalla tentait, dans cet article, de répondre à une question précise : comment la science moderne, née en Europe occidentale, s'est-elle diffusée et comment a-t-elle pris racine dans le reste du monde?

Cette question semble cruciale pour quiconque cherche à comprendre la situation actuelle du Tiers monde. Pourtant, elle nous paraît aujourd'hui dépassée. Les historiens et les sociologues des sciences ont clairement montré, au cours des dernières années, que la «science» n'existe pas autrement que comme une abstraction. La réalité, ce sont les disciplines scientifiques, chacune avec son histoire et ses querelles de chapelles et d'écoles, les scientifiques en chair et en os, morts ou vivants, syndiqués ou non, mais qui sont, eux, bien concrets! Dans les travaux les plus récents de l'histoire et de la sociologie des sciences, on considère l'ensemble des activités scientifiques, publiques et privées, comme un secteur particulier de l'économie, avec ses budgets et ses installations, toujours plus importantes, ses patrons, ses managers et son armée de cols blancs, ses produits réussis et ses échecs, énorme machine tournant à plein régime selon les mots d'ordre du productivisme. Le mythe séculaire de la «science» s'accorde de plus en plus difficilement avec la réalité…

La technologie : progrès ou cauchemar?

D'abord une petite précision terminologique. La tradition française, représentée notamment par le philosophe Jacques Ellul[4], fait une nette distinction entre la *technique*, en tant qu'ensemble de méthodes et de procédés, et la *technologie*, en tant que discours savant sur les techniques. Dans notre essai, les deux termes seront considérés comme équivalents et serviront à désigner l'ensemble des techniques. Bien sûr, nous perdons ainsi une nuance qui a eu son utilité dans l'histoire ou la philosophie des techniques, mais la faute en est aux Américains qui imposent peu à peu leur «technology» — la chose et le mot — dans tous les domaines et jusque dans la langue française.

Cela dit, l'évolution des techniques semble s'emballer depuis un siècle. Quelques exemples suffisent à montrer à quel point le rythme des «découvertes» s'accélère : alors qu'il a fallu presque 175 ans pour en arriver à la machine à vapeur de James Watt à partir des premiers essais de compression de la vapeur par Giambattista della Porta en 1601, le développement commercial de l'appareil photographique ne demande qu'un siècle[5]. Pour la radio, il suffira de 35 ans et, enfin, de la découverte du transistor à son exploitation commerciale, il ne faudra

4. Jacques Ellul, *La technique ou l'enjeu du siècle*, Paris, Armand Colin, 1954; *Le système technicien*, Paris, Calmann-Levy, 1977.
5. Werner Plum, *Les sciences de la nature et la technique sur la voie de la Révolution industrielle*, Bonn-Bad-Godesberg, E. Friedrich-Ebert-Stiftung, 1976.

que cinq ans[6]. Aujourd'hui, les minuscules micro-processeurs, déjà très perfectionnés, continuent sans cesse de s'améliorer, transformant tout un monde de techniques et de procédés presque dépassés quand, il y a quelques années seulement, on les disait «de pointe».

Les systèmes économiques actuels, capitalistes ou socialistes, obsédés par la productivité, l'efficacité et la performance, sont assoiffés de technologies nouvelles. Introduites sans planification ni concertation, les technologies nouvelles détruisent les anciennes et préparent leur propre destruction. Individus et entreprises sont pris dans cet engrenage qui les pousse toujours en avant. Réduit à un rôle passif de consommateur, le Tiers monde reçoit tantôt des technologies de pointe, tantôt des technologies dépassées. Dans tous les cas, il risque fort d'être perdant.

Le Tiers monde oui, mais lequel?

Au lendemain de la Seconde Guerre mondiale, un immense processus de décolonisation s'est engagé dans les pays jusqu'alors occupés et administrés par les puissances occidentales. Au milieu des guerres de libération nationale, la Conférence afro-asiatique de Bandung sonna le glas des empires coloniaux.

Quelques années auparavant, en 1952, le démographe français Alfred Sauvy avait utilisé l'expression «Tiers monde» pour décrire ces pays qui, n'étant ni vraiment capitalistes ni vraiment socialistes, cherchaient à se tailler une place au soleil. Les journalistes s'emparèrent de cette expression et les masse-médias la répandirent à l'échelle de la planète. Elle «navigue» encore, mais plutôt à la dérive, car sous l'expression «Tiers monde» on retrouve des réalités économiques, politiques, sociales et culturelles souvent fort différentes.

Cependant, au cours des années, les pays dits du «Tiers monde» ont, malgré ces différences, développé peu à peu des solidarités originelles et créé des regroupements importants sur le plan de la politique internationale. Ainsi, par exemple, les pays d'Amérique latine se sont donné une nouvelle conscience collective face à tout ce qui entrave leur développement économique, grâce notamment aux travaux de la commission économique pour l'Amérique latine (CEPAL), dirigée par Raul Prebisch. Lors de la première Conférence des Nations-Unies pour le commerce et le développement (CNUCED), en 1964, les pays sous-développés se sont regroupés pour faire face aux puissances industrielles. Ainsi est né le «groupe des 77», qui aujourd'hui regroupe beaucoup plus de pays.

Le Tiers monde existe et il revendique. C'est l'une des raisons pour lesquelles les États-Unis se plaignent de l'Organisation des Nations-Unies et qu'ils menacent

6. Robert Boyer, «La diffusion du progrès technique», dans *L'état des sciences et des techniques,* sous la direction de Marcel Blanc, Paris, Maspéro-Boréal Express, 1983.

de se retirer de l'UNESCO. Mais le Tiers monde est, en fait, une mosaïque : il est déchiré par des dissensions, toujours menacé par les grandes puissances et affaibli par l'absence de politique commune de lutte contre la pauvreté des masses et contre les inégalités sociales. Afin de dépasser les dichotomies faciles, du genre «pays riches / pays pauvres» et «pays développés / pays sous-développés» (ou, comme disent les diplomates, «pays en voie de développement»), et de mieux saisir la réalité diverse du Tiers monde, les chercheurs en économie et en politique internationale ont élaboré de nouveaux découpages de la carte du monde qui tiennent compte des situations nouvelles issues de la crise pétrolière de 1973. Même si la plupart de ces découpages retiennent la notion volatile de «revenu national per capita» comme indicateur, ils ont le mérite de redistribuer le monde selon des oppositions plus réalistes :

1. présence ou absence d'une base industrielle importante;
2. économie de marché ou économie planifiée (du type de celle des pays de l'Est);
3. forte exportation de pétrole (génératrice de revenus élevés) ou forte importation de pétrole (source d'endettement);
4. revenus per capita moyens, élevés ou faibles.

Dans son *Rapport sur le dévelopement dans le monde en 1983*, la Banque mondiale, sans doute une des plus puissantes institutions financières internationales, nous propose ses propres indicateurs de la performance économique, selon lesquels les pays ont été classés en six groupes distincts :

Pays en développement répartis entre : pays à faible revenu, dont le produit national brut (PNB) par habitant était inférieur ou égal à 410 dollars en 1981; et pays à revenu intermédiaire, dont le PNB par habitant dépassait 410 dollars en 1981. Les pays à revenu intermédiaire peuvent également être divisés entre pays exportateurs de pétrole et pays importateurs de pétrole (voir les définitions ci-après).

● Pays exportateurs de pétrole à revenu intermédiaire : Algérie, Angola, Congo, Égypte, Équateur, Gabon, Indonésie, Iran (République islamique d'), Iraq, Malaisie, Mexique, Nigéria, Pérou, Syrie, Trinité-et-Tobago, Tunisie, Venezuela.

● Pays importateurs de pétrole à revenu intermédiaire : tous les pays en développement à revenu intermédiaire qui ne figurent pas dans la catégorie des exportateurs de pétrole.

● Pays exportateurs de pétrole à revenu élevé (ne figurent pas dans les pays en développement) : Arabie saoudite, Bahreïn, Brunei, Émirats arabes unis, Koweït, Libye, Oman et Qatar.

● Pays les moins avancés : Afghanistan, Bangla Desh, Bénin, Bhoutan, Botswana, Burundi, Cap-Vert, Comores, Djibouti, Éthiopie, Gambie, Guinée, Guinée-Bissau, Guinée équatoriale, Haute-Volta, Laos, Lesotho, Malawi, Maldives, Mali, Népal, Niger, Ouganda, République centrafricaine, Rwanda, Samoa, Sao Toméet-Principe, Sierra-Leone, Somalie, Soudan, Tanzanie, Tchad, Togo, Yémen et Yémen démocratique.

● Pays industriels à économie de marché : membres de l'Organisation de coopération et de développement économiques (OCDE), sauf la Grèce, le Portugal et la Turquie, qui figurent parmi les pays en développement à revenu intermédiaire. Dans le texte, on désigne souvent ces pays sous l'appellation de pays industriels.

● Pays d'Europe de l'Est à économie planifiée. Comprend les pays suivants : Albanie, Bulgarie, Hongrie, Pologne, République démocratique allemande, Roumanie, Tchécoslovaquie et URSS. Ce groupe est parfois dénommé pays à économie planifiée.

La classification de la Banque mondiale, qui n'utilise pas le critère de l'industrialisation, est moins raffinée que celle de l'Institut français de relations internationales[7]. Dans un récent rapport de cet organisme, on trouve une distinction intéressante entre les pays dont l'industrialisation est récente et significative (les « cités-États » comme Singapour et Hong-Kong, les pays « extravertis » comme Taiwan et la Corée du Sud, les pays « autocentrés » comme le Brésil, l'Argentine, le Mexique ou l'Inde), les pays du pétrole, regroupés au sein de l'OPEP, et les pays socialistes, dont l'économie est planifiée, qu'ils appartiennent ou non au COMECON. Avec ses sept regroupements généraux et ses dix-huit sous-groupes, cette classification, contenue dans le *Rapport Ramses 82*, permet de dégager une constatation relativement nouvelle : le Tiers monde a donné naissance à un Quart monde en pleine expansion!

Lors de sa réunion de 1968, la CNUCED avait pris, à l'initiative de son secrétaire général, l'économiste argentin Raul Prebisch, la résolution d'identifier les pays « les moins avancés » et d'adopter à leur intention des mesures spéciales[8]. En 1971, l'Assemblée générale de l'ONU entérina une liste de vingt-cinq pays désignés comme « moins avancés » (PMA) à partir des critères suivants : 1) produit intérieur brut (PIB) par habitant égal ou inférieur à 100 dollars de 1970; 2) la part des industries manufacturières au PIB ne dépassant pas 10 %; 3) taux d'alphabétisation de la population âgée de 15 ans et plus inférieur à 20 %. Depuis lors, cette liste s'est allongée à quatre reprises et, en 1982, elle comprenait les pays suivants : 1) vingt-et-un pays africains : Bénin, Botswana, Burundi, Cap-Vert, République centrafricaine, Tchad, Comores, Éthiopie, Gambie, Guinée, Guinée-Bissau, Lesotho, Malawi, Mali, Niger, Rwanda, Somalie, Soudan, Ouganda, Tanzanie, Haute-Volta; 2) huit pays asiatiques : Afghanistan, Bangla Desh, Bouthan, Laos, Népal, Maldives, République démocratique du Yémen, République arabe du Yémen; 3) deux pays insulaires : Samoa et Haïti.

---

7. *Ramses 1982*, sous la direction d'Albert Bressand, Paris, IFRI-Economica, 1982. Une source intéressante pour qui veut en savoir plus sur la géopolitique et l'économie mondiale.
8. *Ibid.*, p. 288.

Comme les pays ainsi désignés par l'ONU sont admissibles à tout un ensemble de programmes d'aide spéciaux, ce statut particulier fait l'objet de contestations à la fois de la part de pays industrialisés et d'autres pays du Tiers monde, et ce, même si certains d'entre eux sont au bord de la famine et de l'effondrement.

Ce malaise a été perceptible lors de la conférence des Nations-Unies sur les PMA, tenue à Paris en septembre 1981. Malgré le succès relatif de cette conférence pour ce qui est des décisions prises et des résolutions adoptées, le Quart monde continue de s'enfoncer dans une impasse. Selon le Rapport de la Banque mondiale pour 1983, les pays dits à «faible revenu per capita», soit une quarantaine de pays d'Asie, d'Afrique et d'Océanie, dont le PNB par habitant est en moyenne de 270 dollars US, représentent plus de la moitié de la population du globe, mais n'ont en partage que 5 ou 6 % du produit mondial brut (PMB). En revanche, les pays industrialisés et qui fonctionnent sur la base d'une économie de marché, c'est-à-dire la Communauté économique européenne, le Japon, l'Australie, la Nouvelle-Zélande, les États-Unis et le Canada, comptent pour 16% de la population mondiale, mais accaparaient entre 75 et 80 % du PMB en 1981.

Même si tous ces chiffres et pourcentages doivent être traités avec circonspection, ils n'en indiquent pas moins un déséquilibre grave du système économique mondial. Une constatation s'impose : l'ordre économique international, instauré par les puissances alliées sous le leadership des États-Unis au lendemain de la dernière guerre, s'avère de plus en plus injuste et dangereux. Le spectre d'une crise financière et monétaire mondiale plane sur nos têtes depuis 1971, date où le dollar américain s'est affranchi des réserves en or. De plus, la productivité des économies occidentales ne cesse de diminuer depuis une bonne dizaine d'années. Le commerce international est continuellement défavorable aux pays du Tiers monde et catastrophique pour ceux du Quart monde. Désenchantés par les maigres résultats qu'ont produits dix années de négociations internationales, depuis que le président algérien Houari Boumedienne lançait en 1974 l'idée d'une session extraordinaire de l'ONU sur les problèmes les plus urgents du développement et l'établissement d'un «Nouvel ordre économique international» (NOEI), plusieurs nations du Tiers monde se révoltent et se tournent vers la violence. Tout compte fait, la «paix américaine» n'a empêché ni la course aux armements, ni les guerres, celles de Corée, du Vietnam, du Moyen Orient ou du Golfe persique, pour ne nommer que les plus connues.

C'est dans ce contexte que doivent être considérés les efforts consentis par les économies capitalistes et socialistes avancées dans le domaine de l'innovation, de la recherche et du développement technologique (la R-D) depuis la Seconde Guerre mondiale. La concurrence féroce que se font les deux blocs sur ce terrain, marquée notamment par des succès technologiques spectaculaires, ne pouvait passer inaperçue aux yeux des politiciens et des chercheurs du Tiers monde. Si la science était bonne pour les grandes puissances, pourquoi ne le serait-elle pas pour les pays du Tiers monde? La question du développement scientifique et technologique de ces pays fut posée et âprement débattue, comme nous le verrons plus loin. Une chose est certaine, le Tiers monde, avec ses différences comme ses points de convergence, fait face à un formidable défi dans le domaine des sciences et de la technologie. Les innovations des dernières années (informatique, micro-processeurs, télé-communications, biotechnologies, etc.), produites et contrôlées par les économies avancées, élargissent encore l'écart qui sépare celles-ci des pays du Tiers monde.

Science, technologie et capitalisme européen

En 1492, l'Italien Christophe Colomb, navigateur et aventurier à la solde des rois d'Espagne, au terme d'une dure traversée, découvrait les Bahamas, Cuba et Hispaniola, territoires avancés d'un nouveau monde dont il prenait possession au nom de ses commanditaires.

Un an auparavant était né en France, Jacques Cartier, qui devait s'illustrer par ses découvertes du Saint-Laurent et du Canada. Entre 1519 et 1521, le Portugais Magellan découvrait le Rio de la Plata, la Patagonie, le détroit reliant l'Atlantique au Pacifique, qui porte aujourd'hui son nom, la Terre de feu, les îles Mariannes et, enfin, les Philippines, où les indigènes mirent fin à sa carrière...

Pour les Européens de l'époque, c'était la révélation que la terre était bel et bien ronde et, surtout, qu'elle était immense. On devine facilement quel enthousiasme s'empara des vieux royaumes d'Europe à l'annonce de toutes ces découvertes qui ouvraient d'infinies possibilités pour le commerce, pour l'occupation et l'exploitation de territoires nouveaux.

L'exploration des côtes de l'Afrique, du Moyen Orient, de l'Asie continentale et insulaire, et des nombreux territoires éparpillés à travers l'Océan Pacifique compléta ce gigantesque tour d'horizon, ce qui permit aux Européens de tirer quelques conclusions élémentaires. La société et la civilisation européennes étant sans conteste supérieures aux civilisations primitives, on en conclut que l'Europe avait le droit et même l'obligation d'occuper les territoires nouveaux et d'en «civiliser» les habitants. Cette supériorité de l'Europe n'était pas que culturelle ou religieuse : elle était aussi technique et, plus particulièrement, technico-militaire. Les armes à feu et les techniques européennes de navigation, notamment, assuraient la suprématie des puissances coloniales[9]. Enfin, il était évident pour tous les

9. C.M. Cipolla, *Guns and Sails in the Early Phase of European Expansion 1400-1700*, Collins, 1965.

conquistadors, les colonisateurs et les «pilgrim fathers» que la civilisation des peuplades primitives ne se ferait pas «pour rien», au nom de quelque humanisme gratuit ou commandé par le zèle évangélisateur. Pour accéder à la culture européenne, il y avait un prix à payer; l'exploitation des richesses naturelles et l'asservissement des peuplades des nouveaux territoires au profit de l'Europe, vaste entreprise de «pillage» ordonné où les sciences et les techniques tenaient, bien entendu, un rôle clé.

Avant d'étudier de plus près cette contribution de la science et de la technique à la mise en valeur des territoires conquis, examinons un instant la toile de fond que constitue l'histoire du capitalisme européen. Nous entrons ici sur un terrain glissant. L'histoire du capitalisme européen, de ses causes et de son développement progressif depuis le XVIe siècle, ont donné lieu à d'innombrables affrontements d'écoles de pensée et à d'interminables débats[10]. Par souci de prudence, nous utiliserons ici un découpage de l'évolution du capitalisme fondé sur des dates qui font à peu près l'unanimité parmi les historiens.

De 1500 à 1700, l'Europe passe par une «époque agraire progressive», selon l'expression d'Angus Maddison[11]. Puis, de 1700 à 1820, on voit se développer un «capitalisme commercial», qui prépare, en fait, la troisième phase, celle du «capitalisme» tout court (toujours selon la terminologie de Maddison)[12]. Nous vivons toujours dans cette troisième phase de l'histoire du capitalisme. Pour justifier ce découpage, l'historien affirme que «la principale différence entre le capitalisme proprement dit et l'époque du capitalisme commercial réside dans l'accélération considérable du rythme du progrès technique qui requiert un accroissement important du taux de formation de capital fixe[13]». En d'autres mots, l'Europe serait passée, vers 1820 — la date est aproximative —, du capitalisme des marchands au capitalisme des industriels, où le processus d'accumulation du capital n'est plus stimulé uniquement par la conquête de nouveaux territoires et

---

10. Une partie de ce débat gravite autour des travaux polémiques de W.W. Rostow, *The Stages of Economic Growth : A Non-Communist Manifesto,* Cambridge University Press, 1960; et *The Process of Economic Growth*, New York, Norton, 1952. Parmi les critiques du découpage rostowien, on remarque Paul A. Baran et E.J. Hobsbawm, «The Stages of Economic Growth : A Review», *Kyklos* 14 (1961); B.F. Hoselitz (éd.), *Theories of Economic Growth*, New York, Free Press, 1960.
11. Angus Maddison, *Les phases du développement capitaliste*, Paris, Economica, 1981.
12. Ces deux dernières périodes peuvent être circonscrites avec plus de précision. Ainsi, par exemple, Michel Beaud, dans son *Histoire du capitalisme, 1500-1980*, Paris, Seuil, 1981, construit son récit à partir des deux périodes majeures de la tradition marxiste : 1500-1870, du pillage colonial au développement de l'industrie capitaliste, puis 1873-1980, de la grande dépression du XIXe siècle à la mutation récente du capitalisme d'après-guerre. Les sous-périodes retenues par Beaud sont nombreuses et précises.
13. Maddison, p. 16.

de nouveaux marchés, mais auto-entretenu en quelque sorte par l'apparition continuelle d'innovations techniques dans toutes les branches de l'industrie[14].

Revenons maintenant à la contribution des sciences et des techniques. Loin de nous l'idée trop ambitieuse de retracer l'ensemble des interventions et des interactions des unes et des autres dans le contexte historique de la Révolution industrielle[15] : il suffira, pour notre propos, de rappeler les événements importants et les grandes étapes de la diffusion historique des sciences et des techniques, depuis le foyer que constitue la Révolution industrielle en Europe, vers les pays périphériques.

Si nous nous sommes attardés un instant sur la périodisation du développement du capitalisme européen, c'est que nous sommes convaincus que la multiplication des innovations scientifiques et techniques, du XVIe siècle à aujourd'hui, est inextricablement liée à tout ce développement. Mais il y a plus encore. Si l'on accepte aussi que ce processus d'émergence et d'évolution du capitalisme commercial et industriel est, fondamentalement, un processus d'expansion, de débordement des frontières (*i.e.* la période des découvertes, celle de l'occupation territoriale, l'exploitation des marchés outre-mer, le colonialisme, l'impérialisme, etc.), on doit conclure, de même, que la science et la technique européennes ont accompagné depuis le tout début l'explorateur, le conquistador, l'armateur et le marchand colonial, le planteur, etc. Bien sûr, la science et la technique, tout comme l'activité économique d'ailleurs, ne se manifestaient pas dans les colonies avec autant de vigueur et avec les mêmes caractères que dans les métropoles européennes. Néanmoins, la dynamique de l'expansion commerciale et industrielle commandait l'engagement systématique de scientifiques européens, géologues, botanistes, zoologues, agronomes, biologistes, médecins, géographes, cartographes, ingénieurs, etc., dans tous les territoires ouverts à la colonisation. La tâche principale des savants était, bien entendu, d'identifier, d'évaluer, de classer et de faire connaître toutes les ressources naturelles et les possibilités, pour l'agriculture et la colonisation notamment, des contrées nouvelles. À un second niveau, leur tâche consistait également à consolider et à affirmer la supériorité des sciences et des techniques occidentales face à d'autres cultures et à d'autres savoirs. C'est pourquoi d'innombrables discours d'autrefois — et d'autres, plus récents — associent les sciences et les techniques à la mission « civilisatrice » de l'Occident.

---

14. Beaud situe le premier grand mouvement d'industrialisation entre 1780 et 1880. De son côté, Clive Trebilcock le fait commencer en 1780 aussi, mais le prolonge jusqu'à la Première Guerre mondiale. *Cf. The Industrialization of the Continental Powers, 1780-1914,* Londres, Longman, 1981.

15. Parmi les ouvrages les plus cités à ce propos, signalons : David Landes, *L'Europe technicienne. Révolution technique et libre essor industriel en Europe occidentale de 1750 à nos jours,* Paris, Gallimard, 1975 ; A.E. Musson (éd.), *Science, Technology and Economic Growth in the 18th Century,* Londres, Methuen, 1972 ; J.D. Bernal, *Science in History,* vol.II, Londres, Penguin, 1965.

Même un humaniste et un libéral comme le philosophe et économiste Adam Smith se montrait condescendant à l'endroit des « sauvages nus » (comme il appelait les habitants des colonies) et doutait qu'ils puissent assimiler un jour le savoir-faire du capitalisme européen. À son avis, il leur manquait, pour cela, un marché assez vaste et développé, une division du travail poussée et des moyens de navigation suffisamment sophistiqués. Enfin, Adam Smith prétendait que ces peuples attardés n'étaient pas assez ouverts et réceptifs aux progrès techniques.

Pour illustrer cette attitude, l'écrivain anglais Jonathan Swift mit dans la bouche de son personnage célèbre, Gulliver, ces quelques mots où celui-ci relatait les efforts vains qu'il avait fait afin de convaincre le peuple des géants d'utiliser la poudre à canon :

> Le roi fut saisi d'horreur à la description que je lui fis de ces terribles machines [...], il était confondu de voir un insecte impuissant et rampant [ce sont ses propres termes] parler avec tant de légèreté des scènes de sang et de désolation causées par ces inventions destructives. Il fallait, disait-il, que ce fût un mauvais génie, ennemi de Dieu et de ses oeuvres, qui en eût été l'auteur. Il protesta que, quoique rien ne lui fît plus de plaisir que les nouvelles découvertes, soit dans la nature, soit dans les arts, il aimerait mieux perdre sa couronne que de faire usage d'un si funeste secret.

> Étrange effet des vues et des principes bornés d'un prince sage, vénéré, presque adoré de sa nation et sottement gêné par un scrupule bizarre dont nous n'aurions par l'idée en Europe, laissant échapper l'occasion de se rendre le maître absolu de la vie, de la liberté et des biens de son peuple[16].

Les territoires qui furent le théâtre des activités scientifiques et techniques les plus intenses furent ceux qui se trouvaient sous l'autorité des principales puissances capitalistes occidentales. Revenons à l'ouvrage de Maddison à ce propos :

> Lorsqu'on analyse le développement capitaliste, il est important de distinguer entre la croissance potentielle du pays leader qui agit très près de la frontière technique, et le comportement des pays « suiveurs » qui ont un niveau de productivité plus bas. Depuis 1700, il y a eu seulement trois pays leaders. Les Pays-Bas ont présenté la productivité la plus élevée jusqu'aux années 1780 au cours desquelles le Royaume-Uni prit le relais. Le leadership britannique dura jusqu'aux environs de 1890, et les États-Unis ont été le pays leader depuis lors[17].

Autrement dit, cela signifie que, pendant la grande expansion du capitalisme commercial, les Pays-Bas ont été la nation la plus « performante » parmi les puissances européennes, si l'on s'en tient à un indice de productivité, c'est-à-dire au ratio du produit intérieur brut (PIB) divisé par le nombre de travailleurs

---

16. Jonathan Swift, *Voyages de Gulliver dans les contrées lointaines*, Paris, Club des libraires de France, n.d.
17. Maddison, p. 33.

mobilisés à l'échelle nationale. Mis à part le tour de force que représente ce calcul pour l'historien, l'analyse de Maddison est intéressante parce qu'elle lie à la notion macro-économique de *productivité* un ensemble de facteurs tels la discipline et le rendement de la main-d'oeuvre, le stock de capital fixe, le sens des affaires d'une poignée d'entrepreneurs, la modernité et la souplesse des institutions qui ont encadré le développement du capitalisme (*i.e.* les banques et les cies d'assurance, l'appareil judiciaire, législatif, militaire, etc.) et, enfin, la capacité de générer et d'assimiler les innovations techniques. Voilà un point à souligner :

> Comparé aux normes de l'époque, le taux d'investissement était élevé, avec un investissement lourd dans les activités d'assèchement des terres, de construction de canaux, d'infrastructures urbaines, de moulins à vent, de transports maritimes et de scieries. Il y eut d'importantes innovations technologiques dans l'agriculture, dans la forme des navires, dans les techniques de construction et dans la meunerie, dans les techniques hydrauliques, etc. Les universités hollandaises atteignaient un haut niveau de réalisations techniques et le pays disposait d'artisans hautement qualifiés capables de fabriquer des machines, des instruments optiques et des horloges[18].

C'est ainsi que, tout au long du XVIIe et du XVIIIe siècles, le savoir-faire hollandais trouva l'occasion de se faire valoir au Japon, en Chine, aux Moluques, au Cap, à Aden, à Singapour, en Tasmanie, en Indonésie, etc. Ce leadership devait s'estomper graduellement devant le capitalisme industriel anglais et le mercantilisme protectionniste français. Comme le précise un historien français :

> Avec les trois guerres menées contre l'Angleterre (celle de 1652-1654 et surtout celles de 1665-1667 et de 1672-1674), avec la guerre menée contre la France en 1672 et surtout la participation à la guerre dite de succession d'Espagne (1702-1714), avec la dépression économique et la chute des prix coloniaux qui marquent la seconde moitié du XVIIe siècle, le capitalisme hollandais s'endette, s'affaiblit, et finalement perd sa position dominante[19].

> Vient alors la grande époque de l'expansion de l'Angleterre. Celle-ci...

> [...] s'est imposée face à l'Espagne à la fin du XVIe siècle, s'oppose à l'Hollande au XVIIe, affrontera la France au XVIIIe [...] La Compagnie anglaise des Indes orientales a été créé en 1600, avec une charte de la reine Elisabeth; quinze ans plus tard, elle a une vingtaine de comptoirs en Inde, dans les îles, en Indonésie et à Hirats au Japon[20].

Dès le XVIIe siècle, l'agressivité et l'énergie dont fait preuve le capitalisme anglais en émergence ne laissent aucun doute sur ses visées expansionnistes : les

18. Maddison, pp. 35-36. Pour une description complémentaire de l'expansion capitaliste hollandaise, voir Beaud, pp. 31-34.
19. Beaud, p. 34.
20. *Ibid.*, p. 35.

citoyens de sa Majesté s'installent en Amérique du Nord en 1620, à la Barbade en 1625, en Perse en 1628, au Québec en 1629, (pour un moment seulement, mais ils reviendront), à la Nouvelle Amsterdam, qu'ils prennent aux Hollandais, en 1664, et qu'ils rebaptiseront New York... Le reste, c'est de l'histoire connue : en reprenant le modèle hollandais, la bourgeoisie anglaise met à profit ses atouts économiques, techniques, organisationnels et politico-militaires pour développer son agriculture, ses techniques de production d'énergie, son industrie textile, sa sidérurgie et son industrie navale. L'Angleterre devient le berceau de la Révolution industrielle.

La Révolution industrielle, phénomène historique extrêmement complexe, ne doit pas être considérée comme le produit d'une soudaine éclosion d'inventions qui auraient trouvé à s'employer immédiatement dans l'industrie. Au contraire, comme le montre le tableau suivant[21] pour la fameuse machine à vapeur, le développement technique est un processus long et plein de rebondissements «imprévisibles» :

Préliminaires expérimentaux de l'invention d'une machine à vapeur économiquement exploitable

1601 Giambattista della Porta (1535-1615) procède à Naples à des essais de compression de la vapeur.

1607 Galileo Galilei (1564-1642) et

1643 Evangelissa Torricelli (1608-1647) découvrent et mesurent à Florence les effets de la pression atmosphérique.

1647 Blaise Pascal (1623-1662) procède en France à l'aide du baromètre, à des mesures d'altitude.

1650-1654 Otto von Guericke (1602-1686) invente à Magdebourg la pompe pneumatique.

1655 Robert Hooke (1635-1703), physicien expérimental anglais, imagine un nouveau système de pompe pneumatique et contribue ultérieurement à améliorer la construction du baromètre.

1659 Le physicien et chimiste britannique Robert Boyle (1627-1691), s'appuyant sur les résultats de Guericke, construit une «machine pneumatique».

1674 Le Hollandais Christiaan Huygens (1629-1695) fait à Paris des expériences avec une machine dont le cylindre doit être mis en mouvement par des explosions de poudre à canon.

1675 À Leyde, en Hollande, les frères Joosten Musschenbroeck, Samuel (1639-1681) et Johan (1660-1707), se lancent dans la production en série de pompes pneumatiques (d'un maniement difficile, il est vrai).

1675 Le Français Denis Papin (1647 — vers 1712), un assistant de Huygens, construit à Paris une pompe pneumatique plus perfectionnée.

1680 Il imagine en Angleterre la marmite à vapeur avec soupape de sécurité et

1690 construit à Marbourg, en Allemagne, un modèle simple de machines à vapeur atmosphérique qu'il pense pouvoir utiliser industriellement.

21. Plum, pp. 58-59.

1695 Papin travaille à Kassel à un projet de transmission pneumatique d'énergie et de bateau à vapeur. (Ce projet ne peut aboutir, même si aujourd'hui encore on soutient ici ou là que ce bateau aurait été détruit sur la Fulda par des bateliers défiants.)

1698 L'Anglais Thomas Savery (1650-1715) reçoit un brevet pour l'invention de la «machine aspirante» qui va servir à pomper l'eau des mines en Angleterre.

1699 Le physicien français Guillaume Amontons (1663-1705), après de nombreux essais atmosphériques, conçoit à Paris le projet d'une «machine à feu», complétant la machine à vapeur de Papin.

1705 Papin perfectionne en Angleterre la machine inventée par Savery.

1705-1712 Thomas Newcomen reprend les conceptions de Papin et Savery et les développe pour construire la «machine à vapeur atmosphérique». Il rend ainsi pour la première fois la machine à vapeur économiquement utilisable sur une grande échelle.

1713 Un tout jeune ouvrier, Humphrey Potter, améliore la machine de Newcomen.

1763 James Watt (1736-1819) commence la mise au point de son invention de la machine à vapeur à basse pression.

1768 Construction d'une machine de Watt. Jusqu'en...

1770 on continue en Angleterre à fabriquer la machine de Newcomen et à l'utiliser dans les mines.

1774 Début de la fabrication en série de la machine de Watt.

1776 Utilisation de la machine de Watt dans les mines.

1780 Copie de la machine de Watt en France par Constantin Périer (1742-1818).

1782 Premier emploi de la machine à vapeur dans les filatures de coton, puis dans la brasserie, les moulins et dans d'autres secteurs de production.

1782-1784 Watt imagine la machine à vapeur à double effet dont la construction va contribuer puissamment au cours des décennies suivantes, à la «révolution industrielle».

1788 Installation de la première machine à vapeur en Prusse.

Après deux siècles d'essais et de perfectionnements, la machine à vapeur commence à se répandre. Vers 1810, on estime à 5000 le nombre de machines à vapeur fonctionnant dans les manufactures et les mines d'Angleterre. En France, il y en aurait 2000 à la même époque[22]. En 1820, le capitalisme industriel britannique est indiscutablement le leader mondial et cette suprématie durera pratiquement tout au long du XIXe siècle.

Au moment même où l'Europe s'industrialise, le reste du monde assiste impuissant au pillage de ses ressources naturelles, à l'asservissement des populations indigènes et à la multiplication des régimes politico-économiques plus ou moins tributaires de ce capitalisme en expansion. À la seule exception des États-Unis

---

22. *Ibid.*, p. 60.

d'Amérique, indépendants depuis 1776, tous les territoires hors d'Europe occidentale, sur les cinq continents habités, sont occupés, colonisés ou autrement asservis à la fin du XIXe siècle[23].

À ce stade-ci, il n'est pas vraiment important de déterminer si le leadership de l'Angleterre s'estompe vers 1890 ou vers la Première Guerre mondiale. En ce qui concerne les pays sous le joug des puissances impériales, une chose est certaine : le processus de domination et d'acculturation que le capitalisme en émergence a imposé depuis le XVIe siècle aux civilisations chinoises, japonaises, indiennes, arabes, africaines, américaines (on pense ici surtout aux Aztèques, aux Mayas, aux Incas, aux Toltèques, etc.) et autres, qui possédaient des acquis technologiques fort importants et parfois même en avance sur les techniques européennes, a provoqué une rupture brutale dans l'évolution technique de ces civilisations et entraîné souvent un net recul[24]. Au terme de quelques rébellions et guerres de «libération nationale» victorieuses, des bourgeoisies créoles, littéralement «sécrétées» par trois siècles d'administration coloniale, vont prendre le relais des administrateurs «blancs» à la tête d'un système socio-économique par ailleurs inchangé. Là où le *statu quo* politique est maintenu, cette bourgeoisie indigène continuera simplement de s'agiter à l'ombre de l'administration coloniale. C'est dans ce contexte du capitalisme expansionniste et de l'impérialisme qu'il faut replacer toute analyse de la dissémination et de l'utilisation de la science et de la technologie modernes dans le Tiers monde.

Sur un plan strictement scientifique, le texte classique du professeur Basalla, déjà cité[25], proposait un modèle de la façon dont la science européenne s'était disséminée à travers le monde. Ce modèle en trois phases est fort intéressant, même s'il appelle quelques réserves. La première phase du développement des sciences dans un nouvel environnement est celle où prédominent les activités de cueillette et d'exploration réalisées par des savants européens qui, une fois le travail complété, s'empressent de rentrer en Europe avec tous leurs spécimens et leurs notes. La deuxième phase est celle dite de la «science coloniale», où l'on voit les premiers chercheurs locaux, indigènes ou fraîchement immigrés, se livrer à des recherches et des travaux plus ou moins sérieux, complètement dépendants des traditions, des approches et des institutions de la métropole. En dépit de

---

23. Même si elles ont acquis leur indépendance dès le premier quart du XIXe siècle, les anciennes colonies espagnoles et portugaises d'Amérique latine seront étroitement intégrées au capitalisme européen par des liens commerciaux, financiers et technologiques.

24. Le cas de l'Inde sous la domination britannique illustre très bien cette affirmation. Voir S.N. Sen, «The Introduction of Western Science in India during the 18th and the 19th Century», dans Surajit Sinha (éd.), *Science, Technology and Culture*, New Delhi, India International Centre, 1970.

25. Basalla, p. 613.

cette «satellisation» dont ils sont victimes, les chercheurs locaux en arrivent cependant à créer leurs propres institutions (*i.e.* universités, académies, revues scientifiques, etc.) et des traditions scientifiques à saveur nationale. Au cours de la troisième et dernière phase, on assisterait à un effort systématique pour établir une véritable tradition scientifique locale, indépendante des centres anciens et capable de guider et d'inspirer les recherches de la communauté scientifique nationale. Cette science «indépendante» et «endogène» serait, de ce fait, reconnue et respectée autant sur la scène nationale que sur la scène internationale.

Le modèle du professeur Basalla s'inscrit dans toute une lignée de travaux sur le développement scientifique et technologique des pays sous-développés[26]. La plupart de ces travaux entremêlent les rappels historiques et les propositions normatives, quand elles ne sont pas franchement moralisatrices, afin de prôner le développement d'une science et d'une technologie conçues comme parfaitement bénéfiques et omnipuissantes. À titre d'exemple, voici un extrait d'un discours prononcé par Sir Basil Blackett en pleine Crise des années 30 :

> Pour la première fois dans l'histoire de l'humanité, le problème de la subsistance a cessé d'être la préoccupation quotidienne de la plus grande partie des habitants de la planète. Il n'y a aucune raison pour que dans un proche avenir chacun ne puisse être assuré d'avoir un logis, des vêtements et suffisamment de nourriture pour lui-même et pour tous ceux qui dépendent de lui. La science nous offre, à nous comme aux générations qui suivent, des conditions de vie immensément supérieures à celles qu'ont connues les plus fortunés de nos ancêtres. Ne devrions-nous pas tendre toutes nos énergies afin d'entrer le plus rapidement possible en pleine possession de ce patrimoine et nous efforcer de nous rendre dignes, de cœur et de corps autant que d'esprit, de cette vie plus noble et plus élevée qui s'offre aujourd'hui à l'humanité[27]?

Entre la crise de 1890 et la Seconde Guerre mondiale, en passant par la Première Guerre et la Crise des années 30, le flambeau du leadership dans le monde capitaliste passe indiscutablement aux États-Unis. Sous l'hégémonie américaine, l'ordre économique mondial s'appuiera fermement sur une science et une technologie au service du développement économique, lui-même guidé par les lois du marché.

---

26. Parmi les études sur ce sujet, on pourra lire Vannevar Bush, *Science, The Endless Frontier*, Washington, 1945 ; Ruth Gruber (éd.), *Science and the New Nations*, New York, Basic Books, 1961 ; Graham Jones, *The Role of Science and Technology in Developping Countries*, Oxford, Oxford University Press, 1971 ; Michael Moravcsik, *Science Development. The Building of Science in Less Developped Countries*, Bloomington, Pasitam Publications, 1975.

27. Tiré de l'ouvrage *The World's Economic Crisis and the Way of Escape*, publié d'abord en 1932, puis réédité par Kennikat Press à New York en 1971.

Internationalisation du capitalisme américain et Tiers monde

Sous le leadership des États-Unis, le monde capitaliste connaîtra plusieurs transformations importantes au cours du XXe siècle. Sans en faire une chronologie complète et minutieuse, voici quelques faits qu'il faut retenir :

● Le capitalisme est un système économique condamné, par sa logique d'accumulation et d'expansion, à l'instabilité et au déséquilibre. Outre deux récessions graves à la fin du XIXe siècle (1873-1878 et 1893-1897), les États-Unis et le reste du monde ont été frappés, depuis 1900, par de nombreuses dépressions lors desquelles l'on a vu chuter la croissance de la production : 1908, 1914 et 1917 sont des années noires, tout comme celles qui s'étendent entre 1919 et 1921, 1930 et 1932, 1945 et 1946, 1973 et 1974[28]. La récession de 1981 et de 1982 est considérée comme la plus grave que le monde ait connue depuis les années 40. L'évolution de la conjoncture actuelle laisse perplexes les observateurs, y compris les économistes...

● Les fondements libéraux et individualistes du système se sont érodés sous l'assaut du temps et des conflits. Depuis la Crise de 1929, l'intervention de l'État est de plus en plus admise dès lors qu'il s'agit de relancer les investissements, de créer des emplois, de pallier aux injustices sociales et de promouvoir la croissance économique. À la croissance démesurée des appareils gouvernementaux a répondu l'accroissement du déficit fiscal et budgétaire. Pour la plupart des pays du Tiers monde, l'interventionnisme gouvernemental, par son envergure et son impact, constitue désormais une caractéristique structurelle du système socio-économique.

● Les luttes territoriales des grandes puissances au XXe siècle ont conduit à des conflagrations plus ou moins généralisées : citons les deux guerres mondiales, la guerre de Corée et la guerre d'Indochine. De guerres «chaudes» en guerres «froides», en passant par des périodes de grande tension, tous ces conflits ont contribué à façonner le visage actuel du capitalisme sous le leadership américain. Parmi les faits géopolitiques découlant de ces événements, on trouve : 1) l'émergence du système communiste mondial sous le leadership de l'URSS, émergence marquée par la révolution bolchevique (1917), les conquêtes territoriales de l'Armée rouge en Europe (1940-1948), la révolution chinoise (1949) et l'instauration de régimes communistes en Corée du Nord, à Cuba, au Vietnam, au Cambodge, en Angola, etc. Aujourd'hui, un tiers de la population mondiale, soit plus d'un milliard d'hommes et de femmes, vit dans ce système concurrent du capitalisme. 2) Le

---

28. Maddison consacre le quatrième chapitre de son livre à la synthèse des théories proposées en guise d'explication des cycles, des étapes et des phases qui ont marqué l'évolution du système capitaliste. Cependant, pour Maddison, le capitalisme (en fait, les pays de l'OCDE) jouit entre 1871 et 1980 d'une «stabilité globale de la production d'ensemble [...] tout à fait impressionnante», Maddison, p. 105.

processus de décolonisation de l'après-guerre est également une conséquence géo-politique des conflits du XXᵉ siècle. Reflétant l'accession de nouveaux pays à l'indépendance, la liste des membres de l'ONU passe de 51, lors de sa fondation en 1945, à 157 en 1983[29]. Désormais, les anciennes colonies des empires hollandais, anglais, français allemands, portuguais, etc. forment un bloc important sur la carte géopolitique du monde.

Pourquoi ce tour d'horizon du XXᵉ siècle? Parce qu'il permet de mieux aborder deux problèmes étroitement liés au développement de la science et de la technologie modernes.

Premièrement, avec l'accession des États-Unis au rang de première puissance capitaliste mondiale, le monde se transforme peu à peu en un vaste champ de bataille où les enjeux sont des marchés économiques. L'industrie même de la guerre, c'est-à-dire l'industrie des armements, des transports et des communications stratégiques, devient une colossale entreprise de production et de destruction à laquelle seront consacrées les meilleures ressources des nations. À cause de son potentiel innovateur et du caractère planifié, rigoureux de sa démarche, la science est mise à contribution, autant pour éclaircir des phénomènes nouveaux que pour solutionner des problèmes technico-militaires.

Deuxièmement, étant donné l'importance des enjeux économiques et géo-politiques pour lesquels s'affrontent les grandes puissances, il serait insensé de laisser la science et la technologie se développer en vase clos, au hasard des querelles théoriques ou d'errements institutionnels. Selon le «mode américain» de faire les choses, science et technologie s'interpénètrent; la science devient de plus en plus «technologique» (c'est-à-dire qu'elle fait un emploi croissant d'appareils sophistiqués et coûteux) et la technologie, en retour, devient «scientifique» (c'est-à-dire qu'elle s'appuie de plus en plus sur la théorie, plutôt que sur le savoir-faire des artisans ou des techniciens).

Dorénavant, la science et la technologie seront encadrées et gérées selon la rationalité du monde industriel et productiviste auquel elles devront s'intégrer à titre de servantes. Le sociologue Jerome R. Ravetz a analysé ce phénomène :

> Le processus d'industrialisation de la recherche est irréversible et la science ne peut plus retrouver son innocence passée. Pour résoudre les problèmes sociaux engendrés par l'industrialisation de la science, il faudra analyser la situation de chaque domaine de la recherche dans chaque nation[30].

29. *The World Almanac and Book of Facts,* 1984, New York, Daily News Publications, p. 559.
30. Jerome R. Ravetz, *Scientific Knowledge and Its Social Problems,* New York, Oxford University Press, 1971, p. 423. Cet excellent livre pose plusieurs questions concernant l'avenir de la science dans les économies avancées. Ces questions s'adressent tout aussi bien aux pays sous-développés selon nous.

Conscients de l'impact que peuvent avoir des investissements massifs dans les activités scientifiques et technologiques, les corporations et les gouvernements des pays industrialisés ont adopté des stratégies semblables ou complémentaires. D'une part, les corporations créent des départements et des services de R-D qui ont pour tâche exclusive de résoudre des problèmes techniques et de développer des innovations commercialisables et rentables. D'autre part, les gouvernements se chargent du financement de la recherche scientifique et technique selon les priorités politiques, sociales ou économiques du moment. Lors de la Première Guerre mondiale, on a vu pour la première fois collaborer les politiciens, les industriels, les militaires et les savants[31]. De cette époque datent les premières politiques scientifiques et technologiques, même si les historiens ont largement montré l'existence de liens très étroits entre la science et les États au XIXe siècle et beaucoup plus avant[32].

Revenons un instant sur les points importants de l'évolution du monde au XXe siècle :

● changement de leadership économique et politique sur la scène mondiale ;
● instabilité conjoncturelle et structurelle des économies avancées ;
● interventionnisme croissant de l'État dans toutes les sphères de la société, y compris dans l'économie ;
● intégration de la science et de la technologie aux efforts de conquêtes des marchés et aux stratégies de domination militaire et politique[33] ;
● élaboration et application de politiques gouvernementales et corporatives en matière de science et technologie.

Tous ces éléments font partie de l'arrière-plan sur lequel se dégage l'émergence du Tiers monde depuis la Seconde Guerre mondiale et déterminent dans une large mesure la façon dont les sciences et les techniques participent au développement (ou au sous-développement) de celui-ci.

31. En 1916, le président Wilson des États-Unis met sur pied le *National Research Council* afin d'intégrer les savants à l'effort de guerre. Voir à ce propos I. Varcoe, «Scientists, Government and Organised Research in Britain, 1914-1916», *Minerva* 8, 2, 1970 ; R.M. Yerkes (éd.), *The New World of Science : Its Development During the War,* New York, Freeport, 1920.
32. Pour le cas du Canada, voir Vittorio de Vecchi, *Science and Government in 19ᵗʰ Century Canada*, Ph.D. Diss., University of Toronto, 1978. Pour les États-Unis, H.S. Miller, *Dollars for Research : Science and Its Patrons in Nineteenth-Century America,* Seattle, University of Washington Press, 1970. H.A. Dupree, *Science in the Federal Government : A History of Policies and Activities to 1940,* New York, Harper & Row, 1964.
33. *Cf.* H.A. Rose et S.P.R. Rose, «The Incorporation of Science», dans M. Langer et D.K. Miller (éds.), *Institutions and Science Public Policy,* New York, New York Academy of Science Annals, 1975.

Science et technologie modernes et processus du sous-développement

On ne peut résumer dans un seul article le débat entourant les causes et les caractéristiques essentielles du sous-développement économique et social du Tiers monde[34]. On peut néanmoins rappeler ici deux positions antithétiques qui se sont dégagées au cours du débat sur le sous-développement.

La première, soutenue principalement par les partisans du libéralisme économique, doctrine dominante dans les pays industrialisés, consiste à affirmer que la situation des pays sous-développés est une «situation de retard» ou, si l'on préfère, que ceux-ci n'ont pas encore «démarré» dans le mouvement qui pourrait les conduire au développement. Cela équivaut à soutenir que le développement économique est un processus universel, unilinéaire, uniforme et unidirectionnel : la voie suivie par les pays capitalistes avancés depuis la Révolution industrielle serait la seule possible et tous les pays retardataires devraient se hâter de l'emprunter[35].

La seconde position consiste à soutenir, au contraire, que le sous-développement est la conséquence directe de l'industrialisation des pays capitalistes européens depuis le XVIIIᵉ siècle. Les tenants de cette thèse rappellent que cette industrialisation de l'Europe a été marquée par une concentration des fonctions les plus stratégiques et les plus décisives dans les pays métropolitains et par l'occupation de l'ensemble des pays dits «périphériques». En fait, le processus d'industrialisation de l'Europe étant unique, c'est-à-dire daté historiquement et localisé géographiquement, le développement des pays du centre et le sous-développement des pays de la périphérie sont deux aspects d'une même réalité dialectique; celle de l'expansion du capitalisme industriel dans le monde. Depuis le milieu du XXᵉ siècle, cette expansion porte la marque des multinationales nord-américaines.

Adopter l'une ou l'autre de ces positions, c'est adopter également certaines thèses économiques, politiques et culturelles. La première position sous-entend qu'un pays sous-développé est un pays arriéré, en «retard» sur la voie du développement. Le diagnostic le plus fameux de cet état est celui de Ragnar Nurkse, économiste suédois très sensible à la situation du Tiers monde. Selon le «cercle vicieux de la pauvreté» décrit par Nurkse, la pauvreté est un phénomène qui, à

---

34. Pour une introduction : J.-M. Albertini, *Mécanismes du sous-développement et développements,* Paris, Les Éditions ouvrières, 1981; C.K. Wilber (éd.), *The Political Economy of Development and Underdevelopment,* New York, Random House, 1973.
35. Une collection d'excellents articles a été réunie par A.N. Agarwala, et S.P. Singh, *The Economics of Underdevelopment,* Londres, Oxford University Press, 1958. Pendant 20 ans, cet ouvrage a été le texte de base en économie politique du Tiers monde.

travers tout un enchaînement de conséquences et de réactions (*i.e.* faible productivité, faible demande, faible investissement, faible revenu, etc.), s'entretient lui-même et, pire, s'aggrave encore.

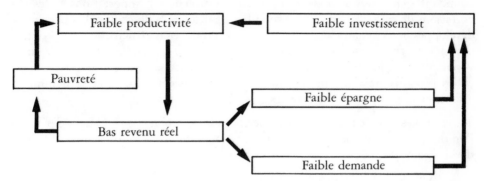

Si le diagnostic est juste, la seule façon de briser le cercle vicieux consiste à bouleverser toute la société économique traditionnelle en y injectant, par exemple, de grandes masses de capital. Cela aurait pour effet de mettre en valeur les ressources naturelles d'un pays, d'augmenter sa production et d'élargir son marché. Rien de nouveau dans ce scénario par rapport à ce qui s'est passé lors de la Révolution industrielle, sauf qu'il favorise, en même temps que l'industrialisation des pays sous-développés, un élargissement considérable du marché mondial au profit des firmes multinationales nord-américaines et européennes. Le «know-how» de ces firmes, les sciences et la technologie, dans ce scénario, resteraient bien sûr sous le contrôle des pays avancés, c'est-à-dire hors de portée des pays sous-développés, de telle sorte que, malgré un certain progrès industriel, leur balance des paiements continuerait d'être déficitaire et que leur dépendance économique se perpétuerait.

Ce dernier point a donné lieu à de nombreuses analyses. On remarque tout particulièrement les travaux de Raul Prebisch qui, au lendemain de la Seconde Guerre mondiale, déclencha une large controverse au sujet des causes du sous-développement économique. En tant qu'expert de la Commission économique pour l'Amérique latine (CEPAL), Prebisch a popularisé la distinction «centre-périphérie» en économie internationale, de même que l'expression «détérioration des termes de l'échange», expression qui était promise à un bel avenir dans le domaine du commerce international. En outre, Prebisch attira l'attention des économistes sur la façon dont la technologie moderne se diffuse sur le marché mondial et sur l'inégale appropriation des bénéfices du progrès technique[36].

---

36. *Cf.* C. Furtado, *Théorie du développement économique*, Paris, Presses universitaires de France, 1970.

Le «message» de Prebisch était simple : les gains de productivité réalisés grâce au progrès technique à travers le monde sont redistribués et appropriés (via le commerce) de manière doublement inéquitable, d'abord par les couches sociales dominantes des pays sous-développés qui contrôlent les importations et les exportations de ces pays, puis, en second lieu, par les pays du centre. Les pays sous-développés doivent alors se cantonner dans la production de deux ou trois produits destinés à l'exportation (*i.e.* caoutchouc, cacao, cuivre, sucre, etc.), tout en se voyant forcés d'importer à fort prix les équipements nécessaires à leur industrialisation et les produits de luxe que convoite la bourgeoisie locale. Cela se nomme la «division internationale du travail».

Après plus de trente ans de recherches sur ces problèmes, Prebisch, désormais l'un des chefs de file de l'école de la dépendance en économie politique du sous-développement, est revenu à la charge récemment :

> Qu'est-ce qui distingue notre capitalisme d'imitation du capitalisme innovateur des pays avancés? [...] Il faut rappeler ici que le développement de la périphérie se caractérise comme un processus de rayonnement et de propagation, à partir du centre, de techniques, de modèles de consommation et de tout un ensemble de formes culturelles, qu'il s'agisse des idées, des idéologies ou des institutions. Et tout cela dans une société fondamentalement différente de la société avancée. Là se trouve l'origine des contradictions qui font du capitalisme périphérique un phénomène imparfait, incomplet. [...] Les traits caractéristiques de la société périphérique se rapportent principalement aux techniques et à la consommation, au degré de développement et au processus démocratique, à la propriété foncière, à l'accumulation des capitaux et à la croissance de la population[37].

Quel rôle tiennent les sciences et la technologie ici? C'est la stratégie de substitution des importations par l'industrialisation, stratégie adoptée notamment par certains pays d'Amérique latine, qui a révélé l'ampleur de l'obstacle au développement que constitue la dépendance scientifique et technique. Cette stratégie avait de nombreux objectifs : en s'industrialisant pour substituer les produits «indigènes» aux produits importés, les pays du Tiers monde espéraient 1) échapper à la détérioration des termes de l'échange; 2) réduire le solde de la balance des paiements; 3) créer des emplois; 4) élever la compétence technique et professionnelle de la main-d'oeuvre locale grâce au phénomène du «learning by doing»; 5) augmenter les recettes fiscales des États en proportion de la valeur ajoutée localement aux produits; etc. Il faut reconnaître que plusieurs de ces objectifs ont été atteints, au moins dans certains pays du Tiers monde. Malheureusement, l'industrialisation a eu également des effets néfastes :

---

37. Les principales propositions théoriques sur ces sujets ont été publiées par Raul Prebisch entre 1949 et 1964, durant une féconde période à la tête de la CEPAL. La citation fait partie d'une série d'articles de synthèse : Raul Prebisch, «Towards a Theory of Change», *CEPAL Review*, avril 1980, pp. 182-183.

- Dans de trop nombreux cas, l'industrialisation se faisait à partir d'investissements directs de firmes multinationales ou grâce à des «joints ventures» impliquant des capitaux locaux; quelle que soit la formule, les fonctions stratégiques (financement, R-D, marketing, etc.) restaient sous le contrôle des entreprises et des investisseurs étrangers.

- Les équipements techniques et le savoir-faire mis en oeuvre dans les projets industriels provenaient systématiquement des pays avancés; l'achat des licences et des brevets, ou les royalties et dividendes qui s'y rattachaient, finissaient toujours par alourdir encore le déficit de la balance des paiements.

- La plupart des technologies proposées par les firmes multinationales aux pays du Tiers monde étaient «capital intensive», c'est-à-dire qu'elles nécessitaient de forts investissements en biens d'équipement et peu de main-d'oeuvre; ainsi, l'industrialisation n'entraînait pas la création massive de nouveaux emplois, mais, bien au contraire, bouleversait l'économie traditionnelle, réduisant à la misère des millions de petits paysans condamnés au chômage déguisé, aux emplois précaires et à la marginalisation des bidonvilles, tout en favorisant l'émergence d'une mince élite ouvrière.

- Enfin, on a constaté avec étonnement que les nouvelles technologies transférées dans le Tiers monde, loin de «libérer» celui-ci, aggravaient la dépendance; la logique de ces technologies, elle-même commandée par la logique des profits et des dividendes à payer à chaque année aux actionnaires, entraînait leur mise au rancart et leur remplacement prématuré par de nouvelles technologies, plus «performantes», processus s'accompagnant de nouveaux investissements et de nouvelles ententes avec les gouvernements (pour des subventions ou des régimes fiscaux préférentiels, par exemple) et qui aboutissait au resserrement de la dépendance du Tiers monde.

En Amérique latine, la stratégie de l'industrialisation par substitution des importations a été adoptée par l'Argentine, le Brésil, le Venezuela et le Mexique, surtout au cours des années 50 et 60. À un moindre degré ont suivi la Colombie, le Pérou, le Chili et l'Uruguay. L'expérience de ces pays a permis de mieux comprendre les difficultés qui entravent le processus d'industrialisation, notamment en matière de science et de technologie. Les travaux de R. Prebisch, O. Sunkel, J. Leite Lopes, F. Sagasti, J. Sabato, C. Vaitsos, A.K. Reddy, A. Parthasarathi et autres démontrent que la maîtrise du facteur «science et technologie» est d'une importance capitale dans le processus du développement industriel[38]. Qu'est-ce que ce «facteur science et technologie»? Qu'est-ce que la «maîtrise» de ce facteur?

---

38. Deux sources importantes : Jorge A. Sabato (éd.), *El pensamiento latinoaméricano en la problematica ciencia-tecnologia-dessarrollo-dependencia,* (en espagnol), Buenos Aires, Edicion Paidos, 1975. Francisco R. Sagasti, *Technology, Planning and Self-reliant Development. A Latin American View,* New York, Praeger Publishers, 1979.

Comment intégrer les sciences et les techniques au processus de développement industriel? Quels phénomènes accompagnent cette intégration dans les pays du Tiers monde? Ce sont là les questions auxquelles les chercheurs cités ont tenté de répondre.

L'aide et la coopération scientifique et technique internationales

Au lendemain de la Seconde Guerre mondiale, les pays industrialisés ont été confrontés à la vaste tâche de reconstruire l'économie mondiale, en bonne partie détruite ou désorganisée par la guerre. Le plan Marshall, qui visait au relèvement économique de l'Europe et du Japon, fut élaboré de toute urgence par les Américains. Que fallait-il faire avec les anciennes colonies de l'Europe et tous les pays sous-développés?

Les pays alliés décidèrent d'agir à travers des organismes internationaux créés à cet effet : l'ONU, la Banque internationale de reconstruction et développement, la Banque mondiale et toute une série d'agences spécialisées dans l'aide et la coopération internationales. Au même moment, les pays du Tiers monde s'organisaient et commençaient à faire pression sur les pays industrialisés.

Quand on parlait du développement économique et social du Tiers monde, il était courant, à cette époque, d'insister sur l'importance d'une réforme des systèmes d'éducation et de diffusion de l'information scientifique, technique et culturelle, ainsi que sur la formation de la main-d'oeuvre. C'est en réponse à cet intérêt généralisé que fut créée l'UNESCO dans les années qui suivirent la fin de la guerre. Avec l'UNESCO commençait la première phase, dite «optimiste», de la campagne onusienne visant à mettre la science au service du développement. La doctrine de l'ONU à cette époque était que l'omnipuissance de la science et de la technologie, mise au service du Tiers monde via l'aide et la coopération internationales, permettrait à celui-ci de rattraper son retard. En conséquence, l'aide des pays scientifiquement avancés aux pays en retard, les accords de coopération entre différents gouvernements, les échanges et les programmes de collaboration entre scientifiques des pays «riches» et des pays «pauvres», etc., allaient constituer l'essentiel des activités de l'UNESCO. Plusieurs commentateurs et analystes contribueront, en outre, a entretenir ce discours optimiste selon lequel la science et la technologie ont un rôle clé à jouer dans le développement du Tiers monde. Dans ce domaine, on remarque Joseph Needham, scientifique britannique devenu un spécialiste de la science et de la civilisation chinoises de l'Antiquité, Alexander King, Arthur W. Lewis, Stevan Dedijer, Yves De Hemptinne qui, parmi beaucoup d'autres, ont développé ce type de rhétorique[39].

39. Needham, Joseph, «Practical Steps for International Cooperation Among Scientists», *UNESCO Courier*, 1, février 1948; King, Alexander, «UNESCO's First Ten Years», *New Scientist* 2,

Au cours de cette période, qui va de la fin des années 40 à 1965 environ, on voit se multiplier les initiatives visant à inventorier les ressources scientifiques et techniques, tant humaines que matérielles, des pays sous-développés. On assiste également à de nombreuses tentatives de modernisation des systèmes d'information scientifique et technique, de même que des systèmes d'éducation (efforts dont profitent surtout les universités). Enfin, on voit apparaître les premières politiques nationales de développement scientifique et technique (dont l'élément crucial est toujours le pourcentage X du PNB qu'il faut s'efforcer de consacrer à la R-D pour imiter les pays avancés)[40]. Ces efforts atteindront un sommet avec les plans «triennaux» et «quinquennaux» de développement scientifique et technique mis au point par des pays comme l'Inde, le Brésil, l'Argentine ou le Mexique!

Considérée dans son ensemble, la doctrine dominante de l'époque s'appuyait sur les arguments suivants :

- La science en général, et les sciences physiques et naturelles en particulier, ayant depuis toujours été un puissant facteur de progrès, il fallait donc qu'elles soient mises à la portée de tous les pays du Tiers monde; Michael Moravcsik, parmi beaucoup d'autres, soutient encore cette thèse aujourd'hui : «Pourquoi la science dans un pays sous-développé? Nous pensons que la science peut être d'une importance majeure dans la résolution de problèmes sociaux. La science constitue le fondement le plus important de la technologie, laquelle à son tour est l'outil tout désigné pour la solution de problèmes concrets. Problèmes concrets et problèmes sociaux sont étroitement liés et la science peut contribuer à leur solution»[41].

- La diffusion de la science moderne dans les pays sous-développés était essentiellement une question de bonne volonté et de coopération entre pays avancés et pays récipiendaires : les organismes internationaux étaient là pour promouvoir les échanges scientifiques et faciliter ainsi le développement des peuples.

- Les pays sous-développés devaient se montrer réceptifs aux changements éducationnels, académiques, scientifiques et culturels que les organismes internationaux et les pays avancés leur proposaient.

1957; Lewis, Arthur D., «Education for Scientific Professions in the Poor Countries», *Daedalus* 91, 1962; Dedijer, Stevan, «Scientific Research and Development : A Comparative Study», *Nature* 187, 1960; Dedijer a été un auteur très prolifique sur ces questions; De Hemptinne, Y., «The Science Policy of States in Course of Independant Development», *Impact* 13, 3, 1963. À remarquer ce dernier titre, digne d'un vieux routier de l'UNESCO!

40. Voir par exemple : UNESCO, *La Politica Cientifica en America Latina,* Montevideo, 1969, EDPC no 14 et 1972 EDPC no 29; et aussi *Le rôle de la science et de la technologie dans le développement économique,* Paris, 1970.

41. Moravcsik, pp. 4-5.

On pourrait développer davantage la thèse «optimiste» défendue par l'UNESCO et d'autres organismes internationaux au cours de la période, mais ce survol suffit à en faire voir les termes essentiels et comprendre pourquoi elle fut si fermement contestée par les auteurs tiermondistes. Ceux-ci firent d'abord remarquer que la science moderne ne signifiait pas nécessairement progrès et développement pour des pays sous-développés. Souvent la science se trouvait entièrement asservie aux intérêts de couches sociales dominantes des pays du Tiers monde, au lieu d'être au service des populations dans le besoin[42]. Ensuite, il était évident pour plusieurs auteurs que la coopération scientifique et technique se développait presque toujours à l'initiative et sous l'égide des institutions scientifiques et des chercheurs des pays avancés, en fonction de leurs propres intérêts scientifiques. Les chercheurs originaires des pays sous-développés formés au contact de la science des pays avancés faisaient figure d'excentriques dans leur propre milieu et finissaient souvent par émigrer, alimentant ainsi le «brain drain», «l'exode des cerveaux», si préjudiciable aux pays sous-développés[43]. Par ailleurs, il était facile de faire remarquer que la diffusion internationale de la science se faisait en fonction des objectifs politiques et économiques des pays avancés, et ce, malgré l'existence de règles de fonctionnement propres à la communauté internationale des savants. Enfin, il était clair pour les auteurs tiermondistes que beaucoup de pays sous-développés étaient incapables d'intégrer pleinement les contributions scientifiques et les découvertes techniques de leurs propres chercheurs. Il y avait à cela plusieurs raisons : la communauté scientifique nationale avait peu de contacts avec l'industrie et l'absence de politiques scientifiques cohérentes n'arrangeait pas les choses. Le manque d'interrelations entre l'appareil de production (les entreprises), les laboratoires et centres de recherche (universitaires ou autres) et le gouvernement (ministères et agences spécialisées) constitue une faiblesse majeure dans les pays sous-développés[44]. La plupart des recherches étaient réalisées dans les universités, c'est-à-dire dans des institutions

---

42. Amilcar, Herrera, *Ciencia y politica en América Latina*, Mexico, Siglo XXI Editores, 1971; J., Leite-Lopes, *La ciencia y el dilema de América Latina : Dependencia y Liberacion*, Mexico, Siglo XXI Editores, 1972.

43. U.N. General Assembly, «Outflow of Trained Professional and Technical Personnel at All Levels from the Developing to the Developed Countries. Its Causes, Its Consequences and Practical Remedies for the Problem Resulting from It», *United Nations* (Doc. A/7294) New York, 1968. Voir aussi S., Watanabe, «The Brain Drain from Developing to Developed Countries», *International Labor Review* 99, 1969. Malgré leur âge, ces deux documents constituent une excellente introduction au problème.

44. C'est l'auteur argentin Jorge A. Sabato qui a fait du triangle Industrie —Université — Gouvernement un véritable outil didactique et analytique du blocage de la science et de la technologie en contexte de sous-développement. Son triangle des «interrelations» est analysé par Schiller Thébaud, «Les systèmes de recherche scientifique et technique des pays en voie de développement», *Revue Tiers monde* 17, 65, 1976. Voir aussi : J.A. Sabato et N. Botana, «La ciencia y la tecnologia en el desarrollo futuro de la America Latina», *Revista de la integracion*, INTAL, Buenos Aires, 3, 1968.

fonctionnant souvent en vase clos, selon des valeurs et des traditions académiques qui accordaient peu de prestige aux découvertes «pratiques» et aux retombées sociales du travail des savants. À cela s'ajoutait la méfiance qu'éprouvaient l'une pour l'autre la caste au pouvoir, souvent autoritaire, et la communauté scientifique, souvent isolée et portée, de ce fait, à critiquer le gouvernement. Enfin, raison majeure, le secteur le plus dynamique de l'appareil de production se trouvait contrôlé et orienté par les firmes multinationales, dont les filiales ou les compagnies associées accaparaient de vastes segments du marché : les firmes multinationales réalisaient leurs propres recherches intra-muros, selon des programmes de développement et des stratégies commerciales particulières, entretenant peu de contacts avec la communauté scientifique locale[45].

En définitive, l'aide et la coopération internationales n'ont pas beaucoup contribué à lever les entraves au développement des pays sous-développés depuis 1950. La doctrine «optimiste» professée par l'ONU et l'UNESCO ne tenait compte que de la pointe émergée de l'iceberg que constituait tout le phénomène de l'innovation scientifique et technologique. En misant tout sur la «libre circulation» d'une information scientifique et technique prête à être utilisée, la doctrine ignorait un fait fondamental, à savoir que les inventions et les innovations étaient désormais de véritables marchandises pour lesquelles s'était constitué un marché international. De nos jours, la production et l'échange de ces marchandises échappent presque complètement au contrôle des pays sous-développés et toutes les opérations se font à leur détriment.

La technologie comme marchandise : transferts et marchés

Les recherches des auteurs latino-américains sur le blocage du développement dans les pays du Tiers monde démontraient clairement que, malgré son attrait, le programme contenu dans le slogan «La science pour le développement» était irréalisable. En effet, toute l'expérience des pays industrialisés montrait que seules les innovations technologiques ayant depuis longtemps dépassé le stade du laboratoire permettaient réellement d'obtenir de meilleures performances et des gains de productivité substantiels. Ce n'était pas tant la science que la technologie, et la technologie conçue, testée et commercialisée en fonction des exigences concrètes de la demande industrielle, qui était véritablement responsable de la croissance et du développement.

Depuis longtemps, cette «vérité» constituait pour les économistes l'une des explications les plus répandues du dynamisme des économies de marché. Outre les économistes classiques du XVIIIe siècle, comme Adam Smith et Karl

---

45. *Cf.* Francisco Sagasti, «Towards Endogenous Science and Technology for Another Development», *Development Dialogue*, Dag Hammarskjold Foundation, 1, 1979.

Marx, au XIXe siècle, les auteurs modernes avaient insisté sur l'importance du facteur technologique dans le phénomène du développement. L'économiste autrichien Joseph Schumpeter, par exemple, signalait en 1912, dans sa théorie du développement capitaliste, le rôle moteur des innovations, qu'il s'agisse de nouveaux procédés de fabrication, de nouveaux produits, de nouvelles sources de matières premières, de nouvelles organisations ou de nouveaux marchés.

Quand on songe que la croissance économique a été désignée comme l'objectif commun en cette seconde moitié du XXe siècle, il est étonnant que personne (presque) n'ait clairement rappelé aux politiciens et aux planificateurs du Tiers monde que la croissance se faisait beaucoup plus avec la technologie qu'avec la science. Comme nous l'avons déjà dit, il a fallu que certains pays du Tiers monde amorcent leur industrialisation pour que ces problèmes apparaissent. Aujourd'hui, à la lumière des nombreuses études qui leur ont été consacrées, on peut résumer ainsi ces problèmes :

1. Dans le processus de la croissance économique, le facteur technologique est en réalité un intrant (input) tout à fait particulier : il est manufacturé ou fabriqué par des laboratoires de R-D spécialisés dans des travaux d'innovation[46]. La découverte d'un procédé de fabrication nouveau (par exemple, pour la désalinisation de l'eau de mer) ou d'un produit nouveau (par exemple, la fibre optique) est l'aboutissement d'une longue chaîne d'activités allant de la recherche scientifique (fondamentale et/ou appliquée) à la mise en marché. On oublie trop souvent qu'une innovation doit être vérifiée, adaptée, retravaillée, etc. avant d'être enfin introduite sur le marché. L'économiste américain Nathan Rosenberg décrit ce processus :

> Les économistes se sont toujours désintéressés de ce processus de développement. Même si on s'est habitué, au cours des 20 dernières années, à l'expression «R-D», relativement peu d'attention a été accordée à ce qu'elle représente en réalité. En fait, on ne s'est pas encore vraiment rendu compte qu'aujourd'hui les deux tiers des dépenses de R-D sont consacrées au développement lui-même, moins de 15 % étant consacrées à la recherche pure et un peu plus de 20 % à la recherche appliquée[47].

Ces «usines d'innovations», comme les installations de Northern Telecom par exemple, sont organisées et gérées selon des modèles très particuliers, et poursuivent leurs objectifs selon des échéanciers très serrés.

---

46. Sabato, J.A., *Laboratorios de investigacion o fabricas de tecnologia ?* Buenos Aires, Editorial Ciencia Nueva, 1972.
47. Rosenberg, Nathan, *Perspectives on Technology,* New York, Cambridge University Press, 1976, p. 76. Cet auteur est l'un des plus importants dans le domaine des interrelations *économie* et *technologie*.

2. La technologie qu'on trouve sur le marché n'y circule pas librement. Elle constitue une véritable marchandise dont le prix ou les conditions de vente peuvent être fixés au gré du vendeur. S'il est vrai qu'avec le temps le prix de certaines technologies tend à baisser, les mettant ainsi à la portée de tous les pays ou presque (par exemple, les techniques de préparation des aliments ou de construction, où le «know-how» est virtuellement gratuit), il n'en reste pas moins que les technologies de pointe (citons, par exemple, la coupe des matériaux au laser ou la conception assistée par ordinateurs) sont toutes brevetées, c'est-à-dire protégées juridiquement contre toute imitation, vol ou copie.

Cette «protection» qu'accorde le brevet aux technologies a soulevé une question capitale dans le processus d'industrialisation des pays du Tiers monde car elle permettait souvent aux vendeurs d'imposer aux acheteurs un prix abusif. Dans ce domaine, les travaux de C. Vaitsos, portant plus spécifiquement sur les pratiques de l'industrie pharmaceutique internationale en Amérique Latine, ont été d'une grande importance : ils ont mis en lumière l'un des aspects les mieux cachés de la dépendance technologique des pays sous-développés[48].

3. Le marché international de la technologie existe bel et bien, et il est d'une complexité extrême. D'abord, il est contrôlé par des firmes multinationales dont les stratégies et les objectifs coïncident rarement avec ceux des pays sous-développés. Comme l'information concernant les produits technologiques est rare, difficile à obtenir et à déchiffrer, on dira également de ce marché qu'il est très «opaque». Les produits transigés apportant à leurs détenteurs des avantages monopolistiques — car brevetés — constituent des marchandises très puissantes et très coûteuses. En outre, on achète rarement un «morceau» ou un élément technique isolé; les transactions portent plutôt sur des ensembles complexes de procédés, de formules, de mécanismes, de circuits, de substances et d'appareils intégrés (embodied) ou isolés (disembodied). En ce sens, on parlera parfois de «paquets techniques» pour désigner ces marchandises[49].

Le marché international de la technologie est un marché contrôlé par des vendeurs qui ont généralement entre les mains un produit unique et protégé contre les imitations : les prix reflètent directement ces conditions monopolistiques. Ces mêmes conditions font qu'il est très difficile de se comporter en «bon» consommateur, en consommateur averti, sur le marché international de la technologie

---

48. Vaitsos, Constantino, «Patented Revisited : Their Functions in Developing Countries», *The Journal of Development Studies* 9, 1982. Vaitsos a signé une vingtaine de travaux sur ces questions de brevets.
49. J.A. Sabato a été l'un des pionniers de l'analyse du «paquet technique» et il a fortement influencé la politique technologique des pays du Pacte andin. Voir «Desagregacion del paquete tecnologico», *Junta del Acuerdo de Cartagena,* Lima, Pérou, 1974; voir aussi C. Cooper et P. Maxwell, «Machinery Suppliers and the Transfer of Technology to Latin America», *OEA,* Washington, P.P.T.T./14, 1975.

si l'on ne dispose pas de l'atout que constitue une solide expertise technique. Les pays du Tiers monde ont appris à leurs dépens ce qu'il en coûte d'être mal informé de l'évolution de la technologie et de son commerce.

4. La fameuse notion de «transfert technologique» recouvre donc deux grandes formes de transmission du «savoir-faire» : la diffusion libre, volontaire et généralement gratuite de la connaissance, qui est surtout le fait des organismes d'aide et de coopération internationales, et les transactions commerciales réalisées sur le marché international. Dans le premier cas, on privilégie la valeur d'usage de la connaissance scientifique et technique; dans le second, c'est d'abord la valeur d'échange de la marchandise technologique qui compte[50].

Au cours des années 60 et 70, la question des transferts de technologie a été l'une des plus âprement débattues dans la problématique du développement du Tiers monde[51]. La définition même du phénomène varie selon qu'on se place sur le plan international ou national. Dans le premier cas, on utilisera l'expression s'il y a «transfert ou échange entre pays avancés et pays en voie de développement d'éléments de savoir-faire technique qui sont normalement requis pour la construction, l'équipement et la mise en opération de nouvelles installations productives, lesquelles sont rarement disponibles ou carrément absentes dans les économies en voie de développement»[52]. Sur le plan national, le transfert peut s'effectuer entre différents éléments du système de R-D, par exemple entre la recherche fondamentale et la recherche appliquée, entre l'ingénierie de prototypes et les laboratoires d'essais, etc. Il peut également se produire entre différents laboratoires industriels : l'industrie chimique de pointe peut collaborer, par exemple, avec l'industrie agro-alimentaire, ou l'industrie des matériaux réfractaires avec l'industrie aérospatiale, etc. C'est d'ailleurs dans ce contexte de collaborations «nationales» dans les économies avancées qu'a été posé pour la première fois le problème des transferts de technologie. Cette origine transparaît encore dans certaines définitions du phénomène : «processus par lequel la science et la technologie se diffusent à travers les activités humaines selon des composantes verticales et horizontales[53].»

50. On doit à Francisco Sercovich la mise en relief de la dichotomie valeur d'usage / valeur d'échange à propos de la technologie, même s'il s'agit d'une distinction très connue dans la littérature économique classique. Voir son livre : *Tecnologia y control extranjeros de la industria argentina*, Mexico, Siglo XXI, Editores, 1975.
51. *Cf.* Jacques Perrin, *Les transferts de technologie*, Paris, Éditions La Découverte, Maspéro, 1983. La meilleure bibliographie sur le sujet reste celle de J.A. Sabato, *Transferencia de tecnologia. Una seleccion bibliografica*, Mexico, Edicion Ceestem, 1978.
52. C. Cooper, «The Transfer of Industrial Technology to the Underdeveloped Countries», *Institute of Development Studies Bulletin*, Sussex, U.K., octobre 1970.
53. Harvey Brooks, «National Science Policy and Technology Transfer», *Conference on Technology Transfer and Innovation, Washington 1966 — Proceedings*, Washington, N.S.F., 1967.

Par ailleurs, l'habitude de considérer presque uniquement les transferts de technologie se produisant dans le domaine de la production de biens s'est quelque peu perdue : aujourd'hui, on envisage les transferts dans une perspective beaucoup plus large. Comme l'écrit Jacques Perrin :

> La double nature du procès de travail (procès technique et procès social) impose de reconnaître également la double nature de la technologie. [...] La technologie informe le procès de travail pour produire de nouvelles valeurs d'usage, mais elle informe également le procès de travail pour produire de nouvelles valeurs d'échange et reproduire le rapport capital-travail[54].

Les éléments du «paquet technique» transféré ne sont donc pas seulement techniques[55] : le paquet contient aussi des éléments organisationnels et institutionnels, des valeurs, bref, des éléments culturels. C'est pourquoi toutes les études sur les transferts de technologie nous ramènent inévitablement au problème plus vaste du développement social et de ses modèles[56].

5.   Une autre question épineuse se pose : celle du choix de technologie.

En effet, tout approfondissement des connaissances des pays du Tiers monde en matière d'échange international de technologie, d'innovations disponibles, de mécanismes de transfert ou de conditions de vente, etc., est certes une chose nécessaire, mais vaine si l'on ne sait pas quelle technologie au juste est la mieux appropriée pour un projet de développement spécifique.

Cette question du choix de technologie se pose à la fois sur le plan théorique et sur le plan empirique. Sur le plan théorique, elle se traduit par des problèmes comme celui du choix de la technologie qui permet de maximiser la production compte tenu des autres facteurs (*i.e.* travail, matière première, etc.), celui du choix d'une technologie qui favoriserait l'augmentation des profits plutôt qu'une plus vaste redistribution des revenus, ou celui de l'opposition entre les technologies *capital-intensive* ou *labor-intensive*. Il va sans dire que la littérature économique là-dessus est à la fois considérable et de valeur fort inégale[57].

---

54. Perrin, p. 17.
55. Voici une liste d'éléments qui font habituellement partie des contrats de transfert de technologie : études exploratoires de pré-investissement, études de faisabilité, études de marché, revue des technologies disponibles, choix de technologie, études des procédés industriels, ingénierie de base, ingénierie de détail, construction d'installations, formation du personnel technique et de direction, normes de gestion et d'opération des équipements, programmes de commercialisation, programmes d'adaptation et d'amélioration des procédés et des produits, etc.
56. Un livre fort intéressant à ce propos : Denis Goulet, *The Uncertain Promise. Value Conflicts in Technology Transfer,* New York, IDDC/North America, 1977.
57. Outre les centaines de manuels d'introduction à l'analyse économique qui existent, et où l'étudiant trouvera toujours un chapitre consacré à la fonction de production, signalons l'ouvrage de F. Stewart, *Technology and Underdevelopment,* Londres, MacMillan, 1977 et le recueil de l'OCDE, *Le choix et l'adaptation de la technologie dans les pays en voie de développement,* Paris, OCDE, 1973.

Sur le plan empirique, le choix d'une technologie ou d'une autre a beaucoup à voir avec le contexte social, institutionnel, politique et culturel. Celui-ci peut se révéler absolument réfractaire à une technologie qu'un simple calcul économique aurait par ailleurs désignée comme idéale.

Cela dit, il faut reconnaître que la question du choix de technologie demeure très controversée, autant chez les auteurs des pays industrialisés que chez ceux du Tiers monde. Ainsi, par exemple, pour faire saisir la diversité des positions et la complexité du débat, van Brakel s'est amusé à dresser une liste des adjectifs qui ont servi à qualifier la technologie[58] :

a) appropriée, correcte, optimale, adaptée, pluraliste;

b) «travail-intensive» *(labor-intensive)*, peu utilisatrice de capital *(low capital)*, peu coûteuse;

c) intermédiaire, de petite échelle, de petite capacité;

d) rurale, de survie, d'auto-suffisance, «pieds-nus» *(bare-foot)*, tierce *(tiers technology)*, populaire *(peoples')*, indigène;

e) alternative, libératrice, progressive, radicale;

f) propre *(clean)*, douce, éco-technologique.

Bien sûr, cette liste contient quelques adjectifs plutôt creux, tels «optimale» ou «adaptée», mais elle montre que l'analyse du problème du choix technologique n'a pas encore produit de consensus, fut-ce sur les termes, même si l'expression «technologie appropriée» est de plus en plus utilisée.

Ce concept de technologie intermédiaire ou appropriée fut lancé en 1963 par E.F. Schumacher, l'auteur de *Small is Beautiful*, alors qu'il travaillait comme consultant pour le gouvernement de l'Inde. Depuis, le concept a fait le tour du monde et a été l'objet de constantes discussions dans toutes les conférences sur le sous-développement.

Qu'est-ce qu'une technologie appropriée? Van Brakel a dégagé un ensemble de traits caractéristiques après avoir consulté un brochette de spécialistes :

a) Par rapport aux facteurs de production, une technologie appropriée doit 1) utiliser beaucoup de main-d'oeuvre, 2) requérir peu de capital, 3) utiliser peu d'énergie, 4) être d'une grande simplicité au plan de la manufacture, des opérations, de l'entretien, de l'organisation, etc., 5) être orientée vers le marché local et tenir compte de ce que le milieu offre en fait de main-d'oeuvre qualifiée et d'entrepreneurs, de ressources naturelles et d'énergie.

58. J. van Brakel, *Chemical Technology for Appropriate Development*, Delft, The Netherlands — Delft University Press, 1978. Un ouvrage extrêmement bien documenté sur la question.

b) Par rapport à l'ensemble du processus de développement, une technologie appropriée doit 6) être orientée vers un développement rural géographiquement dispersé, 7) être acceptable au plan écologique, 8) être viable du point de vue commercial, 9) répondre aux besoins vitaux des populations à bas revenus, 10) dominer les autres facteurs de la production, permettant ainsi aux populations de prendre en main leur propre développement, 11) permettre une croissance organique de la technologie, c'est-à-dire une progression régulière[59].

On peut déduire de l'ensemble de ces critères autant de définitions de la technologie appropriée qu'on le voudra! Cependant, la question du choix technologique dépasse d'emblée les querelles de définitions pour se poser dans le débat entourant le type de développement technologique le plus susceptible de mettre un terme au sous-développement du Tiers monde.

Dans ce débat, l'économiste grec Arghiri Emmanuel s'est illustré en dénonçant avec vigueur les idéologues de la technologie appropriée :

> Le dernier motif qui conforte la revendication d'une production technologique import-substitutive, est la présomption qu'une technologie conçue et élaborée «dans le site» sera nécessairement une technologie appropriée aux conditions du site[60].

Selon Emmanuel, il n'en va pas aussi simplement. Les fameuses «conditions locales» sont loin de faire l'unanimité parmi les auteurs et peuvent donc difficilement fonder les choix technologiques. Il y a d'une part les conditions permanentes (*i.e.* celles relatives au climat, au sol, etc.) et les conditions transitoires ou historiques d'autre part (*i.e.* l'organisation sociale et politique, les institutions, etc.). Emmanuel conteste le principe même de l'adéquation automatique des techniques aux conditions historiques et institutionnelles, tout en acceptant l'idée d'une adéquation aux conditions matérielles permanentes.

> Une technique peut être appropriée au cas d'espèce de l'implantation envisagée. Cela est une chose. Elle peut être considérée comme appropriée au degré général de développement du pays d'accueil, cela en est une autre[61].

Poursuivant ce raisonnement, Emmanuel tranche contre l'idée même de technologies appropriées :

> On a donc, en dernière analyse, la culture de sa technologie et c'est absolument illusoire de rechercher la technologie de sa culture. Une technologie faite sur mesure pour les pays pauvres serait une pauvre technologie. Une technologie

---

59. *Ibid.*, p. 15.
60. Arghiri Emmanuel, *Technologie appropriée ou technologie sous-développée?*, Paris, PUF/IRM, 1981. On pourra suivre avec intérêt sa polémique avec Celso Furtado et Hartmut Elsenhans.
61. *Ibid.*, p. 77.

«appropriée» aux pays sous-développés serait une technologie sous-développée, c'est-à-dire une technologie qui fige et reproduit le sous-développement. C'est précisément la chose à éviter[62].

Le débat sur le choix de technologie est donc loin d'être terminé. Comme il se doit, il s'inscrit dans la vigoureuse tradition des grands débats qui ont entouré l'émergence et l'expansion mondiale du capitalisme.

*   *
*

Depuis le XIXe siècle, les pays du Tiers monde ont dû s'adapter à la réalité de la technologie *en tant que marchandise.* De la somme des études et des travaux consacrés à ce problème, on tire aujourd'hui une vision d'ensemble de la situation du Tiers monde et les premiers éléments d'un diagnostic valable pour la plupart des pays sous-développés en voie d'industrialisation[63]. Des solutions et des remèdes ont également été proposés : on cite souvent la nécessité d'élaborer des politiques nationales de développement qui tiendraient compte non seulement des aspects sociaux et économiques de celui-ci, mais également de ses aspects scientifiques et techniques[64].

Au cours des années 80, avec les nouvelles percées technologiques telles la biotechnologie, la robotique, l'informatique, les télécommunications, etc., les pays sous-développés n'auront d'autre choix que de se prendre en main, de tracer le cours de leur développement, de collaborer étroitement entre eux et d'envisager des formes alternatives de développement. L'entreprise est vaste et complexe, mais il n'est plus possible de la différer.

Conclusion

Nous voici à la fin d'un long périple. Résumons nos «découvertes» :

• Quand on envisage le tout dans la perspective historique du développement du capitalisme, les rapports entre la science, la technologie et la situation actuelle des pays du Tiers monde prennent leur véritable sens.

---

62. *Ibid.*, p. 112.
63. *Cf.* OCDE, *Les enjeux des transferts de technologie Nord-Sud,* Paris, OCDE, 1982; A. Langlois, *Les Nations-Unies et le transfert technologique,* Paris, Éd. Economica, 1980; B. Madeuf, «L'ordre technologique international», *Notes et études documentaires,* Paris, La documentation française, 1981; Perrin, *op. cit.*
64. Signalons à ce sujet deux ouvrages importants où sont développées des stratégies technologiques pour le Tiers monde : Maximo Halty-Carrere, *Technological Development Strategies for Developing Countries. A Review for Policy Makers,* Montréal, Institute for Research on Public Policy, 1979; F. Sagasti, *op. cit.*, note 38.

- Les sciences et les techniques ont contribué à l'émergence du capitalisme et à son expansion mondiale.

- Les pays de la périphérie sont littéralement entrés en crise — crise structurelle — dès le moment où l'Occident industrialisé les a asservis.

- Le débat entourant le développement économique des pays « en retard » s'est amplifié dans le monde capitaliste depuis la Seconde Guerre mondiale, sous le leadership des États-Unis ; le diagnostic suit généralement l'approche adoptée, tout comme les politiques préconisées.

- Ce débat n'a pas porté uniquement sur le type et le rythme des investissements, sur la formation de la main-d'œuvre ou sur la modernisation des institutions, mais aussi sur le développement du champ scientifique et technologique.

En effet, les pays du Tiers monde se sont vus proposer le modèle de développement économique et technologique qui avait été celui des pays industrialisés. Comment rompre le « cercle vicieux de la pauvreté » propre au sous-développement quand un tel modèle accentue la dépendance vis-à-vis des pays riches ?

À partir de la fin de la Seconde Guerre mondiale, on a vu les organisations internationales défendre la thèse de l'omnipuissance de la science en matière de croissance économique et proposer cette doctrine aux pays du Tiers monde. L'échec relatif des efforts de développement inspirés par celle-ci, combiné aux effets de l'endettement croissant du Tiers monde et à la généralisation de la malnutrition, de la pauvreté et de la détresse dans ces pays, a précipité la remise en question de la doctrine de l'ONU et la critique des multiples programmes internationaux d'aide scientifique et technologique.

Le débat sur le développement scientifique et technologique du Tiers monde a pris un tournant déterminant avec les travaux des économistes de la CEPAL et du Pacte andin sur les stratégies d'industrialisation et les tendances du commerce international des « paquets technologiques ». La très célèbre « école de la dépendance » en économie et en sociologie du développement est née de ces travaux. L'un de ses principaux mérites, en matière de science et technologie, est d'avoir attiré l'attention sur le commerce de la technologie et l'importance d'étudier en profondeur ce phénomène, ainsi que sur les aspects positifs et négatifs des « transferts de technologie ».

Nous n'avons qu'esquissé les problèmes et les enjeux des stratégies mettant en action les sciences et les techniques. Pour que la perspective soit complète, il faudrait aussi parler de l'importance de politiques qui auraient pour but de faire sauter les goulots d'étranglement qui bloquent le développement du Tiers monde. Des objectifs tels l'autosuffisance (*self-reliance*) ou le développement alternatif, c'est-à-dire celui dont les objectifs économiques sont liés aux valeurs sociales et culturelles propres au milieu, suscitent aujourd'hui beaucoup d'espoirs.

Le principal message de ce texte est en fait une mise en garde contre le mythe de l'omnipuissance de la science et de la technologie dans le domaine du développement du Tiers monde. Comme nous avons tenté de le montrer, ces deux ensembles d'activités sociales appelés «science» et «technologie» sont trop étroitement associés à l'essor et à l'expansion du capitalisme occidental pour pouvoir, sans changement et par leur vertu propre, déclencher un véritable processus de développement. Cela dit, il faut admettre que sans la science et la technologie, un tel développement ne peut plus avoir lieu. La question est donc de savoir à quelles conditions le savoir scientifique et la technologie peuvent jouer un rôle positif.

La réponse à une telle question demandera encore beaucoup de recherche et, compte tenu de la situation mondiale actuelle, dominée par le blocage du dialogue Nord-Sud, l'incertitude financière et monétaire, la résurgence des réflexes nationalistes et protectionnistes dans les pays avancés, l'escalade militaire, etc., on peut être certain que le débat entourant le rôle des sciences et des techniques dans le processus du développement est loin d'être clos.

SECONDE PARTIE

SCIENCE
ET CONSCIENCE

CHAPITRE 7

LE DÉTERMINISME BIOLOGIQUE COMME ARME SOCIALE

Richard C. Lewontin*
Harvard University

La lutte entre ceux qui possèdent le pouvoir social et ceux qui ne le possèdent pas, entre «l'homme libre et l'esclave, entre le patricien et le plébéien, entre le seigneur et le serf, entre le maître de la corporation et le compagnon, en un mot, entre l'oppresseur et l'opprimé[1]» est une guerre menée à l'aide d'armes nombreuses et diverses. Les idées sont d'une importance extrême. Elles sont des armes utilisées dans la guerre idéologique au cours de laquelle chaque classe qui lutte afin de reproduire sa domination, essaie de justifier moralement et rationnellement sa position, tandis que ceux qui luttent pour renverser l'ordre social produisent leur propre idéologie de légitimation. Si la révolution est victorieuse, cette idéologie révolutionnaire se transforme en une arme de consolidation et de conservation, qui sera à son tour utilisée pour résister aux défis révolutionnaires lancés à la nouvelle classe dominante. La révolution qui a mis en place la société industrielle et de marché du XXe siècle constitue la meilleure illustration de la succession historique de ces armes idéologiques.

---

* Richard C. Lewontin, «Biological Determinism as a Social Weapon», dans *Biology as a Social Weapon,* sous la direction du Ann Arbor Science for the People Editorial Collective, Minneapolis, Burgess Publishing Company, 1977. Traduit par Alberto Cambrosio.
1. Marx, K. et Engels, F., 1847. *Manifesto of the Communist Party.* New York : International Publishers (1948).

La société européenne d'avant le XVIIᵉ siècle (à l'exception de quelques républiques marchandes italiennes) était caractérisée par un système statique et aristocratique de relations dans lequel les paysans et les propriétaires fonciers étaient liés les uns aux autres en même temps qu'à la terre, et dans lequel la mobilité sociale était à toutes fins pratiques inexistante. Chaque individu devait sa position sociale à la grâce de Dieu ou à la grâce des seigneurs terriens. Même les rois régnaient par la grâce de Dieu et une modification de la position occupée par chacun ne pouvait être causée, et de façon tout à fait exceptionnelle, que par l'attribution ou le retrait de la grâce divine ou royale. Cette hiérarchie rigide constituait un obstacle direct à l'expansion des intérêts marchands et manufacturiers, qui exigeaient un accès au pouvoir politique et économique fondé, non plus sur le haut lignage, mais sur la réalisation d'entreprises économiques.

Qui plus est, le caractère inaliénable des terres et la garantie traditionnelle d'accès aux terrains communaux entravaient la production primaire et prolongeaient la pénurie de main-d'oeuvre nécessaire aux manufactures. En Angleterre, les lois sur la clôture des terres *(Acts of Enclosure)*, adoptées au XVIIIᵉ siècle, brisèrent ce système rigide en permettant aux propriétaires fonciers de clôturer les terrains utilisés pour la production de la laine et de déplacer en même temps les métayers qui devinrent ainsi la force de travail industrielle des villes. À la même période en France, la vieille «noblesse d'épée» était contestée par les membres de la hiérarchie administrative et légale, qui constituaient la «noblesse de robe», et par les roturiers enrichis par les activités bancaires et financières. C'était le début de la révolution bourgeoise, qui allait briser les liens statiques de la société féodale et aristocratique et créer à sa place une société de la libre entreprise dans laquelle le travail et l'argent allaient pouvoir mieux s'ajuster aux besoins d'une classe industrielle et commerçante en plein essor. Toutefois, la révolution bourgeoise avait besoin d'une idéologie légitimant son attaque contre l'ancien régime et pouvant servir d'assise morale et intellectuelle au nouvel ordre social. Ce fut l'idéologie de la liberté, de l'individualisme, du travail opposé à la grâce, de l'égalité ainsi que des droits inaliénables à «la vie, à la liberté et à la recherche du bonheur». Paine, Jefferson, Diderot et les auteurs de l'*Encyclopédie* furent les idéologues de la révolution et, à travers tous leurs écrits, on retrouve le même thème : à l'ancien régime, caractérisé par l'existence d'une hiérarchie d'obstacles artificiels s'opposant à l'essor des désirs et des ambitions humaines, devait succéder une société où chaque individu pourrait occuper la place que lui assureraient «naturellement» ses ambitions et ses capacités. Nous avons là l'origine de l'idée de «la société des chances égales» dans laquelle nous sommes actuellement supposés vivre.

Et pourtant, la révolution bourgeoise qui a détruit ces obstacles artificiels ne semble pas avoir réussi à éliminer les inégalités sociales. Il y a toujours des riches et des pauvres, des puissants et des faibles, tant à l'intérieur des nations qu'entre les nations. Comment expliquer cela ? On pourrait supposer que ces inégalités sont d'origine structurelle, que la société mise en place par la révolution contient en elle-même ces inégalités, voire qu'elles sont essentielles à son fonctionnement. Mais cette hypothèse, si on l'acceptait sérieusement, nous conduirait à envisager une autre révolution. La solution de rechange consiste donc à affirmer que l'origine des inégalités réside non pas dans la structure des rapports sociaux, mais dans les qualités de chaque individu. Cela revient à affirmer que notre société a su créer toute l'égalité qu'il était humainement possible de créer et que toutes les différences qui persistent, pour ce qui est du statut social, de la richesse et du pouvoir, sont le résultat inévitable des inégalités *naturelles* sur le plan des capacités individuelles. Cette dernière affirmation a été incorporée dès le début dans l'idéologie de la révolution bourgeoise et elle constitue toujours l'idéologie dominante des sociétés industrielles basées sur une économie de marché. Un tel point de vue ne menace pas le *statu quo* ; bien au contraire, il le perpétue en suggérant à ceux qui n'ont pas de pouvoir que leur situation est le résultat inévitable de leurs défauts innés et que, en conséquence, *on n'y peut rien*. Richard Herrnstein, un psychologue qui est un des idéologues les plus en vue de la théorie des « inégalités naturelles », nous fournit un exemple remarquable de ce type d'affirmations : « Les classes privilégiées du passé n'étaient probablement pas de beaucoup supérieures sur le plan biologique aux classes opprimées, ce qui explique que la révolution avait de bonnes chances de réussir. En éliminant les barrières artificielles entre les classes, la société a encouragé l'expression des différences biologiques. Lorsque les individus peuvent atteindre leur place naturelle dans la société, les classes supérieures auront, par définition, des capacités plus élevées que les classes inférieures[2]. »

Cette courte citation résume tout le raisonnement. Le succès de la révolution bourgeoise est dû au fait qu'elle a fait disparaître des barrières artificielles, mais les inégalités qui subsistent ne peuvent être éliminées par une autre révolution parce qu'elles sont fondées sur des différences biologiques qu'on ne peut extirper. On ne nous dit pas, cependant, quel principe biologique garantit que des groupes biologiquement « inférieurs » ne peuvent pas arracher le pouvoir à des groupes biologiquement « supérieurs », mais les erreurs de fait ainsi que les erreurs conceptuelles d'une telle affirmation ne sont d'aucune importance par rapport à sa fonction. Le but de cette affirmation est de nous convaincre que, bien que nous ne vivions pas dans le meilleur des mondes *concevables*, nous vivons dans le meilleur des mondes *possibles*.

Un corollaire important de cette théorie, développé par la sociologie du XIXe siècle, consiste à affirmer que le processus naturel de sélection opérant dans

---

2. Herrnstein, R.J., 1973. *I.Q. in the Meritocracy*. Boston : Atlantic-Little, Brown and Company, p. 221.

une société libre est grandement facilité par l'éducation, grâce à laquelle apparaissent les différences latentes entre les individus. Lester F. Ward, la figure principale de la sociologie américaine du XIXe siècle, a écrit : «Le pouvoir destiné à renverser toutes sortes de hiérarchie réside dans l'éducation universelle. Celle-ci va éliminer toutes les inégalités artificielles et elle va permettre aux inégalités naturelles de s'exprimer à leur juste niveau. La juste valeur d'un nouveau-né réside dans sa capacité brute à acquérir l'aptitude d'agir[3]». (Il s'agit de ce même L.F. Ward qui, dans son livre *Pure Sociology*[4], affirmait qu'il était plus acceptable qu'un homme de race supérieure viole une femme de race inférieure que vice-versa car nous serions en présence d'un nivellement par le haut plutôt que d'un nivellement par le bas!)

Les thèses de Ward sur l'éducation et la réussite se retrouvent 66 ans plus tard dans les affirmations de A.R. Jensen : «Il faut l'admettre : la répartition des personnes entre les différents rôles professionnels n'est tout simplement pas «juste» dans aucun des sens absolus du terme. Le mieux que l'on peut espérer est que le mérite véritable constitue, sur la base de l'égalité des chances, le fondement du processus naturel de sélection[5]».

L'idéologie de la société moderne n'est donc pas une idéologie fondée sur l'égalité du statut social, mais une idéologie centrée sur le processus naturel de sélection facilité par l'éducation universelle : le «mérite intrinsèque» constitue le critère et la cause de la réussite. La politique sociale de l'État ne devrait donc pas tendre vers une uniformisation contre-nature des conditions de vie, d'ailleurs impossible à réaliser. L'État devrait plutôt aider chaque individu à prendre la place que sa nature intrinsèque lui a réservée.

La croyance que les rapports sociaux sont une manifestation de la nature profonde ou intrinsèque des êtres humains, et qu'ils ne peuvent donc pas être modifiés, est appelée *déterminisme biologique*. Comme nous le verrons, le degré de rigidité de l'attitude déterministe varie selon les différentes versions de cette croyance, allant de l'hypothèse que les facteurs biologiques déterminent à toutes fins pratiques complètement la «nature» de chaque individu, à l'idée, plus subtile, que la nature biologique des êtres humains établit uniquement des «tendances», c'est-à-dire des états naturels vers lesquels les êtres humains seront attirés dans le cours normal des événements. Le déterminisme biologique présente deux aspects complémentaires, qui sont également nécessaires au fonctionnement de la doctrine. En premier lieu, on affirme que les *différences* manifestes sur le plan des capacités

---

3. Ward, L.F., 1873. *Education*. Manuscrit inédit, Special Collection Division, Brown University, Providence, R.I.
4. Ward, L.F., 1903. *Pure Sociology*. New York : Macmillan.
5. Jensen, A.R., 1969. «How Much Can We Boost IQ and Scholastic Achievement?», *Harvard Educational Review* 39 : 1-123. p. 15.

et du pouvoir que l'on observe entre les individus, entre les classes, entre les sexes, entre les races et entre les nations, découlent en très grande partie des différences dans les propriétés biologiques intrinsèques de chacun. Certains d'entre nous savent peindre des tableaux alors que d'autres ne savent peindre que des maisons, certains d'entre nous peuvent devenir des médecins alors que d'autres ne peuvent être que des coiffeurs[6]. Cependant, ces faits, s'ils étaient vrais, n'impliqueraient pas nécessairement l'existence d'une société où le pouvoir est distribué de façon inégale. Après tout, il n'y a aucune raison pour que les différences de capacités, qu'elles soient intrinsèques ou qu'elles ne le soient pas, se traduisent obligatoirement par des différences de statut, de richesse et de pouvoir. On pourrait construire une société dans laquelle les artistes et les peintres en bâtiments, les coiffeurs et les chirurgiens se verraient attribuer des récompenses matérielles et psychiques identiques. C'est le raisonnement avancé par Dobzhansky dans son livre *Genetic Diversity and Human Equality*[7]. Si on prenait au sérieux ce raisonnement, il enlèverait à notre société inégalitaire la légitimité qui lui est attribuée par les théories de la diversité biologique. Pour pouvoir fonctionner comme un instrument de légitimation de l'état actuel des choses, le déterminisme biologique doit avoir recours à un deuxième élément : la croyance à la *nature humaine*. En plus des différences entre les individus et entre les groupes, on suppose qu'il existe des «tendances» biologiques partagées par tous les êtres humains et par leurs sociétés, et que ces tendances donnent lieu à des sociétés organisées de façon hiérarchique dans lesquelles les individus «sont en compétition» pour les ressources limitées allouées au secteur correspondant à leur rôle. Parmi les différents acteurs exerçant un même rôle, les meilleurs et ceux qui font preuve de plus d'esprit d'initiative s'approprient normalement une très grande partie des récompenses disponibles, tandis que ceux qui ne sont pas couronnés par le succès (les vaincus) sont renvoyés dans des places moins enviables[8].

L'affirmation que la *nature humaine* garantit la transformation des différences biologiques entre les individus et entre les groupes en différences de statut social, de richesse et de pouvoir, constitue l'autre aspect du déterminisme biologique en tant qu'idéologie totale et correspond à l'étape de la consolidation de la révolution bourgeoise. Afin de légitimer leur propre montée vers le pouvoir, les nouvelles classes bourgeoises avaient besoin d'un système où le «mérite intrinsèque» *pouvait être récompensé*. Afin de maintenir leur pouvoir, elles doivent désormais prétendre que le mérite intrinsèque, dans la mesure où il est libre de s'affirmer, *doit être récompensé*. Tout apparaît comme naturel et inévitable, alors pourquoi s'y opposer ?

---

6. Herrnstein, R., 1971. «I.Q. », *The Atlantic Monthly* 228(3) : 43-64.
7. Dobzhansky, T., 1973. *Genetic Diversity and Human Equality.* New York : Basic Books.
8. Wilson, E.O., 1975. *Sociobiology : The New Synthesis.* Cambridge, Mass. : Harvard University Press, p. 554.

Il manque encore un élément pour compléter la description de l'idéologie du déterminisme biologique en tant qu'arme utilisée dans la guerre sociale. On peut facilement s'apercevoir que même dans une société démocratique, les récompenses ne sont pas redistribuées à chaque génération. Les enfants d'un roi du pétrole auront tendance à devenir des banquiers alors que les enfants d'un travailleur de l'industrie pétrolière auront plutôt tendance à s'endetter. Se pourrait-il que les parents transmettent leur pouvoir social à leurs enfants et qu'ils contournent ainsi le processus de sélection, supposément parfait, fondé sur le mérite intrinsèque? Certainement pas! Il faut donc que les capacités biologiques qui sont récompensées soient *transmises biologiquement* des parents aux enfants. Nous voilà en présence d'une équivalence entre les différences biologiques et les différences héréditaires, assurant la transmission légitime, de génération en génération, d'une position sociale donnée. L'équivalence entre ce qui est *biologique* et ce qui est *héréditaire* n'est pas, de toute évidence, nécessaire du point de vue logique, puisqu'on pourrait penser, par exemple, que des différences innées ont été provoquées par des accidents au cours du développement de l'individu. On retrouve ce raisonnement dans la croyance populaire selon laquelle les caractéristiques physiques et psychiques des enfants sont reliées aux expériences vécues par leurs mères au cours de la grossesse. Il n'a pas été clairement établi quand l'équivalence entre ce qui est *biologique* et ce qui est *héréditaire* s'est répandue, mais il est certain qu'elle précède l'avènement de la génétique moderne. La littérature du XIXᵉ siècle est imprégnée de la notion que le comportement humain est transmis de façon héréditaire. On en retrouve un exemple classique dans le cycle romanesque des Rougon-Maquart de Zola, qui retrace la chronique des deux branches d'une même famille, composée des descendants d'une femme et de deux hommes. Les descendants du mari Rougon, un paysan robuste et travailleur, sont intelligents, travailleurs et ambitieux alors que les descendants de l'amant Maquart, un homme corrompu, ivrogne et criminel, sont également des dégénérés et des ivrognes. Parmi les Maquart, il y a Gervaise, une blanchisseuse appliquée et couronnée par le succès qui, cependant, succombera à la paresse et à l'ivrognerie dont elle a héritées; il y a aussi sa fille Nana, une dégénérée sexuelle depuis sa plus tendre enfance. Les Rougon-Maquart ont servi de modèle au mythe américain de la famille Kallikak, perpétué pendant des années par les manuels de psychologie comme, par exemple, le livre *General Psychology* de Garrett[9]. Martin Kallikak, un soldat de l'armée coloniale, eut deux épouses, dont l'une était faible d'esprit et corrompue, et l'autre, responsable et bourgeoise; les deux branches de la famille se conformèrent à ces deux modèles pendant de longues générations. Les descendants de Kallikak et de son épouse bourgeoise sont tous de bons et sérieux citoyens alors que ceux issus de son autre épouse sont des dégénérés.

9. Garrett, H.E., 1955. *General Psychology*. New York : American Book Company.

La littérature anglaise a également voulu illustrer la prédominance de la nature sur l'éducation. Oliver Twist, élevé depuis sa naissance dans une des institutions sociales les plus dégradantes, l'hospice paroissial, et initié au crime par Fagin devient un être gentil, honnête et pourvu de toutes les vertus chrétiennes; et comble de chance, il s'exprime également dans un anglais grammaticalement parfait. Tout s'explique lorsqu'on apprend qu'il est le fils d'une femme respectable de la haute bourgeoisie. Le cas le plus remarquable est celui d'un personnage de George Eliot, Daniel Deronda, qui est éduqué dès sa naissance par un noble anglais et qui devient un représentant typique de la classe oisive du XIXe siècle, un dandy passionné par le jeu. Mais, au début de son âge adulte, il éprouve une attraction et des désirs mystérieux pour tout ce qui est d'origine hébraïque, et il tombe également amoureux d'une femme juive. Le lecteur ne sera pas surpris d'apprendre qu'il est en réalité le fils d'une actrice juive.

Au XXe siècle, les idées de la génétique moderne ont remplacé des notions vagues comme celle de «sang», mais rien d'autre n'a changé. Oliver Twist et Daniel Deronda sont restés les modèles des études modernes sur l'adoption, mais Dickens et Eliot étaient de meilleurs expérimentateurs que leurs équivalents modernes, qui se sont révélés incapables de traverser les frontières entre les classes lors des «échanges» de bébés. Que les enfants soient adoptés au hasard, dès leur plus jeune âge, sans égard pour les barrières sociales, voilà une possibilité qui ne peut se réaliser que dans l'imagination d'un romancier victorien ou dans une intrigue à la Gilbert et Sullivan. La redécouverte des lois de Mendel, en 1900, fournit très rapidement un appareillage conceptuel et objectif pouvant être utilisé pour produire des explications «scientifiques» et pour appuyer les affirmations des partisans des thèses héréditaires et de la suprématie des facteurs innés. Ainsi, E.L. Thorndike, que A.R. Jensen définit comme étant «probablement le plus grand psychologue américain et un pionnier de l'étude du caractère héréditaire de l'intelligence[10]», écrivit, dans un article scientifique portant sur des jumeaux, que «dans la course pour la vie, qui consiste non pas à prendre de l'avance, mais à prendre de l'avance sur quelqu'un, le principal facteur déterminant est l'hérédité[11]». Cette affirmation, selon laquelle «le principal facteur déterminant est l'hérédité», date de 1905, cinq ans seulement après la redécouverte de l'article de Mendel, mais 13 ans avant l'article de Fisher établissant les fondements de la théorie statistique sur laquelle se fondent les études génétiques des caractères quantitatifs, dix ans *avant* la démonstration par Fisher du théorème du coefficient de corrélation

10. Jensen, A.R., 1970. «Race and the Genetics of Intelligence; Reply to Lewontin», *Bulletin of the Atomic Scientists* 26(5) : 17-23. p. 17.
11. Thorndike, E.L., 1905. «Measurement of Twins», *Archives of Philosophy, Psychology, and Scientific Methods*, vol. 1, pp. 1-65. P. 12 Eds. J. Mckeen Cattell et J.E. Wookbridge, in *Columbia University Contributions to Philosophy and Psychology*, vol. 8, no. 3. New York : Science Press.

relatif à une distribution échantillonnée et cinq ans *avant* l'annonce par Morgan de sa théorie chromosomique de l'hérédité. E.L. Thorndike semble non seulement avoir été le plus grand psychologue d'Amérique, mais également le plus grand généticien, statisticien et voyant de ce pays. Et il ne constituait pas une exception. Les plus prestigieux psychologues, sociologues et biologistes américains ont à plusieurs reprises présenté comme des *faits*, des choses dont ils ne pouvaient affirmer scientifiquement qu'elles étaient vraies. Ils ont utilisé leur immense autorité pour mal interpréter, mal renseigner et parfois déformer délibérément des concepts et des observations biologiques au service d'une idéologie à laquelle ils adhéraient.

L'erreur fondamentale

L'affirmation que les individus, les sexes, les races, les classes et les nations doivent leur condition à des qualités héréditaires repose sur une erreur conceptuelle fondamentale. Cette erreur consiste à croire qu'on hérite d'une «tendance» ou d'une «capacité» qui est par la suite, d'une façon ou d'une autre, modulée à un degré plus ou moins grand par le milieu. Cette vision essentialiste postule donc qu'une certaine morphologie, une certaine physiologie ou un certain comportement constituent la caractéristique innée idéale ou «véritable» d'une constitution génétique donnée, alors que l'organisme tel qu'il se présente dans la réalité ne serait qu'une manifestation imparfaite de cet idéal platonicien. Ainsi, Herrnstein, en citant L.M. Terman, fondateur du mouvement des psychologues américains pour l'utilisation des tests et inventeur du test du Q.I. Stanford-Binet, parle du «point jusqu'auquel on peut accroître artificiellement le Q.I.[12]». Mais parler d'accroître *artificiellement* le Q.I., cela signifie qu'il existerait un niveau *naturel* du Q.I. propre à chaque personne. Une notion reliée à cette croyance veut que les gènes spécifient les «capacités» d'un individu. C'est la métaphore du seau vide : chacun d'entre nous serait une sorte de seau vide que l'expérience et l'éducation se chargeraient de remplir. Certains possèdent un grand seau et d'autres un petit seau, de telle façon que, indépendamment de la quantité de liquide qu'on y verse, certains pourront en retenir beaucoup plus que d'autres. On gaspille l'éducation en essayant de remplir de petits seaux. En outre, une amélioration généralisée de l'éducation et du milieu environnant ne peut qu'accentuer les différences car elle permet aux «talents» génétiques de chacun de mieux s'exprimer.

Aucune connaissance génétique ne permet cependant de penser qu'il existe un idéal platonicien qui constituerait l'état privilégié d'un génotype. La génétique ne peut rien dire des «capacités» de chaque individu et la métaphore du seau vide est une caricature intégrale de nos connaissances concernant l'action des gènes. Un génotype ne fait que spécifier le schéma de réaction d'un organisme

12. Herrnstein, *op. cit.*, note 6, p. 54.

en développement par rapport à la succession de milieux auxquels cet organisme est confronté. Pour chaque succession de milieux, la conséquence sera un certain type de développement, et ce résultat varie d'un génotype à l'autre. Si l'on prend un génotype donné, aucun des divers résultats possibles de son développement ne peut être considéré comme plus « naturel » ou plus « typique » que les autres. On ne peut accroître « artificiellement » le Q.I. Si les gènes avaient une influence quelconque sur le développement cognitif, cette influence ne pourrait être exprimée que grâce à la *norme de réaction*, c'est-à-dire grâce au tableau des correspondances entre divers milieux et l'ensemble des résultats possibles du développement. Un génotype particulier peut donner lieu à un organisme de grande taille dans un certain milieu et à un organisme de petite taille dans un autre milieu; un autre génotype peut se comporter d'une façon complètement opposée dans ces deux mêmes milieux. Il n'y a aucun fait connu nous permettant de décrire le schéma de réaction des *génotypes humains* en présence de différents milieux, car on ne peut exécuter les expériences nécessaires pour l'établir. Afin de reconstituer la norme de réaction humaine pour chaque trait, il faudrait produire en grand nombre des individus génétiquement identiques, peut-être par le biais du clonage, et placer ensuite ces individus pendant leur phase de développement dans des milieux différents sur le plan social et individuel. Dans la mesure où cette expérience relève de la science-fiction, nous ne savons pas à quoi ressemble la norme de réaction humaine. Nous disposons par contre d'informations au sujet de la norme d'un grand nombre d'animaux et de plantes expérimentales, et ce, pour un grand nombre de caractéristiques morphologiques, physiologiques et comportementales dans différents milieux. Tout concourt à indiquer qu'il n'existe pas de génotypes pouvant être tenus, en absolu, pour « supérieurs », c'est-à-dire des génotypes qui s'imposeraient sur les autres génotypes dans l'ensemble des milieux considérés. Bien au contraire, l'on observe en général que lorsque, par exemple, le génotype *A* possède le taux de survie le plus élevé parmi tous les génotypes examinés dans un milieu donné, dans un autre milieu il aura un taux de survie médiocre. Lorsque l'on soumet des lignées consanguines de rats à des tests d'apprentissage, une lignée peut apprendre plus rapidement à des faibles niveaux de stimulation, alors qu'une autre lignée peut obtenir des résultats supérieurs à des niveaux élevés de stimulation.

Il est important de noter que nous ne soutenons pas que des différences génétiques ne sont pas à l'oeuvre dans de telles expériences; ce que nous affirmons, c'est que ces différences génétiques ne peuvent être décrites comme des différences entre des « capacités » ou des « tendances ». Une telle approche se fonde sur la supposition fausse que chaque génotype ne tend à s'exprimer, dans toutes circonstances, que d'une seule manière « naturelle » et « idéale ».

À partir de cette erreur qui consiste à attribuer à chaque génotype une tendance naturelle ou véritable, on aboutit à une première théorie erronée; celle de la *nature humaine*. D'après la doctrine de la nature humaine, on retrouverait dans toutes les cultures, malgré leur diversité évidente, des structures et des contenus semblables. D'après cette théorie, «l'homme manifeste généralement un esprit entrepreneur et a habituellement un comportement agressif, territorial, curieux, etc.». Si d'aventure des individus ou des cultures ne possèdent pas ces caractéristiques, on suppose qu'ils se trouvent dans un état temporaire d'égarement ou alors qu'ils manifestent ces tendances sous une forme déguisée ou sublimée.

Une deuxième théorie erronée que l'on tire de la fausse image typologique des génotypes, consiste à affirmer que les caractères influencés par les gènes sont difficiles à modifier. L'article bien connu de A.R. Jensen sur le Q.I. était intitulé : «De combien pouvons-nous accroître le Q.I. et les performances scolaires?». La réponse à cette question était : «Pas beaucoup, car le Q.I. est en grande partie héréditaire.» Mais il s'agit d'une déduction fausse. Il n'y a aucun lien, ni logique, ni empirique, entre l'adaptabilité d'un trait donné à différents milieux sociaux ou écologiques et les différences génétiques entre les individus. Dans un milieu donné, des différences énormes peuvent résulter de génotypes différents au moment du développement des individus; cependant, une transformation du milieu peut provoquer une modification très profonde du caractère et la différence entre les génotypes peut ainsi devenir imperceptible. Une connaissance de l'influence des gènes sur le Q.I. ou sur tout autre trait ne fournit aucune certitude quant à l'adaptabilité du trait au milieu. Vouloir opposer la nature à l'éducation, l'hérédité à l'adaptabilité, c'est déformer la réalité physique afin de «prouver» que le *statu quo* correspond à l'état naturel des choses et ne peut donc pas être modifié à moins d'exercer un contrôle continu et totalitaire qui seul pourrait contraindre les êtres humains à dépasser les limites de leur comportement «naturel».

Les différentes formes de déterminisme

Le déterminisme biologique a revêtu quatre formes principales, chacune d'entre elles s'appuyant sur des idéologies académiques différentes mais qui parfois se recoupent. Ces quatre formes sont : *le racisme, les préjugés de classe, le sexisme* et la doctrine *de la nature humaine.*

À partir du XIXᵉ siècle jusqu'à aujourd'hui, plusieurs scientifiques éminents ont prétendu, à différentes reprises, que les faits scientifiques démontraient clairement et objectivement la supériorité d'une race sur une autre ou d'un ensemble de groupes ethniques sur d'autres. Il n'est pas surprenant de constater que la science produite par la culture blanche nord-européenne postulait immanquablement la supériorité raciale des Blancs nord-européens. Bien entendu, la démonstration de cette supposée supériorité a toujours été fondée sur des preuves scientifiques objectives. Ainsi, le zoologiste américain le plus distingué du XIXᵉ siècle, Louis Agassiz, professeur de zoologie à Harvard, écrivit que «nous avons le droit de considérer les questions concernant les relations physiques entre les hommes comme des questions uniquement scientifiques, et de les étudier sans faire référence à la politique ou à la religion. » En 1975, un autre professeur à Harvard, Bernard Davis, exprimait la même idée lorsqu'il affirmait que « ni la ferveur religieuse ni la ferveur politique ne peuvent diriger les lois de la nature[13] ». Il semble cependant que la ferveur politique puisse déterminer ce que les professeurs *affirment* à propos des lois de la nature puisque, comme le signale Stanton, le professeur Agassiz prétendit que « le cerveau des Noirs correspond au cerveau immature d'un foetus de six mois dans le ventre d'une Blanche[14] » et que les sutures crâniennes des enfants noirs se refermaient plus tôt que celles des enfants blancs, de sorte qu'il était dangereux de vouloir apprendre trop de choses aux enfants noirs car on courait le risque de gonfler leurs cerveaux au-delà de leur capacité naturelle!

Agassiz n'était certainement pas un scientifique à l'esprit tordu, un solitaire ou un réactionnaire du XIXe siècle. Un autre exemple éclatant de la mobilisation de « faits scientifiques » dans un raisonnement logiquement irréprochable nous est fourni par Henry Fairfield Osborn, président du Musée américain d'histoire naturelle et l'un des plus éminents et prestigieux paléontologues américains, auquel on doit entre autres la reconstitution de l'évolution du cheval. Celui-ci affirme :

> Les races nordiques [...] ont envahi le Sud où elles ont été non pas seulement des conquérants, mais où elles ont également apporté des éléments moraux et intellectuels majeurs à des civilisations plus ou moins décadentes. La marée nordique qui se déversa sur l'Italie contenait les ancêtres de Raphaël, de Léonard, de Galilée, de Titien; et, d'après Günther, on y retrouve également les ancêtres de Giotto, de Boticelli, de Pétrarque et du Tasse. Christophe Colomb, d'après ses portraits et ses bustes, *qu'ils soient authentiques ou qu'ils ne le soient pas* [c'est moi qui souligne], avait de toute évidence des ancêtres nordiques. Kosuth était un calviniste de famille noble et plusieurs indications militent en faveur de son origine nordique. Kosciusko et Pulaski étaient des membres de la noblesse polonaise qui, à l'époque, était en très grande partie nordique [...][15]

Osborn était un des principaux partisans du mouvement eugénique américain, qui avait pour objectif d'empêcher la dégénérescence raciale découlant de l'afflux d'étrangers et de Noirs. Il a été clairement établi que les biologistes et les psychologues qui appuyaient ce mouvement ont joué un rôle majeur de légitimation intellectuelle lors de l'adoption, en 1924, d'une loi de l'immigration qui établissait des quotas ethniques pour les immigrants favorisant nettement les Européens du

---

13. Davis, B., 1975. « Social Determinism and Behavioral Genetics. », *Science* 189 : 1049.
14. Stanton, W., 1960. *The Leopard's Spots : Scientific Attitudes Toward Race in America 1815-1859.* Chicago : University of Chicago Press, p. 106.
15. Osborn, H.F., 1924. « Letter to The New York Times », *The New York Times*. April 8, 1924, p. 18.

Nord[16]. Le fondateur du mouvement eugénique, Sir Francis Galton, s'étonnait du fait qu'«il existe un sentiment, en très grande partie déraisonnable, qui s'oppose à l'extinction graduelle d'une race inférieure[17]». Rien n'indique que ses disciples américains aient eu une opinion plus nuancée à ce sujet. En 1916, L.M. Terman pensait qu'un Q.I. entre 70 et 80 était «très répandu parmi les familles hispaniques, indiennes et américaines... ainsi que parmi les Noirs. Leur lourdeur d'esprit semble être d'origine raciale ou du moins contenue dans leur souche familiale [...] d'un point de vue eugénique ils posent un très grave problème car ils sont très prolifiques[18]». Henry Garrett, directeur du département de psychologie à l'Université Columbia pendant 15 ans et président de l'Association américaine de psychologie, affirma que d'une manière générale «toutes les fois qu'il y a eu des mélanges raciaux avec des Noirs, le résultat a été une détérioration de la civilisation[19]».

En 1923, lorsqu'il enseignait à Princeton, Carl Brigham, secrétaire de la Commission d'examen des admissions, publia sous la direction de R.M. Yerkes, professeur de psychologie à Harvard, qui fut également président de l'Association américaine de psychologie, un volume intitulé *Étude de l'intelligence américaine*. Selon cette recherche : «Nous devons admettre que nous mesurons l'intelligence innée [...] Nous devons faire face à la possibilité d'un mélange racial infiniment plus dangereux que celui subi par les pays européens, car nous sommes en train d'incorporer les Noirs dans notre patrimoine racial. Le déclin de l'intelligence américaine sera plus rapide [...] à cause de la présence des Noirs[20]».

On pourrait multiplier les exemples de cette morne litanie. Les présidents de l'Association américaine de psychologie et les professeurs des plus prestigieuses universités américaines — tous des scientifiques objectifs — ont affirmé sans cesse que les Blancs sont génétiquement supérieurs aux Noirs, les Européens du Nord aux Slaves et aux peuples méditerranéens dégénérés, et ce, en défiant les faits et toute forme de logique.

La prétendue infériorité biologique des races noires et des populations du Sud a servi à corroborer l'affirmation que les classes sociales dites inférieures sont également inférieures biologiquement. Étant donné que les Noirs, les immigrants

16. Kamin, L., 1974. *The Science and Politics of I.Q.* New York : Halsted Press. Allen, G.E. 1975. «Genetics, Eugenics and Class Struggle.,» *Genetics* 79 (supplément) : 29-45.
17. Galton, F., *Inquiries into Human Faculty and Its Development.* 2nd ed. New York : E.P. Dutton and Company. Cité in Haller, M.H., 1963. *Eugenics : Hereditarian Attitudes in American Thought.* New Brunswick, N.J. : Rutgers University Press, p. 200.
18. Terman, L.M., 1916. *The Measurement of Intelligence.* Boston : Houghton Mifflin Company, pp. 91-92.
19. Garrett, H.L. *Breeding Down.* Richmond, Va.: Patrick Henry Press.
20. Brigham, C.C., 1923. *A Study of American Intelligence.* Princeton, N.J. : Princeton University Press, pp. 209-210.

de l'Europe de l'Est et du Sud ainsi que les Latino-Américains constituent une bonne partie des classes exploitées aux États-Unis, il n'est pas étonnant de constater qu'un tel lien entre la race et la classe ait été établi. Il correspond à la réalité manifeste. L'article de Herrnstein sur le Q.I. et les classes sociales était coiffé par une courte introduction des rédacteurs de la revue *The Atlantic Monthly*, qui le reliait explicitement aux «trois textes qui font époque — ceux de Daniel Patrick Moynihan, James Coleman et Arthur R. Jensen». Ces trois textes concernent tous la situation des Noirs. Qui plus est, dans son article, Herrnstein, prétendait avoir expliqué les troubles causés par «la classe inférieure de plus en plus dégénérée qui habite les grandes villes américaines». Chacun sait, bien sûr, qui vit dans les «grandes villes américaines» et quelle sorte de troubles ils y ont causés. Malgré cela, les affirmations de Herrnstein concernaient d'abord et avant tout les classes socio-économiquement inférieures, indépendamment, semble-t-il, de la couleur et de l'origine ethnique. En fait, Herrnstein commettait envers les classes sociales la même erreur que Jensen envers la race, c'est-à-dire l'erreur de croire que l'existence de différences génétiques entre les individus était d'une façon ou d'une autre une preuve de l'existence d'une différence génétique entre les groupes. L'affirmation que les classes socio-économiquement inférieures sont inférieures génétiquement se retrouve déjà chez les fondateurs du mouvement pour l'utilisation des tests d'intelligence. Terman écrivit que «si nous voulons préserver notre État pour la classe des personnes qui sont dignes de le posséder, nous devons empêcher, autant que possible, la propagation des dégénérés mentaux, [...] en réduisant drastiquement la multiplication croissante de la *dégénérescence*[21]». Le principal idéologue américain de l'infériorité mentale innée de la classe ouvrière fut, cependant, H. H. Goddard, l'«inventeur» de la famille Kallikak et le pionnier de l'utilisation des tests d'intelligence. Il appliqua notamment les tests de Q.I. aux immigrants, montrant que 83 % des Juifs, 80 % des Hongrois, 79 % des Italiens et 87 % des Russes étaient des imbéciles. Goddard était fort préoccupé en 1917 : «Je crains fortement que les masses — les 70 ou même 86 millions — ne s'emparent de la direction des affaires de la nation. Les 4 millions de citoyens qui ont une intelligence supérieure doivent conduire et diriger les masses[22].» Qui plus est, Goddard craignait que les «4 millions qui ont une intelligence supérieure» ne soient amenés à croire que les masses étaient victimes d'une forme quelconque d'injustice sociale au lieu de reconnaître que l'infériorité des masses était innée. Une telle supposition erronée aurait pu contribuer à la diffusion des idées socialistes, même parmi les étudiants de Princeton.

---

21. Terman, L.M., 1917. «Feeble-Minded Children in the Public Schools of California», *School and Society* 5 : 165.
22. Goddard, H.H., 1920. *Human Efficiency and Levels of Intelligence*. Princeton, N.J. : Princeton University Press, p. 97.

Ces hommes, animés par leur attitude humanitaire et hyper-altruiste, pour leur désir d'être justes envers les ouvriers, prétendent que les inégalités que l'on retrouve dans la vie sociale sont mauvaises et injustes [...] Comme nous l'avons dit, cet argument est erronné, car il se base sur l'hypothèse que le travailleur possède le même niveau intellectuel que l'homme qui en prend la défense.

La réalité est que les ouvriers peuvent avoir un niveau d'intelligence de dix ans, alors que vous en possédez un de vingt ans. Il est absurde de vouloir leur offrir une maison comme celle dans laquelle vous vivez, tout comme il serait absurde de vouloir attribuer à chaque travailleur une bourse d'études supérieures. Comment l'égalité sociale pourrait-elle exister alors que nous faisons face à un tel éventail de capacités intellectuelles? L'idée de distribuer de façon égalitaire la richesse mondiale est tout aussi absurde [...] On se rend compte de tout cela. Mais on ne se rend pas entièrement compte que la cause de cette situation se trouve dans le caractère fixe des niveaux mentaux. Guidés par notre ignorance, nous nous disons : donnons une autre chance à ces personnes — toujours une autre chance.

Il est rare d'observer l'arme du déterminisme biologique utilisée de façon si ouverte afin de préserver l'état actuel de la société.

Pendant très longtemps, les armes de gros calibre dont disposaient les biologistes et les psychologues les plus connus n'ont pas été utilisées contre l'idée de l'égalité des sexes : cela est probablement dû au fait que le rôle des femmes dans notre société est demeuré en grande partie incontesté. Il se peut que Terman, Yerkes, Osborn, Agassiz et les autres se soient sentis aussi menacés par les femmes que par les Noirs, les immigrants et les ouvriers mais, si tel a été le cas, ils n'ont pas exprimé leurs craintes dans leurs déclarations. Même aujourd'hui, malgré l'essor du mouvement des femmes, le nombre d'universitaires disposés à défendre en public les opinions qu'ils professent en privé est assez restreint, mais certains l'ont fait et quelques indices nous permettent de croire que même des universitaires parmi les plus prestigieux sont prêts à descendre dans l'arène. Les déclarations de Tiger et Fox[23] en faveur de la supériorité biologique des hommes ont été un élément bien connu de l'éthologie «populaire» d'il y a quelques années, et Goldberg, dans son livre *Le caractère inévitable du patriarcat*, exploite un filon semblable de science «vulgarisée» lorsqu'il affirme que «la biologie humaine exclut la possibilité de créer un système social dont la structure d'autorité ne serait pas dominée par les mâles et dans lequel l'agressivité des mâles ne se traduirait pas en domination et dans le monopole des positions de privilège et de pouvoir[24]».

L'auteur nous raconte que les découvertes de la biologie «écartent la possibilité» que les femmes atteignent l'égalité, voire une position dominante.

---

23. Tiger, L., et Fox, R., 1970. *The Imperial Animal*. New York : Holt, Rinehart and Winston.
24. Goldberg, S., 1973. *The Inevitability of Patriarchy*. New York : William Morrow Company, p. 78.

Mais tout l'ouvrage montre clairement que l'auteur croit à l'existence de «tendances» innées chez les mâles et les femelles qui conduiraient de façon inéluctable à un système social «naturellement» assymétrique. En plus de l'agressivité innée plus prononcée qui caractériserait le mâle, «le stéréotype d'après lequel le mâle est plus logique que la femelle est sans aucun doute vérifié par l'observation, tout comme il est probablement exact de penser que les qualités observées correspondent à des *limites sexuelles innées* [c'est moi qui souligne] analogues aux limites au niveau de la force physique». Eleanor Maccoby établit une corrélation explicite entre l'agressivité et la logique en affirmant que «il y a de bonnes raisons de croire que les garçons sont de façon innée plus agressifs que les filles [...] et dans la mesure où cette qualité sous-tend le développement de la pensée analytique, les garçons jouissent d'un avantage que les filles éprouveront de la difficulté à rattrapper[25]». Tout comme Goldberg, Maccoby a recours à la notion erronée de tendance innée, qu'elle retraduit par la suite sous forme de limites s'appliquant à tout un groupe. Toute affirmation du genre «*le* mâle est plus logique que *la* femelle» reprend en réalité un concept démodé du XIXᵉ siècle, d'après lequel il existe des individus typiques qui représentent tout un groupe. Quel est le pourcentage des mâles qui font preuve d'une capacité logique plus grande que celle des femelles? Quelles sont les différences «innées» dans les capacités d'une population? La «tendance» consiste-t-elle tout simplement dans une légère différence au niveau de la moyenne de tous les mâles par rapport à la moyenne de toutes les femelles? Si tel est le cas, pourquoi une différence de moyenne «écarte-t-elle la possibilité» de mettre fin à la domination des femmes par les hommes? Dès qu'on analyse sérieusement ce genre d'élucubrations sur la supériorité intrinsèque des mâles on s'aperçoit immédiatement de leur fragilité conceptuelle.

Le lecteur ne doit pas croire que le thème de la domination inéluctable des mâles se trouve uniquement sous la plume des vulgarisateurs. Les déclarations les plus récentes à ce sujet ont été effectuées par E.O. Wilson, professeur de zoologie à Harvard, considéré comme une autorité dans le domaine du comportement animal : «Dans une société de chasseurs, les hommes chassent et les femmes restent à la maison. Cette tendance marquée subsiste dans la plupart des sociétés agricoles et industrielles et, en se fondant sur ce seul fait, on peut croire qu'elle est d'origine génétique [...] Mon hypothèse est que cette tendance génétique est assez forte pour être à la source d'une division du travail très marquée, même parmi les sociétés futures qui seront les plus libres et les plus égalitaires [...] Même avec une éducation identique et un accès égal à toutes les professions, les hommes vont probablement continuer à jouer un rôle majeur dans la vie politique, dans le commerce et dans la science[26]».

---

25. Maccoby, E., 1963. «Woman's Intellect», in *Man and Civilization : The Potential of Women*, eds. S. Farber and R.H.L. Wilson. New York : McGraw-Hill, p. 37.
26. Wilson, E.O., 1975. «Human Decency is Animal», *New York Times Magazine*. October 12, 1975, pp. 38-50.

La théorie voulant que les rapports de domination des hommes sur les femmes qui caractérisent notre société ont une cause biologique et sont donc inévitables, établit un lien entre, d'une part, les théories affirmant que les différences entre les groupes sont génétiques et, de l'autre, les théories d'après lesquelles les sociétés humaines sont le résultat d'une « nature humaine » innée. Un grand nombre de théories sociales ont recours à l'idée de nature humaine et dans chacune, cette idée sert à légitimer des objectifs politiques. Même les arguments historicistes de Marx et Engels invoquent occasionnellement la nature humaine, notamment lorsque ces auteurs parlent du travail non aliéné en tant qu'essence de l'autoréalisation humaine[27]. Tout comme les théories faisant état de la nature inférieure des femmes, les arguments les plus récents concernant la véritable nature de l'homme se retrouvent en général dans les textes de vulgarisation scientifique, comme ceux de Ardrey[28] et de Tiger et Fox, dans lesquels on affirme que l'espèce humaine est, de par sa nature territoriale, agressive, dominée par les mâles, et ainsi de suite. Ces textes utilisent des observations attentivement sélectionnées, empruntées à l'ethnographie, à la paléontologie et à l'étude du comportement animal. Konrad Lorenz, qui a obtenu le Prix Nobel pour ses recherches en éthologie, a essayé dans son livre *L'agression*[29] d'appliquer aux hommes les observations qu'il a effectuées sur les animaux. D'après lui, les êtres humains sont dépourvus des mécanismes de contrôle innés qui, chez les animaux dangereux, empêchent l'agression intra-spécifique de se manifester, car, pendant la plus grande partie de notre évolution, nous n'avons pas été des prédateurs carnivores; il faut donc mettre en place des mécanismes sociaux de contrôle de l'agressivité et de la méchanceté naturelles des êtres humains. Qui plus est, la domestication de l'homme a eu comme conséquence la perte des tendances naturelles à exclure de l'espèce les individus « dégénérés ». Cette exclusion doit également être effectuée par une action sociale. Lorenz écrivit en *1940, en Allemagne,* pendant la campagne d'extermination menée par les nazis, que « la sélection des caractères solides, héroïques, utiles à la société [...] doit être accomplie par quelque institution humaine si l'on veut éviter que l'humanité, en l'absence de facteurs sélectifs, ne soit ruinée par la dégénérescence causée par la domestication. À cet égard, c'est un grand pas en avant que d'avoir fait des idées raciales le fondement de l'état[30] ».

Les idéologies de la nature humaine sont solidement ancrées dans la croyance que toutes sortes de caractéristiques du comportement humain sont déterminées génétiquement. Cette croyance, que pas la moindre preuve expérimentale ne vient

27. Engels, F., 1934. « The Part Played by Labor in the Transition from Ape to Man », in *Dialectics of Nature.* Moscow : Progress Publishers.
28. Ardrey, R., 1966. *The Territorial Imperative.* New York: Atheneum.
29. Lorenz, K., 1966. *On Aggression.* New York : Harcourt Brace Jovanovich.
30. Lorenz, K., 1940. « Durch Domestikation Verursachte Störungen Arteigenen Verhaltens », *Zeitschrift für Angewandte Psychologie und Characterkunde* 59 : 2-81. p. 71.

étayer, a été largement répandue parmi les généticiens qui ont tout simplement pensé que tout ce qu'ils voyaient *devait* être génétique. La meilleure caricature, bien sûr involontaire, de cette position «ultra-héréditaire» nous est fournie par la liste des traits à utiliser pour choisir les donneurs de sperme en vue d'améliorer l'espèce humaine. L'auteur de la liste est H.J. Muller, prix Nobel, considéré en général comme le plus grand généticien après T.H. Morgan. Voici quelques-uns des traits inclus dans la liste de Muller : «la joie de vivre, des sentiments profonds accompagnés de la capacité de se contrôler au niveau émotif et d'être équilibré, l'humilité consistant à accepter les critiques et à s'autocritiquer sans rancune, la tendance à sympathiser, le fait d'éprouver de la joie à servir une cause qui dépasse les limites de l'intérêt personnel, la fermeté d'âme, la patience, l'élasticité du caractère, un esprit pénétrant, la sensibilité et le don musical ou pour tout autre activité artistique, l'expressivité, la curiosité, le plaisir de résoudre des problèmes. Cette liste est très incomplète[31]. »

Muller ne fournit pas la référence de l'article scientifique où aurait été établi le caractère héréditaire du fait «d'éprouver de la joie à servir une cause qui dépasse les limites de l'intérêt personnel». Quoi qu'il en soit, tout en représentant un extrême du point de vue quantitatif, Muller ne s'éloigne pas qualitativement des autres généticiens.

Le moment culminant de la nouvelle vague de déterminisme centré sur l'idée de nature humaine a été sans doute la publication du volume de E.O. Wilson, *La sociobiologie : la nouvelle synthèse*. Ce livre annonce la création d'une nouvelle discipline, la sociobiologie, et affirme que des expressions de la culture humaine comme la religion, l'éthique, le tribalisme, la guerre, le génocide, la coopération, la compétition, le sens des affaires, le conformisme, l'endoctrinement et le mépris (cette liste est incomplète) sont des tendances préservées par la sélection naturelle et donc codées dans le génome humain. La base génétique de ces caractéristiques n'est établie par aucune preuve et il est impossible de tester l'hypothèse de leur préservation grâce à la sélection naturelle car elle se fonde à son tour sur des hypothèses concernant l'époque préhistorique, hypothèses qu'il nous est impossible de vérifier. Ainsi, par exemple, on prétend (sans preuves) que l'homosexualité a des bases génétiques et on affirme (sans preuves et en confondant les *actes* homosexuels avec l'homosexualité) que si les homosexuels ont moins d'enfants que les personnes hétérosexuelles, les «gènes» de l'homosexualité ont quand même réussi à traverser la préhistoire parce que les homosexuels servaient d'aides à leur parenté. (Cette hypothèse est invérifiable et les études ethnographiques des sociétés «primitives» actuelles ne fournissent aucun élément à l'appui d'une telle hypothèse.)

---

31. Muller, H.J., 1961. «What Genetic Course Man Steers», *Proceeding of the Third International Congress of Human Genetics,* eds. J.F. Crow and J.V. Neel. Baltimore : Johns Hopkins University Press, p. 535.

Le créateur de la sociobiologie a très clairement indiqué l'utilisation sociale à laquelle cette doctrine pourrait se prêter. Au tout début de son livre, on lit qu'« il n'est peut-être pas exagéré d'affirmer que la sociologie et les autres sciences sociales et humaines sont les dernières branches de la biologie qui attendent d'être intégrées dans la Synthèse Moderne ». Et le livre se termine, sur l'image de neurobiologistes et de sociobiologistes transformés, dans un proche futur, en technocrates fournissant les connaissances nécessaires à toutes les décisions éthiques et politiques d'une société planifiée : « Si la décision est prise de façonner les cultures humaines afin qu'elles correspondent à l'état écologique d'équilibre dynamique, certains comportements pourront être modifiés de façon expérimentale sans provoquer de dommages émotionnels ou des pertes de créativité. D'autres comportements ne pourront pas l'être. L'incertitude qui entoure ce domaine signifie que le rêve de Skinner de créer une culture destinée à connaître le bonheur devra attendre la mise en place d'une nouvelle neurobiologie. La mise au point d'un code d'éthique génétiquement approprié et donc [sic] entièrement juste devra également attendre encore un peu. »

La sociobiologie est d'abord et avant tout une théorie *politique* dont les résultats pourront, un jour, être utilisés comme des outils scientifiques permettant la construction d'une organisation sociale « juste ». Cependant, ce monde futur ressemblera beaucoup à la société marquée par l'agressivité et la domination dans laquelle nous vivons actuellement. Pourquoi ? Parce que, comme l'écrit Wilson :

> Nous ne savons pas combien, parmi les qualités que nous apprécions le plus, sont liées génétiquement aux qualités les plus destructrices. L'esprit de coopération envers les êtres qui nous entourent pourrait être lié à l'agressivité envers les étrangers, la créativité au désir de posséder et de dominer, le zèle athlétique à la tendance à réagir de façon violente, et ainsi de suite [...] Si la société planifiée qui nous attend certainement au prochain siècle devait essayer délibérément d'amener ses membres à éliminer les tensions et les conflits qui, dans le passé, ont conféré aux phénotypes destructeurs leur force sélective, les autres phénotypes pourraient également disparaître. Du point de vue déterminant de la génétique, le contrôle social priverait l'homme de son humanité.

Bien sûr, tout cela est exprimé sur le mode du conditionnel, mais le message est très clair : la seule attitude prudente consiste à laisser les choses comme elles sont, du moins pour l'instant. Ne précipitez pas les choses tant que les sociobiologistes ne nous auront pas dit comment on peut modifier la base génétique de la culture.

Les écoles

J'ai essayé de montrer que certains des plus illustres universitaires des plus illustres institutions ont, de façon répétée, essayé de légitimer un ordre social donné en produisant des outils idéologiques. Mais la lutte véritable pour conquérir les esprits et les consciences des êtres humains ne se joue pas dans les universités, mais, en très grande partie, dans les écoles. Les institutions d'études supérieures et de recherche ne sont que les usines où l'on produit les armes de la guerre sociale. Le véritable champ de bataille sur lequel on utilise ces armes pour paralyser la volonté et détruire la raison des victimes du système de domination dans lequel nous vivons, ce sont les écoles. Ce point de vue paraît-il absurde, radical et extrémiste? Laissons la parole aux manuels scolaires et aux théoriciens du système scolaire.

Frank Freeman, professeur de l'Université de Chicago et célèbre sociologue de l'éducation : «La tâche que l'école doit accomplir consiste à aider l'enfant à acquérir envers les inégalités de la vie, tant sur le plan des réalisations que sur celui des récompenses, une attitude qui lui permettra de s'adapter à ses conditions de vie avec le moins de frictions possibles[32].» Un manuel de l'école secondaire (*Our Working World,* de Senesh[33]) :

> Qu'avons-nous appris?
> 1. Que nous allons à l'école pour apprendre des choses sur les personnes.
> 2. Nous apprenons que les personnes sont différentes les unes des autres.
> 3. Les personnes parlent des langages différents.
> 4. Certaines personnes possèdent plus de choses que d'autres, certaines en possèdent moins.
> 5. Certaines personnes savent plus de choses que les autres, d'autres en savent moins.
> 6. Certaines personnes peuvent apprendre beaucoup de choses. Certaines personnes ne peuvent apprendre que peu de choses.

Et enfin, ce mot de Daniel Webster, qui résume tout : «L'éducation est une forme sage et libérale de police grâce à laquelle on assure la vie et la paix de la société. »

---

32. Freeman, F., 1924. «Sorting the Students», *Educational Review.* November 1924, p. 170.
33. Senesh, L., 1965. *Our Working World.* Chicago : Science Research Associates, pp. 177-178.

CHAPITRE 8

L'IMPACT POLITIQUE DE L'EXPERTISE TECHNIQUE

Dorothy Nelkin*
Cornell University
Ithaca

Les technologies liées aux secteurs du transport à haute vitesse et de l'énergie — aéroports, centrales électriques, autoroutes, barrages — font souvent l'objet d'une violente opposition. À mesure que ces technologies deviennent de plus en plus sujettes à controverse, les scientifiques, dont l'expertise constitue la base des décisions techniques, sont mêlés aux débats publics. Le rôle «public» de la science est source de préoccupation tout autant pour ceux qui sont à l'intérieur de la profession que pour ceux à l'extérieur, car la participation des scientifiques à des débats sur des sujets prêtant à controverse peut violer les normes de la recherche scientifique, tout comme elle peut avoir aussi un effet considérable sur le processus politique. À mesure que les scientifiques sont appelés à se prononcer

* Dorothy Nelkin, «The Political Impact of Technical Expertise», *Social Studies of Science* 5, 1975, pp. 35-54. Traduit par Alberto Cambrosio.

sur un large éventail de problèmes politiques controversés[1], «les problèmes de choix politique [peuvent] être ensevelis sous les débats hautement techniques des experts[2]».

Ce texte analyse quelques-unes des conséquences de la participation de plus en plus fréquente des scientifiques aux débats dans des domaines controversés. Quel est le rôle des experts dans les débats publics? Comment les experts sont-ils utilisés par les divers groupes qui s'affrontent, et comment se comportent les scientifiques une fois impliqués? Enfin, quel est l'effet de l'intervention des scientifiques sur la dynamique politique de ces débats?

Le rôle des experts

Les scientifiques jouent un rôle ambivalent dans le domaine des choix politiques controversés. Ils sont en même temps indispensables et suspects. Leurs connaissances techniques sont très souvent perçues comme une source de pouvoir.

La capacité de la science à sanctionner et à certifier les faits et les images de la réalité est une source puissante d'influence politique[3].

Toutefois les experts suscitent des craintes et du ressentiment. Bien que la confiance dans les experts augmente, on voit renaître une certaine hostilité envers l'expertise et réapparaître l'idée que le sens commun peut remplacer adéquatement les connaissances techniques[4].

L'autorité de l'expertise s'appuie sur des hypothèses concernant la rationalité scientifique; les interprétations et les prédictions effectuées par les scientifiques

---

1. Garry Brewer, *Politicians, Bureaucrats and the Consultant,* New York, Basic Books, 1973. Analyse l'accroissement de la demande de prises de décision effectuées par des experts.
   Dean Schooler, Jr., *Science, Scientists and Public Policy,* London and New York, The Free Press, 1971. Suggère que, dans le passé, l'influence des scientifiques a été concentrée dans des domaines comme celui de l'exploration spatiale ou dans des secteurs définis en fonction de la sécurité nationale. La participation et l'influence des scientifiques ont traditionnellement été minimes dans des secteurs chargés d'assurer la redistribution, comme par exemple les affaires sociales, les transports et d'autres domaines exposés aux conflits sociaux et à l'affrontement entre des intérêts politiques différents. À mesure que le public cherche des solutions techniques aux problèmes sociaux et à mesure que les scientifiques eux-mêmes s'impliquent dans des controverses publiques, cette situation se modifie.
2. Harvey Brooks, «Scientific Concepts and Cultural Change», *Daedalus,* 94 (Winter 1965), p.68.
3. Yaron Ezrahi, «The Political Resources of American Science», *Science Studies,* 1 (1971), p.121. Voir aussi Don K. Price, *Government and Science,* New York, New York University Press, 1954.
4. Pour une analyse de la tradition historique d'hostilité envers les experts aux États-Unis, voir Richard Hofstadter, *Anti-intellectualism in American Life,* New York, Knopf, 1962.

apparaissent rationnelles parce qu'elles sont fondées sur des données «objectives» obtenues grâce à des procédures rationnelles et évaluées par la communauté scientifique à travers un processus rigoureux de contrôle. La science est ainsi considérée par plusieurs comme un moyen permettant de dépolitiser les débats publics. L'utilisation croissante de l'expertise est souvent associée à la «fin des idéologies»; la politique, affirme-t-on, perd de son importance au fur et à mesure que les scientifiques deviennent capables de cerner les contraintes et de proposer des lignes d'action rationnelles[5].

Ceux qui doivent prendre des décisions politiques trouvent efficace et confortable le fait de considérer les décisions comme des questions techniques plutôt que politiques. Les décisions techniques s'effectuent en définissant des objectifs, en examinant les connaissances disponibles et en analysant les moyens les plus efficaces de réaliser les objectifs auparavant définis. Le débat entourant le choix entre différentes solutions techniques ne s'effectue pas en mettant en balance des intérêts conflictuels, mais plus simplement en considérant l'efficacité relative des diverses approches par rapport à la solution d'un problème immédiat. Donc, les connaissances scientifiques sont utilisées en tant que base «rationnelle» d'une planification indépendante et comme un moyen de défendre la légitimité de certaines décisions spécifiques. En effet, la viabilité des organisations bureaucratiques dépend à un tel point du contrôle et du monopole du savoir dans un domaine donné que l'obtention et le maintien de ce monopole peut devenir un objectif majeur[6]. Cependant, des conflits technologiques récents nous suggèrent que l'accès au savoir et à l'expertise est lui-même devenu une source de conflit, au fur et à mesure que divers groupes s'aperçoivent de ces conséquences croissantes sur les choix politiques.

Le développement d'une «politique des défenseurs de causes[7]» constitue une caractéristique remarquable de la dernière décennie; les défenseurs des consommateurs, de la planification, de la santé et de l'environnement ont fait preuve d'une grande capacité de mobilisation. Les mots d'ordre les plus importants sont les suivants: «responsabilisation», «participation» et «démystification». Ces

---

5. Voir Robert Lane, «The Decline of Politics and Ideology in a Knowledgeable Society», *American Sociological Review,* 31, (October 1966), pp. 649-62, et Daniel Bell, *The End of Ideology,* Glencoe, III, The Free Press, 1960.

6. Voir Michel Crozier, *The Stalled Society,* New York, Viking Press, 1973, chapitre 3. Un exemple éclatant de l'importance de cette tendance à monopoliser le savoir se produisit pendant la «crise de l'énergie», lorsqu'on s'aperçut que les grandes compagnies étaient à toutes fins pratiques les seules à connaître exactement l'état des réserves pétrolières.

7. J'utilise ce terme «advocacy politics» pour décrire un phénomène que Orion White et Gideon Sjoberg appellent la «politique de la mobilisation», dans «The Emerging New Politics in America.», M.D. Hancock et Gideon Sjoberg (éds.), *Politics in the Post Welfare State,* New York, Columbia University Press, 1972, p.23.

groupes ont en commun leur dénonciation de « l'abus de l'expertise », de « l'utilisation politique » des scientifiques et des professionnels, et se préoccupent des conséquences découlant de l'attribution aux experts d'un pouvoir de décision en matière d'intérêt public. Le *tableau 1* contient quelques exemples de ce type de préoccupations partagées par divers groupes : les scientifiques radicaux qui ont créé des organisations visant à développer « une science pour le peuple » ; les défenseurs des consommateurs concernés par la responsabilité des corporations ; les « planificateurs » qui aident les communautés locales à exprimer leurs besoins ; les défenseurs de l'environnement et les professionnels de la santé qui réclament une « démystification de la médecine ».

Ces critiques nous placent devant un dilemme. La complexité des prises de décision publiques semble exiger un savoir et des connaissances hautement spécialisées et ésotériques, et ceux qui contrôlent ce savoir disposent d'un pouvoir considérable. Cependant l'idéologie démocratique implique que les citoyens doivent être en mesure d'exercer une influence sur les décisions qui touchent leur vie. Ce dilemme est à l'origine d'un bon nombre de propositions visant à mieux distribuer l'information technique ; l'expertise, affirme-t-on, est une ressource politique et doit être à la disposition des communautés comme des corporations, des services publics ou des promoteurs[8]. L'importance croissante de l'information technique a également donné lieu à des analyses du comportement des scientifiques qui s'impliquent dans des travaux controversés.

Par exemple, Allan Mazur suggère que le contexte politique (c'est-à-dire non scientifique) qui entoure les controverses exerce un effet décisif sur les activités des scientifiques, sur la façon dont ils présentent leurs résultats et donc aussi sur le rôle fondamental des scientifiques dans le processus de prise de décision. Selon Mazur, malgré les normes de l'éthique scientifique, les scientifiques, lorsqu'ils s'engagent dans des litiges, se comportent comme toute autre personne ; leurs opinions se polarisent et, en conséquence, la valeur de leurs conseils scientifiques devient fort discutable. Donc, les débats entre experts peuvent se transformer en une source majeure de confusion pour les politiciens et pour le public[9]. Guy

---

8. Voir, par exemple, le système « d'aide scientifique » préparé par John W. Gofman and Arthur R. Tamplin, *Poisoned Power,* Emmaus, Penn., Rodale Press, 1971. Un système semblable a été proposé par Donald Geesaman et Dean Abrahamson dans « Forensic Science — A Proposal », *Science and Public Affairs, Bulletin of the Atomic Scientists,* 29 (March 1973), p. 17. Thomas Reiner a proposé un système de services techniques pour les communautés dans « The Planner as a Value Technician : Two Classes of Utopian Constructs and Their Impact on Planning », in H. Wentworth, Eldridge (éd.), *Taming Megalopolis,* New York, Anchor Books, 1967. Basé sur des systèmes semblables à ceux de l'aide juridique et du témoignage des experts devant les cours, ces propositions ont pour but de rendre les conseils techniques plus accessibles aux groupes de citoyens — généralement en préparant des fonds publics pour défrayer les coûts de l'expertise.

9. Allam Mazur, « Disputes Between Experts », *Minerva,* 11 (April 1973), pp. 243-62.

Benveniste s'est intéressé à l'utilisation des scientifiques par les politiciens et a suggéré que les décisions «techniques» soient fondamentalement basées sur des raisons politiques ou économiques. L'expertise est recherchée comme un moyen permettant d'appuyer certaines lignes d'action; la sélection des données et leur interprétation sont donc étroitement liées à des objectifs politiques[10]. De façon similaire, King et Melanson affirment que lorsque le savoir est utilisé pour résoudre des problèmes d'intérêt public, il est façonné, manipulé et souvent déformé par la dynamique de l'arène politique[11].

Ces analyses soulignent la politisation de l'expertise. L'étude de deux litiges récents, au cours desquels tant les promoteurs des projets que leurs critiques ont eu recours à des «experts», nous offre l'occasion de développer ces analyses et donc d'explorer les conséquences de l'intervention des experts sur les processus politiques. La première controverse concerne l'édification d'une centrale nucléaire de 830 mégawatts près du lac Cayuga dans l'État de New York. La deuxième s'est déroulée à propos de la construction d'une nouvelle piste à l'aéroport international Logan de Boston, au Massachusetts.

La controverse sur la localisation de la centrale nucléaire débuta en juin 1967, lorsque la Compagnie du gaz et de l'électricité de l'État de New York (NYSE&G) annonça pour la première fois son intention de construire la centrale Bell[12]. Des groupes de scientifiques et de citoyens, préoccupés par la pollution thermique du lac Cayuga, s'organisèrent afin de s'opposer à la construction de la centrale et demandèrent à la NYSE&G d'étudier des solutions de rechange dans le but de minimiser les atteintes causées au lac par la chaleur des eaux. Ils forcèrent la compagnie à retarder la demande d'un permis de construction afin de poursuivre les recherches sur les conséquences pour l'environnement de la construction de la centrale. En mars 1973, à la suite des recommandations des experts-conseils, la NYSE&G annonça la construction d'une centrale qui était, à toutes fins pratiques, identique à celle proposée auparavant. La compagnie, cependant, disposait désormais de données sur l'environnement, ramassées au coût d'un demi-million de dollars, et qui appuyaient son affirmation selon laquelle la chaleur dégagée par la centrale Bell n'aurait aucun effet sur le lac. Malgré cela, encore une fois, le projet suscita

---

10. Guy Benveniste, *The Politics of Expertise,* Berkeley, Calif., Glendessary Press, 1972. Voir aussi Leonard Rubin, «Politics and Information in the Anti-Poverty Programs», *Policy Studies Journal,* 2 (Spring 1974), pp. 190-5.

11. Lauriston R. King and Philip Melanson, «Knowledge and Politics», *Public Policy,* 20 (Winter 1972), pp. 82-101.

12. Pour une histoire et une analyse de cette controverse, voir Dorothy Nelkin, *Nuclear Power and its Critics,* Ithaca, N.Y., Cornell University Press, 1971; «Scientists in an Environmental Controversy», *Science Studies,* 1 (1971), pp. 245-61; et «The Role of Experts in a Nuclear Siting Controversy», *Science and Public Affairs,* 30 (November 1974), pp. 29-36.

une opposition publique concertée et bien informée, qui, cette fois-ci, souleva surtout le problème du danger des radiations. Quatre mois plus tard, la compagnie fut contrainte à abandonner son projet.

La nouvelle piste de 9200 pieds à l'aéroport Logan faisait partie d'un plan majeur d'agrandissement qui avait été la cause d'un conflit acerbe pendant de longues années dans la partie Est de Boston[13]. Situé à seulement deux milles du centre-ville de Boston, dans un quartier ouvrier d'immigrants italiens, cet aéroport moderne est une source de mécontentement, de crainte et de perturbation dans la vie communautaire. La politique d'expansion des autorités aéroportuaires du Massachusetts (Massport) a été contestée, non seulement par ceux qui habitaient à proximité de l'aéroport, mais également par l'administration de la ville de Boston et par les fonctionnaires de l'État, qui s'étaient fixé comme but le développement d'un système de transport équilibré. Tout comme dans le cas du débat à propos de la centrale du lac Cayuga, le savoir a été utilisé comme ressource tant par Massport, essayant de justifier ses plans d'expansion, que par ceux qui étaient opposés à ces plans. Le personnel de Massport pouvait compter sur l'appui d'experts-conseils affirmant que, sans agrandissement, l'aéroport aurait atteint son point de saturation en 1974 et que la nouvelle piste ne causerait aucun dommage à l'environnement. Les opposants, se recrutant surtout parmi la population avoisinante des quartiers ouvriers de l'Est de Boston, utilisèrent les conseils techniques fournis par la ville de Boston. À la suite des pressions du gouverneur ainsi que du maire, Massport retrancha la piste proposée du plan directeur du développement futur de l'aéroport.

Même si ce texte doit porter surtout sur les ressemblances entre la dynamique de ces deux controverses, il est d'abord nécessaire de signaler quelques différences importantes. La communauté opposée à la centrale nucléaire abritait un établissement d'enseignement supérieur; le conflit, portant sur des questions d'environnement, était animé par des membres des classes moyennes, appuyés par l'expertise des scientifiques de l'université voisine, qui vivaient également dans cette zone. Par contre, l'opposition à l'aéroport se développa avant tout dans un quartier ouvrier et, en ce qui concerne l'expertise, les habitants durent s'en remettre à l'administration locale qui, pour des raisons économiques et politiques, avait choisi de s'opposer aux plans de développement de l'aéroport.

L'aspect technique des deux controverses est également fort différent. La question de la centrale soulevait de nombreuses incertitudes et des craintes impondérables touchant les radiations; l'agrandissement de l'aéroport posait la menace directe et concrète d'une augmentation du bruit et celle de l'expropriation de

13. Une reconstruction de ce conflit se trouve dans Dorothy Nelkin, *Jetport : The Boston Airport Controversy,* New Brunswick, N.J., Transaction Books, 1974.

terrains. Le point majeur du conflit technique concernait, dans le premier cas, les conséquences potentielles sur l'environnement de la nouvelle centrale, et les experts impliqués étaient en majorité des scientifiques et des ingénieurs. Dans le deuxième cas, la discussion tournait autour de la validité des prévisions — la piste était-elle vraiment nécessaire? — et la controverse mobilisa non seulement des ingénieurs, mais aussi des économistes et des avocats.

Malgré ces différences, les deux cas à l'étude présentent de nombreux points en commun : l'utilisation de l'expertise, le style du débat technique et les effets de l'intervention des experts sur la dynamique politique de la controverse sont remarquablement semblables.

L'utilisation de l'expertise

Autant dans le cas de la centrale que dans celui de l'aéroport, l'opposition se développa par étapes. Les promoteurs des projets (les responsables du service public et de l'aéroport) passèrent des contrats afin d'obtenir des plans détaillés pour la construction des installations proposées. Lorsqu'ils effectuèrent les démarches nécessaires à l'obtention des permis, les groupes concernés par les projets essayèrent d'influencer la décision. Dans chaque cas, les promoteurs affirmèrent que les plans, fondés sur les prévisions des experts-conseils relatives à la demande future et sur des impératifs techniques concernant la localisation et la conception des installations, étaient définitifs, à l'exception peut-être de quelques changements mineurs destinés à respecter les normes fédérales.

Dans la controverse autour de la centrale nucléaire, les premiers à questionner le projet de la NYSE&G, lorsqu'il fut annoncé en 1967, furent des scientifiques de l'Université Cornell qui habitaient près du lac Cayuga. Dès le milieu de 1968, ils avaient réussi à s'assurer des appuis politiques suffisants pour persuader la NYSE&G de retarder ses plans et l'amener à entreprendre d'autres études d'impact sur l'environnement.

Une nouvelle série d'événements commença en mars 1973 lorsque la NYSE&G annonça de nouveau qu'elle avait l'intention de construire la centrale et affirma qu'il était essentiel de commencer sans délai les travaux. La firme d'experts-conseils de la compagnie, la *Nuclear Utilities Services Corporation,* avait préparé un rapport technique en cinq volumes. La NYSE&G distribua des copies de ce rapport dans les bibliothèques locales, envoya un résumé à ses clients et invita les citoyens à lui faire parvenir leurs commentaires. Le rapport était en faveur du projet initial de la NYSE&G, prévoyant la construction d'un réacteur de la General Electric à eau bouillante, avec système de refroidissement à un seul passage. L'étude affirmait dans ses conclusions que des tours de refroidissement (dont la construction avait été proposée par les critiques de la centrale en 1968) ne pouvaient pas, pour des raisons économiques, être construites à la grandeur exigée par ce type de centrale, qu'elles n'étaient pas appropriées à la topographie de la région et qu'elles auraient provoqué l'apparition de brouillard. Afin de solutionner de façon optimale les problèmes reliés au système de refroidissement à un seul passage, les experts-conseils mirent au point un diffuseur de jet qui aurait dû mélanger rapidement les eaux d'écoulement chauffées avec l'eau du lac. Grâce à ce système, l'effet de la centrale sur l'environnement aquatique du lac Cayuga serait, affirmaient-ils, minime. Les experts-conseils ne prêtèrent que peu d'attention au problème des déchets radioactifs, étant donné qu'il ne s'agissait pas d'un problème propre au lac Cayuga; le rapport se limitait à affirmer que l'effet resterait bien en deçà des normes courantes.

La NYSE&G organisa une réunion d'information à laquelle se présentèrent un millier de citoyens. Pendant deux heures, ses représentants résumèrent les données techniques présentées à l'appui du projet. L'exposé fut cependant suivi de deux heures et demi de discussion agitée et le président de la compagnie annonça que si les protestations publiques devaient provoquer des délais, la centrale serait construite à un autre endroit. Il ajouta, toutefois, qu'il espérait que la décision allait être prise «sur la base des faits et non pas d'émotions».

La première réponse concertée fut le fait de vingt-quatre scientifiques qui se portèrent volontaires pour fournir au public un compte rendu et une évaluation de l'épais rapport technique de la compagnie[14]. Ce texte était fort critiqué et les experts-conseils de la NYSE&G leur rendirent plus tard la monnaie de leur pièce (voir plus bas). Entre temps, on assista à la formation de groupes de citoyens et à la polarisation de la communauté, alors que la compagnie retraduisait la question en ces termes : «énergie nucléaire *ou* interruptions de courant».

Le cas de l'aéroport mobilisa également des experts dans les deux camps. Les opposants se rencontrèrent publiquement à une séance organisée par le Corps des Ingénieurs, où devait être approuvée une demande de Massport visant à combler une partie du port de Boston. Un millier de personnes se présentèrent et, pendant dix heures, des scientifiques, des politiciens, des prêtres, des enseignants et d'autres citoyens discutèrent des priorités qui, d'après eux, auraient dû régir les décisions concernant le développement de l'aéroport. Les représentants de Massport disposaient d'experts-conseils, affirmant que, sans la construction de la piste, l'aéroport aurait atteint son stade de saturation en 1974. Les experts-conseils émirent une brève déclaration à propos de l'environnement, soutenant que la nouvelle piste n'aurait aucun effet négatif direct d'importance écologique. Les

---

14. Deux cents copies du texte furent envoyées à des bibliothèques, à des groupes de citoyens, aux professeurs des universités et des collèges de la région, à des fonctionnaires des agences de l'État et du fédéral, aux représentants politiques au niveau local, au niveau de l'État et à celui du fédéral ainsi qu'aux journaux.

seuls coûts en matière d'environnement consistaient en l'élimination de 93 âcres de bas fonds, pollués et peuplés de moules, et de 250 acres sauvages — qui de toute façon représentaient un danger pour les avions à réaction à cause des oiseaux migrateurs qui y vivaient. Qui plus est, en augmentant la flexibilité de l'aéroport, la nouvelle piste réduirait le bruit et les encombrements causés par l'accroissement prévu du trafic aéroportuaire. Les arguments de Massport furent plus tard étayés par une étude d'impact sur l'environnement exécutée par la firme d'experts-conseils en questions aéroportuaires Landrum & Brown, au coût de 166 000 dollars. L'étude illustrait les affirmations de Massport voulant que la nouvelle piste soit essentielle à la sécurité et que, du point de vue de l'environnement, elle était fort avantageuse; l'étude soulignait également les contributions positives de l'aéroport Logan — son importance économique pour la ville de Boston et la réduction de bruit découlant d'une plus grande flexibilité au niveau des pistes.

L'opposition fut organisée par une coalition de groupes de citoyens appelée «Comité du Massachusetts contre la pollution de l'air et pour la réduction du bruit». Des problèmes de différents types furent soulevés. Les citoyens habitant à proximité de l'aéroport dénoncèrent les inconvénients causés par le trafic aérien ainsi que la procédure de prise de décision, par bribes et en vase clos, utilisée par Massport. Les défenseurs de l'environnement craignaient la destruction du port de Boston et les planificateurs relièrent les décisions concernant l'aéroport aux problèmes urbains. Pendant que le bureau du maire et le gouverneur examinaient les arguments de Massport, des experts légaux, économiques et techniques furent impliqués dans le débat. Comme dans le cas de la centrale nucléaire, le conflit se polarisa à partir du moment où Massport reproduisit la question dans les termes : «agrandissement de l'aéroport *ou* désastre économique».

Le style du débat technique[15]

Dans les deux cas, le débat technique se caractérisa par l'utilisation d'une liberté rhétorique considérable, où abondaient les insinuations à propos de la compétence et de l'impartialité des scientifiques concernés[16]. La NYSE&G souligna le fait que le besoin d'une centrale nucléaire au lac Cayuga était «impérieux», que des retards dans le déroulement des différentes étapes du projet pouvaient provoquer une pénurie sérieuse d'énergie et que les effets de la centrale sur l'environnement seraient «négligeables». La NYSE&G insista également sur le fait qu'elle était seule à posséder la compétence technique pour prendre une décision.

---

15. A moins d'indication contraire, les citations utilisées dans cette section sont extraites de rapports locaux sur l'environnement, ainsi que de mémoires, de lettres et de séances publiques. Il s'agit de déclarations émises par les scientifiques opposés aux projets.

16. Mazur, *op. cit.* note 9, analyse également l'utilisation de la rhétorique lors de débats techniques.

> Notre étude est la plus complète jamais effectuée sur le lac. Les opposants peuvent causer des délais, mais ils n'ont pas à assumer des responsabilités.

Toutefois, les critiques de l'Université Cornell jugèrent les données de la NYSE&G «insuffisantes», «trompeuses», «incomplètes» et «limitées pour ce qui est de leur portée et insuffisantes au niveau conceptuel». Certains critiques apportèrent des données extraites d'autres recherches qui contredisaient les résultats de la NYSE&G. Ils affirmèrent que les connaissances au sujet des lacs à eau profonde n'étaient tout simplement pas assez avancées pour permettre une évaluation des dangers réels.

Les experts-conseils de la NYSE&G répliquèrent en affirmant que les critiques de l'Université Cornell n'étaient pas au courant des exigences et des besoins d'une étude d'impact sur l'environnement; le compte rendu des opposants aurait notamment commis l'erreur de ne pas effectuer la distinction entre les objectifs de la recherche pure et ceux de la recherche appliquée.

> D'un point de vue universitaire, il serait souhaitable de disposer d'un modèle écologique complet capable de prédire toutes les relations possibles, mais ceci n'est ni faisable ni nécessaire pour évaluer les perturbations mineures causées par une seule centrale.

En réalité, chaque groupe utilisa des critères différents pour rassembler et interpréter les données techniques. Les deux études étaient fondées sur des hypothèses différentes exigeant des techniques et des fréquences d'échantillonnage différentes. Ainsi, les experts-conseils de la NYSE&G affirmèrent que leurs études de la qualité de l'eau devaient établir les conditions de base devant servir à prédire les changements causés par la centrale; les études menées par les scientifiques de l'Université Cornell considéraient plutôt les facteurs limitatifs, comme les effets des substances nutritives sur la croissance du lac.

Les scientifiques s'entre-déchirèrent sans gêne. Ceux de l'Université Cornell accusèrent les experts-conseils de la NYSE&G de poser des jugements de valeur conduisant à des «oublis éclatants», à des «insuffisances grossières» et à des «interprétations trompeuses». Les experts-conseils, à propos du texte des scientifiques de l'Université Cornell, parlèrent de «confusion découlant du fait que les critiques ont lu seulement quelques sections du rapport» et de «propositions pleines d'imagination mais difficilement traduisibles en pratique». Le président de la NYSE&G accusa les critiques de l'Université Cornell d'être remplis de préjugés :

> Il est intéressant de constater que plusieurs des personnes ayant rédigé la critique ont pris position publiquement contre la construction de la centrale. Leur engagement philosophique contre la génération nucléaire pourrait avoir empêché ces critiques de maintenir dans leurs commentaires une attitude entièrement objective[17].

---

17. William A. Lyons, «Recommendations of the Executive Offices of New York State Electric and Gas Corporation to the Board of Directors», 13 July 1973.

Un style de débat semblable caractérisa le conflit technique au sujet de la piste de l'aéroport. L'agrandissement de l'aéroport Logan fut recommandé par les experts-conseils comme « la meilleure chance de réduire les problèmes sociaux actuels » engendrés par l'aéroport. Renoncer à accroître l'aéroport tel que proposé entraînerait des retards, augmenterait la pollution de l'air, réduirait les marges de sécurité et tout cela aurait des conséquences « drastiques » et « incommensurables » sur l'économie locale — « des conséquences que la région de Boston ne pouvait pas se permettre d'assumer ». Le rapport sur l'environnement de Massport décrivait et rejetait, l'une après l'autre, les solutions de rechange proposées par ses opposants. Bannir certains types d'avions aurait constitué « une interférence avec le commerce entre les États ».

Il aurait été légalement risqué d'établir des normes définissant un niveau maximal de bruit car l'aéroport faisait partie d'un système national coordonné. Il n'aurait été « d'aucune utilité » de prévoir, en tant que mesure de dissuasion économique, une taxe spéciale frappant les avions bruyants car les taxes d'atterrissage ne représentent qu'un pourcentage minime des dépenses globales d'une compagnie d'aviation. Il aurait été « impossible » de décréter un couvre-feu nocturne, à cause de l'interdépendance des horaires de vol et des exigences reliées à l'utilisation des avions : une telle solution aurait transformé Boston en un aéroport de « deuxième classe » et aurait eu des « effets désastreux » sur 65 % des liaisons avec les 267 villes desservies à partir de Boston. Qui plus est, 75 % du commerce par avions-cargos aurait été « affecté de façon négative ». Il aurait été « économiquement prohibitif » et sans effet réel d'isoler contre le bruit les maisons et les édifices entourant l'aéroport. La *seule* solution possible aux problèmes du bruit et de l'environnement, d'après le rapport des experts-conseils, consistait à accroître le système des pistes. Massport insista sur la justesse de son expertise :

> En ce qui concerne les besoins de l'aéroport Logan du Boston métropolitain, de tout l'État du Massachusetts et de la Nouvelle-Angleterre, nous en savons plus et de façon plus précise que n'importe quel autre groupe, indépendamment des motifs qui l'animent[18].

Et les experts-conseils de Massport apportèrent leur soutien à leur client, lorsqu'ils affirmèrent dans une analyse technique des conséquences économiques de l'aéroport :

> Il est impensable de traiter un organisme de cette ampleur autrement qu'avec le plus profond respect[19].

---

18. Edward King, Massport Executive Director, « Testimony at U.S. Corps of Engineers », « Hearings on the Application by the M.P.A. for a Permit to Fill the Areas of Boston Harbour », Boston, 26, February 1971, mimeograph, p. 101.

19. Landrum and Brown, Inc., *Boston-Logan International Airport Environmental Impact Analysis.* 11 February 1972, section IX, p. 3.

Les adversaires du projet estimèrent que les rapports techniques de Massport étaient «le résultat logique d'efforts ne visant que des objectifs restreints». Les experts-conseils de la ville contestèrent l'affirmation selon laquelle le pouvoir de réduire le bruit des avions était limité par la loi fédérale sur l'aviation et par le permis d'exploitation de Massport; en réalité la loi fédérale encourageait les responsables des aéroports à prendre des mesures locales afin de diminuer le bruit. À leur avis, les prévisions de Massport au sujet d'une demande future, qui fondaient le projet d'une augmentation de la capacité de l'aéroport, étaient incertaines et pouvaient en tout cas être modifiées en unifiant les horaires et en répartissant mieux les vols de l'aviation civile. Les données brutes fournies par Massport permettaient de croire que l'aéroport Logan, grâce à des ajustements raisonnables, allait pouvoir s'accommoder d'une augmentation considérable du trafic, car les avions opéraient à légèrement moins de la moitié de leur capacité réelle. Qui plus est, les prévisions étaient fondées sur le taux de croissance des années 60. La diminution de la demande dans le secteur des voyages par avion au cours de l'année 1970 pouvait être conçue soit comme une nouvelle base de calcul, soit comme une anomalie. Massport choisit la deuxième interprétation, en ignorant la baisse de 1970. Ses prévisions passaient également sous silence la possibilité que d'autres moyens de transport compétitifs puissent un jour concurrencer le transport par avion[20].

Les critiques discréditèrent les données fournies par Massport au sujet des conséquences économiques de l'agrandissement et des effets d'un éventuel moratoire, en les décrivant comme une «distorsion éhontée des faits». En ce qui concerne l'assertion de Massport voulant que la nouvelle piste constitue un avantage du point de vue de l'environnement, les représentants de la ville conclurent que l'accroissement de l'aéroport aurait comme seule conséquence d'exposer la population à un bruit insupportable. Au lieu de cela, ils recommandèrent d'adopter des mesures visant à accroître la capacité de l'aéroport par le biais d'ajustements des horaires et en s'efforçant de répartir la demande pour les heures de pointe grâce à des mécanismes économiques comme les taxes d'atterrissage.

Les divergences devaient être mises sur le tapis lors d'une deuxième série de séances publiques, prévue pour le 10 juillet 1971. Cependant, le 8 juillet, à la suite de l'étude d'une commission spéciale qui recommandait d'adopter des solutions de rechange à la place de l'accroissement, le gouverneur Sargent s'opposa publiquement à la construction de la nouvelle piste. Dans ces conditions, il était fort peu probable que le Corps des Ingénieurs approuve le projet. Ainsi, Massport retira sa demande de permis et écarta temporairement ses plans pour la piste. Un

---

20. Une critique systématique des données fournies par Massport a été effectuée par une commission présidée par Robert Behn (Chairman of Governor's Task Force on Inter-City Transportation), «Report to Governor Sargent», April 1971.

an et demi plus tard, en février 1973, Massport retira le projet d'une nouvelle piste du plan directeur de développement de l'aéroport. En avançant des prévisions qui s'approchaient de celles utilisées par les opposants de l'aéroport deux ans auparavant, Massport affirma qu'une nouvelle évaluation des besoins futurs indiquait que la nouvelle piste n'était plus nécessaire.

Les participants aux deux controverses durent affronter un grand nombre de véritables zones d'incertitude permettant d'effectuer des prévisions divergentes à partir des données disponibles. Les experts des deux camps opposés soulignèrent ces incertitudes; mais, dans chaque cas, la substance même des arguments techniques n'eut que peu à voir avec l'activité politique ultérieure.

Les effets de l'expertise sur l'action politique

Autant dans le cas de l'aéroport que dans celui de la centrale nucléaire, l'activité politique fut stimulée plus par *l'existence* d'un débat technique que par sa *substance*[21]. Dans chaque cas, le fait qu'il y ait eu un désaccord entre les experts confirma les craintes de la communauté et concentra l'attention sur le processus de prise de décision qui apparut arbitraire et au cours duquel l'expertise parut avoir été utilisée pour masquer des questions de nature politique.

C'est dans le cas de la centrale nucléaire que ce rapport entre la controverse technique et le conflit politique ressort le plus clairement. Les scientifiques de l'Université Cornell évaluèrent le rapport de la NYSE&G dans le but de mettre l'information technique à la disposition du public. Ils se concentrèrent presque exclusivement sur le problème de la pollution thermique — les effets des déversements d'eau chaude de la centrale dans le lac Cayuga. Les groupes de citoyens, cependant, étaient plus préoccupés par le problème des radiations. Ils avaient suivi dans les quotidiens et dans les journaux de vulgarisation le grand débat concernant les risques reliés au fonctionnement des réacteurs nucléaires, alors qu'à l'époque de la première controverse, en 1968, ces risques n'avaient pas encore été au centre des discussions publiques. En conséquence, le problème de la pollution thermique (qui avait dominé la première controverse) fut considéré en 1973 comme un problème relativement mineur. Les citoyens, contrairement aux scientifiques qui les conseillaient, se concentrèrent sur les problèmes du transport et du traitement des déchets nucléaires, sur les mécanismes de sécurité du réacteur, sur les défauts du noyau du réacteur, qui auraient pu permettre l'échappement de gaz radioactifs, et sur le danger d'erreurs humaines ou de sabotages.

---

21. Pour une discussion plus poussée de cette affirmation, voir Nelkin, «The Role of Experts in a Nuclear Siting Controversy», *op. cit.* note 12.

Quand le comité des citoyens se réunit pour la première fois afin de prendre position sur la question, son bulletin d'information contenait uniquement des articles sur le problème de la sécurité des réacteurs[22]. Cela détermina la suite du débat, au cours duquel on considéra trois types d'actions possibles : que le comité s'oppose à la construction de toute centrale nucléaire près du lac Cayuga jusqu'à la solution des problèmes reliés à la sécurité du réacteur et aux déchets radioactifs ; qu'il réaffirme la position de 1968, en s'opposant uniquement à la *conception actuelle* de la centrale Bell ; ou qu'il appuie le projet de la NYSE&G. La première proposition, une proposition d'opposition globale, reçut l'appui de la très grande majorité des citoyens présents. À partir de là, l'attention principale des groupes de citoyens fut monopolisée par les risques de l'énergie nucléaire, et ce, malgré le fait que le débat technique ait surtout porté sur le problème de la pollution thermique.

La controverse entre scientifiques, cependant, donna une impulsion à l'activité politique. En premier lieu, les critiques émises par les scientifiques de l'Université Cornell neutralisaient l'expertise fournie par la compagnie d'électricité. Le simple fait d'insinuer qu'il existait des points de vue opposés à propos d'une dimension du débat technique augmenta la méfiance du public envers les experts de la compagnie et encouragea les citoyens à s'opposer à la centrale. En deuxième lieu, l'implication des scientifiques donna un soutien moral aux citoyens militants, leur permettant de croire que leur action allait être efficace. Les groupes de citoyens se rappellèrent l'affirmation de la NYSE&G d'après laquelle le projet serait abandonné si une opposition concertée se manifestait. Le prompt soutien des scientifiques de la région fit naître dans la communauté le sentiment que les efforts déployés pour écrire des lettres et se rendre aux réunions n'allaient pas être peine perdue.

En ce qui concerne les détails du débat technique, ils n'eurent que peu d'influence sur la dynamique du cas. Les citoyens ne firent confiance qu'aux experts qui appuyaient leur position. Les personnes en faveur de la NYSE&G firent connaître leur confiance dans les experts-conseils employés par la compagnie d'électricité :

> Laissons aux professionnels le soin de prendre les décisions pour lesquelles ils sont payés.

Et les critiques de la centrale utilisèrent l'expertise uniquement comme un moyen de ramener la discussion sur le terrain politique, qui était à leurs yeux le terrain approprié. Ils affirmèrent que le problème en était un de priorités locales et qu'il ne s'agissait pas d'une décision technique :

---

22. CCSCL (Citizens Committee to Save Cayuga Lake), *Newsletter*, 6 (April 1973). Ce bulletin reproduit le texte intégral d'une sélection d'articles bien documentés, notamment ceux de Robert Gillette dans *Science*, 176 (5 May 1973) ; 177 (28 July ; 1, 8, 15, 22 September 1972) ; 179 (26 January 1973).

Il serait arrogant de prétendre que l'avenir n'est pas entre nos mains et qu'il est confié à des scientifiques et à des techniciens... Nous affirmons que l'opinion des habitants de la région, profondément préoccupés par leur environnement et par son avenir, possède une importance égale, voire plus grande[23].

Dans le cas de l'aéroport, les arguments techniques servirent d'abord et avant tout à accroître la méfiance à l'égard de Massport des citoyens opposés à l'agrandissement de l'aéroport, et ils furent à toutes fins pratiques ignorés par ceux qui appuyaient Massport. Les différentes opinions concernant la nécessité de la piste étaient déjà bien établies avant que n'éclate la controverse. Dans l'Est de Boston, les employés de Massport et les clubs sportifs locaux, financés par un programme d'aide communautaire de l'aéroport, prirent la défense du projet des administrateurs de l'aéroport et gardèrent leur confiance dans la compétence de Massport.

Pour ce qui est de l'efficience et de la compétence, la Massport a une longueur d'avance sur les autres agences.

Les opposants de l'aéroport, tout en profitant des conseils techniques apportés par les experts de la ville de Boston, affirmèrent que le problème se résumait à une question de sens commun et de justice. Ils cernèrent le problème en fonction de valeurs (comme la solidarité entre voisins) qui ne se laissent pas réduire à une analyse technique.

Nous n'avons pas besoin d'experts. Ces personnes pourront constater d'elles-mêmes les effets du bruit... La Massport est extrêmement arrogante. Ils n'ont pas la moindre idée de la souffrance humaine qu'ils causent et ne pourraient pas se montrer moins insouciants[24].

Les critiques de l'aéroport pointèrent du doigt plusieurs erreurs techniques et plusieurs problèmes d'interprétation dans les prévisions et les analyses des conséquences sur l'environnement présentées par Massport; mais cela ne fit que confirmer à nouveau les soupçons des citoyens à son égard et polarisa encore plus le conflit. Plus tard, les mêmes experts qui avaient fait preuve de compréhension et de sympathie par rapport aux problèmes de bruit dans l'Est de Boston, ne réussirent pas à convaincre la communauté locale d'accepter un projet de Massport visant à construire une barrière contre le bruit. Malgré des conseils techniques montrant que cela aurait effectivement aidé à diminuer les problèmes de bruit,

---

23. Déclaration de Jane Rice citée dans le *Ithaca Journal*, (14 May 1973), p. 1.
24. Ces déclarations sont tirées des témoignages effectués pendant les séances du Corps des Ingénieurs. (*U.S. Corps of Engineers' Hearings, op. cit.* note 18.) L'exemple le plus typique de cette attitude se retrouve bien sûr dans la remarque attribuée à l'ancien vice-président Spiro Agnew en réponse à un rapport de la Commission présidentielle sur la pornographie et l'obscénité : «Ça m'est égal de savoir ce que disent les experts, je *sais* que la pornographie corrompt!»

la communauté décida de s'opposer à la construction de la barrière. Les militants locaux craignaient qu'il s'agisse là d'une manoeuvre de diversion dont aurait pu être victime la communauté à long terme. Ils ignorèrent donc l'opinion des experts favorables et l'ancienne méfiance s'imposa de nouveau.

Résumé et conclusions

Les deux conflits que nous venons de décrire, portant l'un sur la localisation d'une centrale nucléaire et l'autre sur l'agrandissement d'un aéroport, ont plusieurs points en commun. Ainsi, on peut établir un parallèle entre les deux cas dans la façon dont les promoteurs utilisèrent l'expertise afin de fonder et de justifier leurs décisions; la façon dont les experts dans les deux camps opposés firent leur entrée dans le conflit et présentèrent leurs arguments techniques; et la façon dont les citoyens touchés par le projet perçurent la controverse. On retrouve des similitudes évidentes dans les déclarations publiques des promoteurs, des experts et des citoyens lorsque ceux-ci exprimèrent leur opinion sur plusieurs aspects du processus de prise de décision. Le *tableau 2* compare ces déclarations. La présence de ces similitudes, surtout pour ce qui est de l'utilisation de la connaissance scientifique, laisse entrevoir une série de conclusions interreliées qui pourraient être également appliquées à d'autres controverses impliquant des expertises techniques conflictuelles.

En premier lieu, *les promoteurs recherchent l'expertise afin de légitimer leurs projets et utilisent leur maîtrise du savoir technique afin de justifier leur autonomie.* Ils présument que le fait de posséder une compétence technique particulière leur permet de se soustraire à tout contrôle («démocratique») de la part du public.

En deuxième lieu, *même si les conseils techniques peuvent aider à cerner les contraintes techniques, il est probable qu'ils accentuent le conflit,* tout spécialement lorsque les communautés touchées par un projet peuvent aussi disposer de l'appui d'experts. De plus en plus, les groupes de citoyens s'arment de leur propre expertise afin de neutraliser l'effet des données fournies par les promoteurs de projets[25]. La plupart des problèmes qui ont acquis une dimension politique controversée (problèmes d'environnement, traitement de l'eau au fluor, DDT) contiennent des zones fondamentales d'incertitude technique aussi bien que politique et il est dès lors facile de rassembler des «preuves» pour ou contre un projet donné.

En troisième lieu, *la facilité avec laquelle les conseils techniques sont acceptés dépend moins de la valeur et de la compétence de l'expert que de leur capacité à renforcer*

---

25. Le lecteur intéressé aux tactiques d'utilisation des experts dans le cas de la controverse sur le traitement de l'eau au fluor pourra consulter, par exemple : Robert Crain *et al.*, *The Politics of Community Conflict,* Indianapolis, Bobbs Merrill, 1969; et H. M. Sapolsky, «Science, Voters and the Fluoridation Controversy», *Science,* 162 (25 October 1968), pp. 427-33.

des positions déjà existantes. Nos deux études de cas montrent que des facteurs comme la confiance dans les autorités, le contexte économique, le milieu de travail dans lequel une controverse se déroule et l'intensité des préoccupations locales ont plus d'importance que la qualité des conseils techniques[26].

En quatrième lieu, *ceux qui s'opposent à une décision n'ont pas à fournir une quantité de «preuves» équivalente à celle exigée des promoteurs.* Il suffit de soulever des questions qui affaiblissent l'expertise d'un promoteur, dont le pouvoir et la légitimité reposent sur son monopole du savoir ou sur sa prétention à une compétence particulière.

En cinquième lieu, *les conflits entre experts diminuent la force politique de ces derniers.* L'influence des experts se fonde sur la confiance publique dans le caractère infaillible de l'expertise. Ironiquement, la participation accrue des scientifiques à la vie publique peut en réduire l'efficacité, car les conflits entre scientifiques, qui se produisent inévitablement dès que ceux-ci se lancent dans des controverses, mettent en lumière leur faillibilité, démystifient leur expertise particulière et attirent l'attention sur les hypothèses non techniques et politiques qui influencent les conseils techniques[27].

En dernier lieu, *le rôle des experts est sensiblement le même, qu'il s'agisse de scientifiques spécialisés dans les disciplines «dures» (sciences naturelles et physiques) ou dans les disciplines «molles» (sciences sociales et humaines).* Les deux controverses analysées ont mobilisé des scientifiques, des ingénieurs, des économistes et des avocats en tant qu'experts. Les similitudes montrent que la complexité technique du problème au centre de la controverse n'influence pas de façon majeure la nature politique de la controverse.

En résumé, la façon dont des clients (qu'ils soient des promoteurs ou des groupes de citoyens) dirigent et utilisent le travail des experts incarne leur construction subjective de la réalité — par exemple, leurs opinions concernant les priorités publiques ou le niveau acceptable de risque ou de malaise. Lorsqu'un conflit se développe entre ces différentes opinions, il est certain que se prépare une utilisation biaisée de la connaissance technique, où la valeur de l'expertise scientifique repose moins sur ces mérites que sur son utilité.

---

26. Le rapport entre les croyances et l'interprétation des informations scientifiques est analysé par S.B. Barnes, «On the Reception of Scientific Beliefs», dans Barry Barnes (éd.), *Sociology of Science,* Harmondsworth, Middx, Penguin Books, 1972, pp. 269-91.
27. Voir l'analyse de la façon dont les controverses entre scientifiques influencent le législateur dans Barnes, *ibid.*

TABLEAU 1

Les réactions publiques face au problème de l'expertise

Scientifiques radicaux	Défenseurs des consommateurs	Défenseurs de l'environnement	Planificateurs	Critiques de la médecine
		Au sujet de l'abus de la technologie		
Nous ressentons une profonde impression de frustration et d'exaspération pour ce qui est de l'utilisation de notre travail. Nous enseignons, nous effectuons des expériences, nous concevons de nouvelles choses — et avec quel résultat? Permettre à ceux qui dirigent cette société de mieux exploiter et opprimer la plus grande partie d'entre nous? Placer les rêves technologiques du pouvoir entre les mains de ceux qui font du pillage....	Ce dont nous avons besoin c'est de pressions prolongées de la part du public afin d'obtenir une libération de la loi et de la technologie qui purifierait l'air en désarmant le pouvoir des corporations qui retournent la nature contre l'homme.	Plusieurs croient que les avantages de notre technologie constituent une compensation suffisante pour la dégradation de notre environnement... Certains croient que les laboratoires qui ont su produire des miracles sauront également produire les outils pouvant résoudre tous les problèmes que l'homme devra affronter. Mais la technologie au moment même où elle montrait sa capacité d'améliorer le milieu humain a également créé un potentiel impressionnant de destruction.	La planification peut représenter un des moyens permettant à la population de rendre plus humain leur milieu technique, d'empêcher que l'exercice du pouvoir bureaucratique conduise à une sorte de nouveau despotisme diffus, dans lequel le pouvoir apparaîtrait sous la forme de la nécessité technique.	La psychiatrie et la psychologie sont utilisées comme des instruments directs de coercition contre les individus. Sous l'apparence des «méthodes médicales», on pacifie, on punit ou on emprisonne les personnes.

Au sujet de l'utilisation de l'expertise

Du savoir-faire et des talents qui possèdent potentiellement une utilité énorme ont été détournés à des fins de destruction afin d'assurer l'expansion et de protéger l'impérialisme. Pour les besoins de la classe dominante, les scientifiques et les ingénieurs ont été transformés en créateurs de destruction grâce aux mécanismes d'un système économique et social sur lequel ils ne peuvent exercer aucun contrôle.	Trop, parmi nos citoyens, n'ont pratiquement aucune connaissance de la facilité relative avec laquelle une industrie détient ou peut obtenir les solutions techniques...	Il ne faut pas disposer d'une formation spéciale pour garder une perspective assez large et pour savoir appliquer le sens commun. Ainsi, pour chaque personne disposant d'un savoir technique, il y a une activité profane... En réalité, la formation du technologue peut constituer un obstacle pour celui-ci. Les gens ont de plus en plus conscience que l'homme civilisé, en suivant aveuglement les technologues, s'est mis dans le pétrin.	Même s'il ne dispose pas d'un pouvoir administratif, le planificateur est un manipulateur... Le planificateur ne sera peut-être pas le premier à identifier les « problèmes » d'une zone urbaine, mais il les met à l'ordre du jour et joue un rôle très important lors de la définition des termes devant servir à penser le problème – et ces termes jouent en réalité un rôle très important en déterminant la solution.	Les professionnels se considèrent souvent comme plus capables de prendre des décisions que les autres personnes, même lorsque leurs connaissances techniques ne contribuent en rien à une prise de décision particulière... Le professionnalisme ne constitue pas une garantie de services de qualité humaine. Il est plutôt un mot de code qui renvoie à une attitude politique définie.

Au sujet de l'expertise et de l'action publique

Nous pouvons espérer non pas que les scientifiques soient capables de fournir au peuple une approche objective lui permettant de construire un monde meilleur, mais que dans le monde meilleur construit par le peuple, les scientifiques soient capables de travailler d'une façon plus objective, libérés des entraves de l'élitisme et des pires aspects compétitifs qui caractérisent la science actuelle.	Une stratégie d'action doit contenir une connaissance la plus détaillée possible de la structure du système des corporations – ses points d'accès, ses points de sensibilité maximale, les sources spécifiques d'où il tire ses motivations et ses éléments constitutifs.	L'importance du potentiel du mouvement de défense de l'environnement repose non pas uniquement sur les résultats tangibles qu'il peut obtenir mais sur sa capacité d'agir comme un catalyseur qui poussera les individus à travailler ensemble. Le militant communautaire expérimenté est ébloui par les alliances rendues possibles par des actions centrées autour des problèmes de l'environnement.	Chaque projet incarne les intérêts d'un groupe donné... Chaque groupe qui a des intérêts en jeu dans le processus de planification devrait pouvoir exprimer ses intérêts... La planification, de ce point de vue devient un processus pluraliste et partisan – en un seul mot, ouvertement politique.	Il faudrait démystifier la médecine... Lorsque possible, il faudrait permettre aux patients de choisir entre différentes méthodes de traitement basées sur leurs besoins. Il faudrait déprofessionnaliser les services de santé. Il faudrait transférer le savoir-faire médical aussi bien au travailleur qu'au patient.

Source : Ces déclarations sont tirées des publications d'organisations comme la SESPA, les Nader's Raiders, les Earth Daygroups et le Health Policy Advisory Center.

TABLEAU 2

Perspectives concernant la prise de décision et l'expertise

PROMOTEURS	Controverses autour de la centrale nucléaire	Controverses autour de la prise de l'aéroport
Au sujet de la responsabilité et de la compétence à planifier	Notre étude est la plus complète jamais effectuée sur le lac. Les opposants peuvent causer des délais mais ils n'ont pas à assumer des responsabilités	En ce qui concerne les besoins de l'aéroport Logan, du Boston métropolitain, et de la Nouvelle-Angleterre, nous en savons plus et de façon plus précise que n'importe quel autre groupe, indépendamment des motifs qui l'animent.
Au sujet des débats publics	Notre attitude est de ne pas accepter les débats publics.	Nous disposons d'un personnel compétent... je ne vois aucune raison de procéder à des séances publiques... S'il fallait que les responsables soient obligés de fonctionner sur la base d'un consensus...

EXPERTS (experts-conseils)		
Au sujet des conséquences du projet	Des solutions de rechange auraient des effets indésirables sur l'environnement humain [...] le projet tel que proposé ne devrait pas produire aucun effet d'importance. Concrètement les personnes seront exposées à des doses de loin inférieures aux doses auxquelles elles sont couramment exposées.	Des conséquences négatives pour l'environnement vont découler non pas de la réalisation du projet mais de son abandon. Des mesures effectuées dans des conditions typiques de bruit urbain [...] montrent que le bruit de fond au niveau des routes éclipse le bruit de la piste.
Au sujet de la planification	Bien que du point de vue universitaire il pourrait être souhaitable de disposer d'un modèle écologique, ce dernier ne semble pas nécessaire afin de procéder à une évaluation adéquate des conséquences de la perturbation mineure provoquée par la centrale proposée.	Établir un plan directeur d'ensemble pourrait constituer tout au plus un exercice académique [...] une étude d'une telle ampleur apparaît difficile à justifier dans le cas d'un petit projet de cette nature.

EXPERTS (critiques)

Au sujet des données des promoteurs	Les affirmations et les conclusions n'étaient pas justifiées et elles doivent donc tout au plus être considérées comme des conjectures [...] La base de données est non seulement insuffisante mais aussi trompeuse.	L'analyse des conséquences économiques de l'aéroport Logan montre de façon indiscutable «une distorsion éhontée» au niveau des données contenues dans le rapport.

CITOYENS (en faveur du projet)

Sur la responsabilité des prises de décision	Laissons aux professionnels le soin de prendre les décisions pour lesquelles ils sont payés.	Pour ce qui est de l'efficience et de la compétence, Massport a une longueur d'avance sur les autres agences.

CITOYENS (opposés au projet)

Sur la responsabilité des prises de décision	Il serait arrogant de prétendre que l'avenir n'est pas entre nos mains et qu'il est confié à des scientifiques et à des techniciens [...] Nous affirmons que l'opinion des résidents de la région, profondément préoccupés par leur environnement et par son avenir, possède une importance égale, voire plus grande.	Nous n'avons pas besoin d'experts. Les personnes pourront constater d'elles-mêmes [...] Massport est extrêmement arrogante. Ils n'ont pas la moindre idée de la souffrance humaine qu'ils causent et ne pourraient pas se montrer moins insouciants.
Sur le processus de prise de décision	Utilisaient-ils le pouvoir qu'ils tiennent du peuple pour appuyer leurs propres opinions ou celles des entreprises privées? Dans notre pays il y a un gouvernement représentatif, mais cela n'est sûrement pas le cas dans notre comté.	Ce qui est vraiment mis à l'épreuve ce ne sont pas seulement les autorités aéroportuaires mais encore plus le système américain. Sera-t-il capable d'écouter les porte-parole du peuple et les citoyens qui parlent en leur propre nom?

Sources : Ce tableau a été construit en utilisant des citations obtenues directement lors d'interventions au cours de séances publiques, des lettres et des transcriptions des débats des assemblées.

CHAPITRE 9

LA BIOÉTHIQUE

Dr David J. Roy, directeur
Centre de bioéthique
Institut des recherches cliniques de Montréal

Biomédecine et *bioéthique* sont apparus récemment dans notre vocabulaire. Des types de sciences et de technologies inconnus jusqu'ici les ont rendus nécessaires. Les nouvelles disciplines dans les sciences de la vie laissent prévoir des changements dans toute l'organisation de la vie sur terre. L'homme risque d'en être profondément touché pour longtemps, peut-être même pour toujours. Le développement des sciences biomédicales, en donnant à l'homme une intelligence nouvelle et enrichie de son être, de son agir et de sa transformation, influence profondément ses modes de penser et d'agir.

La révolution biomédicale que notre époque commence à vivre ne peut se réduire à un phénomène passager. Cette immense entreprise scientifique, dans laquelle sont impliquées les spécialités les plus diverses, est plus qu'une grandiose aventure engageant les passions des participants et suscitant, peut-être, l'intérêt des spectateurs. En fait, qui peut se payer le luxe de demeurer spectateur? Toute la personne, non seulement l'organisme biologique, toute la communauté humaine, non seulement l'individu, sont touchées et provoquées.

Plein de promesses et de dangers, le nouveau savoir lance un défi. En effet, il soumet l'homme à un nouveau pouvoir, pouvoir profond, durable et encore jamais rencontré dans l'histoire. Relever le défi, c'est avancer vers la sagesse. Le départ se prend dès que l'on commence à élaborer de nouveaux cadres de pensée intégrant la théorie et la pratique, de nouveaux cadres de valeurs équilibrant le choix et la décision, et de nouveaux réseaux de communication facilitant la participation de la communauté humaine dans l'identification et la réalisation du bien commun.

Autant en Amérique qu'ailleurs dans le monde, des centres et des instituts de bioéthique ou d'éthique des sciences de la vie surgissent depuis peu : la communauté humaine est en voie de relever le défi. Bien qu'ils soient loin d'être uniformes, ces instituts reconnaissent tous cependant l'exigence qu'implique une démarche de sagesse. Elle nécessite une intelligence, élevée et humble à la fois, qui appelle à la collaboration des personnes différentes par leur philosophie de la vie humaine et riches d'apports complémentaires sur le plan de la compétence et de l'expérience. Ces instituts représentent un effort pour développer et maintenir une réelle communication entre la communauté humaine en général et les communautés plus spécialisées engagées dans la création des sciences et des technologies biomédicales, dans l'élaboration des systèmes philosophiques et juridiques, et dans la mise sur pied des institutions nécessaires à la réalisation de ces activités.

LA BIOÉTHIQUE : SON POINT DE DÉPART ET SA SIGNIFICATION

Notre époque a été et continue d'être marquée par une série de découvertes scientifiques majeures à caractère révolutionnaire. Une révolution apporte des changements fondamentaux dans les activités humaines et, en regard des structures qu'elle modifie, ces changements touchent profondément la communauté. De plus, dans un processus révolutionnaire les changements deviennent le réel en peu de temps.

Nous ne sommes jamais simplement des moteurs immobiles, de simples agents de notre activité. Nous sommes transformés autant par nos agirs que par nos manières de faire. Comme le philosophe Hans Jonas nous le rappelle : « Les oeuvres de l'homme se retournent contre lui, et il est dans la nature des réalisations humaines qu'au plan collectif l'auteur devienne dépendant, peut-être même victime de son action. »

Cette affirmation est d'autant plus vraie maintenant que la révolution techno-scientifique a pris une stupéfiante direction biologique. Il n'y a aucun doute que la révolution de la physique, qui a marqué le début de notre siècle, a transformé radicalement nos façons de vivre et de travailler, nos industries, nos méthodes de défense et de guerre et nos relations internationales. Sur une plus grande échelle, la technologie scientifique a modifié le caractère de l'activité humaine et sa relation avec l'environnement. La nature n'est plus seulement ou principalement le lieu de l'activité humaine ; elle est devenue l'objet d'une transformation technologique et d'une responsabilité morale dont nous sommes encore, la plupart du temps, tout à fait inconscients.

Depuis la révolution biomédicale, l'être humain et sa nature propre sont l'objet d'une transformation technologique. Si la révolution biologique et biomédicale déclenche un processus de transformation, il faut toutefois souligner une différence marquante avec la révolution de la physique au début du siècle. Auparavant, un ensemble d'idées, de concepts et de symboles regroupés dans la notion de nature faisaient généralement fonction de norme pour l'activité humaine. La nature humaine elle-même n'était pas sujette à un changement radical et profond. Les développements de la biomédecine, aujourd'hui, sont en voie de nous donner le pouvoir de changer radicalement les composantes génétiques, biochimiques et neurologiques de la nature humaine.

L'organisme humain et les fondements du comportement humain sont maintenant la cible de recherches scientifiques et de manipulations techniques comme jamais auparavant dans l'histoire humaine. Les connaissances issues de la révolution biomédicale forment la base, non seulement d'un pouvoir plus grand sur l'environnement de l'homme, mais également d'un pouvoir plus direct sur sa structure génétique, son corps, son cerveau et son comportement. La nature même de l'homme est maintenant devenue, ou tout au moins menace de devenir, le sujet de recherches scientifiques et technologiques. Auparavant, on se référait au concept de la «nature de l'homme» lorsqu'il s'agissait de choisir ou de rejeter des projets et des activités scientifiques. Maintenant que la «nature de l'homme en tant que principe» risque de devenir «la nature de l'homme en tant que projet», où pouvons-nous espérer trouver la juste norme de notre orientation?

Nous n'avons pas encore vu ce que l'homme est capable de faire avec l'homme. Cette idée a amené le docteur René Dubos, lors de l'inauguration du Centre de bioéthique de l'Institut de recherches cliniques de Montréal, à rappeler que «l'homme n'est pas nécessairement un animal supérieur aux autres, mais il est différent. Il transcende sa nature animale parce qu'il peut supplémenter et parfois remplacer complètement les réactions instinctives de sa nature biologique par des choix conscients, basés sur des valeurs culturelles et spirituelles. L'angoisse qui se révèle souvent sur le visage de l'homme au moment des décisions exprime le sens de responsabilité qu'il éprouve quand vient le moment de troubler l'ordre naturel des choses, et surtout d'intervenir dans le déterminisme de la vie».

Notre pouvoir sans cesse croissant d'agir sur la structure de la vie, pouvoir qui nous oblige à remettre en question nos concepts fondamentaux de la vie humaine, est le point de départ d'une nouvelle activité de réflexion et de recherche : la bioéthique.

On ne peut réduire la bioéthique à une théorie morale ou à un processus de prise de décision qui tiendrait compte des acquisitions biologiques et biomédicales. La bioéthique n'est pas non plus un mot sophistiqué pour désigner la morale médicale traditionnelle. Si la déontologie médicale s'inscrit dans la bioéthique, la bioéthique est bien plus vaste. Cette dernière, en utilisant une approche interdisciplinaire, se préoccupe de toutes les conditions qu'exige une gestion responsable de la vie, particulièrement de la vie humaine, dans le cadre des progrès rapides et complexes d'ordre biomédical.

LA BIOÉTHIQUE : SON DÉVELOPPEMENT

Les progrès spectaculaires de la médecine et des sciences dans leur ensemble ont bouleversé, depuis la dernière guerre jusqu'à nos jours, nos concepts traditionnels de l'éthique, du droit et de la société, de même que nos comportements. Ils nous ont donné le pouvoir de réaliser pour l'homme, par lui et sur lui, des expériences nouvelles, auparavant inimaginables. Toutes ces possibilités éveillent le doute dans les consciences. Avons-nous le droit d'appliquer les techniques novatrices à l'homme ? Jusqu'où cette chaîne de découvertes, plus étonnantes les unes que les autres, menace-t-elle de nous entraîner ? Nos décisions et nos actions du moment présent, bien davantage que nos représentations floues d'un avenir révolutionnaire, sèment l'inquiétude dans nos esprits.

La transplantation du coeur et des reins, les définitions nouvelles de la mort, de l'avortement et de l'euthanasie, l'expérimentation sur l'homme, l'insémination artificielle hétérologue, la fécondation *in vitro*, la stérilisation des malades et des arriérés mentaux, la génétique et ses techniques audacieuses, le génie génétique enfin, devinrent tous en même temps, partout dans le monde occidental et ailleurs, l'objet d'une réflexion critique sérieuse.

Cette évolution, source de vifs débats et de réflexions profondes, fit couler des flots d'encre. Elle fut le sujet d'innombrables articles de revues, livres, séminaires, symposiums, conférences et émissions de radio et de télévision. La discussion se tint aux niveaux local, national et international. Bien vite au cours des années 60 et 70, les efforts des penseurs individuels et des groupes d'experts, médecins, avocats, éthiciens, philosophes et théologiens, se concrétisèrent en une collaboration interdisciplinaire systématique.

Les quinze dernières années ont vu apparaître de nombreux établissements spécialisés dont le champ d'action se révéla plus ou moins limité. Il nous est impossible de les décrire tous dans le présent article. Nous nous bornerons donc à mentionner ceux qui nous paraissent les plus importants.

En premier lieu, deux instituts de bioéthique ont exercé une influence marquante à travers le monde. Tous deux ont réussi, au cours des dix dernières années, à réunir le personnel et les fonds nécessaires à l'épanouissement d'un organisme capable d'imposer la bioéthique comme élément indispensable à notre société contemporaine et à sa culture.

Le premier, l'*Institute of Society, Ethics, and the Life Sciences*, mieux connu sous le nom de *Hastings Center*, fut fondé en 1969 par Daniel Callahan et Willard Gaylin. Il est situé à Hastings-on-the-Hudson, dans l'État de New York. Son vaste réseau d'activités inclut séminaires, cours, consultations, ateliers de travail, projets de recherches et écrits divers. Sa principale publication, le *Hastings Center Report*, a joué un rôle majeur dans le développement de l'éthique médicale et de la bioéthique. Le Centre lui-même a influencé la réglementation de nombreuses questions épineuses. Toute personne oeuvrant dans le domaine de l'éthique médicale, de la bioéthique et des sciences connexes ne peut que reconnaître l'apport déterminant de cet Institut à une discipline en pleine évolution.

Le *Kennedy Institute of Ethics,* de la *Georgetown University* de Washington, fut mis sur pied en 1971 par le docteur André Hellegers qui le dirigea jusqu'à sa mort en 1979. Le *Kennedy Institute's Center for Bioethics,* sous la direction du docteur Edmund Pellegrino, compte dans son personnel un nombre impressionnant de penseurs et chercheurs du plus haut calibre. Il organise des séminaires, des cours et des ateliers. Il agit comme consultant auprès d'établissements gouvernementaux et privés. Grâce à ces activités et aux ouvrages sérieux que publient les experts qui y travaillent, le *Kennedy Institute* et son centre de bioéthique exercent une action de premier plan partout en Amérique du Nord. Le docteur Richard McCormick, s.j., membre permanent de l'Institute, figure parmi les personnes les plus influentes de la collectivité théologique et médicale pour ses travaux et opinions sur les problèmes complexes de l'éthique médicale. Le docteur Warren T. Reich, une autre sommité dans le domaine, est le rédacteur en chef de l'oeuvre majeure de l'Institute, une encyclopédie en quatre volumes intitulée *Encyclopedia of Bioethics*.

Tous s'entendent pour dire que le docteur André Hellegers, érudit aux compétences considérables et polyglotte par surcroît, fut l'âme de cette entreprise au succès colossal. L'Amérique du Nord et l'Europe firent appel à son talent pour élaborer des plans de réflexion culturelle et éthique, plans rendus nécessaires par les progrès rapides des sciences de la vie.

Le 23 septembre 1976, l'*Institut de recherches cliniques de Montréal* inaugurait son *Centre de bioéthique*. Le docteur Jacques Genest, fondateur et directeur scientifique de l'Institut, avait invité plus tôt dans l'année le docteur David J. Roy à établir le Centre et à en diriger les destinées.

En quelques années, ce Centre est devenu une nouvelle réalité au Canada et dans la province de Québec. Il constitue une institution unique, tant par ses symposiums, ses séminaires, ses publications, ses programmes éducatifs et ses consultations que par diverses formes de collaboration avec le monde médical et scientifique.

Le Centre de bioéthique présente donc la particularité d'être intégré à un milieu de recherche expérimentale et clinique. Cette intégration dans un milieu de vingt-six laboratoires, travaillant en neurobiologie, neuropsychologie, neurochimie, hormones stéroïdes, reproduction, physiopathologie, endocrinologie, protéines et hormones hypophysaires, lipides et artériosclérose, biochimie et physiopathologie, hypertension et biologie moléculaire, représente un des objectifs du Centre. Elle répond, dans les faits, au besoin vivement ressenti d'implanter la réflexion éthique au coeur même du nouveau savoir et de ses méthodes, et d'inscrire la science biomédicale et l'exercice de la médecine dans le cadre élargi d'une réflexion méthodologique, sociale, juridique et philosophique.

Depuis ses débuts, le Centre de bioéthique prévoyait la publication en langue française d'un cahier international, complémentaire aux écrits spécialisés en bioéthique déjà accessibles en d'autres langues. En 1978, le Centre lançait sa collection «Cahiers de bioéthique». Ce projet est né du fait que le Québec, en raison de sa situation culturelle privilégiée entre l'Amérique et l'Europe, pouvait susciter un dialogue de caractère international sur les problèmes de bioéthique. Les quatre volumes publiés ont créé ce forum. Avec ses racines internationales, la collection servira à assurer l'échange d'informations et d'idées entre différentes communautés d'Europe et d'Amérique du Nord.

Le Centre de bioéthique attache une importance capitale à l'enseignement de l'éthique médicale en milieu clinique. L'arrivée du docteur Maurice A.M. de Wachter en 1978 lui a permis d'élargir son programme dans les hôpitaux et facultés de médecine. De plus, le Centre accorde, à l'éducation du grand public une attention toute particulière. Il offre donc, sous la responsabilité de madame Électa Baril, administratrice du Centre, des cours et des programmes d'information qui mettent l'accent sur l'impact social des progrès de la biomédecine.

Cette brève description des organismes qui se consacrent à la bioéthique ne se prétend pas exhaustive. Il est impossible, en effet, dans ces quelques pages de représenter tous les établissements dignes de mention. Nous nous devons cependant de signaler les rapports de la *United States National Commission for the Protection of Human Subjects of Biomedical and Behavioral Research,* qui pourraient à eux seuls faire l'objet d'une étude spéciale. Quant à la *Society for the Study of Medical Ethics* de Grande-Bretagne, elle a formé dans les principales villes anglaises seize groupes influents qui oeuvrent en ce domaine. Le *Journal of Medical Ethics* de la société retient l'attention partout en Europe et en Amérique du Nord. En France, le travail de gens comme Jérôme Lejeune, Jean Hamburger, Jean Bernard, F.Jacob, Edgar Morin, J. Monod et Philippe Ariès, pour n'en citer que quelques-uns, a eu un impact considérable dans le monde entier. L'ouvrage de F. Gros, F. Jacob et P. Royer, intitulé *Sciences de la vie et société,* constitue une excellente analyse de l'ensemble des principaux développements de la biomédecine actuelle.

Après dix ans, les défis qui ont contribué à l'essor de la bioéthique en tant que force motrice de notre réflexion culturelle existent toujours. Par leur persévérance, les spécialistes et organismes engagés dans l'établissement des fondations et des orientations morales de la science et de la technologie ont fait de la bioéthique une réalité sociale permanente, indispensable à notre évolution.

LA BIOÉTHIQUE : SON AMPLEUR

La révolution biomédicale a accru le besoin et révélé l'ampleur de l'attention qu'il faut consacrer à l'éthique médicale. Mais elle a fait davantage. Elle a créé de nouveaux domaines du savoir et de la technologie biomédicale, lesquels exigent de nouvelles spécialisations de la réflexion éthique. En fait, on constate de plus en plus que les progrès de la science biomédicale provoquent, et exigent même, une réflexion nouvelle sur les fondements de l'éthique et sur les limites et les buts de notre nouveau pouvoir.

Les domaines que la bioéthique recouvrent sont innombrables et nous ne pouvons les nommer tous. La liste suivante énumère, dans un ordre plus ou moins arbitraire, les principaux champs d'action de cette discipline :

- avortement
- thérapeutique foetale
- recherche foetale
- congélation et manipulation des embryons humains
- diagnostic prénatal et avortement sélectif
- thérapeutique génétique
- génie génétique
- consultation génétique
- définition de la mort
- mort dans la dignité et technique de prolongation de la vie
- réanimation
- euthanasie
- insémination artificielle
- fécondation *in vitro* et transfert de l'embryon
- maternité subrogée
- choix du sexe
- conservation du sperme et zygotes

— stérilisation non consensuelle
— nouvelles méthodes contraceptives
— accroissement démographique et méthodes de contrôle
— modification, modelage et contrôle du comportement humain
— psychochirurgie
— implications éthiques de la psychiatrie et des psychothérapies actuelles
— conflits de valeurs au niveau social tels que les priorités dans les soins de santé et la répartition des ressources limitées
— soins aux personnes âgées
— expérimentation chez l'homme
— informatique, confidentialité et accumulation du pouvoir
— recherche et développement des armements biologiques, chimiques et écologiques.

QUELQUES EXEMPLES

La fécondation *in vitro*

La mise au point des techniques de fécondation *in vitro* est le résultat de plusieurs étapes scientifiques et cliniques. Il y a quelques années, l'expérimentation sur l'embryon humain était techniquement impossible et c'est à peine si on l'envisageait du point de vue éthique. À cette époque, on l'aurait sans doute rejetée d'emblée dû au fait que cette intervention directe sur le corps de la femme était moralement injustifiable.

La situation a changé et aujourd'hui l'ovule, les spermatozoïdes, la fécondation, et l'embryon qui en résulte, peuvent être observés et manipulés en laboratoire. La porte s'ouvre donc sur des possibilités illimitées de recherche et d'expérimentation.

L'application clinique de la fécondation *in vitro* se traduit par l'implantation dans l'utérus de la femme infertile, d'ordinaire celle qui a produit l'ovule, d'un embryon formé en laboratoire. Cette technique permet à certaines femmes infertiles, surtout celles qui ont des problèmes au niveau des trompes de Fallope, d'avoir leur propre enfant. Depuis la naissance de Louise Brown en Angleterre, en 1978, les cliniques pratiquant la fécondation *in vitro* se sont multipliées à travers le monde particulièrement en Angleterre, en Australie, aux États-Unis, en France, en Belgique et en Allemagne. Plus près de nous, au CHUL de Québec, on a tenté, mais sans succès, d'obtenir des grossesses à l'aide de ces techniques. Des cliniques de fécondation *in vitro* verront le jour cette année dans plusieurs hôpitaux universitaires au Québec et au Canada.

Les applications possibles des technologies de reproduction, tant celles dont nous disposons déjà que celles que l'on est en train de mettre au point, pourraient bien permettre :

— de trouver des solutions incroyablement inédites au problème de la stérilité de la femme;
— des formes de grossesse socialement révolutionnaires;
— des instruments puissants pour pratiquer l'eugénisme;
— de contrôler et de modifier la vie humaine depuis les tous débuts de l'embryon;
— de créer des embryons pour des fins de recherche.

Chacune de ces applications de la technologie nouvelle de la reproduction soulève des problèmes d'une très grande importance dans les domaines social, légal, éthique, philosophique et théologique.

Nul n'est besoin pour nous de pénétrer à l'intérieur des ateliers biotechniques pour nous rendre compte de l'incertitude et de la confusion qui règnent désormais quant à la signification du mot «humain».

Biologiquement, l'homme a-t-il atteint ses limites, ou pouvons-nous le transformer et encore l'améliorer? Telle est la question sous-jacente à ces réflexions.

Les développements médicaux et sociaux, que nous venons schématiquement de relater, ont accentué notre incertitude quant au début du caractère humain de la vie naissante chez l'homme. L'ovule qui provient de la femme est biologiquement humain, de même que les spermatozoïdes de l'homme. Mais qu'en est-il d'un *ovule fécondé provenant d'humains*? Est-ce un *être* humain?

Au cours des dernières années, les discussions portant sur l'avortement, ou encore sur l'éthique de la fertilisation *in vitro* ont semé le désarroi chez nombre de personnes quant au caractère humain de l'embryon dans les premiers stades de son développement. Sommes-nous ici devant un être vivant que nous devons traiter comme un être humain avec tous ses droits et privilèges, ou ne sommes-nous aux prises qu'avec une matière biologiquement humaine?

L'expérimentation sur l'embryon humain

Nous sommes au seuil d'une période tout à fait nouvelle dans le domaine de la recherche et de l'expérimentation sur l'embryon humain. En effet, les techniques de fécondation *in vitro* connaissent un développement rapide et, déjà, permettent aux scientifiques de fabriquer en laboratoire des embryons humains destinés strictement à la recherche. Or, s'ils maintiennent leur rythme accéléré, les travaux en ce sens, permettront aux chercheurs et aux cliniciens d'envisager, dans un avenir rapproché, des découvertes fondamentales et significatives dans les domaines de la cancérologie, de la génétique, de la contraception, de l'infertilité, de l'embryologie humaine, du diagnostic prénatal et de la biologie de l'évolution humaine.

En novembre 1982, le Medical Research Council (MRC) d'Angleterre émettait des directives pour l'expérimentation sur l'embryon humain obtenu à partir des techniques de fécondation *in vitro*. Cette réglementation, qui gouverne l'attribution des subventions à la recherche, permet les manipulations de l'embryon humain jusqu'à la période d'implantation, soit au moment de la différenciation des tissus embryonnaires et placentaires, environ quatorze jours après la fécondation. Par exemple, les croisements entre espèces, c'est-à-dire la fécondation d'un ovule animal par du sperme humain et la congélation d'embryons humains sont deux types d'expériences qui pourraient être autorisées.

En fait, il sera possible d'élargir dès maintenant ou d'ici quelques années l'éventail des recherches et de l'expérimentation sur l'embryon humain. Il est presque possible, pour ne pas dire certain, que des projets novateurs, en particulier des études sur la différenciation des cellules embryonnaires et sur le développement de l'embryon humain, mettent les scientifiques au défi d'expérimenter sur l'embryon, bien au-delà des quatorze jours réglementaires.

Dans les prochaines années, à mesure que les progrès de la recherche et de l'expérimentation sur l'embryon s'affirmeront, nos connaissances et, surtout, notre pouvoir sur la reproduction et sur les premiers stades du développement humain se multiplieront. La gestion d'un tel pouvoir, avec les promesses qu'il renferme, dépasse la responsabilité du seul scientifique. Plutôt, il impose à notre société le devoir de réviser les bases mêmes de la moralité publique et de réglementer la recherche sur l'embryon humain.

Le diagnostic prénatal et le pouvoir eugénique

Quatre techniques du diagnostic prénatal deviennent de plus en plus puissantes : l'amniocentèse, l'ultrasonographie, le dépistage de l'alpha-foetoprotéine (AFP) et la foetoscopie. Le diagnostic prénatal nous donne de l'information précise sur le foetus. Le volume de cette information augmente continuellement. On peut dès maintenant déceler près de 200 anomalies. Certaines se retrouvent au niveau génétique, chromosomique, métabolique et structural. Grâce aux nouvelles techniques, basées sur la recombinaison de l'ADN, nous pourrons un jour déceler chacune des trois mille déficiences génétiques que nous connaissons actuellement.

L'information prénatale, c'est le pouvoir, la possibilité de faire un certain nombre de choses. Ce qu'il faudrait faire, c'est guérir le foetus ou le nouveau-né. Mais nous ne savons pas encore comment guérir la majorité des déficiences que nous sommes actuellement capable de diagnostiquer. Lorsqu'il s'agit des maladies génétiques, nous n'avons pas encore la puissance thérapeutique. Mais le diagnostic prénatal nous permet de sélectionner le foetus dont nous acceptons la naissance. Le diagnostic prénatal, complété par l'avortement sélectif, nous accorde le pouvoir d'éliminer de la population les enfants handicapés.

Ce pouvoir de sélection est un pouvoir eugénique. L'exercer, c'est affirmer le droit de tuer lorsque nous ne pouvons guérir. Notre objectif, en l'exerçant, est de reconstruire la communauté, purifiée par l'élimination d'êtres humains que nous ne pouvons tolérer à cause de leurs défauts génétiques.

La confusion qui règne dans notre société au sujet de la vie naissante chez l'homme a franchi une nouvelle étape. Déjà, nous avions au moins la certitude qu'un foetus devenait un être humain à sa naissance et devait être traité comme tel. Maintenant, nous n'en sommes plus très sûrs. Quelques-uns suggèrent sérieusement que le fait de naître d'une femme ne constitue pas en soi une condition suffisante pour considérer et traiter un nouveau-né comme un être humain. On doit maintenant s'assurer que le nouveau-né possède certaines caractéristiques propres à un être normal avant de légitimement le considérer comme un bébé humain.

La biologie moléculaire : le pouvoir sur la vie

À la suite du développement de la technologie de la recombinaison de l'ADN, au début des années 70, quelques hommes de sciences ont prétendu que la biologie moléculaire «avait maintenant le pouvoir de modifier la vie à une échelle que les chercheurs antérieurs ne croyaient pas possible[1]». Au cours d'une brève période de douze ans, les savants ont développé un ensemble de techniques permettant de pénétrer et de manipuler, avec une précision toujours plus grande, les parties constituantes de la vie. Les techniques de la recombinaison de l'ADN, le clonage moléculaire, l'établissement des cartes de gènes et l'étude de leurs séquences, la synthèse et le transfert des gènes rendent maintenant possible une nouvelle organisation des composantes moléculaires de la vie. En perfectionnant leurs compétences en vue de lire les messages déjà inscrits par la nature dans le code génétique, les savants apprennent non seulement comment recopier la nature, mais également comment en remanier les compositions génétiques.

Selon les tendances actuelles, il est à craindre que la science atteindra bientôt une compréhension presque totale des photocalques génétiques de la vie humaine, acquérant ainsi la possibilité de les remanier. Un chercheur estime qu'on devrait pouvoir établir la carte complète des gènes humains au cours des dix prochaines années[2]. Il serait illusoire de penser qu'on s'abstiendra alors de développer les technologies correspondantes qui permettront de manipuler les caractéristiques spécifiquement humaines, d'abord les traits simples, mais éventuellement ceux qui sont beaucoup plus complexes.

1. Watson, James D., et Tooze, John, *A Documentary History of Gene Cloning,* San Francisco, W.H. Freeman and Co., 1981, p.539.
2. Williamson, Bob, «Gene Therapy», *Nature,* vol. 298, n° 5873, 29 juillet — 4 août 1982, p. 418.

Le concept selon lequel les constituants génétiques de la vie humaine peuvent, au niveau élémentaire, s'échanger contre ceux de toute autre vie a poussé un savant à se demander «s'il existe réellement quelque chose de spécifiquement humain...[3]». Comment donc, sur les sables mouvants d'une «image de l'homme» qui n'inspire plus de respect, construire un code moral qui jouisse d'une autorité suffisante pour s'opposer au pouvoir des technologies nouvelles?

Devons-nous aveuglément permettre que se poursuivent ces manipulations? En réalité, sommes-nous condamnés à nous adapter à un nouveau type de déterminisme technologico-scientifique encore plus effarant que les autres? *Ce déterminisme pourrait être le plus fascinant de tous, car il permettrait non seulement une thérapie, non seulement une restauration, mais bien une reconstruction de l'homme.* On prendrait alors pour acquis que le mot «humain» désigne une matière à définir et à façonner, et non pas un concept inviolable que nous devons protéger et maintenir.

Le fait que nous soyons devant l'inconnu rend ce déterminisme à la fois attrayant et dangereux. Représentons-nous le sommet de l'évolution humaine? Visiblement, nous n'avons pas atteint le plus haut stade de l'évolution culturelle humaine. La même chose pourrait-elle s'appliquer à notre structure biologique et à nos manières d'agir, que nous appelons humaines?

La fabrication de l'homme est le point central du débat.

LA BIOÉTHIQUE : UNE APPROCHE INTERDISCIPLINAIRE

L'être humain, et encore plus la collectivité humaine, sont l'intégration ordonnée de différents systèmes. Les récents développements en biomédecine soulèvent des questions éthiques qui englobent les interrelations entre nombre de variables. Des valeurs plus ou moins élevées sont associées avec différents systèmes influencés par ces variables. La bioéthique s'intéresse aux rapports qui existent entre ces différents systèmes et sous-systèmes.

La bioéthique cherche à rendre compte de façon systématique — et, pour cette raison, par la voie de l'interdisciplinarité — de l'ensemble complet des conditions dont il faut tenir compte pour le développement harmonieux des individus et de la collectivité. Une telle «préoccupation systémique» présume que l'être humain est l'unité de plusieurs systèmes différents, unité qui se réalise d'une manière dynamique, ouverte et hiérarchiquement structurée.

L'éthique d'aujourd'hui ne peut se fonder uniquement sur une philosophie générale de l'homme. Ce que l'on peut faire aux êtres humains et avec eux atteint

---

3. Holden, Constance, «Ethics Panel Looks at Human Gene Splicing», *Science,* vol. 217, 6 août 1982, p. 517.

si profondément les sous-systèmes très spécifiques et complexes de l'être total et du réseau entier de la vie sur cette planète qu'une éthique sans connaissance professionnelle de ces sous-systèmes et des conditions de leur fonctionnement est souverainement incapable d'aboutir à une décision précise et nuancée sur n'importe laquelle de ces «interventions».

Toutefois, la pratique de l'interdisciplinarité ne signifie pas simplement l'accumulation d'une somme d'informations fournies par plusieurs disciplines, car l'information tirée d'une discipline n'arrive pas «purifiée». Elle arrive toujours accompagnée d'un système de valeurs plus ou moins explicite et d'une philosophie totale de l'homme plus ou moins ébauchée. En conséquence, le souci d'interdisciplinarité apparaît dans un projet consistant à créer une image d'ensemble de l'homme, une image intégrée et équilibrée qui, avec une précision croissante, réfléchit la structure dynamique, équilibrée et épanouie de son être.

LA BIOÉTHIQUE : MICRO-ÉTHIQUE ET MACRO-ÉTHIQUE

Trop souvent l'éthique implique une préoccupation exclusive pour les valeurs dans leur rapport avec une catégorie générale de choses à faire ou à proscrire. Bien entendu, la réalité est faite de cas particuliers. Les actes sont particularisés et appellent des décisions particulières. Celles-ci impliquent une référence à des valeurs spécifiques et, trop souvent, à des conflits marqués entre ces valeurs. Tout le champ de la micro-éthique est celui de ces cas singuliers.

Mais il est vrai également que nous ne vivons pas dans un univers de particularités fragmentées. Nous forgeons notre monde et nos idées du monde dans des cadres sociaux, économiques, politiques, culturels, etc. Ces cadres, à l'intérieur desquels nous ordonnons nos relations interpersonnelles complexes à tous les niveaux de la communication, sont susceptibles de favoriser ou de fragmenter le développement humain, par exemple à l'avantage économique d'un petit nombre et au prix de la déchéance culturelle de beaucoup d'autres. Ces cadres exercent une vaste et profonde influence sur la formation de notre monde ainsi que sur l'épanouissement des aspirations humaines. Ces cadres ne sont pas là pour nous comme des dieux régulateurs. Ils peuvent être changés. Ils doivent l'être quelquefois. Le travail de la macro-éthique consiste à formuler des jugements sur ce qui doit être changé.

LA BIOÉTHIQUE : MORALE DE LA LOI NATURELLE ET MORALE DE SITUATION

Il existe des liens fondamentaux entre ce que nous pouvons faire et ce que nous devons faire. Ces liens forment un ensemble de conditions nécessaires au développement optimal de la personne humaine et à son épanouissement au sein d'une communauté particulière ou, à la limite, à l'intérieur de toute la communauté humaine. Comment une analyse éthique peut-elle identifier ces conditions? Comment peut-elle s'assurer que les gestes que nous avons l'intention de poser — ou que nous poserons — satisferont à l'ensemble de ces conditions ou, tout au moins, auront de bonnes chances de le faire? Beaucoup de gens sont d'avis que la «morale de situation» et la «morale de la loi naturelle» sont à des lieues de distance, diamétralement opposées sur toute question et en principe irréconciliables. Ce n'est pas nécessairement vrai. Invoquer «la nature de l'homme», la nature de la sexualité humaine et, indirectement, la nature du mariage et de la famille afin de savoir si une action donnée, l'insémination artificielle hétérogène par exemple, peut satisfaire ou s'opposer aux conditions mentionnées plus haut pour le plein achèvement humain, ce n'est pas se soumettre à un ensemble immuable, éternel, indémontrable d'absolus métaphysiques concernant la nature humaine. À travers l'histoire de la pensée philosophique et théologique en Occident, le mot «nature» a pris différentes significations. On l'utilise souvent pour désigner un ensemble de facteurs permanents ou récurrents qui caractérisent la structure, le fonctionnement de l'homme, ainsi que le développement qu'il recherche. À travers l'expérience humaine des générations, une partie tout au moins de ce modèle semble essentielle au développement équilibré et sain de la personne humaine et de la société. En ce sens, le modèle «nature» commande le respect, fonctionne comme norme à protéger et à préserver lors d'une prise de décision et prend, par le fait même, force de loi.

Cependant, il est nécessaire d'ajouter ici que la nature humaine, tout comme la nature de toute réalité humaine, ne nous est révélée qu'historiquement et par le processus d'évolution. La nature de l'homme en tant qu'ensemble de structures et de dynamismes fonctionnels ouverts est toujours un peu en deçà de ses possibilités. Ce n'est que graduellement et à travers de nombreuses expériences personnelles, culturelles, et une histoire de développement — quelquefois même une régression — que cet ensemble de structures se manifeste. Donc, en ce sens, la «nature» de l'homme évolue et il en va évidemment de même de notre connaissance de cette nature. Cette façon de comprendre la «nature» a plusieurs implications.

Premièrement, la nature de l'homme est en pleine évolution. C'est encore plus vrai pour ce qui est de la connaissance que nous en avons et de ce que l'on doit considérer comme en accord ou non avec cette nature.

Deuxièmement, si la structure et le modèle fonctionnel de l'homme, auxquels nous nous référons dans l'emploi du mot «nature», n'ont pas jusqu'à maintenant dévoilé toutes les possibilités inhérentes à cette «nature», nous ne pouvons pas rejeter à priori comme antinaturelles de nouvelles façons de vivre nos relations, de nouvelles manières de structurer nos activités humaines fonda-mentales, de nouveaux modes de réaliser nos aspirations. Ces nouveaux modes de vie sont peut-être simplement différents des expressions plus anciennes de la nature humaine. Il est possible, il est peut-être même nécessaire, de se demander si ces innovations sont contre-nature. Cette recherche ne pourra se réduire à des analyses conceptuelles et à des expériences cérébrales. L'analyse éthique doit être ancrée dans le domaine empirique, c'est-à-dire dans la réalité des expériences humaines.

Troisièmement, il n'est pas toujours possible de déterminer immédiatement, à partir de simples considérations et observations, si un nouveau type d'activité humaine favorisera ou freinera le plein développement de la personne humaine et de la société. L'expérience et le temps sont souvent des composantes essentielles de l'analyse éthique.

Les jugements moraux, tout au moins les jugements définitifs, nécessitent beaucoup de temps. Dans l'intervalle, il est possible de poser des jugements moraux conditionnels et provisoires convenables, et qui souvent sont ce que nous pouvons faire de mieux à ce moment précis. L'expérience actuelle, en relation ouverte et critique avec l'expérience du passé, est réellement la seule base permettant de formuler un jugement moral propre à conserver et à développer ce qui mérite de l'être dans la nature humaine. Ce qui est moralement acceptable devient donc une réalité très complexe. Elle est le résultat de différents jugements interreliés qui impliquent le genre de considérations discutées dans les paragraphes précédents.

LA BIOÉTHIQUE ET LA MÉDECINE

La médecine n'est pas une science neutre, libre de toute valeur et restreinte au domaine physiologique de l'existence humaine. La santé, le bien-être, la maladie, l'invalidité, les infirmités et les malformations dépendent de l'importance que la société accorde à ces valeurs et de la priorité qu'elle leur donne. Les valeurs humaines, tant individuelles que sociales, sont partie intégrante de la médecine.

Les jugements de valeur ne sont pas toujours évidents en médecine. La plupart du temps, ils guident la médecine, silencieusement et efficacement. Les problèmes ne se font sentir qu'à l'instant où des jugements de valeur contraires divisent le corps médical et la communauté sur des points majeurs touchant la vie humaine. C'est ce qui se passe de nos jours. Un besoin semble évident, celui de clarifier les croyances, les positions et les concepts fondamentaux, que ce soit dans la clinique de diagnostic prénatal, l'unité de soins intensifs aux nouveau-nés ou, encore, dans les unités de gériatrie et les centres d'accueil.

Il est évident que le rôle de la bioéthique en médecine n'est pas d'agir comme policier. Les objectifs de la bioéthique en médecine sont d'informer et de maintenir le débat à l'intérieur des hôpitaux et de la profession médicale. Ce but ne pourra être atteint que si les professionnels de la bioéthique collaborent étroitement avec les médecins, infirmières, hôpitaux et facultés de médecine. L'éthique, qui ne peut se prévaloir de ces contacts, est à toutes fins utiles impuissante.

Cette collaboration avec les unités de soins intensifs, les médecins et les autres professionnels de la santé, repose sur la présupposition que l'éthique est une partie intégrante du jugement clinique. C'est dans la réalité clinique de tous les jours que les principes éthiques sont mis à l'épreuve et que leurs significations apparaissent. L'analyse éthique de cas complexes amène la communauté médicale à comprendre qu'assez souvent, l'éthique débute là où finit la loi. La responsabilité éthique et la responsabilité juridique ne sont pas de même étendue.

LA BIOÉTHIQUE COMME ACTIVITÉ PROFESSIONNELLE À L'INTÉRIEUR DE LA MÉDECINE ET DE LA SCIENCE : QUELQUES EXEMPLES

Il y a quelque temps, un médecin d'un hôpital m'appelait. Il me demandait conseil à propos du cas suivant. Un homme de quarante-cinq ans avait été gravement brûlé par un choc électrique qui lui avait traversé le corps avant de sortir par l'oreille droite. Il avait eu la colonne vertébrale brûlée sur une longueur de deux pouces. Au moment de l'accident, le patient avait également fait une chute de vingt pieds. La paralysie était totale. À son arrivée à l'urgence, on dut lui amputer la main gauche. Au bout d'un mois, aucun signe d'amélioration des fonctions neurologiques ne s'était manifesté. Il était à peine conscient, paralysé et placé sous respirateur. Au téléphone, le médecin me dit : «Notre patient est atteint d'une septicémie majeure avec des fongus. Cette infection va certainement le conduire à la mort. » Le dialogue suivant s'engagea alors. Le médecin me demanda :

> — «Devons-nous traiter cette septicémie par thérapie intensive puisqu'une thérapie ordinaire et traditionnelle n'a pas réussi à vaincre l'infection?»
> — «Quelles sont les chances de succès?»
> — «Nous ne le savons pas exactement. Il est possible qu'il en meure ou qu'il devienne sourd en raison du traitement. »
> — «Cet homme est-il conscient?»
> — «Oui. »

Je suis alors allé le rencontrer. Le malade était malheureusement incapable de parler, ses lèvres bougeaient à peine. Après quarante-cinq minutes passées près de lui, il nous était impossible de connaître sa volonté. Quand on lui posait des questions d'ordre émotif, il tournait un peu la tête mais ses yeux demeuraient fixes. Nous avons donc eu une réunion de tous les médecins et infirmières concernés. Les multiples aspects de ce cas ont été passés en revue. De plus, il n'y avait pas de famille pour nous aider à prendre une décision. Nous avons décidé, en intégrant toutes les contributions des participants, de ne pas traiter la septicémie majeure et de laisser ce malade mourir en paix. C'était un jeudi : le samedi il était mort.

Deuxième cas. Il s'agit d'un nouveau-né atteint de graves malformations congénitales. Cet enfant, je l'ai vu avec l'équipe soignante de l'hôpital pour enfants où il était traité, deux semaines après sa naissance. Non seulement était-il myéloméningocèle, ce qui signifiait qu'il serait paralysé pour le reste de ses jours, mais il avait également une ouverture à l'estomac et ses intestins étaient à l'extérieur, ce qui avait été traité immédiatement après la naissance. Une troisième difficulté se présentait : le seul rein du bébé fonctionnait très mal. L'enfant, de plus, était sous respirateur. Pour les médecins, le pronostic n'était pas très bon. D'où leur question : sur quelle base, sur quels principes se fonder, pour décider de soigner ou de laisser mourir l'enfant ?

La décision se compliquait du fait que les parents étaient un très jeune couple non marié. La fille était âgée de quatorze ans et le garçon de quinze ans. Lorsqu'on leur a présenté la situation et qu'ils eurent vu leur bébé, partiellement cependant, car on ne leur montra que le visage, ils dirent : «Notre bébé sera normal plus tard, il sera comme tous les autres ; il n'est pas question d'abandonner le traitement, vous devez le traiter avec toutes les méthodes et tous les moyens dont vous disposez.» Dans l'équipe, une divergence majeure surgit. Un des médecins était d'accord avec le couple : «C'est la décision des parents ; comme médecin, je ne peux pas aller à l'encontre d'une décision des parents.» L'autre médecin n'était absolument pas d'accord. «Ils ont l'âge légal pour prendre une décision, mais moralement, ils sont complètement incompétents et de plus, dans six mois, ils seront probablement séparés. Que deviendra alors ce bébé ? En fait, pour une période de huit mois, il ne sera qu'un appendice de l'hôpital. Que décider ?»

Une dimension caractéristique de la bioéthique consiste à travailler dans les hôpitaux avec les équipes soignantes pour prendre des décisions concernant les problèmes que rencontrent les médecins, les infirmières et les professionnels.

Troisième exemple. Une femme de quatre-vingt-un ans, atteinte de la maladie de Parkinson, était traitée depuis un an par un médecin. La détérioration cérébrale augmentait chaque mois. Elle était incapable de communiquer avec les personnes qui l'entouraient. Ses seules réactions étaient un peu de douleur ou de joie, spécialement au moment des repas. Elle faisait alors «e...e...e...». Un vendredi, la fièvre monta brusquement : elle était atteinte d'une infection pulmonaire majeure, mais réversible si l'on faisait usage d'antibiotiques. Ce traitement prolongerait la vie de cette femme pour un autre six mois, avec des plaies de lit et un futur de plus en plus sombre. Le médecin se demanda ce qu'il pouvait faire. Je lui proposai d'intégrer la famille à sa décision. Il me répondit : «Il n'y a pas de famille.» Je lui dis alors : «Nous sommes donc sa famille.» Et, ensemble, nous prîmes la décision d'abandonner le traitement aux antibiotiques. La femme mourut doucement après quatre jours.

Voici, pour terminer, un exemple d'un tout autre ordre. Une femme se présenta dans un centre de diagnostic prénatal. Elle était mariée et mère de trois enfants, trois garçons. À cause de son âge assez avancé — elle avait trente-huit ans — cette femme craignait de donner naissance à un enfant malformé. Les tests se révélèrent négatifs. Il n'y avait aucune anomalie décelable, mais le médecin ajouta : «Vous aurez un autre garçon.» Ce couple demanda alors un avortement et la femme ajouta : «C'est ma dernière grossesse; j'ai trente-huit ans. Nous voulons une fille maintenant.» Le comité d'avortement thérapeutique refusa de donner son consentement, de sorte que cette femme ne put se faire avorter. Ce cas a donné naissance à tout un débat éthique à l'intérieur du comité d'avortement thérapeutique. Les uns disaient : «La loi canadienne permet des avortements quand il s'agit du bien-être et de la santé de la mère. Comme tel, cependant, l'avortement pour indications de défaut foetal n'est pas accepté dans la loi canadienne.» Un autre médecin a répliqué : «Nous interprétons le mot santé d'une manière très large, ce qui inclut l'équilibre de la famille, la stabilité du couple, etc. Pourquoi refusons-nous maintenant cet avortement alors qu'une autre femme, pour des raisons aussi graves, y aura droit?» Le comité soutenait cependant que cette demande d'avortement était basée sur un préjugé sexuel. Pour les membres du comité, c'était immoral. Ils ne pouvaient pas accepter cet avortement. La question que je pose à ces personnes est la suivante : «Êtes-vous conscients que vous portez un jugement moral qui va au-delà de l'interprétation générale que l'on fait maintenant de la loi? Êtes-vous conscients de la différence entre moralité et éthique d'une part et la loi d'autre part?» Un des grands problèmes actuels de la médecine réside dans la difficulté de distinguer entre ce que la loi permet, ce que la moralité individuelle et collective demande et ce que les politiques sociales établissent comme objectifs pour notre société.

LA BIOÉTHIQUE ET LA LOI

La bioéthique, particulièrement la macro-éthique, exige une collaboration étroite avec les législateurs. Les décisions juridiques et les projets de loi sont parfois le point de départ et la cible d'une critique et d'une réflexion bioéthiques.

En Amérique du Nord, on pourrait citer en exemple la décision du *New Jersey Superior Court* dans le cas de Karen Quinlan, la décision du *Massachusetts Superior Court* dans le cas de Joseph Saikewickz, la loi sur la définition de la mort dans le Kansas et le *California Natural Death Act*.

D'ailleurs, des positions fondamentales sur certains problèmes en bioéthique n'auront souvent que très peu d'impact sur la société si elles ne sont pas reconnues par une législation établissant une procédure de prise de décision. C'est évidemment le cas au Québec en ce qui a trait à la stérilisation non consensuelle des personnes handicapées mentalement.

La possibilité et la nécessité d'une collaboration étroite entre la bioéthique et la loi deviennent plus évidentes lorsque les différentes fonctions de la loi sont clairement définies.

Les connaissances nouvelles en matière biomédicale engendrent de nouvelles technologies. Les unes et les autres mettent entre les mains de quelques-uns — ou promettent de le faire, en tout cas — des pouvoirs considérables sur une multitude d'êtres humains. Dans ce contexte, «l'encadrement des pouvoirs», le contrôle de ces pouvoirs et de leur exercice, semble bien une première fonction de la loi.

De plus, bien des questions engendrées par les progrès actuels en matière biomédicale ont, par elles-mêmes, un impact émotif assez considérable. C'est à leur propos que se développent les prises de position les plus divergentes et que se dégage dans notre société une très nette polarisation. La loi devrait avoir, dès lors, une deuxième fonction, celle de maintenir la communication entre ces groupes très polarisés et d'établir entre eux les ponts indispensables afin de prévenir les accrocs violents et irréparables.

En troisième lieu, nous ne pouvons maintenir plus longtemps «qu'il n'y a rien de nouveau sous le soleil». Les progrès en biomédecine se poursuivront et nous conduiront vers la «Terre promise» des espoirs raisonnables, chose inconcevable il y a cinq ou dix ans. Un lien avec le passé demeure essentiel si l'on veut assurer au futur une véritable identité et si une société doit prendre forme — et non se dissoudre — sur de nouvelles bases. La troisième fonction de la loi dans notre société est de sauvegarder la continuité avec le passé et de maintenir la tradition de la civilisation occidentale.

Je reconnais qu'il est difficile de concevoir comment la loi pourrait remplir ces trois fonctions dans notre société si on la réduit à n'être que le reflet de l'opinion dominante en matière éthique. C'est pourquoi je me sens contraint de demander : la loi n'a-t-elle pas une quatrième fonction dans la société contemporaine, qui serait une fonction éducative? Le terme d'éducation est pris ici dans son sens étymologique : conduire plus avant. Je crois que la loi manquerait à ses tâches constitutives si elle ne contribuait pas au développement et à l'élévation de la conscience collective. Néanmoins, elle ne peut apporter cette contribution qu'en participant à l'élévation de niveau du débat public.

LA BIOÉTHIQUE ET LA COMMUNAUTÉ HUMAINE

L'extraordinaire avancement de notre science de la matière vivante, puissance nouvelle et en développement rapide, et les progrès de nos connaissances sur les structures humaines et leur fonctionnement, rendent nécessaire l'institutionnalisation d'une communication continue entre les groupes scientifiques et la communauté humaine en général. Cependant, cette communication risque simplement de perpétuer les polarisations et les préjugés déjà existants si elle se trouve prise dans le croisement des calculs coûts — bénéfices ou si elle prend la forme d'un cantique de jérémiades et de prédictions annonçant des malheurs prochains. Un processus profond et exhaustif de réflexion culturelle doit accompagner cette institution-nalisation du dialogue entre les communautés scientifiques et la grande communauté humaine.

Où trouverons-nous maintenant les principes pour déterminer ce que nous ne devrions absolument pas faire, parmi les choses innombrables que nous pouvons faire pour les êtres humains et avec eux? Nous laisserons-nous guider simplement par la logique de ce qu'il est *possible* de faire?

Toute la poussée de notre civilisation, à chaque fois que nous avons réalisé un réel progrès, a été conditionnée par un équilibre entre les deux sens de la «science du peuple». Une science qui a le peuple pour objet doit être supportée par une science qui a le peuple comme sujet, maître et agent. Ou bien oserons-nous prétendre que les plus éclairés ont le droit de perfectionner les moins développés malgré eux?

Les déterminismes de toutes sortes s'alimentent des croyances naïves ou impuissantes de ceux qui sont convaincus qu'il y a, dans les affaires humaines, des questions d'un si haut niveau, des progrès si irréversibles et si indéniables, qu'ils ne sont pas l'affaire du «citoyen ordinaire».

Les prétentions de la science et des technologies scientifiques doivent être soumises à la haute cour de la communauté humaine. L'échange d'information et la poursuite d'un débat ouvert et critique, capable de générer un consensus social, sont les instruments qui parviendront à briser les idoles et à faire disparaître les déterminismes qui nous paralysent et nous rendent esclaves. La participation de toute la communauté à ce dialogue, conçu comme *méthode de travail,* est le défi principal qui ressort de la révolution biologique. À défaut de cette participation, le bien public sera peut-être dicté, mais ne sera pas atteint.

LA BIOÉTHIQUE ET LE FUTUR

Pour bon nombre de raisons, l'entreprise de la bioéthique sera une faillite si elle ne devient intimement familière avec les objectifs, méthodes, valeurs et développements des sciences biomédicales. Cependant, une de ces raisons est sans contredit l'emphase que la bioéthique place sur le futur. La bioéthique tente d'identifier et de faire évoluer les tendances actuelles qui imprimeront une direction au futur.

L'importance que la bioéthique accorde au futur va au-delà de la projection linéaire des possibilités biomédicales qui sortiront des recherches comtemporaines. Car ce type de «projection» néglige de considérer un des principes fondamentaux caractérisant la planification d'un ordre mondial : à savoir, l'intégration de toutes les dimensions du «projet» humain à l'intérieur d'un horizon de valeurs aussi vastes et variées que la créativité de l'homme.

De plus, cette projection de type linéaire et isolée favorise le déterminisme. Ce que la recherche est capable de réaliser deviendra réalité. Mais il se peut que cette réalité ne doive pas devenir un fait accompli, tout au moins pour le moment. De plus, il y a recherche et recherche. Une fascination et un envoûtement incontrôlés pour un des aspects de la recherche, où les pronostics deviennent automatiquement et sans réflexion des buts à atteindre, peut aisément conduire au déraillement de cette recherche affranchie de la logique gouvernant l'ensemble de la recherche. Les buts poursuivis, en ignorant l'équilibre et les priorités entre tous les besoins sociaux, risquent de ne produire que des résultats décevants, sinon un *productio ad absurdum*.

En dernier lieu, ce type de réflexion à sens unique place le reste de la communauté humaine dans un processus d'adaptation prédéterminée par rapport aux chercheurs et aux techniciens résolus à mettre cette recherche de base en application. La recherche, plus particulièrement la recherche biomédicale, peut alors devenir une forme totalitaire de domination sociale. La communauté humaine se trouverait alors asservie.

LA BIOÉTHIQUE : LA LIBERTÉ SCIENTIFIQUE POUR LA LIBÉRATION DE L'HOMME

Plein de promesses et de dangers, notre nouveau savoir lance un défi : avancer vers la sagesse. Ce n'est pas en établissant des codes d'éthique médicale et biomédicale de plus en plus détaillés que nous ferons face à ce défi.

Ce défi est, en fait, un problème d'émancipation. La solution au problème, selon le philosophe Lonergan, «n'est pas d'inventer la *vraie* philosophie, la *vraie* éthique ou même la *vraie* science humaine. Car, même après de telles découvertes, il est fort possible que le problème continue d'exister. Cette *vraie* philosophie ne peut que faire partie d'un ensemble de philosophies, et de même en est-il pour une éthique et une science humaine. Et, précisément parce qu'elles seraient vraies, elles n'apparaîtraient pas comme telles à un esprit désorienté par le conflit qui existe entre des positions et des contre-positions, pas plus d'ailleurs qu'elles ne sembleraient réalistes à des volontés effectivement restreintes dans leur liberté. »

Il nous faut sûrement des points de vue plus élevés si nous voulons imaginer des codes d'éthique médicale et biomédicale capables de résoudre les conflits de valeurs qui déchirent la communauté humaine. La résolution d'un conflit de valeurs présuppose une hiérarchie de valeurs. Mais les valeurs supérieures doivent être saisies et choisies *personnellement* pour devenir une base efficace de décision et d'action.

Si les valeurs supérieures dépendent de points de vue élevés, il n'en demeure pas moins vrai que de tels points de vue, toujours selon Lonergan, « ne deviennent des possibilités concrètes qu'à la suite d'une intégration réelle encore plus élevée et supérieure. »

Si une telle intégration est déjà un événement dans l'histoire humaine, il va de soi que l'élaboration de codes, de lignes de conduite et de politiques, à la lumière de cet événement, est tout autant le rôle de la bioéthique que l'interprétation d'anciens ou de nouveaux documents éthiques. Le simple rappel de cet événement ne constitue jamais le fondement d'une éthique efficace.

Les développements contemporains de la biomédecine remettent en question quelques-uns de nos concepts fondamentaux sur la vie humaine et, possiblement, quelques-unes de nos institutions fondamentales. Nous pourrions bien nous trouver devant le commencement d'une nouvelle culture, caractérisée par un contrôle conscient et planifié de l'évolution humaine. Pour le moment du moins, la rapidité et l'impact de quelques-uns de ces développements ont mis en état de crise quelques-unes de nos images traditionnelles de «l'Humain». Savons-nous qui nous sommes, ce que nous pouvons devenir, et où nous voulons réellement aller?

SOURCES EN BIOÉTHIQUE

Bibliographies

Bibliography of Bioethics, LeRoy Walters, édit., Detroit, Gale Research Company, 4 volumes, 1975 ss.
  Gale Research Company, Book Tower, Detroit, 48226, U.S.A.

Bibliography of Society, Ethics and the Life Sciences, The Hastings Center, 1973 (mise à jour chaque année).
  360 Broadway, Hastings-on-Hudson, NY 10706, U.S.A.

Bioethics Digest, M. M. Nevins, édit., Rockville, Maryland, Information Planning Associates, 1976-1978.
  P.O. Box 1523, Rockville, MD 20850, U.S.A.

New Titles in Bioethics, Center for Bioethics Library, Georgetown University, Washington, D.C. (liste mensuelle de nouvelles acquisitions).
  Kennedy Institute of Ethics, Georgetown University, Washington, DC 20057, U.S.A.

Encyclopédie

Encyclopedia of Bioethics, éd. Warren T. Reich, New York — London, The Free Press — Collier Macmillan, 1978, 4 volumes.

Livres

Durand, Guy, avec la collaboration de Viateur Boulanger.
  Quelle vie? Perspectives de bioéthique. Montréal, Leméac, 1978.

Durand, Guy, avec la collaboration de Viateur Boulanger.
  Quel avenir? Les enjeux de la manipulation de l'homme. Montréal, Leméac, 1978.

Collections

Cahiers de Bioéthique, Centre de Bioéthique de l'Institut de recherches cliniques de Montréal; Les Presses de l'Université Laval, Québec.
  110, avenue des Pins Ouest, Montréal (Québec) H2W 1R7, Canada.
  Volume 1 : « La bioéthique » 1979
  Volume 2 : « Le diagnostic prénatal » 1980
  Volume 3 : « Médecine et adolescence » 1980
  Volume 4 : « Médecine et expérimentation » 1982

The Foundations of Ethics and Its Relationship to Science, The Hastings Center, Institute of
Society, Ethics and the Life Sciences.
360 Broadway, Hastings-on-Hudson, NY 10706, U.S.A.

Philosophy and Medicine, Collection publiée par D. Reidel Publishing Company.
P.O. Box 17, Dordrecht, Holland.
306 Darmouth Street, Boston, Mass. 02116, U.S.A.

Revues

Cette liste contient des revues qui se sont révélées utiles dans le travail quotidien de
bioéthique.

British Medical Association Journal
Tavistock Square, London, WCIH 9JR, England.

Canadian Medical Association Journal
P.O. Box 8650, Ottawa (Ontario) K1G 0G8, Canada.

Clinical Research
6900 Grove Road, Thorofare, NJ 08086, U.S.A.

Ethics in Science and Medicine
Maxwell House, Fairview Park, Elmsford, NY 10523, U.S.A.

The Hasting Centre Report
360 Broadway, Hastings-on-Hudson, NY 10706, U.S.A.

International Digest of Health Legislation
O.M.S., 1211 — Genève 27, Suisse.

Institutional Review Boards
360 Broadway, Hastings-on-Hudson, NY 10706, U.S.A.

Journal of the American Medical Association
535 North Dearborn Street, Chicago, III. 60610, U.S.A.

Journal of Medical Ethics
B.M.A. House, Tavistock Square, London, WCTH GJR, England.

Journal of Medecine and Philosophy
University of Chicago Press, 5801 Ellis Avenue, Chicago, III. 60637, U.S.A.

The Lancet
34 Beacon Street, Boston, Mass. 02106, U.S.A.
7 Adam Street, London, WC2N 6AD, England.

Legal Medical Quarterly
Jonah Publications Limited, 620 Sheppard Avenue West, Downview, (Ontario)
M3H 2S1,Canada.

Medicolegal News
American Society of Law and Medicine, 454 Brookline Avenue, Boston, Mass. 02215,
U.S.A.

Nature
Brunel Road, Basingstoke, Hants, RG21 2XS, England.

New England Journal of Medicine
   10 Shattuck Street, Boston, Mass. 02115, U.S.A.

Perspectives in Biology and Medicine
   University of Chicago Press, 5801 Ellis Avenue, Chicago, III. 60637, U.S.A.

Prospective et Santé
   Étoile Promotion Jean Gluck, 3, rue Troyon, 75017 — Paris, France.

La Recherche
   57, rue de Seine, 75006 — Paris, France.
   C.P. 200, Ville Mont-Royal (Québec) H3P 3C4, Canada.

Science
   1515 Massachussets Avenue, N.W. Washington, DC 20005, U.S.A.

Theological Studies
   P.O. Box 64002, Baltimore, MD 21264, U.S.A.

Zeitschrift Für Evangelische Ethik
   Koenigstrasse 23, Post Fach 2368, 4830 — Guertersloh, République fédérale d'Allemagne de l'Ouest.

Centres, organismes et instituts de bioéthique

Centre de bioéthique, Institut de recherches cliniques de Montréal,
   110, avenue des Pins Ouest, Montréal (Québec) H2W 1R7, Canada.

The Institute for Ethics and Human Values,
   Westminster College, London, N6G 2M2, Canada.

The Institute for the Medical Humanities,
   University of Texas Medical Branch, Galveston, Texas 77550, U.S.A.

Institute for Religion and Human Development,
   Texas Medical Center, Houston, Texas 77025, U.S.A.

The Institute of Society, Ethics and the Life Sciences,
   360 Broadway, Hastings-on-Hudson, NY 10706, U.S.A.

The Kennedy Institute of Ethics,
   Georgetown University, Washington, DC 20057, U.S.A.

Pope John XXIII Medical-Moral Research and Education Center,
   1438 S Grand Boulevard, St-Louis, Mo. 63104, U.S.A.

The Northwest Institute of Ethics and Life Sciences,
   6241 — 31st Avenue Northeast, Seattle, Wash. 98115, U.S.A.

Society for Health and Human Values,
   723 Witherspoon Building, Philadelphia, PA 19107, U.S.A.

Society for the Study of Medical Ethics,
   Tavistock House North, Tavistock Square, London, WC1H 9LG, England.

CHAPITRE 10

AUTOMATES ET ROBOTS : D'HIER À AUJOURD'HUI

Charles Halary
Département de sociologie
Université du Québec à Montréal

Les robots et les automates fascinent tout autant les intellectuels solitaires que les foules populaires. Un rapide survol historique démontre que cette préoccupation a marqué toutes les civilisations humaines. Présenté aujourd'hui sous l'aspect apparemment sérieux et objectif de la science économique, le mythe du robot puise ses racines dans les profondeurs de la conscience humaine.

La menace exercée par la créature sur le créateur se manifeste dans la métaphore, le plus communément, avant d'aborder le passage aux actes matériels. La machine, dont le mythe est la clé de la pensée rationnelle, permet d'occulter l'angoisse originelle de l'être humain sur le sens de sa propre existence. En cela les robots contemporains, munis de moteurs électriques, sont tout aussi mythologiques que les exploits de Prométhée. L'être humain reste fasciné par sa propre existence, sa perpétuation comme espèce et l'insondable vide de son devenir et des espaces qui l'entourent. L'homme, créateur, a aussi le sentiment d'être une créature.

À l'aube des temps, le poète, le sculpteur et le peintre illustrent de leur art cet instant où Dieu «créa l'homme avec la poussière du sol et lui transmit par les narines le souffle de vie» (Genèse). Prométhée opéra ce grand oeuvre par l'argile animée par le feu dérobé à l'Olympe.

Avons-nous réellement changé notre optique à l'égard du phénomène vivant? Le sacré, qui lui imprime sa marque, a-t-il été chassé des laboratoires ou pour le moins des cervelles savantes qui s'y concentrent? Certainement pas. Dans les équipes de recherche en robotique, dans les revues qui en propagent les résultats, la fresque célèbre de Michel Ange, *La création d'Adam*, composée pour la chapelle Sixtine, apparaît comme l'archétype de la représentation du robot et de son inventeur humain. La frontière entre l'inerte et l'animé n'est-elle pas la limite du vivant? La vie est le mouvement spontané de l'inerte, l'automate. Recréer ou simuler cette agitation, c'est faire de la pseudo-vie. Pygmalion, roi de Chypre, s'éprend de la belle statue d'ivoire, oeuvre de ses mains habiles. Inerte objet d'amour, elle ne peut satisfaire son créateur. Aphrodite donne la vie, le mouvement à cette pseudo-femme, Galatée, qui ne tarde pas à échapper à son maître et royal époux. Le caractère magique de ces métaphores est imposé par l'initiative divine, directe ou incarnée par le prêtre. La puissance qui donne le mouvement à l'inerte est la croyance religieuse avouée et ritualisée.

Dans toutes les sociétés humaines, la simulation permet de créer un mouvement social. La confection de masques appropriés, dotés parfois d'articulations maxillaires, permettait à l'être humain de figurer dieux et héros. L'art du subterfuge a été poussé vers la perfection dans certaines manifestations du rituel religieux. Statues parlantes, oiseaux chantants, sculptures mobiles étaient connus dès l'Antiquité classique et même en Chine impériale.

Plusieurs centaines d'années avant notre ère, des instruments mécaniques hydrauliques et pneumatiques produisaient une mélodie musicale. Ctésibios (300-270 av. J.-C.) et le premier empereur Han, Chin Shih Huang Ti (IIIᵉ siècle av. J.-C.) avaient développé des orgues et de véritables orchestres automatiques. Les véritables automates mécaniques naissent à ce moment qui est aussi celui de la domination d'Alexandrie en Égypte. Les mécaniciens comme Héron, disciple de Ctésibios, étaient des philosophes capables de matérialiser leur savoir. La machine est considérée comme une *représentation*. La notion de théâtre est ainsi essentielle dans la compréhension du *Traité des automates* rédigé par Héron d'Alexandrie. Le premier livre de cet ouvrage est consacré aux figures mobiles qui se déplacent pour le plaisir du spectacle. D'autres mécanismes font au contraire se déplacer les spectateurs autour de la scène.

> On installe l'appareil automatique en un lieu déterminé dont on s'éloigne incontinent. Peu d'instants après, le théâtre se met en marche, jusqu'à un certain endroit où il s'arrête. Alors l'autel placé en avant de Bacchus s'allume, et, en même temps,

du lait ou de l'eau jaillissent de son thyrse, tandis que sa coupe répand du vin sur la pathère. Les quatre faces du soubassement se ceignent de couronnes, et au bruit des tambours et des cymbales, les bacchantes dansent en rond autour de l'édicule. Bientôt le bruit ayant cessé, Bacchus et la Victoire, debout au sommet de la tourelle, font ensemble volte face. L'autel, situé derrière le dieu, se trouve alors amené en avant et s'allume à son tour. Nouvel épanchement du thyrse et de la coupe; nouvelle ronde des bacchantes au bruit des cymbales et tambours. La classe achevée, le théâtre revient à sa station.

Ce théâtre mobile d'Héron était entièrement automatique, grâce à de complexes systèmes hydrauliques et mécaniques qui sont expliqués longuement.

La représentation théâtrale, dans ce dernier éclair de la civilisation grecque d'Alexandrie, prenait le plus clair du génie des inventeurs. Byzance reprit cet héritage, le transmit à la civilisation arabe qui l'enrichit considérablement de nouvelles innovations mécaniques et mathématiques. Ceci est d'autant plus étrange que la religion musulmane interdit la représentation artificielle de figures animales ou humaines. Une des plus connues de ces représentations est l'horloge à éléphant d'Al-Jazari, le grand mathématicien marocain du IXe siècle. Les influences arabes sur l'Europe occidentale, transmises par l'Espagne et la Sicile, contribuèrent grandement à la diffusion des automates à la Renaissance, grâce notamment à une redécouverte des techniques d'Alexandrie. La mode des automates s'empara des cours royales et des cloches de cathédrale. Le jaquemart sonnait les heures dans les villes du Nord. Comme le rappelle une vieille chanson bourguignonne :

Jaquemart de rien ne s'étonne
Le froid et l'hiver, de l'automne
Le chaud de l'été, du printemps
N'ont pu le rendre mécontent.

L'horlogerie connaît sa Belle Époque. Les villes en veulent pour signaler leur autonomie sur les beffrois. Les églises également.

L'horloge de Strasbourg, reconstruite par Schwilgué, au XIXe siècle, avait été conçue à cette époque. Aujourd'hui encore, des foules de touristes s'empressent devant ces mécanismes fabuleux. C'est également à cette époque que la Suisse se taille une réputation de qualité en horlogerie. L'horloge à automates de Berne en témoigne, ainsi que celle de Soleure.

L'horloge à automates reste, jusqu'à la Renaissance, une pièce monumentale. Elle commence alors à trôner dans les foyers aristocratiques et bourgeois. Deux des plus réussies sont celles de Philipp Ymbser (1555), construite pour Charles Quint (aujourd'hui au Technisches Museum für Industrie und Gewerke de Vienne), et une autre, d'origine ligurienne, représentant des scènes de la Nativité. Le remplacement des poids par des ressorts permit la construction d'automates plus légers et encouragea leur diffusion.

L'automate était un objet de haute qualité technique et artistique. On le trouvait toujours dans les échanges de cadeaux entre États. C'est ainsi qu'au début du XVIIᵉ siècle, l'Église, grâce au prince électeur de Cologne, offrit une horloge automatique à l'empereur de Chine pour favoriser les efforts des missionnaires. L'horloge à automates synthétisait toutes les connaissances d'une civilisation.

Les horloges de table, surmontées de figurines, avaient pour but d'amuser les convives. Comme industrie de pointe, l'horlogerie permettait la conquête d'un marché de biens de luxe. Les Jésuites construisaient des horloges à Pékin pour la Cour impériale. Les motifs symbolisés par les automates étaient très variés. L'inspiration, souvent religieuse, pouvait cependant laisser place à des scènes militaires ou de vie urbaine. La mort, avec sa faux tranchante, surmontait assez souvent les mécanismes d'horlogerie. Plus tard, des scènes musicales ou théâtrales rassemblant plusieurs automates étaient devenues suffisamment miniaturisées pour tenir sur une horloge de table.

Cet objet était le symbole de la richesse urbaine au foyer. Le XVIIIᵉ siècle ajouta des aspects plus galants aux automates. L'amour devenait le thème de mécaniques finement articulées. Un jeune et beau seigneur courtisait la bergère ingénue. Ce que Héron d'Alexandrie réalisa à l'échelle monumentale, les mécaniciens du XVIIIᵉ tentèrent de l'incorporer dans des ensembles miniatures.

La pendule à automates, tout en rythmant le cérémonial du pouvoir, était l'objet échangé lors de tous les grands événements (mariage, naissance, sacre...). De la table, l'horloge à automates se déplaça vers la cheminée, surtout en Angleterre et aux Pays-Bas, où le commerce dictait ses lois à la société. Les scènes devenaient profanes et le travail quotidien y trouvait place.

Le profane touchant la musique provoqua l'apparition de figurines dansantes. La période romantique du début du XIXᵉ siècle devait en être très friande.

Aux XVIIIᵉ et XIXᵉ siècles, les automates furent l'objet d'un véritable engouement populaire. Des objets rustiques, parfois en métal, mais plus souvent en bois ou en carton laqué, permettaient de faire connaître les automates à des classes sociales peu fortunées. Des jouets de cette sorte furent produits pour les enfants.

Les horloges les plus compliquées furent construites à ce moment. Certaines demandaient plusieurs dizaines d'années de travail acharné. («Microcosme» de Jacob Lovelace, par exemple). La confection de tableaux animés, courante dès le XVIIᵉ siècle, connut son apogée au XIXᵉ. Des scènes de village étaient soigneusement reconstituées au moyen de mécanismes relativement simples. En même temps, l'association d'instruments de musique mécanique et d'automates se généralisa; elle avait débuté au XVIIIᵉ. On les retrouvait dans les roulottes des forains. Le goût bourgeois pour ces oeuvres mécaniques, parfois de pacotille, explique le succès de l'horlogerie à automates, symbole de la prospérité et de la vie bien réglée. Le Conservatoire national des arts et métiers (CNAM), à Paris, possède certains des tableaux mécaniques les plus réussis. Certaines de ces réalisations avaient un caractère nettement comique, comme c'est le cas des «Singes violonistes».

Les jouets mécaniques commencent à proliférer dès le XVIIe à partir de Nüremberg, en Allemagne, capitale mondiale de ce genre de production. Mais le jouet mécanique ne se diffuse vraiment industriellement qu'au XXe siècle, en Allemagne et aux États-Unis. En France, le concours Lépine, à Paris, favorise ce genre d'inventions mineures.

La miniaturisation, en progression constante, avait permis dès le XVIe siècle de faire des breloques dotées de personnages animés. Seuls les rois et leurs proches pouvaient alors acquérir de telles merveilles. Le XVIIIe siècle permit aux bourgeois d'en équiper leur montre à gousset ou leur tabatière. Certains objets de ce genre étaient également musicaux. Les sujets galants étaient particulièrement prisés avec ces automates miniatures et discrets. Une intimité secrète et technologique était réalisable.

L'art animalier et mécanique remonte à l'Antiquité, mais à l'âge d'or de l'horlogerie, on se reporta particulièrement sur les oiseaux, perchés sur une balancelle dans une cage, et sur la reproduction de leur chant. L'oiseau chantant est le thème de centaines d'automates musicaux, au point que cela constitue une catégorie particulière et très diversifiée.

Parmi les animaux mécaniques, le plus célèbre est certainement le canard de Vaucanson, capable, de manière autonome, de naviguer sur l'eau, de tourner la tête, de manger des graines et de laisser échapper un liquide trompeur après la digestion. Ce philosophe et maître mécanicien français du XVIIIe, membre de l'Académie des Sciences, a été le pionnier des relations entre l'automate amusant et la machine productive. Il réalisa un métier à tisser automatique et de multiples objets semblables, dispersés ou détruits pendant la période révolutionnaire. Jacques de Vaucanson avait présenté son canard au public en 1738, dans l'espoir de trouver des subsides pour ses recherches.

De multiples insectes et crustacés, se prêtant bien à l'articulation mécanique, furent reproduits au XIXe siècle.

Des tentatives de reproduction de l'être humain et d'animaux sont interprétées par Bernhild Boie, dans *L'Homme et ses simulacres* (José Corti, 1979), comme un triomphe du rationalisme. Celui-ci construit l'État de droit, qui veut transformer le peuple en machine obéissante et servile. L'interaction de la politique, de l'art et de la mécanique est particulièrement forte dans le cas du théâtre des marionnettes. Le juge et le policier sont les marionnettes par excellence. Ils appliquent les ordres de la machine.

Les romantiques allemands (Jean-Paul, Hoffmann…) critiquent les automates et le machinisme au nom d'un âge d'or médiéval. La machine est source de dégénérescence et menace l'esprit vivant immatériel. L'homme civilisé est codifié, machinalement actif. Les romantiques allemands penchent vers l'état naturel, exempt de cette corruption mondaine.

> Les préjugés, les convenances, les servitudes de la cour altèrent la vérité de l'homme. Il suffit en revanche d'en faire table rase pour que tous les automates et toutes les marionnettes redeviennent humaines. (*L'Homme et ses simulacres*, p. 40.)

Les romantiques critiquent les automates humains que sont les courtisans et les bourgeois.

> Seul n'est pas marionnette celui que la société a rejeté : le pauvre, le fou, le poète. (*Ibid.*, p. 42.)

Cette critique dénonce particulièrement les artifices de la toilette féminine, le maquillage et les postiches qui déclenchent un sentiment automatique faussé.

> Dans ce décor exclusivement composé de salles de bal et de salons, la femme apparaît comme la figure centrale. Plus que tout autre, elle est l'esclave de l'arbitraire des convenances, des modèles abusifs et des usages qu'on lui impose. Systématiquement privée de son être, elle est la marionnette par excellence. (*Ibid.*, p. 44.)

Les automates qui se répandent largement au XVIIIe siècle sont une synthèse de la science expérimentale, de la technologie mécanique et de la philosophie sociale. Avec les jouets et les scènes galantes, ils nous donnent accès à l'imaginaire et aux fantasmes. Les mécaniciens sont tous des hommes et construisent surtout des automates femmes ou enfants. Polichinelle et Pinocchio se débattent dans les fils, les poulies et les rouages d'un univers où le social s'extrait difficilement du politique.

Le romantisme édifie le mythe moderne de l'automate. Avec Mary Shelley, la créature pseudo-humaine devient un produit de la science. Le monstre du Dr Frankenstein (1818) est le fruit des recherches les plus audacieuses de l'esprit humain. Au XVIIIe siècle, l'art mécanique de l'automate avait atteint son apogée. La biologie et la physiologie vont lui succéder comme source scientifique du savoir-faire technologique. Jacques de Vaucanson et les frères Droz, en Suisse, n'ont pas encore eu leur homologue en biotechnologie. Rien n'a encore surpassé les merveilles artistiques que sont les personnages du Scribe, du Dessinateur et de la Musicienne, conservés au Musée d'art et d'histoire de Neufchâtel.

> Le Scribe et le Dessinateur sont des enfants de trois ans, la Musicienne une jeune fille de seize ans. Son mécanisme se divise en quatre parties : la première, à l'intérieur du clavier, active deux soufflets et les trois autres, à l'intérieur du

tabouret sur lequel elle est assise, dépendent les unes des autres. La première, activée par deux grands cylindres jumeaux, commande un grand tambour de cuivre parsemé de clous, constitué de deux parties, chacune portant cinq rangées de clous correspondant aux cinq doigts de la main. Les deux moitiés sont séparées par une série de dix cames d'acier. Les clous font mouvoir les doigts grâce à un système élaboré de tiges et de leviers dissimulé à l'intérieur du corps. Les cames obligent le bras à se mouvoir latéralement et amènent les doigts en position sur les notes qui doivent être interprétées. Un autre mécanisme fait respirer l'automate à intervalles réguliers. D'autres leviers animent la tête et la poitrine. Lorsque la musicienne cesse de jouer, elle semble vivante. Elle tourne la tête, regarde à droite et à gauche, elle bouge les yeux, se penche puis se redresse. À la fin de la mélodie, elle adresse un gracieux salut. (Jasia Reichardt, *Les robots arrivent*, 1979, p. 14.)

Au XX^c siècle, il est presque impossible de trouver un mécanicien capable de reproduire une telle merveille mécanique et ceux capables de les réparer se font de plus en plus rares.

Le XIX^c siècle marque une nette régression dans l'art de construire des automates. La science, en se diversifiant, crée des spécialisations hostiles à la globalisation du savoir. Il lui faut produire des *résultats* objectifs et d'apparence sérieuse. Les automates, qui ont pourtant constitué le grand oeuvre du savoir-faire humain de l'Antiquité à la Révolution industrielle, sont relégués par les savants positivistes au rang de curiosités de forains. La mécanique perd sa finesse et devient légitime dans le gigantesque. Les autres sciences sont encore embryonnaires et ne sont d'aucune utilité véritable dans la construction de simulacres.

L'abandon des mécanismes automatiques d'apparence humaine s'effectue en parallèle avec la mise en images des êtres humains par des machines automatiques. Joseph Faber à Vienne, de 1830 à 1850, avait construit un automate parlant, doté de soufflets et de mécanismes de caoutchouc. Mais c'est Thomas Edison, en 1891, qui imagine des poupées parlantes pour faire de la publicité pour son phonographe à cylindre. La reproduction artificielle de la voix et de l'image humaines est la grande préoccupation des inventeurs de la fin du XIX^c siècle. Plusieurs instruments optiques utilisant le phénomène de la persistance rétinienne sont commercialisés dès le milieu du siècle. Le dessin animé crée les premières illusions optiques qui aboutissent à la naissance du cinématographe avec Edison et Lumière (1890). La conjonction du film et de la voix humaine donne le cinéma parlant (1929), qui adopte des couleurs naturelles quelques années plus tard et le relief après la guerre. Avec les hologrammes des années 60, l'illusion de l'image atteint presque la perfection et les projections animées d'hologrammes, encore expérimentales, donneront naissance à une nouvelle forme d'expression au cours du siècle prochain.

La construction d'automates s'avère trop complexe pour rivaliser avec ces illusions imaginaires. Georges Méliès apporte les premiers éléments de la mise en scène cinématographique en 1896. Auparavant, il avait repris le théâtre de l'illusionniste célèbre, Robert Houdin. À la fin du siècle, il constate que le machinisme du théâtre, non seulement est très coûteux, mais ne peut produire les «trucages» nécessaires pour captiver le public des boulevards. Méliès est un mécanicien de talent qui a appris cet art dans la manufacture de son père, artisan bottier. Méliès démontait et réparait les machines inventées par son père. Il abandonne rapidement la manufacture pour se lancer dans la mise en scène théâtrale à une période où l'on remet en cause le classicisme. Le visuel prend le pas sur le récitatif. Pendant sept années, Méliès s'ingénie à créer des «effets spéciaux». Le décor devient un élément actif de la représentation. En 1896, il construit le premier studio de cinéma à Montreuil, avec toutes les possibilités de trucages offertes par le «théâtre magique». Les automates font partie de l'arsenal spectaculaire du théâtre populaire et figurent de manière privilégiée dans l'arsenal des forains. Pendant une dizaine d'années (1896-1906), le cinématographe est un phénomène de foire qui se substitue peu à peu aux spectacles d'automates. La découverte scientifique d'un Edison ou d'un Lumière ne fait guère école dans le milieu intellectuel et le cinéma n'est considéré comme un art, le septième, que tardivement. Méliès joue avec le corps humain en utilisant des trucages de perspectives et des illusions d'optique. Inimaginables au théâtre, de tels procédés attirent les foules friandes de curiosités et ouvrent un marché au cinéma qui attire rapidement financiers et industriels.

Le romantisme trouve dans cette technique un niveau d'intervention auquel la littérature ne pouvait accéder. En 1879, Villiers de l'Isle Adam écrit l'*Ève future,* roman où l'ingénieur Edison crée, pour un ami, une femme artificielle, Hadaly. Jacques Offenbach met sur scène les *Contes d'Hoffmann,* où Olympia s'illustre comme poupée automate, ainsi que dans le ballet *Coppélia* de Deslibes.

Cependant l'illusion n'est pas parfaite. Sous l'automate, le public distingue toujours l'être humain et cela le rassure. Le théâtre ne peut créer que des illusions d'illusion. Certains acteurs particulièrement doués peuvent parfois glacer leur public en agissant un peu trop à la manière d'une mécanique. Dans ce cas, il s'agit de mal jouer son rôle pour garder l'attention et ne point susciter la panique. Le dramaturge et écrivain tchèque, Karel Çapek, avait conscience de ces problèmes en rédigeant sa fable philosophique *Rossum's Universal Robot* (RUR). L'auteur de cette pièce de théâtre la jugeait, à raison, médiocre et mal construite. Pourtant, elle fut jouée à partir de 1921 dans les grandes villes du monde industriel. La critique théâtrale était élogieuse, plus sensible au contenu, au message, qu'à la forme assez décousue de l'intrigue.

Un savant physiologiste, Rossum, a découvert le moyen de produire une matière vivante. Son neveu, ingénieur, conçoit des êtres d'apparence humaine, dénués de sentiments et exclusivement dévoués à leur tâche, au travail. Ce sont des *robots*, terme qui vient du vieux slave *robota*, qui désignait au Moyen Âge le travail forcé ou la corvée. Depuis cette pièce, le terme robot est devenu à la mode dans le monde entier et sert à désigner des machines d'apparence humaine.

La pièce elle-même a pour cadre une fabrique de robots, située sur une île. Les personnages constituent l'équipe humaine dirigeante de l'usine et quelques robots. Les robots sont vendus dans le monde entier et commencent à se révolter. Ils détruisent le genre humain qui les exploite. La pièce se conclut par une nouvelle version d'*Adam et Ève*, deux robots tombent amoureux et engendrent une nouvelle race d'humanité.

Karel Çapek, poursuivait le thème de l'Homonculus ou du Golem de Prague :

> Créer un homoncule est une idée médiévale. Pour l'adapter au siècle actuel, cette création doit être entreprise sur le principe de la production de masse. Nous pénétrons dans l'engrenage de l'industrialisation. La terrible mécanisation ne doit pas s'arrêter, sinon elle détruirait des milliers de vies. Elle doit au contraire accélérer son processus de développement. Ceux qui pensent maîtriser l'industrialisation en sont eux-mêmes prisonniers. Les robots doivent être produits bien qu'ils soient, ou, plutôt, parce qu'ils sont une industrie de guerre. La conception du cerveau humain a échappé finalement au contrôle de l'homme. C'est la comédie de la science. (*Saturday Review*, 21 juillet 1923.)

La mise en scène de *RUR* fait appel aux «effets spéciaux» chers à Méliès, mais les progrès cinématographiques vont donner du robot une image typique dès le film de Fritz Lang, *Métropolis* (1926). Rotwang, le savant fou à la main de fer, crée pour le maître de la cité un être de métal à l'image de Maria, fille du peuple travailleur. Le robot mène une insurrection et sera détruit. À nouveau la concorde sociale pourra régner entre le Capital et le Travail.

Le robot a fait ses premières armes au cinéma. On le retrouve en 1936 dans *Undersea Kingdom*, en 1951 dans *The Day the Earth Stood Still*, en 1956 dans *Forbidden Planet* et de plus en plus souvent au cours des années 70, particulièrement dans le cycle de *Star Wars*. Mais cette technique presque inévitable du cinéma de science-fiction doit son origine aux forains qui ont inspiré Georges Méliès, avec son *Gugusse et l'automate*, réalisé en 1897. La filmographie sur les robots est inépuisable et constitue à elle seule tout un champ d'étude.

Si le terme *robot* a été introduit par le théâtre, c'est le cinéma qui en a assuré la popularité. Le thème est inquiétant et touche aux racines mêmes de l'angoisse humaine. Comme le trop bon acteur automate se devait de temps à autre d'exécuter un geste complice vis-à-vis de son auditoire afin de ne pas provoquer sa fuite hurlante, un romancier américain, Isaac Asimov, s'est chargé depuis 1939 de donner une image positive du robot, tout en exprimant ses paradoxes. Dans la littérature de science-fiction, le robot est devenu un thème classique grâce à Asimov. Les multiples histoires racontées par cet auteur jouent avec le thème des trois lois de la robotique (terme forgé par Asimov en 1951 pour désigner la science des robots).

1. Un robot ne doit jamais attaquer un être humain et doit toujours le secourir en cas de danger.

2. Un robot doit obéir aux ordres donnés par les êtres humains, sauf s'il doit pour les respecter enfreindre la première loi.

3. Un robot doit protéger sa propre existence sauf s'il doit enfreindre la première ou la deuxième loi.

Dans les années 50, les États-Unis prolongeaient leur industrialisation en reconvertissant les usines d'armements en unités de production d'objets de consommation de masse. L'automatisation (*automation* en anglais) avait pour coeur l'industrie automobile. C'est l'ingénieur George Devol qui, en 1956, déposait le premier brevet pour un *robot industriel*. General Motors s'intéressait à la question. Peu après, au moyen de ces brevets, Joseph Engelberger fondait la compagnie Unimation (contraction de *Universal Automation*) à Danbury au Connecticut.

Au début des années 70 se tenaient les premiers congrès mondiaux de robotique aux États-Unis et au Japon. Des associations nationales de robotique industrielle voient le jour un peu partout dans le monde. Des ingénieurs se spécialisent dans ce domaine. Des baccalauréats, des doctorats prennent cette dénomination. Les grandes politiques de relance économique des années 80 parlent de la robotique comme d'un secteur stratégique.

Un long chemin semble avoir été effectué depuis les automates de Vaucanson et de Droz : l'électronique et les ordinateurs ont modifié la construction des automates. Cependant le mythe est toujours aussi vivace et les inquiétudes largement répandues.

L'électronique réalisera-t-elle le rêve contemporain de l'intelligence artificielle? Beaucoup de chercheurs le croient. D'autres, plus discrets, travaillent à modifier les molécules, qui sont à la frontière du vivant et de l'inerte. Les manipulations génétiques ont atteint la phase industrielle. Le tableau dressé par Aldous Huxley dans le *Meilleur des Mondes* est déjà le décor quotidien de certains laboratoires qui produisent en série des souris porteuses des mutations génétiques les plus variées. Pourquoi construire un artefact complexe d'être vivant adulte alors qu'une combinaison génétique pourrait aboutir au même résultat? Qui réalisera un premier «être artificiel», les informaticiens, aujourd'hui à l'apogée de leur gloire professionnelle, ou les généticiens qui sont dans leur ombre? Ce rêve a-t-il un sens? Des fécondations artificielles sont aujourd'hui parfaitement possibles avec un oeuf et un spermatozoïde prélevés sur des êtres humains. Techniquement, il est tout à fait possible de produire des mutations génétiques sur ces deux éléments avant la fécondation. Le principal frein à ces expérimentations, qui sont certainement déjà réalisées, mais dans la discrétion la plus grande, n'est pas d'ordre scientifique, ni technologique, mais social et moral. Créer des androïdes? Pourquoi? La question, évacuée par la science et le rationalisme du XIXᵉ et du XXᵉ siècles, ne manquera pas de se poser avec plus d'urgence encore au siècle prochain.

BIBLIOGRAPHIE

ANDERSON, Alan Ross, *Minds and Machines*, New Jersey, Prentice Hall, 1964.

ASIMOV, Isaac, *Les robots*, Paris, Flammarion, 1973.

ASIMOV, Isaac, *Un défilé de robots*, Paris, Flammarion, 1967.

BEAULNE, Jean-Claude, *L'Automate et ses mobiles*, Paris, Flammarion, 1980.

CHAPUIS, Alfred, et GELIS Edouard, *Le Monde des automates*, Paris, 1928.

CHAPUIS, Alfred et DROZ Edmond, *Les automates*, Neufchâtel, éd. du Griffon, 1949.

CLEATOR, P.E., *The Robot Era*, Londres, Georges Allen and Urwin, 1955.

COHEN, John, *Les robots humains dans le mythe et la science*, Paris, VRIN, 1968.

REICHARDT, Jasia, *Les robots arrivent*, Paris, Chêne, 1979.

SHELLEY, Mary, *Frankenstein*, Marabout, 1977.

CHAPITRE 11

LES SCIENCES SOCIALES EN PROCÈS

Marcel Fournier
Département de Sociologie
Université de Montréal et
Institut québécois de recherche sur la culture

L'histoire d'une discipline n'est, d'une certaine façon, que l'histoire des transformations de la fonction d'un système de production de biens symboliques particuliers (écrits, enseignements, etc.), transformations liées à la constitution progressive d'un «sous-champ» intellectuel, c'est-à-dire à l'autonomisation progressive du système de production, de circulation et de consommation de ces biens symboliques[1]. Ce processus se caractérise tout autant par la constitution d'un public de consommateurs virtuels de plus en plus étendu et d'un groupe plus nombreux et plus différencié de producteurs de ces biens que par l'élaboration des normes qui définissent les conditions d'accès à la profession et d'appartenance au milieu. De ce fait, l'explicitation et la systématisation des principes d'une légitimité propre va de pair avec la constitution d'un «sous-champ» intellectuel : le degré d'autonomie d'un champ ou d'un des sous-systèmes de la production savante se mesure à son pouvoir de définir lui-même les normes de sa production et les critères d'évaluation de ses produits.

---

1. À ce sujet, voir Pierre Bourdieu, *Le marché des biens symboliques*, Paris, Centre de Sociologie Européenne, 1970.

Cette autonomie est, pour les sciences sociales comme pour d'autres disciplines, d'abord l'enjeu de luttes, puis devient, en fonction même des transformations de la position de ces disciplines dans le champ intellectuel, l'objet d'un des principaux débats entre leurs membres. Pendant la période d'institutionnalisation de ces disciplines, c'est-à-dire pendant la période où leur position hiérarchique dans le champ intellectuel s'élève, notamment grâce à l'insertion dans le système universitaire, le jeu consiste à leur conférer une légitimité culturelle. Pour y parvenir, on peut utiliser, le plus souvent inconsciemment ou semi-consciemment, des stratégies très diversifiées. Par exemple, les prises de position d'un Max Weber concernant la «neutralité axiologique» s'inscrivent dans une telle lutte et doivent être considérées comme une stratégie. Dépendante à la fois de la position qu'occupent les sciences sociales dans le champ intellectuel, de celle qu'occupe l'université dans la structure des rapports sociaux et, enfin, de celle qu'occupe Weber lui-même, en tant que professeur et conseiller du gouvernement, l'affirmation du primat de l'objectivité sur l'engagement idéologique est l'expression la plus spécifique de l'autonomie du champ sociologique et de sa prétention à détenir et à imposer les principes d'une légitimité proprement sociologique, tant dans l'ordre de la production que dans celui de la réception des oeuvres sociologiques. Le court texte de Mauss, «La sociologie : objet et méthode», écrit en collaboration avec Fauconnet, illustre aussi cette préoccupation : «Pour qu'une science nouvelle se constitue, affirme-t-il, il suffit mais il faut : d'une part, qu'elle s'applique à un ordre de faits nettement distincts de ceux dont s'occupent les autres sciences; d'autre part, que ces faits ne soient pas susceptibles d'être immédiatement reliés les uns aux autres, sans qu'il soit nécessaire d'intercaler des faits d'une autre espèce. Car une science qui ne pourrait expliquer les faits constituant son objet qu'en recourant à une autre science se confondrait avec cette dernière[2]. » La tâche est alors de différencier la sociologie par rapport à diverses disciplines voisines, en particulier la philosophie de l'histoire, l'économie et la psychologie, et de présenter une définition de l'objet propre, par exemple les «institutions» pour les durkheimiens, de la nouvelle discipline. Aux États-Unis, il n'en va pas autrement pour Summer, Ward, Small et Giddings, qui peuvent être considérés comme les pères de la sociologie dans ce pays : tantôt ils doivent se démarquer par rapport à certaines disciplines, tantôt ils doivent s'appuyer sur d'autres afin d'obtenir une légitimité culturelle. Ainsi, Summer juge nécessaire de se distancer des «sentimentalistes non scientifiques», c'est-à-dire «les socialistes, les réformateurs du monde et les métaphysiciens», et préfère s'inspirer des sciences économiques, biologiques et ethnologiques. Et Ward, qui consacre, dans l'*American Journal of Sociology,* plusieurs articles à l'analyse des rapports entre la sociologie et diverses

---

2. Mauss, M. et Fauconnet, P., «Sociologie : objet et méthode» (1901), in M. Mauss, *Oeuvres*, t. 3, Paris, Les Éditions de Minuit, 1969, pp. 139-177.

disciplines, telles la biologie, l'anthropologie, la psychologie et l'économie, n'hésite pas, pour sa part, à utiliser abondamment ses connaissances en physique, en paléontologie et en géologie.

Même lorsqu'une fois qu'une discipline, la sociologie ou toute autre science sociale, obtient un statut universitaire et qu'elle jouit d'une relative autonomie, le problème de l'autonomie n'en est pas pour autant résolu. Paradoxalement, c'est au moment même où la sociologie acquiert un caractère plus «professionnel» et qu'une définition de la sociologie et une théorie de la connaissance sociologique s'imposent, deviennent dominantes, que les sociologues s'interrogent et mettent en question la prétendue autonomie de leur discipline. Les analyses critiques, d'abord de Lynd (1939), ensuite de Mills (1959) et enfin de Horowitz (1964) et de Gouldner (1970) en témoignent : elles démontrent que périodiquement, c'est-à-dire à chaque phase du développement de la discipline, sont posés le problème de la relation entre engagement idéologique et objectivité scientifique, celui de la position de la sociologie et de toutes les sciences sociales dans la structure des rapports sociaux, celui de leurs fonctions, etc.[3]. Loin d'être négligées, ces questions sont, principalement, depuis le scandale du «Projet Camelot» (1964), de la création de l'*American Sociologist* et de la naissance d'une *new sociology*, de plus en plus fréquemment formulées.

Afin de mieux définir la question telle qu'elle s'est posée au Québec, nous rappellerons brièvement les principales positions qui se sont dégagées au cours de ce long débat entre sociologues américains.

---

3. Ce ne sont évidemment pas là les seuls problèmes qui constituent le contenu des débats et controverses entre sociologues ou anthropologues américains. Outre les diverses prises de position concernant l'autonomie des sciences sociales, il y a aussi : les nombreuses attaques du structuro-fonctionnalisme et les luttes pour imposer des théories du «changement» et du «conflit»; le «retour à la philosophie»; l'utilisation d'une sociologie de la sociologie. Tous ces débats n'en demeurent pas moins étroitement liés les uns aux autres; à la critique d'un «paradigme» (ex. celui du «système») correspond le plus souvent une définition du socio-logue ou de l'anthropologue et de sa position dans la structure des rapports sociaux (*cf.* R.W. Friedrichs, *A Sociology of Sociology*, New York, The Free Press, 1970), voir aussi, plus récemment, J.A. Alexander, *Theoretical Logic in Sociology*, Berkeley, U. of California Press, 1981.

CRITIQUE DE LA SOCIOLOGIE, SOCIOLOGIE CRITIQUE ET SOCIOLOGIE DE LA SOCIOLOGIE AUX ÉTATS-UNIS

Knowledge for What?

Un des premiers sociologues américains qui ose s'interroger, non pas sur sa pratique sociologique, mais sur son rôle social, est Robert Lynd[4]. Dans le petit livre qu'il publie en 1939, *Knowledge for What?*[5], celui-ci constate et critique l'autonomie croissante des sciences sociales par rapport aux demandes sociales (aux «gens», écrit-il) et la différenciation-spécialisation des diverses sciences sociales, qui sont des symptômes d'une «crise» de ces disciplines et dont les conséquences malheureuses sont nombreuses («atomisme», «empirisme» et «impérialisme» de chaque discipline). Devant ces «erreurs», dont les causes lui apparaissent d'abord d'ordre culturel, *i.e.* liées à la culture américaine, Lynd ne demeure pas indifférent et propose que les sciences sociales redeviennent ce qu'elles étaient originellement, c'est-à-dire «utilitaires» («aider les gens à résoudre leurs problèmes»), qu'elles redeviennent pluridisciplinaires, d'une part, en acceptant un objet d'étude commun, la culture, et, d'autre part, en remplaçant les diverses disciplines par un ensemble de problèmes ou champs de recherche[6]. Enfin, il souhaite qu'elles deviennent ce qu'elles doivent être «par nature», à savoir des disciplines trouble-fête, qui remettent en question les institutions actuelles et démontrent la possibilité de changements.

Par ces propositions, Lynd condamne les efforts récents de ses collègues et formule une nouvelle éthique du spécialiste en sciences sociales : être à l'écoute

---

4. Un autre texte important mais beaucoup plus bref est l'introduction de Louis Wirth et de Edwards Shils à la traduction de *Ideology and Utopia* (1936) de K. Mannheim : ceux-ci présentent le travail du sociologue comme nécessairement influencé par sa situation sociale personnelle aussi bien que par les valeurs dominantes de la culture de sa société.

5. Il n'est pas sans intérêt de remarquer qu'entre la fin de la Première Guerre mondiale et la Dépression des années 30, la sociologie connaît à la fois comme profession académique et comme discipline scientifique, un développement considérable : accroissement du nombre de membres de l'*American Sociological Society*, division de la discipline en sous-champs (milieu rural, religion, famille, éducation, etc.) et effort pour constituer une Sociologie «rigoureuse» (méthodes de recherche, statistiques, etc.) et empirique (R.C. Hinckle et G. Hinckle, *The Development of Modern Sociology*, New York, Random House, 1954). Ce développement de la sociologie est aussi étroitement lié à l'expansion que connaît alors le département de Sociologie de l'Université de Chicago ou «École de Chicago» qui regroupe des chercheurs tels Park, Burgess, Mead, Thomas et Ogburn (R.E.L. Faris, *Chicago Sociology, 1920-1932*, San Francisco, Chandler Publishing Co., 1967).

6. Les problèmes qui devraient attirer l'attention des chercheurs sont, selon Lynd, les suivants : le manque de planification, le déclin de la démocratie réelle, l'échec du capitalisme privé dans la réalisation d'un bien-être général, le problème des inégalités et des conflits de classes, celui de l'éducation populaire, etc.

de la population et chercher à accroître son bien-être. Pour ce chercheur américain, qui fait fréquemment référence au contexte social, politique et économique des années 30 (crise économique, menace du facisme), la tâche du *social scientist* n'est pas de «lire des ouvrages sur la navigation alors même que le navire coule».

Ces exhortations de Lynd ne semblent cependant guère écoutées par ses collègues. Certes, quelques-uns se préoccupent alors, principalement au moment de la Seconde Guerre mondiale, de rendre la sociologie «socialement utile» plutôt que scientifique[7]. Mais la plupart des sociologues, dont un nombre de plus en plus grand est à l'emploi du gouvernement fédéral américain, continuent de développer des sous-champs d'étude (stratification, sociologie industrielle, communication et opinion publique, sociologie médicale, etc.), perfectionnent leurs outils méthodologiques et accentuent le caractère «professionnel» de la discipline (création d'associations régionales, d'associations spécialisées, fondation de nouvelles revues, etc.). Parmi la jeune génération des chercheurs, qui sont bien entraînés à la recherche empirique et qui maîtrisent les techniques et méthodes de recherche, il y a un déclin du «prophétisme»[8] : ces jeunes chercheurs croient qu'ils doivent décrire les jugements de valeur et non en poser. Ils se préoccupent donc beaucoup plus d'expliciter les normes, manifestes ou latentes, conscientes ou inconscientes, qui commandent les idiosyncrasies sociales des membres du clergé, de l'armée, de la médecine, etc. que les leurs. Ce n'est qu'occasionnellement que ceux-ci osent jeter un regard sur les «mythes et réalités qui gouvernent leur propre existence commune[9]». Tel est, par exemple, le cas de Gunnar Myrdal, qui, dans l'introduction à une étude sur les Noirs, *The American Dilemma* (1944), reprend, mais pour la critiquer, la notion wébérienne de *value-free*, qui considère que le sociologue non seulement est influencé par ses valeurs (par exemple, dans le choix du problème et des hypothèses), mais aussi doit l'être[10]. Kurt Wolff s'intéresse aussi à cette époque, au même problème : pour celui-ci, la sociologie est tout autant une science qu'un «point de vue» ou une «vision du monde». De ce fait, elle peut être influencée à la fois par des facteurs logiques, ou intraculturels, et par des facteurs socio-culturels. L'exemple dont il se sert pour démontrer que la sociologie américaine est une «partie» de la culture américaine, est l'attitude de cette sociologie à l'égard du *statu quo*, qui se manifeste dans les manuels de

---

7. Pendant cette guerre, quelques sociologues s'intéressent au problème du rôle des sociologues et tentent d'en faire prendre conscience à leurs collègues (*cf.* G. Oeconomo, «Guerres et sociologies», *Revue française de Sociologie*, II, 2, 1961, pp. 22-37).
8. À cet égard, est très significatif le remplacement, à Columbia, de Lynd par Lazarsfeld et de MacIver par Merton.
9. Friedrichs, p. 72.
10. Voir aussi G. Myrdal, *Value in Social Theory*, Harper and Row, 1959.

sociopathologie, dans la théorie de la stratification de Warner, dans la notion de *folkways* et dans la théorie du *folk-urban continuum* de Redfield[11].

De l'imagination s.v.p.

Même si quelques sociologues, par exemple R. Bendix, B. Barber et A. Rose, reprennent cette thèse du «reflet» entre la sociologie américaine et la culture américaine et que d'autres, comme A. McClung Lee[12], un fondateur de la *Society for the Study of Social Problems* (1951) et de la revue *Journal of Social Problems,* s'interrogent au sujet de la responsabilité sociale du sociologue, ce n'est qu'à la fin des années 50, c'est-à-dire au moment où Myrdal réédite la partie théorique de son étude sur les Noirs, dans un recueil de textes intitulé *Value in Social Theory* (1959), et où C. Wright Mills publie *The Sociological Imagination* (1959), qu'apparaît une critique systématique et radicale de la sociologie américaine[13].

La principale caractéristique de l'ouvrage de Mills, qui en fait probablement la force, est de réunir l'ensemble des critiques formulées par les sociologues américains de sa génération. Ces attaques sont très diverses et portent aussi bien sur la relation entre la culture américaine et la sociologie que sur les effets de la bureaucratie sur les recherches sociologiques ou la philosophie (implicite) de la science des chercheurs en sciences sociales. De plus, Mills critique sévèrement deux chefs de ligne de la sociologie américaine, T. Parsons et P. Lazarsfeld, qui symbolisent, l'un, la «suprême théorie», et l'autre, «l'empirisme abstrait». Il présente également sa propre conception du travail scientifique, qu'il définit comme celle de la «tradition classique», et dont les deux aspects importants sont : 1) que la recherche scientifique se situe entre l'empirisme abstrait et la suprême théorie et, 2) qu'elle exige une vérification (preuve) dont l'objet est tout aussi important que la procédure. Enfin, considérant que la sociologie est une tâche tout autant politique qu'intellectuelle[14], il refuse de voir les sociologues se constituer en communauté fermée : leur public n'est pas seulement celui des collègues, mais comprend toute la population. Aussi, doivent-ils utiliser un

11. Wolff, K.H., «Notes Toward a Sociocultural Interpretation of American Sociology», *American Sociological Review,* vol. 4, no 5, Oct. 1946, pp. 545-553.
12. Lee, A.M., «Responsabilities and Privileges in Sociological Research», *Sociology and Social Research,* 37, July 1952, pp. 367-374.
13. À ces ouvrages, on peut aussi ajouter l'article de R. Dahrendorf («Out of Utopia : Toward a Reorientation of Sociological Analysis», *American Journal of Sociology,* 64, 1958, pp. 115-157) et l'ouvrage de Barrington Moore (*Political Power and Social Theory,* Harvard, 1958).
14. Sa «mission politique» est d'une part de «transformer les épreuves et les soucis individuels en enjeux sociaux et en problèmes perméables à la raison» et, d'autre part, de «réduire toutes les forces qui détruisent les collectivités véritables et d'instaurer une société de masse». En d'autres termes, la mission du sociologue est d'oeuvrer à la construction d'une «société libre et raisonnable».

langage qui leur permette d'être compris facilement par des individus de milieux différents.

Dans une certaine mesure, Mills revendique à la fois 1) une redéfinition de la place ou du rôle du sociologue dans la société, 2) une redéfinition de sa place dans le champ intellectuel, soit une redéfinition de ses rapports avec les autres disciplines et, 3) une redéfinition du travail sociologique lui-même. Sa critique de la sociologie, si sévère soit-elle, ne se veut pas un rejet de cette discipline : ce que Mills propose, c'est une «réforme» de la sociologie (et des autres sciences sociales) sur la base d'un retour aux «sources», c'est-à-dire à la sociologie classique, et de la réhabilitation de «l'artisan intellectuel», c'est-à-dire de l'intellectuel qui ne dissocie pas vie et travail, qui est tout autant théoricien que méthodologue, qui n'est pas que sociologue, mais s'inspire des autres sciences et sait faire preuve d'«imagination» (sociologique).

Même si Mills ne se donne pas comme premier objectif de réaliser une sociologie de la sociologie (américaine)[15], on retrouve dans *L'imagination sociologique* certains éléments d'une telle sociologie. Il analyse les institutions où travaillent les sociologues et les influences de ces institutions sur leur pratique scientifique; il établit une relation entre le libéralisme américain et le «goût des recherches parcellaires» et il considère, comme facteur explicatif de «l'apolitisme» et de la «tendance moralisatrice» des sociologues, le fait qu'ils soient de «classe, de pouvoir et de statut moyens». C'est sur la base même de ces quelques brèves analyses que Mills fonde sa critique de la soi-disant autonomie de la sociologie, thèse défendue par plusieurs de ses collègues. Mills n'a évidemment pas l'illusion de pouvoir «rallier à son opinion» tous les sociologues. Aussi s'adresse-t-il d'abord à la jeune génération.

La culture du «professionnalisme»

Au moment où Mills publie son ouvrage, la plupart de ses collègues, et en particulier ceux qui occupent des positions supérieures dans le champ intellectuel,

---

15. Les auteurs que Mills identifie à la sociologie classique sont : Marx, Sombart, Compte, Spencer, Durkheim, Veblen, Mannhein, Schumpeter et Michel. Il est à noter que Mills se réfère peu à ses collègues américains, si ce n'est pour les critiquer, et qu'il s'inspire largement d'auteurs européens : la sociologie européenne devient ainsi la «mauvaise conscience philosophique de la sociologie américaine» (P. Bourdieu et J.C. Passeron, «Sociology and Philosophy in France since 1945», *Social Research*, vol. 34, no 1., Spring 1967, p. 212).

considèrent comme nécessaire et inévitable la « professionnalisation » de la sociologie[16]. Beaucoup tendent à dissocier le travail scientifique de la responsabilité du citoyen et à reconnaître que même si la sociologie est, comme toute science, fondamentalement utile, il n'appartient pas au sociologue d'en déterminer l'utilisation[17]. Ils refusent en quelque sorte de se donner comme tâche, ainsi que le voudrait Mills, de « sauver le monde » et préfèrent travailler à la fois au développement scientifique de leur discipline et à sa défense en tant que profession. Un de ceux qui réussissent à poursuivre d'importantes recherches théoriques tout en luttant pour la mise sur pied d'une véritable association professionnelle, est nul autre que T. Parsons, de l'Université Harvard, contre qui Mills formule ses critiques les plus sévères.

En effet, Parsons ne s'est pas uniquement employé à délimiter le « territoire » ou l'objet propre de la sociologie et à définir les rapports entre cette discipline et les disciplines voisines (anthropologie, psychologie, économie, etc.)[18], il s'est aussi efforcé, sur la base d'une analyse de leur structure occupationnelle[19], de démontrer aux sociologues américains qu'ils étaient des « professionnels » et qu'ils devaient s'organiser en association professionnelle. Pour Parsons, il ne fait aucun doute que la sociologie, par la quantité et la qualité de l'enseignement qu'offrent les nombreux départements de sociologie des universités américaines, a acquis, depuis la fin des années 50, une position enviable parmi les diverses sciences sociales et dans la société. Elle est parvenue à ce qu'il appelle le « stade de la professionnalisation », son développement ne dépendant plus de la contribution

---

16. Telle est la position de E.C. Hughes, qui fut professeur à l'Université de Chicago et président de l'*American Sociological Association* : s'appuyant sur l'analyse d'autres occupations, celui-ci démontre que la sociologie pouvait difficilement ne pas devenir une « profession ». Cependant, Hughes, qui considère que la sociologie est tout autant une discipline scientifique qu'une profession, ne propose pas une professionnalisation complète (E.C. Hughes, « Professional and Careers Problems of Sociology » (1954) in *Men and Their Work*, New York, Free Press of Glencoe, 1964, pp. 157-168).

17. Un de ceux qui formulent le plus explicitement cette position est un tenant du néo-positivisme sociologique, G.A. Lundberg, *Can Science Save Us?*, Longman Green, 1947. Voir aussi, du même auteur « The Proximate Future of American Sociology : The Growth of the Scientific Method », *American Journal of Sociology*, 50, May 1945, pp. 501-513.

18. Dans une communication, « Parsonian Sociology », présentée au soixantième congrès de l'*American Sociological Association* (Miami, Florida, August 1966), C.N. Apostle précise que ce travail théorique de Parsons n'est pas totalement indépendant de préoccupations plus pratiques concernant la transformation de la sociologie de discipline intellectuelle en une profession.

19. Dès 1939, Parsons souligne l'importance des professions dans la structure occupationnelle des pays industrialisés (« The Professions and Social Structure », *Social Force*, vol. XIII, no 4, May 1939, reproduit in T. Parsons, *Essays in Sociological Theory, Pure and Applied*, New York, Free Press of Glencoe, pp. 185-200). Cette importance des professions, Parsons la réaffirme dans un texte plus récent qui porte spécifiquement sur les professions (« Professions », *International Encyclopedia of Social Sciences*, 1969, pp. 536-546).

de quelques individus hors du commun mais d'un corps de gens bien formés et compétents qui produisent des connaissances d'une façon cumulative[20]. Certes, une grande partie des sociologues se retrouve encore dans l'enseignement (et la recherche), mais un nombre de plus en plus grand est employé dans des organisations non académiques (industries, gouvernements, etc.), de telle sorte qu'il est nécessaire de mettre sur pied des « structures de médiation » (écoles professionnelles, publications, organisation professionnelle, etc.).

Cette attitude de Parsons, qui s'oppose diamétralement à celle de Mills[21], est d'autant plus importante que le sociologue de Harvard occupe une position élevée dans le champ intellectuel américain et qu'il possède les instruments (présidence de l'*Association*, rédaction de revues, etc.) pour l'imposer. Ainsi, alors qu'il est président de l'*American Sociological Association*, Parsons effectue d'importants changements (engagement d'un administrateur, restructuration de la direction de l'*Association*, etc.) qui permettent à celle-ci de s'adapter à l'augmentation du nombre de ses membres et à leur diversification. De même, il utilise fréquemment « l'Editor's Column » de l'*American Sociologist*, dont il est « l'éditeur », pour faire valoir sa position, qui est de considérer l'*American Sociological Association* comme une « association professionnelle »[22].

De la complicité au complot

Que la sociologie ait connu au cours des années 50 et 60 un rapide développement, à la fois en tant que « discipline intellectuelle » et en tant que « corps de professionnels qui ont acquis un sentiment d'identité, de continuité et de confiance[23] », nul ne peut le nier. Pourtant, il ne semble pas que cette professionnalisation plus poussée lui ait assuré une complète autonomie : les chercheurs ou spécialistes en sciences sociales continuent de s'affirmer « objectifs », « indé-

---

20. Ce point de vue, Parsons le développe dans un article paru en 1959 : « Some Problems Confronting Sociology as a Profession », *American Sociological Review*, vol. 24, 1959, pp. 547-559, reproduit in S.M. Lipset et N.J. Smelser, *Sociology, the Progress of a Decade*, Prentice-Hall Inc., 1961, pp. 14-30.

21. Les tâches premières des sociologues sont, selon Parsons, les suivantes : doter les départements universitaires des personnes les plus compétentes et leur permettre de poursuivre des recherches aussi « pures » que possible; maintenir des standards élevés de compétence et d'objectivité et éviter que la sociologie soit impliquée dans des débats idéologiques; etc.

22. En particulier, le texte paru en mai 1966, dans lequel Parsons précise que l'*Association* des sociologues est une association professionnelle, mais dans un sens qui n'est pas celui où on l'entend pour les principales associations appliquées (T. Parsons, « Editor's Column », *American Sociologist*, vol. 1, no 3, May 1966, pp. 124-127).

23. Page, A., *The Sociological Enterprise*, Boston, Houghton Mifflin Co., 1967, p. 158. Voir aussi E. Sibley, *The Education of Sociologists in U.S.*, New York, Russell Stage Foundation, 1963; S. Riley, « Membership in the A.S.A. », *American Sociological Review*, vol. 25, 1960; A. Ferris, « Sociological Manpower », *American Sociological Review*, vol. 29, 1964, pp. 105-106.

pendants», etc., mais le développement de la recherche sociologique devient de plus en plus étroitement dépendant des ministères gouvernementaux et des entreprises privées. C'est d'ailleurs ce que tend à dévoiler la fameuse affaire du Projet Camelot, qui éclate en 1964, mais qui ne mobilise qu'une petite proportion des spécialistes en sciences sociales. En effet, comme le souligne Blumer, on retrouve très peu de références à cette «affaire» dans les revues «professionnelles» de sciences sociales[24]. D'ailleurs, lorsque le Projet est élaboré, plusieurs sociologues et anthropologues sont heureux de participer à une «recherche interdisciplinaire et fondamentale avec des fonds relativement illimités» et n'ont nullement l'impression de travailler comme «espions pour le gouvernement américain». C'est seulement lorsque les journalistes d'un pays impliqué, le Chili, dévoilent le caractère «interventionniste» et «impérialiste» du Projet, que sa réalisation est compromise : l'opposition vient alors beaucoup plus des milieux politiques (le Département d'État, le Congrès) que de la «communauté» scientifique américaine. Si, pour leur part, les chercheurs en sciences sociales n'interviennent publiquement que très rarement, c'est peut-être parce que le Projet Camelot risque, d'une part, de rendre plus difficile tout travail de recherche dans des pays étrangers[25] et, d'autre part, d'entraîner une diminution considérable des subventions qu'accorde le gouvernement aux recherches en sciences sociales.

Parmi les quelques sociologues qui critiquent le Projet Camelot et qui tentent de mobiliser leurs collègues, l'un des plus actifs est I.L. Horowitz, qui publie d'abord des articles[26] et s'occupe ensuite de la réalisation d'un ouvrage collectif[27]. Au début, celui-ci adopte une attitude d'indignation devant la très grande dépendance des sciences sociales à l'égard des gouvernements et des entreprises privées et propose des moyens qui permettraient de leur assurer une plus grande autonomie (par exemple, accorder des fonds à des individus et non à des groupes, consacrer une partie de chaque fonds de recherche à la recherche «libre», etc.). Mais très rapidement, Horowitz prend conscience qu'il existe un lien étroit entre une théorie sociologique (le fonctionnalisme) et une idéologie politique (le conser-

---

24. Blumer, H., «Threath from Agency-Determined Research : The Case of Camelot», in I.L. Horowitz, Ed., *The Rise and Fall of Project Camelot,* Cambridge, M.I.T. Press, 1967, pp. 153-174. Ceux qui interviennent dans ce débat sont habituellement des chercheurs qui n'occupent pas de positions supérieures dans le champ sociologique et qui utilisent des revues de faible prestige *(American Sociologist, Transaction).*

25. Tel est, par exemple, le cas de K.H. Silvert qui craint «qu'après avoir investi vingt ans en Amérique latine, ses recherches soient paralysées» («American Academic Ethics and Social Research Abroad : The Lesson of Project Camelot», in I.L. Horowitz, Ed., *The Rise and Fall of Project Camelot,* pp. 88-106).

26. Horowitz, I.L., «The Rise and Fall of Project Camelot», *Transaction,* vol. 8, no 1, 1965, pp. 3-44; Horowitz, I.L., «Social Science and Public Policy : Implications of Modern Research», *International Studies Quarterly,* vol. XI, no 1, Spring 1967, pp. 32-62.

27. Horowitz, I.L., *The Rise and Fall of Project Camelot.*

vatisme) : la tâche qu'il se donne alors est de contribuer à l'élaboration d'une «nouvelle sociologie» *(new sociology)* qui serait plus engagée, *i.e.* qui servirait les intérêts des fermiers et des travailleurs, des pauvres et des groupes minoritaires, etc.

La sociologie «se radicalise»

Même si Horowitz parvient difficilement à mobiliser ses collègues, ceux-ci n'en prennent pas moins conscience de la nécessité d'une réévaluation des postulats de la recherche sociologique et de l'élaboration d'un code d'éthique. Même le conseil de l'*American Sociological Association* tente d'ailleurs de réparer le tort fait à la discipline et à son image publique, en créant un comité dont la tâche est d'élaborer un tel code d'éthique. Mais déjà plusieurs jeunes chercheurs, qui ont acquis leurs diplômes au cours des années 60 et qui souvent ont découvert Marx, posent différemment les problèmes : ils refusent d'endosser la position du *value-free* et se définissent comme «engagés», plus précisément comme «radicaux». Leurs principales actions, entre 1967 et 1970, sont de troubler les congrès annuels de l'*American Sociological Association* et d'organiser le *Sociology Liberation Movement* et *l'Union of Radical Sociology.*

Plusieurs sociologues ont tenté de minimiser l'importance de ce mouvement en disant, par exemple, qu'il était composé d'étudiants ou de jeunes et qu'il n'était, en quelque sorte, que le *spin-off from the general radical movement*[28]. Mais si l'on tient compte du fait que le principal auditoire des sociologues sont les étudiants et que la position d'un sociologue dans le champ intellectuel n'est pas totalement indépendante de sa popularité auprès des étudiants, «l'influence» de ce mouvement ne peut être négligeable : il ne s'agit pas d'un conflit de générations, mais d'un conflit de légitimité — et donc d'intérêts. Tout comme le développement de la recherche empirique et méthodologique, la naissance d'une «sociologie radicale» n'est pas indépendante de la saturation du marché des diplômés en sociologie : elle est autant une manière d'élargir le marché du travail que de contester la compétence et, par conséquent, la légitimité de ceux qui occupent les postes.

Parmi ceux qui deviennent les porte-parole de ce mouvement, A.W. Gouldner se distingue par le nombre de ses textes et par l'étendue de son public. Dès le début des années 60, il publie un article dans lequel il critique la position qu'adoptent la plupart de ses collègues, celle de la *value-free*[29]. Une

---

28. Roach, J.L., «The Radical Sociology Movement : A Short History and Commentary», *The American Sociologist,* vol. 5, no 3, August 1970, pp. 224-233.
29. Gouldner, A.W., «Anti-Minotaur : The Myth of a Value-Free Sociology», *Social Problems,* 9, Winter 1962, pp. 199-213.

dizaine d'années plus tard, Gouldner publie un volumineux ouvrage, *The Coming Crisis of Western Sociology*[30], où il poursuit sa critique de la sociologie «académique» et, en particulier, de celle de T. Parsons. Même s'il manifeste beaucoup de sympathie envers la «jeune génération radicale», il lui reproche cependant de négliger les problèmes théoriques pour ne s'intéresser qu'à une action politique pragmatique. Refusant pour sa part de dissocier la critique de la société de la critique des théories concernant la société, il entreprend «une critique de la sociologie moderne dans ses principales caractéristiques institutionnelles et intellectuelles comme un élément d'une critique plus générale de la société et la culture moderne[31]». Et pour y parvenir, il utilise les instruments que lui offre sa discipline : il pose aux sociologues les mêmes questions que ceux-ci posent à diverses populations ou catégories de la population. Aussi «l'autonomie» de la sociologie lui apparaît-elle mythique : son objectif premier est d'ailleurs d'en démontrer la dépendance, principalement par rapport au système culturel (langage, vision du monde, etc.). Par exemple, Gouldner formule une hypothèse, très voisine de celle de R. Lynd, à savoir qu'il existe une relation très étroite entre la «culture utilitariste» des classes moyennes américaines et la sociologie américaine. Et ce qu'il propose à la suite d'une longue critique de l'oeuvre de Parsons, c'est l'élaboration d'une «sociologie réflexive», dont la tâche serait non seulement d'étudier les sociologues, mais aussi de «les transformer [...], de les enrichir de nouvelles sensibilités et d'élever leur conscience à un niveau historique[32]».

Le sociologue devant son miroir

À plusieurs égards, Gouldner se situe, par le travail qu'il effectue, en continuité avec les premiers sociologues «radicaux» tels Lynd et Mills. Sa critique de la sociologie, qui est largement «culturaliste», *i.e.* qui met au compte de la culture (américaine) les caractéristiques de la sociologie (américaine), est fonction même de l'élaboration d'une «autre», d'une «nouvelle» sociologie. Cette démarche est aussi celle qu'emprunte R.W. Friedrichs dans un ouvrage intitulé *A Sociology of Sociology*[33]. Si Friedrichs analyse longuement diverses théories et conceptions de la sociologie, ce n'est en fait que pour inviter ses collègues à une plus grande

---

30. Gouldner, A.W., *The Coming Crisis of Western Sociology*, New York, Basic Books Inc., 1970, 528 p. Dès sa publication, cet ouvrage est l'objet d'une vive discussion entre sociologues américains. Gouldner lui-même répond alors à quelques-unes des critiques qui lui sont faites (A.W. Gouldner, «On the Quality of Discourses Among Some Sociologists», *American Journal of Sociology*, vol. 79, no 1, July 1973, pp. 152-157).

31. *Ibid.*, p. 14.

32. Gouldner, A.W., *The Coming Crisis of Western Sociology*, p. 489.

33. Friedrichs, *A Sociology of Sociology*.

«ouverture», à un plus grand «dialogue», bref à une plus grande tolérance. Comme lui-même l'avoue, sa *sociology of...* n'est en fait qu'un *argument for...*[34].

Tout semble donc se passer comme si toute analyse sociologique de la sociologie ne pouvait en être que la critique et une «arme» entre les mains de groupes «contestataires». Mais en fait, d'autres sociologues ont tenté parallèlement, dès la fin des années 50 et le début des années 60, de dissocier le travail d'analyse du travail de critique ou de combat, et ont contribué à la constitution d'un nouveau sous-champ, celui de la sociologie de la sociologie (et des sciences sociales). L'une des premières recherches empiriques importantes est celle de Lazarsfeld et de Thielens qui, même s'ils s'intéressent d'abord à «l'esprit académique», n'en prennent pas moins comme population des professeurs en sciences sociales[35]. Lazarsfeld poursuit pour sa part des recherches en histoire de la sociologie empirique[36] et réunit à Columbia un groupe de chercheurs qui réalisent des études dans ce secteur[37]. C'est aussi à ce moment qu'un sociologue américain, E. Sibley, entreprend, à la demande même de l'*American Sociological Association*, la première grande recherche systématique ayant pour objet spécifique les sociologues américains. D'abord descriptive (nombre de Ph.D., occupations des sociologues, salaires, contenu de l'enseignement, etc.), cette étude est effectuée dans le but de formuler des recommandations concernant la formation même des sociologues[38]. L'intérêt pour ce secteur de recherche devient alors tel qu'en 1967, l'*American Sociological Association* crée une section de sociologie de la sociologie. Plusieurs chercheurs s'emploient alors à analyser la «communauté» sociologique américaine en s'inspirant de travaux réalisés soit en sociologie de l'éducation, soit en sociologie de la science. Certains s'intéressent à l'étude des interactions entre chercheurs en sciences sociales,

---

34. *Ibid.*, p. 289.
35. Lazarsfeld, P.F. et W. Thielens, *The Academic Mind : Social Scientists in Time of Crisis*, Illinois, Free Press of Glencoe, 1958.
36. Lazarsfeld, P.F., «The Sociology of Empirical Social Research», *American Sociological Review*, XXVII, 1962, pp. 757-767.
37. Par exemple, A. Oberschall, *Empirical Social Research in Germany*, Paris-LaHaye, Mouton, 1965. Dans un texte de préface à cet ouvrage, Lazarsfeld présente le programme de son groupe de recherche, qui est de répondre aux trois questions suivantes : «Quel est le développement intrinsèque des idées et des techniques de recherche d'une période à une autre ? Quels sont les contextes sociaux (institutions, contacts personnels, controverses) dans lesquels le progrès fut favorisé ou non ? Quels sont les facteurs historiques et culturels qui influencent la naissance et le développement de la recherche sociale empirique ? «Voir aussi A. Oberschall, *The Establishment of Empirical Sociology*, New York, Harper and Row, 1972.
38. Sibley, E., *The Education of Sociologists in U.S.*, New York, Russell Stage Foundation, 1963.

d'autres à l'étude de la hiérarchie des départements, des revues ou des chercheurs[39]. La revue *The American Sociologist* devient le principal moyen de diffusion de recherches empiriques en sociologie de la sociologie.

QUESTIONS DE SOCIOLOGIE AU QUÉBEC

Au Canada et au Québec, les chercheurs en sciences sociales semblent avoir abordé ces questions beaucoup plus rarement et avec beaucoup moins de vigueur. L'absence presque complète d'analyses et de critiques des sciences sociales serait, selon l'hypothèse de Vallée et Whyte[40], la conséquence d'une surabondance de travail. En fait, il serait plus simple d'expliquer cette situation par la position qu'occupent les sciences sociales dans le système universitaire et dans le champ intellectuel : tant qu'elles n'ont pas acquis une véritable légitimité culturelle et ne sont pas en mesure de défendre leur autonomie, ces disciplines ont plus intérêt à démontrer leur « sérieux » et à prouver leur utilité sociale qu'à dévoiler leurs faiblesses (théoriques, méthodologiques, etc.) et leurs partis pris. Si l'on exclut quelques textes épars[41], l'auto-analyse ne s'est développée au Québec qu'à partir du début des années 60, c'est-à-dire à un moment où les sciences sociales ont détrôné la « reine des sciences » que voulait être la philosophie. Cette auto-analyse prendra trois formes : socio-historique, épistémologique et socio-critique.

La reconstitution d'une histoire

La première démarche réflexive est elle-même étroitement liée à la conquête d'une légitimité culturelle : il s'agit, par la constitution d'une histoire de la discipline, de se donner une « profondeur » historique et de se découvrir des « pères-fondateurs ». Premier professeur de sociologie dans une université québécoise de langue française, Jean-Charles Falardeau est celui qui initie ce « retour aux sources » et qui, redécouvrant le sociologue Léon Gérin (1863-1951), lui redonne une actualité : il publiera, dans *Recherches sociographiques*, une excellente « Introduction

---

39. Lewis, L.S., « On Subjective and Objective Rankings of Sociology Departments », *American Sociologist*, 3, May 1968, pp. 129-131 ; D.D. Knudsen et T.R. Vaughan, « Quality in Graduate Education : A Reevaluation of the Rankings of Sociology Departments of the Carter Report », *American Sociologist*, 4, Feb. 1969, pp. 12-19 ; N.D. Glenn et W. Villemez, « The Productivity of Sociologists at 45 American Universities », *American Sociologist*, 5, August 1970, pp. 244-252. Pour une représentation de ces recherches, voir J.E. Curtis et J.W. Petras, « Introduction », in *The Sociology of Knowledge*, London, G. Duckworth & Co., 1970, pp. 45-60.

40. F.G. Vallée et P.R. Whyte, « Canadian Society : Trends and Perspectives », in B.R. Blishen *et al.* (Éds), *Canadian Society : Sociological Perspectives*, Toronto, MacMillan, 1968, p. 849.

41. Par exemple, Arthur Saint-Pierre, « Esquisse historique de la pensée sociale au Canada français, 1910-1935 », *Culture*, XVIII, 1957, pp. 310-317.

à la lecture de son oeuvre[42] ». Au même moment, Hervé Carrier, jésuite, s'intéresse à ce sociologue encore fort controversé[43] et lui consacre une thèse qu'il publie aux éditions Bellarmin : *Le sociologue canadien Léon Gérin, sa vie, son oeuvre*[44]. Pour sa part, Falardeau poursuivra sa recherche de «précurseurs» et, dans son ouvrage *Essor des sciences sociales au Canada français*[45], il associera aux premiers jalons de l'histoire des sciences sociales des intellectuels qui ont tenté d'orienter le destin canadien-français, à savoir : F.-X. Garneau, Arthur Buies, Edmond de Nevers, Errol Bouchette, Étienne Parent et Léon Gérin. Directeur-fondateur de la revue *Recherches sociographiques*, Falardeau participera aussi à l'organisation du grand colloque que celle-ci consacrera, en 1960, à *La situation de la recherche sur le Canada français*[46]. Ce colloque fournira plus qu'un inventaire des diverses recherches réalisées au Canada français; il constituera un premier diagnostic quelque peu systématique de l'apport des sciences sociales à la compréhension et au développement de la société québécoise.

L'analyse du développement de la sociologie et des diverses sciences sociales conserve rarement une dimension purement historique : lorsque ce sont des sociologues qui la réalisent, l'analyse acquiert une dimension proprement sociologique qui consiste à étudier les conditions sociales de possibilité de ces disciplines. Il s'agit moins d'établir des inventaires et des bibliographies, de rappeler des dates ou d'identifier des acteurs que de retracer le processus d'institutionnalisation de la sociologie et des autres sciences sociales. Telle est la démarche que nous avons adoptée au début des années 70, à un moment où la sociologie de la connaissance était elle-même renouvelée par le développement de la sociologie des sciences.

---

42. I, 2, avril-juin 1960, pp. 123-160. Voir aussi «Le sens de l'oeuvre sociologique de Léon Gérin», *Recherches sociographiques*, IV, 3, avril-juin 1962, pp. 265-282, et en collaboration avec P. Garigue, *Léon Gérin et l'habitant de Saint-Justin*, Montréal, Presses de l'Université de Montréal, 1968.

43. En 1952, l'anthropologue Philippe Garigue, depuis quelques années professeur à l'Université McGill, publie un article, «Mythes et réalités dans l'étude du Canada français» (*Contribution à l'étude des sciences de l'homme*, no 3, 1956, pp. 123-132) dans lequel il critique les travaux de Gérin, Miner et Hughes et remet en question l'utilisation du concept «Folk-Urban Continuum» dans l'interprétation de l'histoire du Canada français. Cette critique suscitera la réaction de plusieurs spécialistes en sciences sociales, dont celle de Marcel Rioux («Remarques sur le concept de Folk-société et de société paysanne», *Anthropologie*, no 5, 1957) et d'Hubert Guindon («The Social Evolution of Quebec Reconsidered», *The Canadian Journal of Economics and Political Science*, XXIV, November 1960, pp. 533-551).

44. Montréal, 1960. La même année, un historien de l'Université Laval, Claude Galarneau, publie un petit ouvrage sur l'essayiste *Edmond de Nevers* (Québec, Presses de l'Université Laval, 1962).

45. Québec, Ministère des Affaires culturelles, 1964. Voir aussi «Antécédents, débuts et croissance de la sociologie au Québec», *Recherches sociographiques*, XV, 2-3, mai-août 1974, pp. 135-167. À l'un des précurseurs, Falardeau consacre aussi un ouvrage : *Étienne Parent, 1801-1874*, Montréal, Éditions La Presse, 1974.

46. Québec, Presses de l'Université Laval, 1962.

Notre thèse de doctorat[47] et notre article sur «L'institutionnalisation des sciences sociales au Québec», tout en se limitant à l'analyse de la mise sur pied et du développement des facultés des Sciences sociales de l'Université de Montréal et de l'Université Laval (1920-1970), offraient une description du processus de constitution d'un nouveau groupe de spécialistes, en particulier des luttes menées pour acquérir une légitimité culturelle et une reconnaissance institutionnelle (imitation de modèles d'enseignement étrangers, recours à une main-d'oeuvre formée à l'étranger, alliance avec les membres d'autres disciplines, multiplication des activités de recherche, des publications et des initiatives sociales, etc.). En raison même de l'interpénétration des champs intellectuel, religieux et politique, cette lutte acquiert une dimension politique et s'inscrit dans les débats publics (contre Duplessis, l'idéologie clérico-nationaliste, le conservatisme, etc.) : la «victoire» des sciences sociales exige et appelle non seulement une modification de la définition du travail politique (recours à l'étude de la réalité sociale, etc.), mais aussi une restructuration des rapports sociaux[48].

Dans une perspective similaire, Michel Leclerc[49] effectue, quelques années plus tard, une étude du développement institutionnel de la science politique au Québec. Pour la période qui va de 1920 à 1980, Leclerc distingue deux grandes phases; celle de l'avènement des sciences sociales et politiques (1920-1954), caractérisée par la marginalité de l'enseignement de la discipline et par l'«amateurisme» de ceux qui s'y intéressent, et celle de l'institutionnalisation de la science politique (1954-1980), marquée par la reconnaissance et la consolidation institutionnelle. Tout en décrivant le processus de structuration interne du champ de la science politique (constitution d'un corps de spécialistes diplômés, mise sur pied et modification des programmes d'enseignement, multiplication des activités de recherche et des publications, etc.), Leclerc met en lumière les conditions sociales et politiques qui ont rendu possible le développement institutionnel de la science politique au Québec. Ce développement est étroitement associé à la mise en place d'appareils politiques de régulation et de légitimation idéologique, en particulier au milieu des années 60, à un moment où s'accentuent les besoins de l'État en matière de technologie sociale.

---

47. Marcel Fournier, *Les sciences sociales au Québec, institutionnalisation et différenciation de disciplines dans une situation de double dépendance*, Thèse de doctorat, E.P.H.E. — La Sorbonne, Paris, 1974.
48. Marcel Fournier, «L'institutionnalisation des sciences sociales au Québec», *Sociologie et Sociétés*, V, 1, mai 1973. Voir aussi : «La sociologie québécoise contemporaine», *Recherches sociographiques*, XV, 2-3, 1974, mai-août 1974, pp. 163-201; «Édouard Montpetit et l'université moderne ou l'échec d'une génération», *Revue d'histoire de l'Amérique française;* et en collaboration avec Gilles Houle, «La sociologie québécoise et son objet : problématiques et débats», *Sociologie et Sociétés*, XV, 2, octobre 1980, pp. 21-45.
49. Michel Leclerc, *La science politique au Québec*, Montréal, L'Hexagone, 1982.

Au Canada anglais, on voit apparaître également au début des années 70 un vif intérêt pour l'étude sociologique et historique des sciences sociales au Canada : analyse des caractéristiques sociales du corps professoral des départements universitaires[50], reconstitution de l'histoire de l'une ou l'autre des disciplines et de l'évolution des programmes d'enseignement[51], présentation de la contribution des principaux acteurs[52], formulation d'hypothèses et réflexions générales[53], etc. L'une des principales questions qu'abordent ces études ou réflexions est celle de la «canadianité» de la sociologie réalisée au Canada : souvent originaires des États-Unis ou formés dans les universités américaines, les sociologues canadiens-anglais semblent en effet peu préoccupés, jusqu'au développement récent d'une économie politique, d'étudier la société canadienne. Par ailleurs, la comparaison entre le Canada anglais et le Québec francophone montre une différence très nette entre les spécialistes en sciences sociales : les spécialistes canadiens de langue anglaise apparaissent moins engagés dans les débats politiques et n'ont pas le véritable statut d'intellectuel.

À la recherche des fondements

La multiplication des travaux en sociologie et en histoire des sciences sociales est le signe d'une nouvelle «réflexivité» qui se manifeste parmi les membres de ces disciplines, mais elle n'élimine pas cette réflexivité qui, traditionnellement rattachée à la démarche philosophique, se renouvelle avec le développement d'une épistémologie alimentée par les recherches en philosophie des sciences et en philosophie du langage. D'ailleurs, les départements de sociologie introduisent dans leurs programmes d'enseignement des cours spécifiques d'épistémologie, et ceux qui en prennent la responsabilité publient plus fréquemment des articles et des ouvrages à caractère méthodologique et épistémologique. Au début des années 80, deux numéros de la revue *Sociologie et Sociétés* seront consacrés respectivement à la méthodologie et à la théorie en sociologie.

---

50. J.P. Curtis, D.M. Candor et J. Hard, «An Emergent Professional Community : French and English Sociologists and Anthropologists in Canada», *Informations sur les sciences sociales,* vol. 9, août 1970.

51. Par exemple les travaux de Harry H. Hiller («The Canadian Sociology Movement : Analysis and Assessment», *Canadian Journal of Sociology,* 4, 2, 1979, pp. 125-150).

52. W. Clement, «John Porter and Sociology in Canada», *The Canadian Review of Sociology and Anthropology,* vol. 18, no 5, 1981, pp. 584-594.

53. S.D. Clark, «Sociology in Canada : An Historical Overview», *Canadian Journal of Sociology,* vol. 1, no 2, 1975, pp. 225-234; R. Brym, «New Directions in Anglo-Canadian Historical Sociology», *Canadian Journal of Sociology,* vol. 4, no 3, 1979, VII-IX; H.H. Hiller, «Paradigmatic Shifts, Indigenization and the Development of Sociology in Canada», *Review of Social History of Behavioral Sciences,* 12, 1980, pp. 263-274; D.R. Whyae, «Sociology and the Nationalist Challenge in Canada», *10th World Congress of Sociology,* Mexico, August, 1983, 41 p.

Au Québec, le sociologue Fernand Dumont est si fortement identifié à cette démarche réflexive qu'il est considéré autant comme un philosophe que comme un sociologue. Dès le début des années 60, Dumont publie deux articles qui contiennent les prolégomènes de la réflexion théorique qu'il poursuivra : «Les sciences de l'homme et le nouvel humanisme» paru dans *Cité libre* (octobre 1961), et «Idéologie et savoir historique», paru dans les *Cahiers internationaux de sociologie* (XXXVe, 52, 1963). Ses interrogations porteront, d'une manière indissociable, sur les sciences sociales et humaines[54], sur les idéologies[55] et sur la culture des sociétés contemporaines[56]. Expression d'une culture en érosion, l'émergence des sciences sociales et humaines apparaît liée à la transformation de la société occidentale, à son passage de la tradition à la modernité. Vaste entreprise d'analyse critique des sciences de l'homme, son livre, *L'anthropologie en l'absence de l'homme,* substitue à une épistémologie traditionnelle, préoccupée de déterminer les critères de vérité, une épistémologie de la pertinence, qui resitue la science dans la culture. Produit d'une culture, la science (de l'homme) qui explique ou interprète cette culture est aussi une production de la culture; elle contribue à combler un vide, une *absence* (de sens), celle qu'a produite l'entrée des sociétés occidentales dans la modernité. La démarche de Dumont acquiert ainsi une dimension métaphysique, puisqu'elle traduit une angoisse, celle de l'homme de science face à son objet (la société) et aussi face à son propre savoir.

Les pièges du pouvoir

Des sciences sociales, Guy Rocher dira aussi, mais d'une manière plus prosaïque, qu'elles sont des «contributions à la culture» en ce sens qu'elles diffusent une «culture moderne plus accordée aux exigences du monde contemporain[57]». Professeur de sociologie à l'Université de Montréal, Rocher rédigera, dans le cadre de son enseignement, une importante *Introduction à la sociologie générale*[58] et consacrera un ouvrage à la présentation de l'oeuvre du sociologue Talcott Parsons, qui a été son professeur à l'Université Havard[59]. Pour ce sociologue directement impliqué dans la réforme de l'éducation au Québec *(Rapport Parent),*

---

54. Fernand Dumont, *Chantiers. Essai sur la pratique des sciences de l'homme,* Montréal, HMH, 1973; *La dialectique de l'objet économique,* Paris, Anthropos, 1972; *L'anthropologie en l'absence de l'homme,* Paris, PUF, 1982.
55. Fernand Dumont, *Les idéologies,* Paris, Presses universitaires de France, 1976. Voir aussi la série d'ouvrages dont il dirige l'édition en collaboration avec J.-P. Montminy, *Les idéologies au Canada français,* Québec, Presses de l'Université Laval.
56. F. Dumont, *Le lieu de l'homme,* Montréal, HMH, 1968.
57. G. Rocher, «Sciences sociales, contribution à la culture», *L'enseignement des sciences sociales,* Faculté des Sciences sociales, Université de Montréal, octobre 1962, p. 42.
58. HMH, Montréal, 1968-1969, 3 tomes.
59. G. Rocher, *T. Parsons et la sociologie américaine,* Paris, PUF, 1972.

la sociologie demeure certes une discipline intellectuelle fondamentale, mais elle constitue aussi un *agent de changement social*.

> Par son analyse globale et surtout par ses activités dans des organisations bureaucratiques, publiques ou privées, dans des associations volontaires, des mouvements ou par sa participation sous différentes formes à des débats publics, le sociologue peut être appelé à remplir une action parfois ambiguë, mais dont l'impact est certain : il s'agit d'une action dans laquelle il se trouve à jouer un rôle d'expert, de consultant et de leader intellectuel[60].

Rocher rappelle qu'au Québec, les sociologues ont eu une influence réelle pendant la Révolution tranquille, tant par leurs analyses globales et leur participation directe à la politique et aux débats publics, que par leur implication dans diverses organisations. Il invite aussi les sociologues à prendre «une conscience plus aiguë des exigences de leur insertion dans la société et des conséquences épistémologiques et éthiques qui en découlent[61]».

Les sciences sociales sont donc beaucoup plus qu'un mode de distanciation critique : elles constituent aussi de véritables *technologies sociales*, c'est-à-dire des moyens de gérer d'une manière instrumentale des ressources sociales et humaines, et de contrôler le fonctionnement de la société. Grâce aux enquêtes par sondage sur les besoins et les opinions, aux études des organisations, etc., ces disciplines permettent la modernisation de la gestion des affaires publiques (État), la rationalisation du développement et la réalisation de réformes sociales (en éducation, en santé, en relations de travail, etc.) et, de ce fait, concourent à l'institutionnalisation des conflits.

Étroitement associées à cette modernisation et à cette rationalisation de la gestion publique, les sciences sociales peuvent difficilement échapper à la critique à partir du moment où l'État lui-même et son mode de fonctionnement sont l'objet d'une remise en question. On intente aux sciences sociales un véritable procès, non seulement dans les groupes politiques[62], mais aussi dans les milieux académiques. Dans son ouvrage intitulé *La longue marche des technocrates*, J.-J. Simard définit bien l'ampleur et la rapidité du développement de la technocratie au Québec au tournant des années 60 : «Les experts du comportement humain et manipulateurs de social se propagent, note-t-il, comme des lapins; cette forme

---

60. G. Rocher, «Réflexions sur le métier de sociologue au Québec et au Canada» (1970), in *Le Québec en mutation*, Montréal, HMH, 1973, p. 271.

61. *Ibid.*, p. 278.

62. Le «procès» des sciences sociales est aussi provoqué par le renouveau d'intérêt dont jouit le marxisme à la fin des années 60 et qui conduit à substituer à la sociologie et aux autres sciences sociales une «*économie politique*». Dans cette perspective, les sciences sociales sont rangées du côté de l'idéologie (dominante), au service de la bourgeoisie.

s'accroît de 420,5 %» (passant de 185 en 1964 à 972 en 1971)[63]. Dans l'analyse qu'il poursuit, Simard tente d'«explorer les relations entre les nouvelles conditions de la production capitaliste, la montée des troupes technocratiques, les idéaux et les travaux de la Révolution tranquille[64]». Son jugement est sévère, radical : comme il le démontre pour le développement régional (BAEQ), la technobureaucratie étend, sous le couvert de la consultation et de la participation, «ses tentacules dans toutes sortes de recoin de la vie quotidienne[65]». La contribution des sciences sociales est, de ce point de vue, de l'ordre de «la cybernétisation même de notre vie sociale : encadrement systématique, fonctionnalisation des participations [...], diffusion de l'idéologie techniciste de la démocratie par les structures, la multiplication desdits «permanents», les dossiers qui remplacent les *hustings*[66].

La critique comme mode de connaissance

Entre la critique de la sociologie (et des autres sciences sociales) et l'élaboration d'une sociologie critique, la distance n'est pas très grande. Dès les années 60, le sociologue-anthropologue Marcel Rioux abandonne la problématique fonctionnaliste pour radicaliser à la fois ses engagements sociaux et son analyse de la société. Militant dans les mouvements laïc et socialiste, membre-fondateur de la revue *Socialisme québécois*, Rioux s'inspire manifestement du marxisme, qu'il enseigne d'ailleurs à l'Université de Montréal. L'article qu'il publie en 1969, «Sociologie critique et sociologie aseptique[67]», oppose Marx à Weber et propose le «retour à une sociologie critique». La sociologie n'a pas, comme le fait le fonctionnalisme aux États-Unis, à étendre la méthode opérationnelle des sciences physiques à l'étude de la société et à se transformer en un «engineering social» peu préoccupé des questions de liberté, de dignité humaine et de progrès moral. Au contraire, elle doit, à la manière de la psychanalyse, étudier les rationalisations collectives et contribuer à déterminer les conditions de la «bonne société». Puis, dans la mouvance de la contre-culture et de la critique des sociétés socialistes, Rioux prend ses distances à l'égard du marxisme en tant que théorie et doctrine politique pour se rapprocher de l'École de Francfort (Marcuse, Habermas, etc.). Dans son *Essai de sociologie critique*, Rioux réévalue l'apport du marxisme, fournit à partir du concept d'aliénation une analyse critique de la société contemporaine, en

---

63. Jean-Jacques Simard, *La longue marche des technocrates,* Montréal, Éditions Albert Saint-Martin, 1979, p. 38.
64. *Ibid.,* p. 12.
65. *Ibid.,* p. 38.
66. *Ibid.,* p. 21. Pour une analyse critique de l'expérience du BAEQ et aussi d'autres expériences et participation (CLSC, etc.), voir Jacques Godbout, *La participation contre la démocratie,* Montréal, Éditions Albert Saint-Martin, 1983.
67. *Sociologie et Sociétés,* vol. 1, no 1, mai 1969, pp. 53-67.

particulier des États-Unis, et établit les fondements d'une «recherche des possibles émancipatoires de cette société» en «réhabilitant l'importance de la production symbolique, de la catégorie du possible et de l'imaginaire social[68]». Sa démarche théorique et politique le conduit aussi à établir une convergence entre la sociologie critique et les mouvements sociaux et politiques qui prônent l'autogestion.

Véritable «faux bond au rationalisme et au positivisme[69]», le développement d'une sociologie critique s'inscrit donc dans une recherche d'alternatives, recherche qui, dans le contexte culturel des années 70 et 80, tend à opposer non seulement des projets de société et des idéologies, mais aussi des technologies et des modes de pensée. Si les sciences sociales sont critiquées, ce n'est pas seulement parce qu'elles constituent des idéologies et qu'elles véhiculent des partis pris, mais aussi souvent parce qu'elles participent de la rationalité scientifique.

Encore hier, au moment où les sciences sociales faisaient leur entrée à l'université, sociologues et spécialistes des sciences sociales cherchaient à différencier leurs disciplines d'une «pensée sociale» largement inspirée de la doctrine sociale de l'Église et de la philosophie thomiste : soucieux de distinguer les «jugements de faits» des «jugements de valeur», ceux-ci insistaient sur l'objectivité de leur démarche de recherche et d'analyse. Alors qu'il était doyen de la faculté des Sciences sociales et directeur du département de Science politique de l'Université de Montréal, Philippe Garigue se faisait le défenseur d'une «éthique scientifique» fondée sur le principe de la «neutralité axiologique». Sans abandonner toute préoccupation pour «l'amélioration de la condition humaine», Garigue centrait la formation des étudiants en sciences sociales sur la «préparation à la connaissance objective de la réalité sociale».

> La première ambition [de la faculté des Sciences sociales] est de faire comprendre aux étudiants que le problème du pouvoir en science politique, de la répartition des richesses en sciences économiques, des relations sociales en sociologie, de l'unité et de la diversité des cultures en anthropologie, du bien-être social en service social, des relations du travail en relations industrielles, demande une *objectivité scientifique*. Être des sciences sociales, c'est avoir le goût de l'objectivité dans l'analyse et la pratique des méthodes par lesquelles cette objectivité transforme en données concrètes l'étude de ces matières[70].

Vingt-cinq ans plus tard, les convictions sont, en sciences sociales, moins affirmées et les certitudes plus rares. Dans des thèses de doctorat qu'ils défendent au département de Sociologie de l'Université de Montréal, Michel Audet et Andrée

68. Marcel Rioux, *Essai de sociologie critique*, Montréal, HMH, 1978, p. 181.
69. *Idem*.
70. Philippe Garigue, «La faculté des Sciences sociales de l'Université de Montréal», *Culture*, XIX, 4, 1958, p. 399.

Fortin poursuivent des réflexions certes fort différentes, mais toutes deux à caractère épistémologique. Familier avec le *Strong Program* de l'École d'Édimbourg en sociologie des sciences, Audet adopte pour sa part un point de vue relativiste, c'est-à-dire qui relie le contenu de la science sociale au contexte social (ou des rapports sociaux)[71]. Andrée Fortin, qui s'appuie sur E. Morin, C. Castoriadis et autres ténors de la Nouvelle Alliance, ne se limite pas à cette seule relativisation du savoir en sciences sociales : elle dévoile les limites du rationalisme en sciences (caractère non totalement formalisable du langage, du fonctionnement du cerveau et de la société, problème de l'observateur observant, etc.), dénonce la logique comme noyau du rationalisme (logique binaire, etc.), critique le mode d'organisation étatique (centralisation, etc.), et propose un «dépassement», c'est-à-dire l'élaboration d'un nouveau mode de connaissance et d'un nouveau mode d'organisation sociale fondés sur une pensée synthétique qui s'appuierait sur les deux hémisphères cérébraux, l'adoption d'une perspective écologiste, recours à la langue poétique et à des savoirs tels la psychanalyse, la parapsychologie et le taoïsme, mise en place d'un mode autogéré de l'organisation sociale, etc. Bref, Andrée Fortin passe de «l'autre côté du miroir», d'où elle nous invite à «une nouvelle société et à une nouvelle science[72]». La distance entre ce discours et celui que tenaient les spécialistes en sciences sociales dans les années 50 est infinie : hier, on espérait acquérir la maîtrise d'un savoir objectif pour transformer la société; aujourd'hui, on veut changer le mode de connaissance (et le mode d'organisation sociale), en espérant que ces changements contribueront à une transformation de la société... et assureront la survie de l'humanité (et du système écologique auquel elle appartient).

*

* *

Tout autant les analyses socio-historiques des sciences sociales que les critiques théorico-épistémologiques contribuent à rendre plus explicites les diverses fonctions sociales des sciences sociales. Selon la perspective qu'elles adoptent et l'objet qu'elles constituent, ces études et réflexions mettent en évidence la contribution des spécialistes en sciences sociales à la *production des connaissances* et à l'*organisation de la vie sociale*. Sous un angle, leur savoir apparaît doublement positif en ce sens qu'il serait né de l'objectivité et qu'il est indispensable à la réalisation de réformes sociales. Mais sous un autre angle, les sciences sociales font moins bonne figure : non seulement ce savoir est «pourri» — «le ver était dans la pomme» —, mais il fournit aux classes dominantes de nouvelles armes de domination et d'oppression

---

71. Michel Audet, *Le procès social de la production scientifique des sociologues au Québec de 1940 à 1945*, Département de Sociologie, Université de Montréal, 1983, 585 p.
72. Andrée Fortin, *Mode de connaissance et organisation sociale*, Cahiers du CIDAR, Département de Sociologie, Université de Montréal, 1981.

et de nouvelles formes de légitimation. Cette opposition est incontournable à moins d'introduire une troisième dimension analytique, celle des sciences sociales comme moyen de communication. Peut-être plus que toutes les autres disciplines, les sciences sociales constituent une *pédagogie* : tout en transmettant une culture générale, des savoirs spécialisés et des habiletés techniques, elles permettent une distanciation critique et une réflexivité, bref une *prise de conscience*. Cependant, la réalisation de cette tâche n'échappe pas non plus aux «pesanteurs sociologiques» puisque ces connaissances et des habiletés font l'objet d'une appropriation sociale de la part d'individus et de groupes sociaux. Et si hier les sciences sociales constituaient des voies de mobilité sociale, elles apparaissent plus souvent aujourd'hui comme des voies de relégation.

À plus d'un titre, les sciences sociales constituent donc des enjeux sociaux importants : comme élément de connaissance, comme moyen de communication (et de formation) et comme mode de domination et de légitimation. La signification qu'elles prennent dépend largement du contexte sociétal, mais elle n'échappe pas totalement au contrôle de ceux qui les pratiquent, les sociologues, avec toutes leurs dispositions culturelles et leur disponibilité sociale.

CHAPITRE 12

LA VULGARISATION SCIENTIFIQUE

Baudouin Jurdant*
Université Louis-Pasteur
Strasbourg

«DES CHERCHEURS FRANÇAIS ONT REFAIT UNE PARCELLE DE SOLEIL EN LABORATOIRE»; tel est le titre du premier article de la revue *Science et Vie* de septembre 1974. Ce titre est accompagné d'une photo pleine page où l'on voit une grosse tache rouge, aux contours très irréguliers, sur fond bleu. Sur la même page, un autre cliché, plus petit, nous montre une forme vaguement géométrique, en position verticale, blanche et brillante, sur fond rouge bordeaux, une boule d'un vert assez clair et de petites dimensions placée sous une sorte de plafond verdâtre. Voilà ce qu'on voit. Et voici ce qu'on apprend : «Sortant du cryostat (vert) à la température de -269 C, un bâtonnet de deutérium solidifié (blanc) est pris sous l'impact d'un faisceau laser, d'où la fusion qui se produit à cet endroit (lumière rouge). Une réplique de ce qui se passe dans le soleil et qui entretient la vie.»

On aurait pu tout aussi bien dire au profane qu'il s'agissait d'une publicité pour diamant ou d'une aurore boréale. Quant à la grosse tache rouge, elle ressemble plus à un bout de moquette anglaise ou à une planche en couleur d'un nouveau Rorschach qu'au soleil «qui entretient la vie».

---

* Baudoin Jurdant, «La vulgarisation scientifique», *La Recherche* 53, 1975, pp. 141-149.

L'introduction de l'article est plus claire : on y pose le problème du choix entre la fission, «déjà expérimentée», et la fusion, qu'on connaît mal, mais qui déjà, en 1974, se présente comme un «remède à tous nos maux (famine d'énergie, de matières premières, y compris l'uranium, surpeuplement, pollution, etc.)». On tourne la page et le regard se porte aussitôt sur trois paires de petits clichés, qu'on pourrait prendre pour l'ébauche d'un test d'intelligence à la Eysenck. On lit à propos de la troisième paire : «L'impact de 4 faisceaux laser (4 X 50J) sur la cible cylindrique de polyéthylène. On voit nettement la symétrie du phénomène par rapport au centre de la cible. La goutte de plasma pourra être comprimée sans se «casser». Page suivante, un schéma représente un grand cercle surmonté d'une sorte de cloche appelée «temps de confinement» qui renvoie à une note «temps de confinement en secondes». Les mots sont beaux : «machines à miroirs», «Tokamak» (qui fait penser à tomawak, mais, évidemment, ce n'est pas ça), «-pinch», «densité du plasma», «Z-pinch»; les nombres sont très grands ou très petits : 10^{22}, 10^9, etc.; les flèches vont dans tous les sens...

On se sent un peu «dépassé» et, presque sans s'en apercevoir, on commence à tourner les pages plus rapidement, saisissant au vol des intertitres, des mots imprimés en caractères gras, des images, des diagrammes. P. 22 : «Quand le «tokamak» aura un manteau de lithium». P. 24 : « NOUS SERONS BIENTÔT 6 MILLIARDS», titre flanqué d'une courbe exponentielle, coiffée en son sommet d'un point d'interrogation du plus bel effet. P. 33 : le dessin d'une mappemonde transformée en landau, d'où sortent les silhouettes de dizaines de bébés faméliques. P. 36 : «LE GRAND DÉCLIN DES ANTIBIOTIQUES». P. 37: «Les «plasmides», clé du problème». P. 41 : «NEUROPHYSIOLOGIE DU COUP DE FOUDRE» : leur rencontre déclencha chez Roméo et Juliette un «premier signal» qui laissait une «empreinte» dans leurs cerveaux. Et cette trace fut d'autant plus profonde qu'ils étaient tous deux plus jeunes. Ensuite des réactions biochimiques renforcèrent le premier élan, qui devint passion. C'est ainsi que la neurologie aujourd'hui reconstitue le mécanisme de la séduction immédiate ou «coup de foudre». P. 47 : «Le coup de foudre : un souvenir» P. 48 : «LES MOLÉCULES INTER-STELLAIRES : LA VIE PARTOUT PRÉSENTE DANS L'UNIVERS» (on pense aux «BOUILLONS DE VIE DANS LE PRÉTENDU VIDE DES ESPACES GALACTIQUES» du numéro 624 de la même revue). P. 52-53 : une magnifique spirale sur fond jaune vif, au «coeur» de laquelle apparaît l'homme, résultat de 4,5 milliards d'années d'évolution à partir d'un «nuage protosolaire enrichi de molécules». P. 56-57, on assiste en couleurs sur fond «ciel d'encre» à la naissance et à la mort des étoiles. P. 58 : «NOUVEAU TRAITEMENT PSYCHIATRIQUE : LA SENTIQUE», «De Paris à Java, la joie ou la colère ont la même structure. » P. 60 : «J'AI VU SORTIR DE TERRE LE FABULEUX PALAIS D'ASSUR-NAZIRPAL II. » P. 63 : «Déportations massives 3000 ans avant Hitler. » P. 69 : «DEMAIN LA MÉDITERRANÉE NE SERA PLUS QU'UN PETIT LAC SALÉ» :

«Voici comment on peut imaginer la physionomie de la terre dans 50 millions d'années.» (Combien serons-nous à vivre sur terre à ce moment-là? Il est vrai que la maîtrise du mécanisme de la fusion devrait nous permettre de résoudre ce problème!)

Lecture rapide sans doute, oblique, superficielle, ballotée par les rythmes imposés au texte par une typographie journalistique où les caractères «gras» flottent à la surface du «maigre», où «l'italique» vient rompre la monotonie du «droit», où les titres jouent de votre attention comme d'un ballon lancé de part et d'autre du filet aux mailles serrées du texte. Au lieu de faciliter l'effort de concentration, la «mise en page» semble y faire obstacle, par les schémas, les encadrés, les belles images, les gros titres, où le regard se retrouve comme piégé dans une compréhension d'ensemble immédiate, sans effort. L'attention se met très vite à flotter. Le moindre incident peut interrompre la lecture : une visite impromptue, l'arrivée du train en gare, le désir de s'endormir. On prête la revue à un ami, qui la prête à un autre. Avec un peu de chance, au cours d'une conversation, on pourra faire une «sortie» sur la neurophysiologie du coup de foudre.

Sur plus de 1 500 000 lecteurs de *Science et Vie,* servis par une diffusion d'environ 208 000 exemplaires mensuels en 1973, combien peuvent échapper à ce type de lecture? Sans doute y a-t-il aussi les «bons» lecteurs, ceux qui lisent la revue de A jusqu'à Z, animés d'un authentique désir de savoir : peu à peu, ils se forgent une «culture» scientifique d'autodidacte dont l'étendue peut parfois être appréciable. Ainsi, comme dans une classe de lycée, il y aurait les «bons» et les «mauvais»; mais il ne faut pas oublier que, si l'on peut juger la valeur d'un professeur sur les bons résultats, ce sont par contre les mauvais résultats qui expriment le mieux la valeur du système d'enseignement utilisé. Il existe d'excellents vulgarisateurs. Il est peu probable cependant que cette excellence puisse se confondre purement et simplement avec celle de la vulgarisation elle-même. D'où la question : qu'est-ce que la vulgarisation scientifique?

La vulgarisation : une éducation scientifique universelle?

On peut la considérer de multiples façons. La plus répandue est d'y voir une sorte d'éducation scientifique universelle, diffusée principalement par les mass media, et n'ayant pas pour but de former des spécialistes, mais plutôt d'assurer à la science une présence dans la culture générale des gens, afin qu'ils puissent comprendre mieux leur environnement quotidien. Les connaissances scientifiques sont des productions de l'esprit humain, dont les effets pratiques se font sentir dans toutes les aires d'activité sociale. Et si la culture peut être définie comme ce qui permet à l'homme de penser la réalité au sein de laquelle il vit, la science devrait alors y avoir une place de choix.

En effet, cette science n'est-elle pas aujourd'hui partout? À l'instar de la vie, attestée «partout dans l'univers» par la présence des molécules interstellaires, elle émaille de son jargon les conversations les plus populaires. On quantifie les émotions, on biologise la salade (pour en authentifier la croissance sans engrais, c'est-à-dire, «naturelle»), on enzymatise le savon, on structuralise la mode, on diagrammatise la pensée (au lieu de «faire un dessin»). La présence de la science se fait sentir aussi dans nos gestes les plus quotidiens (tourner un interrupteur électrique, circuler en voiture, en ascenseur, en train, en avion, parler à des milliers de kilomètres de distance sans élever la voix, etc.). L'existence de ces gestes somme toute banaux dépend cependant de la mise en oeuvre de moyens parfois gigantesques, dont la rationalité nous échappe presque complètement. Nous savons de moins en moins de choses sur ce qui constitue une part objective de plus en plus importante de notre vie quotidienne. Cette situation tend à accentuer notre dépendance matérielle et psychologique envers la science des spécialistes, le savoir des autres.

Sans doute, les progrès-de-la-science-et-de-la-technique permettent d'espérer une libération de plus en plus complète de l'individu. Ils nous libèrent des contraintes engendrées par les travaux pénibles; ils nous font gagner du temps; ils nous permettent d'accéder à une vie plus facile, plus confortable. Mais cet effet de libération produit par la science est ambigu. D'un côté, nous sommes effectivement plus libres de faire n'importe quoi; de l'autre, cependant, cette liberté dépend d'un ensemble de connaissances scientifiques et techniques de plus en plus compliquées et lointaines.

La vulgarisation s'offre «naturellement» comme l'opération qui doit permettre d'alléger cette dépendance, nous invitant à en savoir un peu plus sur le monde, les autres et la manière dont nous vivons. Elle veut nous faire comprendre les mécanismes de notre libération progressive et instaurer les possibilités d'un contrôle démocratique de ces mécanismes.

«La science est valable universellement, elle s'impose à tout esprit qui consent à la penser, elle fait appel à la seule raison, non au sentiment ou à la volonté. Par suite, elle est essentiellement transmissible.» Cette citation déjà ancienne de R. Aron pourrait servir de justification à la prétention d'universalité de la vulgarisation scientifique. Comme on peut le lire dans le compte rendu de la deuxième réunion-débat de l'AESF (Association des écrivains et journalistes scientifiques de France), la vulgarisation s'adresse «en principe à tout le monde, depuis le jeune enfant jusqu'au savant chevronné». Cette universalité de principe de la vulgarisation est, bien entendu, liée à la validité universelle de son contenu : la science et le «savoir objectif» qui en résulte. Ceci nous fait entrevoir la possibilité d'une motivation purement épistémologique à la diffusion universelle des connaissances scientifiques.

De par sa nature même, le discours objectif des sciences est universellement partageable. Tous peuvent l'énoncer, pourvu que chacun, en l'énonçant, s'efforce d'éliminer de son discours tout élément subjectif susceptible de le rendre imparfaitement reproductible par un autre. Si l'on pouvait repérer par exemple, dans l'énoncé de la théorie de la relativité, quelque indice de la subjectivité particulière d'Einstein, comment les autres physiciens pourraient-ils en reproduire l'énoncé — et en conserver le sens défini par son auteur — sans buter sur l'obstacle de cet indice de subjectivité, non partageable par définition?

Cet aspect essentiel du discours de la science se voit d'ailleurs confirmé par l'importance des questions de priorité dans les découvertes, à l'intérieur de la communauté scientifique[1]. En effet, la seule façon pour le chercheur d'assurer son droit d'auteur sur une découverte est de prouver qu'il fut le premier à l'énoncer. Un artiste, au contraire, a la possibilité de fonder cette revendication sur un aspect si particulier de son discours que personne ne pourrait s'en dire l'auteur sans risquer d'être vite démasqué; il est protégé par un style, dont seule sa subjectivité peut rendre compte. Le scientifique, lui, n'est protégé que par la reconnaissance de sa priorité dans la découverte.

Si donc rien, dans l'énoncé de la théorie de la relativité, ne permet de déceler son origine grâce à la subjectivité d'Einstein, et si, d'autre part, c'est bien le sujet Einstein qui en est l'auteur sans conteste, on se trouve devant le paradoxe d'un discours humain dont l'homme, en tant que sujet, est absent. C'est-à-dire que là où le discours scientifique est censé s'articuler à un auteur-sujet bien déterminé, on trouve une place vide, ou encore, une question sans réponse. Dans le langage ordinaire, cette place est celle du pronom personnel «je», avec toutes les déterminations spatio-temporelles et relationnelles qui en accompagnent l'usage (ici, maintenant, tu, il, ceci, etc.). À la question «Qui parle?» adressée à la science, personne ne peut répondre «Moi!» sans impliquer sa subjectivité dans cette réponse, et donc sans trahir l'objectivité scientifique.

C'est en mettant en place un tel discours objectif (c'est-à-dire non subjectif) que la science découvre son universalité. Tout être humain y a forcément accès, en vertu d'une équivalence stricte entre chaque être humain, dès qu'on fait abstraction de ce qui le caractérise en tant qu'individu, comme le fait le discours de la science. Cette universalité est la condition épistémologique nécessaire pour qu'apparaisse ce qui est vécu dès le XVIIIe siècle comme une véritable *exigence* de vulgarisation; exigence que l'état actuel des sciences, leur tendance à une spécialisation de plus en plus poussée, leur «jargonisation» de plus en plus complexe et le formalisme de plus en plus abstrait de leurs démonstrations, rendent de plus en plus difficile à satisfaire.

---

1. *Cf.* R.K. Merton, «Priorities in Scientific Discoveries», in *The Sociology of Science*, Univ. of Chicago Press, 1976, pp. 286-324.

En fait, cette motivation épistémologique de la vulgarisation tend à s'estomper aujourd'hui au profit d'une motivation de type sociologique. Ainsi L. Boltanski et P. Maldidier voient dans la vulgarisation une «action de diffusion visant à ouvrir [le champ intellectuel des sciences] sur l'extérieur à mesure qu'il se referme sur lui-même[2]». L'ouverture opérée par la vulgarisation serait ainsi déterminée par un mécanisme sociologique de compensation, répondant à la fermeture qui, au nom de l'efficacité, affecte les disciplines et les spécialités.

Une notion à préciser : les «besoins» du grand public

Qu'elle soit d'ordre épistémologique ou sociologique, l'opération semble en tout cas trouver son origine dans *l'offre* de savoir scientifique plutôt que dans une demande de la part du public. Et, de fait, il semble difficile de repérer cette demande pour les informations scientifiques; non pas tant parce qu'elle n'existe pas du tout, que parce qu'on suppose une sorte d'hiatus entre celle-ci et l'offre exprimée par la vulgarisation scientifique.

P.H. Tannenbaum relate les résultats d'une enquête américaine dont le but était d'étudier l'image de la science dans différentes classes sociales, hiérarchisées selon le niveau d'instruction. «Les spécialistes et le public, nous dit-il, tendaient à se montrer d'accord sur leur conception de la maladie mentale, alors que les mass media en présentaient une image différente. Au lieu de constituer une véritable médiation entre les savants et le public, les mass media semblaient introduire un élément apparemment dissonant, représentant les aspects les plus bizarres, sordides et frivoles de la maladie mentale[3]. »

Scientifiques et vulgarisateurs se plaignent de l'indifférence et de l'apathie du grand public. L'homme de la rue, ce personnage énigmatique et foncièrement anonyme auquel ils s'adressent, semble se boucher délibérément les oreilles comme si son ignorance le satisfaisait pleinement. Cette indifférence, cependant, est démentie par les spécialistes de l'éducation permanente qui sont directement à l'écoute du grand public. Le public ne semble guère s'intéresser à ce que la vulgarisation lui offre; tandis que cette dernière, plus soucieuse de son rapport avec la science des spécialistes que de celui qui la lie à son public, semble faire fi des intérêts qui animent la curiosité des gens pour la science. L'an dernier, à Aix-en-Provence, les physiciens tentèrent d'aller à la rencontre de la population, en descendant eux-mêmes dans la rue, avec une partie de leur matériel de laboratoire. L'expérience eut un certain succès, trop faible cependant pour qu'on envisage de la renouveler systématiquement. Le Centre Galilée de Louvain-la-Neuve, en Belgique, a lancé plusieurs opérations analogues : «Biologie sur la place», «Physique sur

---

2. *Information sur les sciences sociales,* IX, 3, 1970, p. 100.
3. *Science,* 140, 580, 1963.

la place», «Énergie sur la place». Ici, on tient compte de la demande précise des habitants d'un quartier. P. Thielen, qui relate l'expérience «Biologie sur la place», montre bien cependant que cette offre de vulgarisation intelligente n'est pas totalement innocente : «Si des universitaires consacrent tant de temps à ce projet, écrit-il, c'est que l'enjeu est de taille. C'est toute la question des relations entre science et société qui se joue. La science a incontestablement perdu de son prestige[4].» Tout en étant animé par l'idée d'une science pour tous, le projet n'est-il pas, au fond, travaillé par cet appel d'universalité qui se trouve au cœur même de la connaissance objective et qu'on peut exprimer par la formule inverse : «tous pour la science»? Cette inversion exprime un fait précis : à défaut d'une universalité réelle de la science, qui équivaudrait à faire de chaque être humain un «scientifique», on pourrait se contenter d'une adhésion universelle au discours de la science, quel que soit le mode de cette adhésion : croyance, espoir, admiration, soumission passive, intérêt culturel ou lucratif, etc.

En outre, n'y a-t-il pas quelque chose d'artificiel à faire descendre la physique dans la rue, car tout le monde sait fort bien que la physique des physiciens — et, il n'y en a pas d'autre — se passe ailleurs?

Qu'est-ce qui distingue la vulgarisation de l'enseignement?

Cette éducation universelle n'est-elle pas déjà assurée par l'enseignement traditionnel que le XIXe siècle a rendu obligatoire pour tous? La vulgarisation n'est-elle pas entièrement superflue? Comment éviter que sa fonction didactique ne vienne faire double emploi avec celle de l'enseignement? En Angleterre, la vulgarisation scientifique n'existe pas sous les formes multiples et avec l'importance que nous lui reconnaissons en France, malgré le nombre et la qualité des programmes éducatifs de la BBC. N'est-ce pas là une preuve concrète de son caractère superflu?

Pour répondre à cette question, il faut d'abord voir ce qui distingue la vulgarisation de l'enseignement sur le plan formel. D'abord, contrairement à l'enseignement, la vulgarisation fonctionne en dehors de toute institution officielle. Le contrat qui unit le vulgarisateur et l'amateur de science est une relation librement consentie de part et d'autre et qui n'entraîne aucune obligation mutuelle. En outre, l'enseignement se déroule à l'intérieur d'un espace concret, nettement séparé des lieux de la vie quotidienne et organisé en rapport direct avec sa fonction (l'école, le collège, le lycée, l'université), alors que la vulgarisation n'a pas de lieu qui lui appartienne en propre. On la trouve aussi bien dans les quotidiens et les hebdomadaires de tous genres (bandes dessinées pour enfants, presse féminine, magazines d'information genre *Paris-Match*) que dans des revues entièrement

---

4. *La Revue nouvelle*, février 1974.

consacrées à la science ou à une discipline particulière, du type *Guérir/Diététique d'aujourd'hui, Science et Vie, Sciences et Avenir, La Recherche,* etc., à la radio (les émissions du Pr Auger) et à la télévision (les programmes de P. Ceuzin, les «flashes» de F. de Closets), dans les maisons de la culture (sous la forme d'expositions itinérantes ou de clubs scientifiques) et dans les musées de sciences et techniques comme le Palais de la Découverte à Paris, sous forme d'ouvrages populaires comme la série des *Tompkins* de Gamow, ou sous forme de films documentaires, etc. Autrement dit, la vulgarisation se développe dans un espace ouvert et abstrait, alors que l'enseignement se déroule à l'intérieur d'un espace fermé et concret.

L'opération vulgarisante est donc polymorphe, comme si la science comme contenu, était indifférente à la nature du support chargé de la transmettre. Face à ce polymorphisme, on voudrait espérer que l'usage privilégié de certains supports, comme la télévision, puisse augmenter l'efficacité didactique de la vulgarisation scientifique. L'image offre en effet au profane les possibilités d'un contact beaucoup plus direct avec les expériences et les découvertes scientifiques. Mais il semble qu'aux facilités ainsi obtenues du côté de l'émission de l'information viennent s'opposer les obstacles d'une passivité accrue au niveau de la réception. Le télé-spectateur assiste au spectacle des sciences. Sa participation intellectuelle est réduite au minimum d'une réceptivité où la confiance envers le savoir des spécialistes et le commentaire des médiateurs ont un rôle encore plus important que dans la vulgarisation par l'écrit. Ici, on tente de satisfaire le désir de savoir du profane avant même que ce désir ait pu se faire reconnaître comme tel. C'est-à-dire que ce désir ne peut avoir de dynamique propre puisque le savoir offert par la vulgarisation est posé comme *désirable a priori.*

Enfin, n'étant pas obligatoire, la vulgarisation ne peut compter que sur les moments de loisir que lui consacreront ses amateurs. Une enquête récemment effectuée en Belgique semble indiquer qu'elle sert à meubler des temps morts, tels que les voyages en train par exemple. Si donc elle se sent investie d'une fonction didactique analogue à (ou complémentaire de) celle de l'enseignement, et qui est de transmettre des connaissances (comme l'indique par exemple, le titre de la revue *Savoir Plus* ou des encyclopédies *Alpha*), il faut immédiatement préciser qu'elle ne met en jeu, pour ce faire, aucune contrainte particulière. La vulgarisation se targue d'offrir une science sans douleur. Cela est d'ailleurs conforme à sa vocation d'ouverture, alors que l'enseignement scientifique, étant obligé de répondre aux exigences de la recherche et de la spécialisation, semble au contraire participer au mécanisme de fermeture des sciences sur elles-mêmes.

Intégrer la science à la culture...

La vulgarisation, dira-t-on, ne cherche pas à former des compétences. Son but est principalement culturel. Le savoir qu'elle transmet est un savoir de culture, c'est-à-dire un savoir destiné à être parlé plutôt qu'agi, un savoir pour savoir (et se faire voir au sein du tableau social) plutôt qu'un savoir dont l'efficacité s'exprimerait avant tout dans l'action. Cette justification, apparemment très solide, suscite néanmoins quelques questions.

Il y a une dizaine d'années environ, C.P. Snow avait ouvert un débat avec son petit livre polémique sur *Les Deux Cultures*[5]. L'auteur s'alarmait du fossé grandissant entre littéraires et scientifiques et préconisait une entente plus harmonieuse entre la culture scientifique et la culture littéraire. Mais que veut-on dire par «culture scientifique»? L'expression se trouve également sous la plume de R. Maheu, à l'ouverture du colloque *Science et synthèse* organisé par l'UNESCO en 1955 : «Les réponses de la science ne doivent donc pas être présentées et reçues comme les oracles d'une caste séparée du commun des hommes, mais comme le résultat des travaux d'une collectivité de plus en plus nombreuse et ouverte, auxquels tous peuvent, que dis-je? doivent participer, ne serait-ce que par un effort de compréhension. C'est à cette condition que la science peut devenir pour tous ce qu'elle a vocation d'être, ce qu'elle est pour ceux qui la vivent : une culture.»

L'usage d'une telle expression indique sans doute la possibilité d'une manipulation *cultivée* du langage scientifique, *distincte* de sa manipulation purement scientifique, qui nous renverrait automatiquement au monde fermé des spécialistes. C.P. Snow lui-même nous fournit un bel exemple d'une telle manipulation «cultivée» de la science : «Statistiquement parlant, confie-t-il, je suppose qu'il y a parmi les scientifiques un tout petit peu plus d'athées que parmi le reste du monde intellectuel...» Il est évident que la «statistique» ici invoquée n'a aucune pertinence scientifique dans le discours de l'auteur. «Statistiquement parlant, je suppose que...» veut dire en langage ordinaire : «je suis à peu près sûr que...», ou bien : «en vérité, je crois que...», la seule différence étant que, dans le premier cas, l'auteur semble énoncer une hypothèse impersonnelle et théoriquement vérifiable, alors que, dans le second, il aurait simplement dit son opinion personnelle, sans plus. On comprend que de telles faiblesses de style chez un auteur qui se dit «littéraire» aient pu mettre F.R. Leavis[6] dans tous ses états.

Quand on parle d'intégrer la science dans la culture, il est peu probable qu'on ait à l'esprit la science des spécialistes, où la pratique a un rôle si essentiel à jouer. La valeur culturelle de la science se fonde donc sur autre chose que cette pratique. C'est-à-dire que la science est ici prise dans un sens *différent* de celui qu'elle a pour le spécialiste. Ce sens est sans doute déterminé non seulement par l'aspect social de l'activité scientifique elle-même, mais encore par la manière

---

5. Pauvert, Paris, 1968.
6. *Two Cultures? The Significance of C.P. Snow.* Chatto and Windus, 1962.

dont l'ensemble social «vit» la science à travers l'investissement financier qu'il lui consacre, l'organisation qu'il lui impose, les institutions avec lesquelles il la protège et les bénéfices qu'il en espère. En s'appropriant la science selon ces différents modes, la société se donne la possibilité d'exercer un contrôle partiel sur l'activité scientifique. Mais celle-ci, en principe se trouve à l'origine de la connaissance objective, et par conséquent d'un discours qui tend à exclure de lui-même toute marque d'intérêt subjectif (ou idéologique). Par là même, elle ne peut maintenir sa tradition de neutralité qu'en refusant toute incidence qu'un contrôle pourrait avoir sur ce qu'elle découvre. Comme le dit J.R. Ravetz, «en fin de compte, il n'existe aucun moyen direct pour quiconque est situé en dehors du monde de la science d'exercer un contrôle qualitatif sur la science[7]». Mais même à l'intérieur de ce monde, un tel contrôle ne s'exerce théoriquement que dans les limites d'une objectivité stricte, c'est-à-dire que ceux qui l'exercent ne peuvent y engager leur subjectivité, sans quoi leur contrôle ne serait plus garanti contre des abus de pouvoir éventuels. Bref, la science n'appartient, en droit, à personne, pas plus à une classe (la bourgeoisie), à une religion (le calvinisme) ou à un sexe (le sexe mâle) déterminés, qu'à des individus isolés qui ne pourraient revendiquer leur droit de propriété sur la science qu'en s'accceptant comme sujets, ce qui, automatiquement, les en exclut, comme en témoignent les phénomènes de résistance aux découvertes ou aux «changements de paradigmes» selon la terminologie de T.S. Kuhn[8].

Si elle portait les marques d'une telle appartenance à l'une de ces catégories, il faudrait admettre une sorte de relativisme subjectiviste qui nous permettrait de croire à la possibilité d'une science différente, quoique tout aussi vraie et efficace, donc d'une nature dont la connaissance objective serait différente, en somme, d'une nature différente de celle que nous révèle la physique d'Einstein par exemple. Si donc la science n'appartient en droit à personne, toute tentative d'appropriation dont elle peut être l'objet de la part d'un pouvoir politique (Staline et la biologie), d'une idéologie (capitalisme, scientisme, sexisme), de certaines classes (bourgeoisie, prolétariat), de certains groupes sociaux, d'institutions diverses ou même de simples individus ne peut qu'en trahir l'universalité. Une telle appropriation fait nécessairement glisser la science dans un réseau de valeurs socio-culturelles qui lui sont étrangères. Le fait *d'avoir* une «culture scientifique» ainsi constituée et dont on peut exhiber les signes (même si ceux-ci ne sont liés à aucune pratique) n'implique pas l'assurance *d'être* scientifique. «Que l'on songe, comme nous le rappellent P. Bourdieu et J.-Cl. Passeron, aux technocrates qui colportent de colloque en colloque des savoirs acquis dans les colloques, aux essayistes qui tirent d'une lecture en diagonale des pages les plus générales des

---

7. *Scientific Knowledge and its Social Problems,* Penguin Univ. Books, 1973, p. 287.
8. *The Structure of Scientific Revolutions,* Univ. of Chicago Press, 2nd ed., 1970.

oeuvres les moins spécialisés des spécialistes la matière de discours généraux sur les limites inhérentes à la spécialisation des spécialistes, ou aux dandys de la scientificité, passés maîtres en l'art de l'allusion «chic» qui suffit aujourd'hui à situer son homme aux avant-postes des sciences d'avant-garde, lavées par cela seul du péché plébéien de positivisme[9].» Comme le dit encore L. Giard, le langage scientifique, «tel un signe extérieur de richesse [...] fascine les parleurs contemporains et tente tous les usurpateurs : chacun veut entrer dans l'armée du vainqueur. Il y a un charlatanisme qui habite aussi la cité scientifique, ses auteurs en sont probablement eux-mêmes les premières dupes; cette scientificité-là en reste au niveau de l'emballage[10]».

En se chargeant explicitement de la présence culturelle de la science dans l'ensemble de la société, la vulgarisation est automatiquement conduite à favoriser cet usage social, purement symbolique, du discours de la science. Cet usage, loin d'être réglé par les méthodes et les théories scientifiques, reste soumis aux règles syntaxiques, sémantiques et idéologiques déterminant l'usage du langage courant à tous les niveaux de la hiérarchie sociale. Dès lors, la vulgarisation scientifique ne peut espérer transformer radicalement la hiérarchie du savoir et des compétences, issue des systèmes d'enseignement traditionnels, quelles que soient les motivations (économiques, politiques ou idéologiques) de l'ordre social qui en inspire l'organisation. Elle tendrait, au contraire, à renforcer l'ordre hiérarchique de la société, en lui conférant une nouvelle légitimation à travers le savoir scientifique.

Auguste Comte d'ailleurs, à qui l'on doit la première réflexion systématique sur l'importance politique de la vulgarisation, était parfaitement conscient de ce rôle que l'«éducation universelle» devait, à ses yeux, jouer dans les sociétés modernes : «l'école positive tend, d'un côté, à consolider tous les pouvoirs actuels chez leurs possesseurs quelconques et, de l'autre, à leur imposer des obligations morales de plus en plus conformes aux vrais besoins des peuples». Or, en principe, c'est bien une telle transformation radicale des hiérarchies fondées sur la naissance, l'argent ou le pouvoir, qu'une vulgarisation scientifique authentique — à inventer — serait appelée à produire. Tous les hommes sont strictement égaux devant la connaissance objective. Le problème est de savoir comment réaliser concrètement — c'est-à-dire socialement — cette égalité théorique que le discours scientifique implique nécessairement.

L'intégration de la science dans la culture n'apporte pas grand-chose à la culture (sinon un jeu d'effets symboliques dénués de toute portée scientifique), tout en retirant beaucoup à la science (qu'en reste-t-il sans cette dimension pratique qui se trouve à la source de sa créativité?). «À vivre dans une nature transformée

---

9. *La Reproduction,* Éd. de Minuit, p. 151.
10. *Esprit,* juin 1974, n° 436, p. 179.

d'après ce que nous en savons, écrit A. Régnier, nous nous enfermons dans une prison culturelle[11]. » Une culture, en effet, doit permettre à ceux qui s'en servent de penser dynamiquement leur point d'attache au domaine de l'inconnu, si elle veut rester un facteur de libération pour l'individu et préserver son propre potentiel de créativité. Une technologie dévorante flanquée d'une scientificité qui s'insinue jusque dans les profondeurs les plus intimes de la subjectivité humaine sont les voies les plus sûres vers l'emprisonnement culturel dont parle A. Régnier.

Un «increasing knowledge gap»

À la suite de plusieurs enquêtes américaines sur l'impact de la vulgarisation scientifique sur le public, l'hypothèse d'un *increasing knowledge gap* s'est constituée. Cette hypothèse ne prétend pas qu'il n'y ait aucune transmission effective de connaissances au public, mais plutôt que, face aux mêmes sources d'information, certains groupes sociaux acquerront davantage de connaissances que d'autres. Autrement dit, «l'augmentation de savoir» qui peut résulter de la lecture d'articles de vulgarisation scientifique est proportionnelle à la situation sociale du lecteur dans une hiérarchie fondée sur le degré d'instruction. Ceux-là apprendront d'autant plus qu'ils en savaient plus, alors que d'autres, dont l'éducation scolaire et universitaire fut moins favorisée, apprendront d'autant moins qu'ils en savaient moins. Plus le capital de départ est élevé, plus le produit intellectuel sera élevé également. P.J. Tichenor et ses collaborateurs concluent l'exposé des résultats de leur enquête de la façon suivante : «L'ensemble des résultats semblent en accord avec cette hypothèse de l'*increasing knowledge gap*. Dans la mesure où cette hypothèse est valable, elle conduit à des conclusions assez attristantes sur le caractère «massif» de l'impact des media. En tout cas, pour les sujets qui sont examinés ici, les mass media semblent détenir une fonction similaire à celle des autres institutions sociales : le renforcement, ou même l'augmentation des inégalités existantes[12]. »

Il est difficile de ne pas partager le pessimisme de ces auteurs américains. À la limite, leurs conclusions devraient déboucher sur l'émergence d'un écart de plus en plus accentué entre une élite savante et active (savants et technocrates), nourrie aux sources mêmes de la connaissance objective, et une masse ignorante et passive, à laquelle tout accès au savoir scientifique serait pratiquement devenu impossible. On retrouve ici incidemment un problème qui ne manque jamais de surgir dès qu'on tente de définir la vulgarisation scientifique.

---

11. *La crise du langage scientifique,* Anthropos, p, 100.
12. *Public Opinion Quarterly,* 34, 169.

Y a-t-il une «bonne» et une «mauvaise» vulgarisation?

En effet, il est d'usage de distinguer soigneusement la «bonne» et la «mauvaise» vulgarisation. On aura vite fait ensuite de dire que la «bonne» vulgarisation, en fait, *n'est pas* de la vulgarisation, la qualité de l'information s'accommodant mal de cette «vulgarité» que la racine du mot évoque aujourd'hui. On remplacera ce terme incongru par celui d'«information scientifique», ou encore, grâce à un emprunt à l'anglais, par celui de «popularisation». Ce faisant, on cache prudemment le problème posé par l'accentuation de cette rupture entre l'élite savante et la masse, entre *La Recherche, Scientific American, Le Courrier du CNRS, Sciences et Avenir*, d'un côté, et les encyclopédies *Alpha, Guérir/Diététique d'aujourd'hui, Psychologie,* le *Reader's Digest,* etc., de l'autre, *Science et Vie* pouvant se situer sur la frontière qui sépare les deux niveaux. La hiérarchie du savoir devient une hiérarchie à deux termes seulement, c'est-à-dire une *opposition* entre les lieux sociaux du savoir et ceux de l'ignorance. Quelle est la *différence* réelle qui fonde cette opposition? Se confond-elle avec la différence entre les sexes, comme beaucoup d'auteurs ont pu le croire aux XVIIIᵉ et XIXᵉ siècles, et comme certains le croient encore aujourd'hui? Ou bien avec une différence de classes ou de races comme tendraient à nous le faire croire des auteurs comme Eysenck ou Jensen[13]? Il y a lieu de penser, en tout cas, que la différence entre le savoir et l'ignorance se transforme en une opposition dont les effets sont sociaux. Théoriquement, l'opération vulgarisante devrait offrir à quiconque la possibilité de devenir «scientifique». Or elle ne fait que créer une relation de dépendance entre une ignorance et un savoir socialement incarnés dans des classes différentes et opposées.

En réalité, la distinction entre «bonne» et «mauvaise» vulgarisation repose sur des critères extrêmement vagues. S'agit-il, par exemple, de l'exactitude scientifique du savoir vulgarisé? de l'autorité scientifique de ceux qui vulgarisent? du public auquel cette vulgarisation s'adresse? *La Recherche* se distingue, entre autres choses, par la qualité scientifique de ses articles et par la compétence de ceux qui les rédigent. L'aspect «vulgarisation» de ces articles s'estompe si bien que d'aucuns les considèrent comme de l'information scientifique «pure» telle qu'on peut la trouver dans les journaux et revues spécialisés des disciplines dont cette information relève. La seule différence semble être qu'ici les articles sont insérés à l'intérieur d'un contexte encyclopédique qui autorise les spécialistes des différentes disciplines à lire, en profane, des articles concernant d'autres domaines que les leurs. Il n'est pas sûr, cependant, que tous mettent cette possibilité à profit. Le caractère encyclopédique et interdisciplinaire de la revue, en tout cas, instaure une présence globale de «la science» : la vraie science des vrais savants.

13. *Cf.* H.J. Eysenck, *The Inequality of Man,* Temple Smith, 1973; et A.R. Jensen, *Genetics and Education,* Methuen, 1972.

Ainsi, grâce à *La Recherche* et aux autres revues de niveau analogue, «la science» se rend présente à elle-même et à ceux qui ne peuvent en percevoir que quelques fragments au sein de leur pratique parcellaire. Elle y confectionne son identité interne et y cherche une cohérence globale; elle s'y pense dans son unité et y règle le mythe de *l'esprit scientifique,* en quête de la canonisation rêvée par Auguste Comte et Ernest Renan au XIX⁰ siècle : «La raison, dis-je, prendra un jour en main l'intendance de cette grande oeuvre et, après avoir organisé l'humanité, ORGANISERA DIEU[14]. »

La «mauvaise» vulgarisation, par contre, devient le moyen par lequel la science se rend présente à ceux qui ne la pratiquent pas. Autrement dit, elle cherche là son identité par rapport à autre chose qu'elle-même : l'opinion commune, l'idéologie, la *doxa,* l'illusion, bref, l'ignorance. Dans ce contexte, l'exactitude scientifique, qui joue un si grand rôle dans l'évaluation de la «bonne» vulgarisation n'a plus tellement d'importance. C'est un luxe que peut se payer le vulgarisateur scrupuleux : luxe inutile au niveau de sa relation pédagogique avec le profane, mais indispensable pour assurer une relation de prestige avec les membres de la communauté scientifique.

De la vulgarisation à la science du docteur Fox

On lit dans un article de la rubrique «Science pour tous» de la revue *Lectures pour tous* du mois de juin 1974 le paragraphe suivant : «Le but d'Anokhine était de perfectionner la théorie des réflexes conditionnés. Il fut l'un des premiers à souligner que le cerveau n'est pas seulement un ensemble de 14 milliards de neurones dotés chacun de quelque 7 000 connexions et pouvant se trouver en divers états d'excitabilité, mais qu'il constitue une machine cybernétique sans équivalent, dont l'enregistrement des réactions nécessiterait une bande de plus de 9 milliards de kilomètres... »

Dans la *Sélection du Reader's Digest* du même mois, voici un cerveau qui parle, selon le procédé bien connu de la personnification servant à augmenter la lisibilité des articles. «Quelques mots sur ma structure. Avez-vous déjà soulevé une motte de gazon et observé son surprenant entrelacs de racines? Je ressemble, en gros, à cela, mais multiplié par des millions. Chacun de mes 30 milliards de neurones a parfois jusqu'à 60 000 liaisons avec d'autres!»

Il est probable que l'une de ces informations sur la «structure» du cerveau est inexacte. Cette inexactitude, cependant, n'a aucun effet malheureux sur la compréhension du texte. Que le cerveau humain soit présenté comme possédant 14, 30, 50 ou 100 milliards de neurones (à la limite, n'importe quel chiffre

---

14. E. Renan, *L'avenir de la science,* dans *Oeuvres complètes,* vol. III, Calman-Levy, 1949, p. 757.

pourrait être produit sans poser de véritable problème de compréhension) ne changera rien à l'impuissance du profane à saisir la véritable pertinence de l'un de ces chiffres pour la neurophysiologie. Autrement dit, ces chiffres ne sont pas là pour dire ce qu'ils disent effectivement au spécialiste (en termes d'erreur ou de vérité), mais pour dire autre chose, signaler la présence d'un résultat scientifique dont la précision seule, comme l'avait souvent remarqué G. Bachelard, suffit pour faire naître chez le lecteur l'idée de vérité objective. Ces chiffres semblent ne dire autre chose que : «Je suis la science»; la science de ceux qui savent pour ceux qui ne savent pas, devrait-on ajouter.

Toujours en juin dernier, *Science et Vie* relate une expérience faite par des psychologues américains, qui montre que les scientifiques eux-mêmes sont loin d'être à l'abri des inexactitudes endurées par les profanes, à cause de la prétendue «mauvaise» vulgarisation. Voici l'expérience en question : «Invités à une conférence sur *La théorie des jeux mathématiques appliqués à l'éducation physique*, 55 professeurs de médecine, psychologues, psychiatres et administrateurs d'établissements d'éducation américains, ont écouté gravement le conférencier, le Dr Myron L. Fox, enfiler les contradictions, les ambiguïtés, les néologismes, les sottises et les références à des articles inexistants pendant deux heures d'horloge. Interrogés sur leurs impressions, à l'issue de la «conférence», les auditeurs se déclarèrent favorables, et quelques-uns d'entre eux se rappelèrent même avoir lu les articles du Dr Fox, lequel n'était en fait qu'un mystificateur se prêtant à une expérience de psychologie organisée par trois éducateurs médicaux… »

L'expérience suscite la question suivante : Qu'est-ce qui, dans la vulgarisation scientifique, permet de distinguer la science véritable de celle du Dr Fox? Sans doute, l'une est vraie alors que l'autre ne l'est pas. Mais comment en juger? Faire confiance à un tiers? Mais qui nous dit que ce tiers n'est pas un autre Dr Fox? La vulgarisation repose entièrement sur la confiance, puisque le profane ne dispose, par lui-même, d'aucune garantie qui pourrait lui permettre de juger de la vérité des informations qu'on lui offre. En outre, l'attitude ici requise n'est-elle pas justement tout à fait contraire à cet esprit critique que l'on prise si fort en milieu scientifique? En fait, on retrouve ici l'idée d'une adhésion universelle telle que l'exprime la formule employée précédemment : «Tous pour la science» quel que soit le mode de cette adhésion.

Non pas former, mais informer

Faut-il dès lors abandonner la perspective didactique et considérer que la vulgarisation n'a pas pour but essentiel de transmettre des connaissances, mais plutôt de faire autre chose? Il s'agirait non pas de former, mais d'informer le public. Cette réduction de la vulgarisation à une opération purement journalistique a la faveur de quelques auteurs (en particulier aux États-Unis[15]) et a l'avantage d'impliquer une certaine démystification de «la science». Celle-ci ne serait, pour le grand public, que l'un des nombreux domaines de l'activité humaine, source d'événements particuliers, tout comme la politique, le sport, la vie économique, la mode, etc. Une telle conception a aussi des inconvénients. Elle fait notamment fi du sentiment qu'ont beaucoup de vulgarisateurs de faire oeuvre pédagogique. Comme le dit Pierre Auger, «le vulgarisateur sait très bien que son public n'a pas été formé de façon convenable auparavant et il doit préparer ses lecteurs par quelques phrases ou même quelques pages, à la découverte qu'il va lui énoncer, de façon à être à peu près sûr qu'elle soit immédiatement comprise[16]».

En outre, il nous paraît difficile de croire vraiment que l'événement scientifique (la découverte) est sur un pied d'égalité avec d'autres événements d'actualité. La découverte scientifique a une dimension de vérité qui nous paraît manquer aux nouvelles politiques ou aux faits divers qu'on lit tous les jours. Cette dimension de vérité est liée exclusivement à la pratique scientifique qui a rendu la découverte possible. Pourtant, elle existe également dans la vulgarisation, non plus sur le mode de la vérification, mais bien sur le mode de la croyance. Elle vient donner au sens subjectif des nouvelles scientifiques un ton particulier qui les fait accepter plus aisément. Quand *Ici Paris* (21-27 juin 1974) titre en première page : la découverte d'un remède révolutionnaire contre les vergetures, tandis que *France-Dimanche* (même semaine) nous annonce la mise au point d'un nouveau médicament contre le cancer, la science prend effectivement une dimension de fait divers. Mais les deux articles n'en produisent pas moins un certain nombre de commentaires, destinés à authentifier ces «découvertes». Par exemple, d'*Ici Paris*, le passage suivant : «Cet élément, c'est le silicium, un métalloïde absolument indispensable au bon fonctionnement de votre organisme. Les enfants en pleine croissance en ont tout particulièrement besoin.» Ou de *France-Dimanche* : «Le savant qui l'a découvert est un médecin éminent : le docteur Bernard Halpern, professeur au Collège de France et directeur du service d'immunobiologie à l'hôpital Broussais.» Le premier passage met en jeu l'autorité d'un langage savant sur lequel le profane n'a aucune prise. De même que pour le nombre de neurones dans les exemples précédents, l'élément dont il est ici question pouvait s'appeler n'importe comment sans rien changer de l'effet global de l'information sur le grand public. Le second passage met en jeu l'autorité plus directe du savant : c'est une référence sans doute plus claire pour le profane, mais qui n'en requiert pas moins une adhésion non critique.

Les événements scientifiques semblent se définir par rapport à deux contextes. En premier lieu, ils dépendent d'un contexte scientifique «pur», correspondant

15. Par exemple, H. Krieghbaum, *Science and the Mass Media*, Univ. of London Press, 1968.
16. Cité par P. Roqueplo dans *Le Partage du savoir*, Seuil, 1974.

assez bien à ce que T.S. Kuhn a appelé les «paradigmes». Ceux-ci déterminent pour chaque discipline, d'une manière partiellement implicite, la pertinence (et donc aussi la non pertinence) des problèmes à résoudre et des méthodes à employer. La deuxième référence n'est établie qu'*après-coup* — entre autres par l'épistémologie et par la vulgarisation, dont les mécanismes ne sont pas sans parenté — sur la base de contextes différents : un contexte philosophique et logique (en ce qui concerne l'épistémologie) et un contexte idéologique (en ce qui concerne la vulgarisation). La science nous met en présence d'événements qui ont plusieurs «faces» sémantiques, faces qui ne sont pas forcément liées entre elles. La découverte d'un remède miraculeux et scientifiquement validé contre les vergetures doit son sens, dans *Ici Paris*, à un contexte idéologique où la beauté et la jeunesse correspondent à des valeurs très importantes. La même découverte, replacée dans son contexte scientifique, sans être totalement inintéressante, ne change probablement pas grand-chose à la structure interne du champ scientifique. Elle est largement redondante.

On ne pourrait pas faire les mêmes remarques sur les événements politiques ou économiques, dont la diffusion peut avoir souvent un effet non négligeable sur leur *sens* politique ou économique. En bref, que le peuple soit ou non mis au courant des découvertes scientifiques ne change strictement rien au contenu scientifique de ces découvertes, ce qui n'est pas le cas dans d'autres domaines, où de tels changements peuvent être soit souhaités, soit redoutés.

Un genre littéraire?

Si la vulgarisation n'est pas réductible au journalisme, peut-on alors en faire, avec Pierre de Latil, un genre littéraire? «La vulgarisation, disait-il au cours d'un colloque international organisé à Strasbourg en 1966, est l'art d'expliquer quoi que ce soit, et pas seulement la science. Cet art a ses techniques, ses recettes même, qui procèdent de l'art d'écrire clairement, logiquement, simplement. La vulgarisation est un genre littéraire.» Cette perspective est certainement la plus fidèle aux origines historiques de la vulgarisation scientifique, telles qu'on peut les situer au XVIIIe siècle avec ces grands vulgarisateurs que furent Fontenelle, Voltaire, Diderot, l'abbé Nollet, l'abbé Pluche, etc. En outre, elle donne à la vulgarisation une certaine autonomie par rapport à ses sources officielles d'inspiration dans la science des spécialistes. Le vulgarisateur n'aurait pas à calquer l'exactitude du spécialiste ou à subir ses sarcasmes, quand, par souci d'efficacité pédagogique et de simplification, il se permet certaines erreurs ou approximations.

Cependant, si la vulgarisation est un genre littéraire, on est alors obligé de refuser à ses textes la seule dimension qui en rende la lecture intéressante, et qui est cette dimension de vérité. Car, il n'y a pas de vérité en littérature. Rien n'en peut être *vérifié* objectivement, même si le lecteur peut *se* vérifier comme *sujet* au contact de certaines oeuvres. Certains critiques littéraires l'affirment énergiquement : on ne trouve en littérature que du vraisemblable. Or le but explicite de la vulgarisation n'est pas simplement d'amuser son lecteur, mais bien de l'inviter au déchiffrement de la vérité scientifique, quels que soient les moyens dont ce lecteur dispose pour procéder à ce déchiffrement. C'est là son originalité essentielle par rapport à tout le reste de la littérature (l'autobiographie «réelle» mise à part), et ce qui risque, en même temps, de l'en exclure.

La vulgarisation n'obéit à aucune *règle de genre* précise qui permettrait de la distinguer de son genre voisin, la science-fiction. Pour faire cette distinction, on est obligé d'avoir recours à la manière dont les textes de vulgarisation évoquent, pour le lecteur, l'idée d'une vérité scientifique authentique, c'est-à-dire attestée par des allusions précises à des recherches effectivement en cours. Dans la science-fiction, les informations scientifiques ne visent pas à créer chez le lecteur un *effet de connaissance*, même si ces informations sont souvent parfaitement correctes sur le plan scientifique. Dans la vulgarisation, par contre, les mêmes informations seront perçues différemment. Elles feront alors explicitement (ou implicitement) appel au *désir de savoir* du lecteur; elles chercheront à produire cet *effet de connaissance* qui est absent de la science-fiction. On imagine fort bien un récit de science-fiction commençant par cette phrase : «Des savants français et soviétiques vont utiliser l'enveloppe magnétique de la Terre pour y faire lever à coups de canons à électrons, des aurores multicolores...» Insérée dans un contexte de fiction, cette phrase introduit d'emblée certaines lignes de vraisemblance, dont le lecteur attendra la confirmation ou l'infirmation dans la suite du récit : espionnage? compétition? troisième pouvoir invisible? catastrophe planétaire en perspective? etc. Dans un contexte de vulgarisation (qui est celui d'où elle a été extraite : *Science et Vie*, juin 1974, p.76), elle est perçue différemment. La vraisemblance établie par le premier contexte relève d'une formule du genre «Parfaitement possible, mais faux!»; alors que la vérité qui se constitue à travers la vulgarisation répond à cette exclamation : «Incroyable, mais vrai!» Le changement de perception induit par les deux contextes est analogue à celui que la théorie de la forme a pu décrire à partir de figures ambiguës.

Des trois perspectives principales que nous avons envisagées (pédagogique, journalistique, littéraire), il ressort que la vulgarisation ne peut pas réellement se désolidariser de l'intention didactique qui la fait apparaître généralement comme un mode particulier de transmission de connaissances. Cette transmission, cependant, semble échouer. Comme le déplore J. Fourastié, «l'ignorance banale, loin de s'être atténuée depuis un siècle, semble non seulement s'être accrue, mais avoir augmenté l'inquiétude et le désarroi de l'homme[17]...» Un tel échec est incom-

---

17. *Les conditions de l'esprit scientifique*, Gallimard, 1966, p. 36.

préhensible, étant donné les efforts déployés, surtout depuis le début du siècle, dans ce domaine. Le plus étonnant, c'est que cet échec ne semble pas mettre en question l'activité vulgarisatrice elle-même, dont on se plaît généralement à reconnaître le bien-fondé au nom des valeurs de l'humanisme, telles que l'unité de la culture, la démocratie, la lutte contre l'analphabétisation, etc.

Qu'est-ce que la science ?

Mais avant de souscrire aux buts de l'opération tels qu'ils sont définis par ces valeurs, ne vaut-il pas mieux tenter de retrouver la question à laquelle la vulgarisation répond, du simple fait qu'elle existe telle qu'elle est, et non telle qu'on voudrait qu'elle soit ? Cette question est celle qui ouvre de nombreux ouvrages de vulgarisation, en particulier au cours de la première moitié du XXe siècle, que ces ouvrages aient été écrits par des savants renommés ou par des vulgarisateurs professionnels : qu'est-ce que la science ? Question difficile, dans la mesure où on ne peut pas répondre par un simple geste de désignation vers les différentes pratiques qui se disent scientifiques. Vouloir répondre à cette question, c'est en tout cas exprimer le désir d'élaborer une *définition* de la science, d'en fixer le sens d'une manière suffisamment précise pour qu'on puisse enfin légiférer sur son compte, tracer des lignes de démarcation entre science et pseudo-science[18], établir des critères d'inclusion et d'exclusion, prononcer des jugements, dénoncer les falsifications, annoncer la vérité sur la science[19].

Face à un tel projet, on ne peut s'empêcher d'en questionner le but. Pourquoi veut-on savoir ce qu'est la science ? Il est évident que les scientifiques eux-mêmes n'ont nul besoin de ce savoir pour s'engager dans une pratique scientifique quelconque. En outre, il est probable que leur position de scientifique ne leur donne aucun avantage particulier dans la recherche d'une telle définition de la science. La réflexivité qu'ils introduisent parfois dans le discours de la science implique qu'ils se rendent présents à ce discours en tant que sujets, et donc que leur jugement puisse subir l'influence de facteurs incontrôlables. Et, de fait, on chercherait en vain dans leurs réflexions *sur* la science la belle unanimité qui caractérise si bien leur pratique de la science. On pourrait même considérer que leurs réflexions sont d'autant plus suspectes que leurs intérêts (subjectifs) sont plus étroitement liés au devenir de la science.

Toute tentative de définition de la science ne se réduit-elle pas, tout compte fait, à une tentative d'appropriation des sciences au profit de ceux qui proposent cette définition ? L. Althusser a montré par quelles voies la philosophie chercha,

---

18. *Cf.* K.R. Popper, *Conjectures and Refutations,* Routledge and Kegan Paul, p. 33 : « Je voulais établir une distinction entre science et pseudo-science. »
19. *Cf.* L. Althusser, *Philosophie et philosophie spontanée des savants,* Maspéro, 1974.

tout au long de son histoire, à maintenir sa domination de droit sur les vérités scientifiques[20]. Cela a donné l'épistémologie. La vulgarisation, c'est-à-dire l'opération qui consiste à construire l'identité globale de la science aussi bien pour ceux qui la pratiquent que pour ceux qui ne la pratiquent pas, veut, d'une manière analogue, instaurer un rapport de domination sur les sciences au profit des scientifiques. Mais il y a, dans une telle opération, quelque chose de profondément ambigu. En effet, elle aboutit à l'émergence d'une classe sociale nouvelle — les «scientifiques» — où intervient non pas le véritable homme de science, auteur-sujet irrepérable du discours scientifique, mais la personne sociale du chercheur ou du professeur, avec ses goûts et ses passions, ses options politiques et morales, bref son être subjectif tout entier, tel qu'il existe dans la vie quotidienne. Or le scientifique sait mieux que quiconque qu'il n'est effectivement scientifique que dans la mesure où il «oublie» tout cet arsenal de déterminations subjectives.

Ce n'est donc pas sans un certain malaise qu'il se voit offrir, par la vulgarisation scientifique, la science elle-même. Cette modestie légendaire qu'on lui attribue n'est-elle pas tout simplement l'expression voilée de ce malaise? L. Boltanski et P. Maldidier[21] ont montré toute l'ambiguïté qui affecte les sentiments des scientifiques vis-à-vis de la vulgarisation, ambiguïté que l'on voit rejaillir sur le statut social du vulgarisateur, exclu de la communauté scientifique elle-même, mais respecté dans son activité, au nom des valeurs de l'humanisme et de l'unité de la culture.

Dès lors, la vulgarisation peut-elle prétendre être autre chose qu'une opération de socialisation de la science conduisant entre autres à la création d'une hiérarchie sociale du savoir, au renforcement de l'ordre social existant, à l'élitisme technocratique et à une différenciation de plus en plus accusée entre ceux qui savent et ceux qui ne savent pas?

Une telle opération pose le problème de ses résultats en de tout autres termes que ceux que l'on a envisagés dans cet article. Que la vulgarisation transmette des connaissances ou non devient un problème tout à fait secondaire. L'intention didactique qui l'anime et la relation pédagogique qu'elle institue constitueraient une sorte de camouflage d'une fonction sociale plus profonde et bien plus difficile à saisir.

---

20. *Ibid.*
21. *La vulgarisation scientifique et ses agents,* Centre de sociologie européenne, 1969.

Achevé d'imprimer à Québec
sur les presses des lithographes Laflamme et Charrier inc.
le trente octobre 1984